“十四五”职业教育国家规划教材

职业院校机电类“十三五”微课版规划教材

模具设计与制造

第3版

杨占尧 / 主编

董海涛 杨彬彬 韩海玲 / 副主编

人民邮电出版社

北京

图书在版编目（CIP）数据

模具设计与制造 / 杨占尧主编. -- 3版. -- 北京 : 人民邮电出版社, 2017.7(2023.8重印)
职业院校机电类“十三五”微课版规划教材
ISBN 978-7-115-45747-9

Ⅰ. ①模… Ⅱ. ①杨… Ⅲ. ①模具－设计－高等职业教育－教材②模具－制造－高等职业教育－教材 Ⅳ. ①TG76

中国版本图书馆CIP数据核字(2017)第139448号

内 容 提 要

本书是高职高专院校机械类学生学习模具知识的综合性教材，内容通俗实用，紧扣生产实际，与应用型人才培养目标相吻合。

本书涵盖了模具设计与制造相关技术的主要内容，分为上、中、下3篇，上篇为塑料成形工艺与模具设计，重点介绍了塑料成形基础，塑料注射模设计，塑料压缩、压注和挤出成形模具设计；中篇为冲压成形工艺与模具设计，重点介绍了冲压加工基础、冲裁工艺与模具设计、弯曲工艺与模具设计、拉深工艺与模具设计、其他冲压工艺与模具；下篇为模具制造技术，重点介绍了模具制造工艺与方法、塑料注射模具制造与装配和冲压模具制造与装配。

本书可作为高职高专机械类专业模具课程教材，以及相关培训学校模具技术培训用书，也可供相关工程技术人员参考。

♦ 主　　编　杨占尧
副 主 编　董海涛　杨彬彬　韩海玲
责任编辑　李育民
责任印制　焦志炜
♦ 人民邮电出版社出版发行　　北京市丰台区成寿寺路11号
邮编 100164　　电子邮件 315@ptpress.com.cn
网址 http://www.ptpress.com.cn
固安县铭成印刷有限公司印刷
♦ 开本：787×1092 1/16
印张：19　　2017年7月第3版
字数：450千字　　2023年8月河北第11次印刷

定价：49.80元

读者服务热线：(010)81055256　印装质量热线：(010)81055316
反盗版热线：(010)81055315
广告经营许可证：京东市监广登字20170147号

前　言

党的二十大报告提出："推进新型工业化，加快建设制造强国"和"推动制造业高端化、智能化、绿色化发展"。模具是成形技术产业链中的关键制造要素，是产品成形的专用工艺装备，是支撑国计民生主导产品成形的基础制造业。模具产业是全球最大的横向产业，遍布我们的生活、生产和公共工程、航空国防等各个角落，在我国，模具被称为"制造业之母"和"无以伦比的效益放大器"。随着工业用材和成形工艺的不断创新发展，模具的品种规格越来越多，功能越来越强，结构越来越复杂，精度、性能越来越高，应用领域越来越宽越深，模具已成为衡量一个国家制造业水平高低的重要标志。

本书是"十三五"职业教育国家规划教材。本书构思新颖、结构合理、图文并茂、针对性强，注重实际应用。本书按照模具设计与制造岗位职业标准和典型工作任务要求，吸收高职高专院校近年来模具设计与制造专业的教学改革和课程建设的成果，坚持以企业为平台、以能力为本位、以工作过程为导向的思想，自然渗透课程思政内容，注重学生专业精神、职业精神、工匠精神的培养，结合企业对模具专业人才的知识、能力、素质的要求和著作者从事生产实践、教育教学所积累的经验而编写的。

模具作为重要的生产工艺装备，在现代工业的规模生产中日益发挥着重大作用。通过模具进行产品生产，具有优质、高效、节能、节材、成本低等显著特点，在汽车、机械、电子、轻工、家电、通信、军事和航空航天等领域获得了广泛应用。模具被赞为"金钥匙""制造业之母"等。近年来，模具工业飞速发展，模具技术人才培养的要求和速度也在大幅度地提升，各级各类学校、专业培训机构都在进行模具人才的教育和培训，特别是有越来越多的具有一定机械基础的人员正在或将要从事模具工作，需要模具的专业知识。本书就是针对这一需求而编写的。

本书综合了模具设计与制造专业中"冲压工艺与模具设计""塑料成形工艺与模具设计""模具制造工艺学"和"冲压与塑压成形设备"等课程的主要内容，是高职高专院校、职教本科院校和应用型本科院校机械类非模具专业学生学习模具知识的综合性教材。全书分为上、中、下 3 篇，分别为塑料成形工艺与模具设计、冲压成形工艺与模具设计和模具制造技术，在形成模具知识完整体系的同时，塑料模、冲压模与模具制造又自成体系，并在每章都配套有实训与练习，还配套有教学电子课件和丰富的教学动画，数字化教学资源可通过扫描书中二维码在线观看，非常适合老师教学和学生学习。

为使教材精益求精，在保持原教材特色与优势的前提下，此次修订主要有以下特点。

1. 有机融合，自然渗透课程思政内容。坚持以学生为中心，将教学内容和思想政治教育有机结合起来，引入工程实例和思政元素，通过网络教学平台和学习平台进行教学、学习和辅导，创新教学方法，将思政元素无痕融入课程教学之中，实现"课程教学"向"课程思政"转化、"专业教育"向"专业育人"转化，教育学生树立坚定理想信念、厚植家国情怀、弘扬工匠精神、激发使命担当，为学生的人格培养与终身发展奠定坚实的基础。

课程思政教学设计

2. 国家级教学名师领衔，行业企业专家共同编写教材。杨占尧教授是国家级教学名师、河南省优秀专家、河南省首届教材建设先进个人，是国家级精品课程和国家级精品资源共享课程主持人。杨占尧教授在企业实际工作 14 年，在高校工作 22 年，具有丰富的理论知识和实践经验，特别在教材建设方面具有较高的学术造诣。出版各种著作和教材 30 余本。其中，国家级精品教材 1 本，普通高等教育“十一五”国家级规划教材 3 本，“十二五”职业教育国家规划教材 4 本，“十三五”职业教育国家规划教材 2 本。本教材由杨占尧教授领衔主编，编写团队包括学校和行业企业的专家学者，成员构成合理，充分体现校企合作、产学融合，行业特点鲜明。

3. 充分吸纳各级各类教学成果。在本书编写过程中，充分吸纳杨占尧教授主持建设取得的各级各类教学成果，如国家级精品课程、国家级精品资源共享课程《家电产品模具工艺与制造》建设成果的网络课程、图形动画库、实际生产案例等，更新教材内容，使教材更加符合职业教育规律和高端技术技能型人才成长规律。再如吸纳高等职业教育国家级模具设计与制造专业教学资源库建设成果，创新教材形式，形成新形态一体化教材，使教材编写与资源库建设、推广应用和更新相互促进、相辅相成并持续更新。

4. 围绕“1+X 证书制度”打造教材精品。本次对教材再次进行修订和完善，我们紧紧围绕《国家职业教育改革实施方案》的“1+X 证书制度”，针对模具专业毕业生的初始就业岗位和升迁就业岗位，遵从高等职业教育规律，，基于企业真实场景，以企业实际工作任务为驱动，以真实产品为载体，将“1+X 证书制度”、国家教学标准、职业标准、企业真实案例有机整合，展现行业新业态、新水平、新技术，培养学生综合职业素养，着力打造教材精品。

本书的参考学时为 64～88 学时，其中实践环节为 18～20 学时，各章的参考学时参见下面的学时分配表。

<table>
<tr><th rowspan="2">篇</th><th rowspan="2">章　节</th><th rowspan="2">课程内容</th><th colspan="2">学　时</th></tr>
<tr><th>讲　授</th><th>实　训</th></tr>
<tr><td colspan="3">绪　论</td><td>2</td><td>1</td></tr>
<tr><td rowspan="3">上篇　塑料成形工艺与模具设计</td><td>第 1 章</td><td>塑料成形基础</td><td>2 ~ 4</td><td>1</td></tr>
<tr><td>第 2 章</td><td>塑料注射模设计</td><td>8 ~ 12</td><td>2</td></tr>
<tr><td>第 3 章</td><td>其他塑料成形模具设计</td><td>3 ~ 5</td><td>2</td></tr>
<tr><td rowspan="5">中篇　冲压成形工艺与模具设计</td><td>第 4 章</td><td>冲压加工基础</td><td>3 ~ 4</td><td>2</td></tr>
<tr><td>第 5 章</td><td>冲裁工艺与模具设计</td><td>8 ~ 10</td><td>2</td></tr>
<tr><td>第 6 章</td><td>弯曲工艺与模具设计</td><td>3 ~ 5</td><td rowspan="3">2 ~ 4</td></tr>
<tr><td>第 7 章</td><td>拉深工艺与模具设计</td><td>3 ~ 5</td></tr>
<tr><td>第 8 章</td><td>其他冲压工艺与模具</td><td>2 ~ 3</td></tr>
<tr><td rowspan="3">下篇　模具制造技术</td><td>第 9 章</td><td>模具制造工艺及方法</td><td>4 ~ 6</td><td>2</td></tr>
<tr><td>第 10 章</td><td>塑料注射模具制造与装配</td><td>4 ~ 6</td><td>2</td></tr>
<tr><td>第 11 章</td><td>冲压模具制造与装配</td><td>4 ~ 6</td><td>2</td></tr>
<tr><td colspan="3">课时总计</td><td>46 ~ 68</td><td>18 ~ 20</td></tr>
</table>

本书由国家级教学名师、国家级精品课程主持人、河南工学院杨占尧教授任主编，山西机电职业技术学院董海涛、新乡职业技术学院杨彬彬和辽宁省交通高等专科学校韩海玲任副主编，全书由杨占尧负责统稿。河南工学院于汇咏、丁海、董二婷，新乡职业技术学院张小翠，湖南开放职业技术学院郭世帅等参与了编写工作。本书在编写过程中得到了王学让、翟德梅等专家的大力支持和帮助，在此表示诚挚的谢意。

由于编者水平有限，书中难免存在不足之处，希望广大师生提出宝贵意见。我们的联系方式是 E-mail:yzyyzy@vip.163.com。

编　者

2023 年 5 月

素材列表

表 1　　PPT 课件

素材类型	功能描述
PPT 课件	供教师上课用

表 2　　动画

序号	名　称	序号	名　称
1	塑料的组成及性能	33	斜导柱的内侧抽芯
2	塑料的分类	34	认识弯销侧向抽芯机构
3	注射成形原理	35	认识斜滑块侧向抽芯机构
4	压缩成形原理	36	认识斜导槽侧向抽芯机构
5	压注成形原理	37	认识斜导杆导滑的侧向分型与抽芯机构
6	挤出成形原理	38	挤出吹塑成形的工艺过程
7	气动挤出成形原理	39	注射吹塑成形的工艺过程
8	注射机的分类方式 1	40	注射拉伸吹塑成形的工艺过程
9	注射机的分类方式 2	41	吹塑模具结构的设计要点
10	注射机的分类方式 3	42	凹模抽真空成形的工艺过程
11	注射模具的种类及应用	43	凸模抽真空成形的工艺过程
12	单分型面注射模的工作原理	44	凹凸模先后抽真空成形的工艺过程
13	注射模具的组成	45	压缩空气成形的工艺过程
14	双分型面注射模的工作原理	46	热固性塑料注射成形的工艺过程
15	侧向分型与抽芯注射模的工作原理	47	双色注射成形的工艺过程
16	带有活动镶块的注射模的工作原理	48	双层注射成形的工艺过程
17	其他典型注射模的工作原理	49	双色花纹注射的工艺过程
18	推出机构的结构组成	50	合模导向装置的应用
19	推出机构的结构分类	51	传动齿条固定在定模一侧的工作原理
20	二次推出机构	52	导向机构的装配过程
21	推出机构的导向与复位原理	53	气体辅助注射成形的工艺过程
22	顺序推出机构	54	传动齿条固定在动模一侧的工作原理
23	简单推出机构——推杆推出机构	55	侧向分型与抽芯的工作原理
24	简单推出机构——推管推出机构	56	推杆的装配
25	简单推出机构——活动镶件及凹模推出机构	57	型腔的装配方式
26	简单推出机构——推件板推出机构	58	修配装配法
27	简单推出机构——多元推出机构	59	液压（或气动）侧向抽芯机构的工作原理
28	点浇口流道的推出机构	60	压注模的分类及应用
29	斜导柱固定在定模、侧滑块安装在动模	61	加料室的结构设计——移动式
30	斜导柱固定在动模、侧滑块安装在定模	62	加料室的结构设计——固定式
31	斜导柱与侧滑块同时安装在定模	63	推件板的装配
32	斜导柱与侧滑块同时安装在动模	64	浇口套的装配过程

续表

序号	名　称	序号	名　称
65	手动侧向分型与抽芯机构的工作原理	89	弯曲变形分析
66	型芯的装配方式	90	认识V形件弯曲模
67	塑件加压方向的选择原则	91	认识Z形件弯曲模
68	凸凹模各组成部分及其作用	92	认识U形件弯曲模
69	凹凸模的配合形式	93	认识内斜楔弯曲模
70	聚合物的黏性流动原理	94	认识铰链立式弯曲模
71	典型电线电缆包覆机头的工作原理	95	认识级进弯曲模
72	压缩模按固定方式分类介绍	96	认识复合弯曲模
73	曲柄压力机的结构及工作原理	97	认识无压边装置首次拉深模
74	液压机的结构及工作过程	98	认识压边装置首次拉深模
75	认识单工序无导向敞开式冲裁模	99	认识落料拉深复合模
76	认识导板式单工序落料模	100	认识双动压力机上使用的首次拉深模
77	认识导柱式单工序冲裁模	101	认识无压边以后工序拉深模
78	认识倒装复合模	102	认识带压边的以后各工序拉深模
79	认识正装复合模	103	弹性压边装置的种类和特点
80	认识导正销定位的级进模	104	认识内孔翻边模
81	认识侧刃定距的级进模	105	认识外缘翻边模
82	认识板式侧面冲孔模	106	认识缩口模
83	认识斜楔式水平冲孔模	107	认识胀形模
84	刚性卸料装置种类和特点	108	精密冲裁的工作原理
85	认识弹性卸料装置种类和特点	109	认识简易精冲模
86	推件装置的种类和特点	110	认识复合精冲模
87	顶件装置的结构和特点	111	认识连续精冲模
88	弯曲过程	112	认识冲深孔—落料的连续精冲模

目　录

绪论

学习目标

1. 掌握模具的含义及其功能
2. 熟悉模具的分类及应用
3. 了解模具制造的特点
4. 熟悉模具加工方法

课程思政元素

0.1 模具及其功能

1．模具

模具是工业产品生产用的工艺装备，主要应用于制造业和加工业。它是和冲压、锻造、铸造成形机械，以及和塑料、橡胶、陶瓷等非金属材料制品成形加工用的成形机械相配套，作为成形工具来使用的。

模具属于精密机械产品，因为它主要由机械零件和机构组成，如成形工作零件（凸模、凹模），导向零件（导柱、导套等），支撑零件（模座等），定位零件等；送料机构，抽芯机构，推（顶）料（件）机构，检测与安全机构等。

为提高模具的质量、性能、精度和生产效率，缩短制造周期，模具组合多由标准零、部件组成，所以模具应属于标准化程度较高的产品。一副中小型冲模或塑料注射模，其构成的标准零、部件可达 70%，其工时节约率可达 25%～45%。

2．模具的功能

现代产品生产中，模具由于其加工效率高，互换性好，节约原材料，所以得到很广泛的应用。现代工业产品的零件广泛采用冲压、成形锻造、压铸成形、挤压成形、塑料注射或其他成形加工方法，和成形模具相配套，经单工序或多道成形工序，使材料或坯料成形加工成符合产品要求的零件，或成为精加工前的半成品件。如汽车覆盖件，须采用多副模具进行冲孔、拉深、翻边、弯曲、切边、修边、整形等多道工序，成形加工为合格零件；电视机外壳、洗衣机内桶是采用塑料注射方法，经一次注射成形为合格零件的；发动机的曲轴、连杆是采用锻造成形模具，经滚锻和模锻成形加工为精密机械加工前的半成品坯件的。

大批量生产用模具：高精度、高效率、长寿命的冲模及塑料注射成形模具，可成形加工几十万件，甚至几千万件产品零件。如一副硬质合金模具，可冲压硅钢片零件上亿件。

通用、经济模具：适用于多品种、少批量，或产品试制的模具，有组合冲模、快换冲模、叠层冲模、成形模具或低熔点合金成形模具等，在现代加工业中具有重要的经济价值。

大型模具：质量在 10t 以上的已很常见，有些模具质量已达 30t。如大型汽车覆盖件冲模、大型曲轴锻模、大尺寸电视机外壳用塑料注射模等的重量都在 10t 以上。

随着现代化工业和科学技术的发展，模具的应用越来越广泛，其适应性也越来越强，已成为工业国家制造工艺水平的标志和独立的基础工业体系。

0.2 模具分类及应用

模具的用途广泛，种类繁多，科学地进行模具分类，对有计划地发展模具工业，系统地研究、开发模具生产技术，促进模具设计、制造技术的现代化，充分发挥模具的功能和作用，对研究、制定模具技术标准，提高模具标准化水平和专业化协作生产水平，提高模具生产效率，缩短模具的制造周期，都具有十分重要的意义。

1. 模具分类

总体上说，模具可分为 3 大类：金属板材成形模具，如冲模等；金属体积成形模具，如锻（镦、挤压）模，压铸模等；非金属材料制品用成形模具，如塑料注射模和压缩模，橡胶制品、玻璃制品、陶瓷制品用成形模具等。本教材主要讲述冲模和塑料成形模。

模具的具体分类方法很多，常用的有：按模具结构形式可分为冲模中的单工序模、复合模、级进模等，塑料成形模具中的压缩模、注射模、压注模、挤出模等；按模具使用对象可分为电工模具、汽车模具、电视机模具等；按模具材料可分为硬质合金模具和钢模等；按工艺性质可分为冲孔模、落料模、拉深模、弯曲模，塑料成形模具中的吸塑模、吹塑模等。

2. 模具的应用

模具的功能和应用与模具的类别、品种有着密切的关系。模具和产品零件的形状、尺寸、精度、材料、材料形式、表面状态、质量和生产批量等都必须相符合，要满足零件要求的技术条件，即每一个产品零件相对应的生产用模具，只能是一副或一套特定的模具。为适应模具不同的功能和用途，每一副模具都需进行创造性设计，由此造成模具结构形式多变，从而造成了模具类别和品种繁多，并具有单件生产的特征。

尽管如此，由于模具生产技术的现代化，在现代工业生产中，模具已广泛用于电动机与电器产品、电子与计算机产品、仪表、家用电器产品与办公设备、汽车、军械、通用机械等产品的生产中。其主要原因是由于模具具有以下一系列特点。

（1）模具的适应性强。针对产品零件的生产规模和生产形式，可采用不同结构和档次的模具与之相适应。如为适应产品零件的大批量生产，可采用高效率、高精度、高寿命和自动化程度高的模具；为适应产品试制或多品种、小批量的产品零件生产，可采用通用模具，如组合冲模、快换模具（可用于柔性生产线）以及各种经济模具。

根据不同产品零件的结构、性质、精度和批量，以及零件材料和材料性质、供货形式，可采用不同类别和种类的模具与之相适应。如锻件需采用锻模，冲件需采用冲模，塑件需采用塑料成形模具，薄壳塑件需采用吸塑或吹塑模具等。

（2）制件的互换性好。即在模具的一定使用寿命范围内，合格制件（冲件、塑件、锻件等）的相似性好，可完全互换。

（3）生产效率高。采用模具成形加工，产品零件的生产效率高。高速冲压可达 1 800 次/min，由于模具寿命和产品产量等因素限制，常用冲模也在（200～600）次/min 范围内。塑件注射成形的循环时间可缩短在 1～2min 内，若采用热流道模具进行连续注射成形，生产效率则更高，可满足塑件大批量生产的要求。采用模具进行成形加工与机械加工相比，不仅生产效率高，而且生产消耗低，可大幅度节约原材料和人力资源，是进行产品生产的一种优质、高效、低耗的生产技术。

（4）社会效益高。模具是具有高技术含量的社会产品，其价值和价格主要取决于模具材料、加工、外购件的劳动与消耗 3 项直接发生的费用和模具设计与试模（验）等技术费用。后者是模具价值和市场价格的主要组成部分，其中一部分技术价值计入了市场价格，而更大的一部分价值，则由模具用户和产品用户受惠变为社会效益。如电视机用模具，其模具费用仅为电视机产品价格的 1/3 000～1/5 000，尽管模具的一次投资较大，但在大批量生产的每台电视机的成本中仅占极小部分，甚至可以忽略不计，而实际上，很大一部分的模具价值为社会所拥有，变成了社会财富。

模具是现代工业生产中广泛应用的优质、高效、低耗、适应性很强的生产技术，或称成形工具、成形工装产品。模具是技术含量高、附加值高、使用广泛的新技术产品，是价值很高的社会财富。

0.3 模具制造特点

现代工业产品的生产对模具要求越来越高，模具结构日趋复杂，制造难度日益增大。模具制造正由过去的劳动密集型和主要依靠工人的手工技巧及采用传统机械加工设备，转变为技术密集型即更多地依靠各种高效与高精度的数控切削机床、电加工机床，从过去的机械加工时代转变成机、电结合加工以及其他特殊加工时代，模具钳工量正呈逐渐减少之势。现代模具制造集中了制造技术的精华，体现了先进的制造技术，已成为技术密集型的综合加工技术。

（1）一般说来，模具制造属于单件生产。尽管采取了一些措施，如模架标准化、毛坯专用化、零件商品化等，适当集中模具制造中的部分内容，使其带有批量生产的特点，但对整个模具制造过程，尤其对工作零件的制造仍然属于单件生产，其制造具有以下特点。

① 形状复杂，加工精度高，因此须应用各种先进的加工方法（如数控铣、数控电加工、坐标镗、成形磨、坐标磨等）才能保证加工质量。

② 模具材料性能优异，硬度高，加工难度大，需要先进的加工设备和合理安排加工工艺。

③ 模具生产批量小，大多具有单件生产的特点。应多采用少工序、多工步的加工方案，即工序集中的方案，不用或少用专用工具加工。

④ 模具制造完成后均需调整和试模，只有试模成形出合格制件后，模具制造方算合格。

（2）现代模具设计一般是在模具标准化和通用化的基础上进行的，所以模具制造主要有 3 项工作。

① 模具工作零件的制造。

② 配购通用、标准件及进行补充加工。

③ 进行模具装配和试模。

其中，模具工作零件的制造和模具装配是重点。

0.4 模具加工方法

在模具制造中，按照零件结构和加工工艺过程的相似性，通常可将各种模具零件大致分为工作形面零件、板类零件、轴类零件、套类零件等。其加工方法主要有机械加工、特种加工两大类，机械加工方法主要是指各类金属切削机床的切削加工，采用普通及数控切削机床进行车、铣、刨、镗、钻、磨加工，可以完成大部分模具零件加工，再配以钳工操作，可实现整套模具的制造。机械加工方法是模具零件的主要加工方法，即使模具的工作零件采用特种加工方法加工，也需要用机械加工的方法进行预加工。

随着模具质量要求的不断提高，高强度、高硬度、高韧性等特殊性能的模具材料的不断出现和复杂型面、型孔的不断增多，传统的机械加工方法已难以满足模具加工的要求，因而直接利用电能、热能、光能、化学能、电化学能、声能等特种加工的工艺方法得到了很快的发展。目前以电加工为主的特种加工方法在现代模具制造中已得到了广泛应用，它是对机械加工方法的重要补充。

模具常用的加工方法如表 0-1 所示。

表 0-1　　模具常用的加工方法

类别	加工方法	机　床	使 用 工 具	适 用 范 围
切削加工	平面加工	龙门刨床	刨刀	对模具坯料进行六面加工
		牛头刨床	刨刀	
		龙门铣床	端面铣刀	
	车削加工	车床	车刀	各种模具零件
		NC 车床	车刀	
		立式车床	车刀	
	钻孔加工	钻床	钻头、铰刀	加工模具零件的各种孔
		横臂钻床	钻头、铰刀	
		铣床	钻头、铰刀	
		数控铣床	钻头、铰刀	
		加工中心	钻头、铰刀	
		深孔钻	深孔钻头	加工注塑模冷却水孔
	镗孔加工	卧式镗床	镗刀	镗削模具中的各种孔
		加工中心	镗刀	
		铣床	镗刀	
		坐标镗床	镗刀	镗削高精度孔
	铣加工	铣床	立铣刀、端面铣刀	铣削模具各种零件
		NC 铣床	立铣刀、端面铣刀	
		加工中心	立铣刀、端面铣刀	
		仿形铣床	球头铣刀	进行仿形加工
		雕刻机	小直径立铣刀	雕刻图案
	磨削加工	平面磨床	砂轮	模板各平面
		成形磨床	砂轮	各种形状模具零件的表面
		NC 磨床	砂轮	
		光学曲线磨床	砂轮	
		坐标磨床	砂轮	精密模具型孔
		内、外圆磨床	砂轮	圆形零件的内、外表面
		万能磨床	砂轮	可实施锥度磨削
	电加工	型腔电加工	电极	用切削方法难以加工的部位
		线切割加工	线电极	精密轮廓加工
		电解加工	电极	型腔和平面加工
	抛光加工	手持抛光工具	各种砂轮	去除铣削痕迹
		抛光机或手工	锉刀、砂纸、油石、抛光剂等	对模具零件进行抛光

续表

类别	加工方法	机　床	使用工具	适用范围
非切削加工	挤压加工	压力机	挤压凸模	难以进行切削加工的型腔
	铸造加工	铍铜压力铸造	铸造设备	铸造塑料模型腔
		精密铸造	石膏模型、铸造设备	
	电铸加工	电铸设备	电铸母型	精密注射模型腔
	表面装饰纹加工	蚀刻装置	装饰纹样板	加工注射模型腔表面

表 0-2～表 0-4 所示为模具上常见孔、平面和外圆表面的加工方案，可供制订工艺时参考。

表 0-2　孔加工方案

序号	加工方案	经济精度	表面粗糙度 Ra (μm)	适用范围
1	钻	IT11～12	12.5	加工未淬火钢及铸铁，也可用于加工有色金属
2	钻—铰	IT9	3.2～1.6	
3	钻—铰—精铰	IT7～8	0.8～1.6	
4	钻—扩	IT10～11	6.3～12.5	同上，孔径可大于20mm
5	钻—扩—铰	IT8～9	1.6～3.2	
6	钻—扩—粗铰—精铰	IT7	1.6～0.8	
7	精镗（或扩孔）	IT10～11	6.3～12.5	除淬火钢以外的各种材料，毛坯有铸出孔或锻出孔
8	粗镗（粗扩）—半精镗（精扩）	IT8～9	1.6～3.2	
9	粗镗（扩）—半精镗（精扩）—精镗（铰）	IT7～8	0.8～1.6	
10	粗镗（扩）—半精镗（精扩）—精镗（浮动镗刀精镗）	IT6～7	0.4～0.8	
11	粗镗（扩）—半精镗磨孔	IT7～8	0.2～0.8	主要用于淬火钢，也可用于未淬火钢，但不宜用于有色金属
12	粗镗（扩）—半精镗—精镗—金刚镗	IT6～7	0.1～0.2	

表 0-3　平面加工方案

序号	加工方案	经济精度	表面粗糙度 Ra (μm)	适用范围
1	粗车—半精车	IT9	6.3～3.2	主要用于端面加工
2	粗车—半精车—精车	IT7～8	0.8～1.6	
3	粗车—半精车—磨削	IT8～9	0.2～0.8	
4	粗刨（或粗铣）—精刨（或精铣）	IT7～8	6.3～1.6	一般不淬硬平面
5	粗刨（或粗铣）—精刨（或精铣）—刮研	IT6～7	0.1～0.8	精度要求较高的不淬硬平面，批量较大时宜采用宽刃精刨
6	粗刨（或粗铣）—精刨（或精铣）—磨削	IT7	6.3～3.2	精度要求高的淬硬平面或未淬硬平面
7	粗刨（或粗铣）—精刨（或精铣）—粗磨—精磨	IT6～7	0.02～0.4	
8	粗铣—精铣—磨削—研磨	IT6 以上	<0.1（Rz 为 0.05μm）	高精度的平面

表 0-4　外圆表面加工方案

序号	加工方案	经济精度	表面粗糙度 Ra (μm)	适用范围
1	粗车	IT11 以下	12.5～50	适用于淬火钢以外的各种金属
2	粗车—半精车	IT8～10	3.2～6.3	
3	粗车—半精车—精车	—	1.6～0. 8	
4	粗车—半精车—磨削	IT7～8	0.4～0.8	主要用于淬火钢，也可用于未淬火钢。但不宜加工有色金属
5	粗车—半精车—粗磨—精磨	IT6～7	0.1～0.4	
6	粗车—半精车—粗磨—精磨—超精加工（或轮式超粗磨）	IT5	0.1（Ry 为 0.1μm）	
7	粗车—半精车—精车—金刚石车	IT6～7	0.025～0.4	主要用于有色金属加工
8	粗车—半精车—粗磨—精磨—超精磨或镜面磨	IT6 以上	＜0.025（Ry 为 0.05μm）	极高精度的外圆加工
9	粗车—半精车—粗磨—精磨—研磨	—	—	—

各种加工方法均有可能达到的最高精度和经济精度。为了降低生产成本，根据模具各部位的不同要求，尽可能使用各种加工方法的经济精度。各种加工方法的可能精度是在特殊要求的条件下，耗费大量时间进行细致操作才能达到的精度。常用加工方法的可能精度和经济精度及表面粗糙度如表0-5和表0-6所示。

表0-5　各种加工方法的精度

加工方法	可能精度（mm）	经济精度（mm）
仿形加工	±0.02	±0.1
数控加工	±0.01	±0.02
坐标镗加工	±0.002	±0.005
坐标磨加工	±0.002	±0.005
电加工	±0.002	±0.02～0.03
线切割加工	±0.005	±0.01
成形磨削加工	±0.002	±0.005～0.01

表0-6　各种加工方法可能达到的表面粗糙度

加工方法	表面粗糙度 *Ra*（μm）			
	粗	半精	细	精
车	12.5～6.3	6.3～3.2	6.3～1.6	0.8～0.2
铣	12.5～3.2	—	3.2～0.8	0.8～0.4
高速铣	1.6～0.8	—	0.4～0.2	—
刨	12.5～6.3	—	6.3～1.6	0.8～0.2
钻	12.5～0.8			
铰	6.3～1.6	1.6～0.4	0.8～0.1	—
镗	12.5～6.3	6.3～3.2	3.2～0.8	0.8～0.4
磨	3.2～0.8	0.8～0.2	0.2～0.025	—
研磨	0.8～0.2	0.2～0.05	0.05～0.025	—
珩磨	0.8～0.2	—	0.2～0.025	—

实训与练习

1．实训

在老师的带领下，参观有代表性的模具生产、制造企业，现场了解模具的作用与用途，增加感性认识，为学习好本课程打好基础。

2．练习

（1）什么是模具？

（2）模具有什么功能？

（3）总体上讲，模具可以分为几大类？

（4）模具生产有什么特点？

（5）模具制造有什么特点？

（6）模具常用的加工方法有哪些？

（7）模具上常见的孔如何加工？

（8）模具上常见的平面如何加工？

（9）模具上常见的外圆表面如何加工？

上　　篇

塑料成形工艺与模具设计

第 1 章
塑料成形基础

学习目标

1. 掌握塑料的概念及其特点
2. 掌握热固性塑料、热塑性塑料的概念以及二者的区别
3. 掌握塑料模具的概念和功用
4. 掌握塑件形状结构与模具结构的关系
5. 能够正确选择塑件的尺寸精度和表面粗糙度
6. 了解注射机的基本结构与类型

课程思政元素

1.1 塑料及其组成

1.1.1 塑料的特点

塑料是以树脂为主要成分的高分子材料，它在一定的温度和压力条件下具有流动性，可以被模塑成形为一定尺寸的几何形状，并在成形固化后保持其既得形状不发生变化。树脂是指受热时通常有转化或熔融，转化时受外力作用具有流动性，常温下呈固态或半固态或液态的有机聚合物，它是塑料最基本的，也是最重要的成分。

1-1 塑料的组成及性能

作为日常用品，塑料的用途已经广为人知，而由于它的一些特殊优点，塑料在工业中的应用也已经非常普遍。塑料的特点主要有以下几方面。

（1）密度小、质量轻。塑料的密度为 0.9～2.3g/cm^3，但大多数都为 1.0～1.4g/cm^3，如果采用发泡工艺生产泡沫塑料，则塑料的密度将会更小，其数值可以小到 0.01～0.5g/cm^3。塑料具有这样小的密度意味着在同样体积下，塑料制品要比金属制品轻得多，因此，若要减轻工业产品的重量，将金属制品改换成塑料制品是一个很重要的途径，即所谓的“以塑代钢”。

（2）比强度高。按单位质量计算的强度称为比强度。由于塑料的密度小，所以其比强度比较高。若按比强度大小来评价材料的使用性能，则一些特殊的塑料品种的比强度和比刚度比金属还高，可以代替钢材做工程材料用，如碳纤维和硼纤维增强塑料可用于制造人造卫星、

火箭、导弹上的强度高与刚度好的结构零件。

（3）绝缘性能好、介电损耗低。塑料原子内部一般都没有自由电子和离子，所以大多数塑料都具有良好的绝缘性能以及很低的介电损耗。塑料是现代电工行业和电器行业不可缺少的原材料，许多电器用的插头、插座、开关、手柄等，都是用塑料制成的。

（4）化学稳定性高。生产实践和科学试验已经表明，绝大多数塑料的化学稳定性都很高，它们对酸、碱和许多化学药物都具有良好的耐腐蚀能力，可以用来制作各种管道、密封件和换热器等。

（5）减磨、耐磨性能好。大多数塑料都具有良好的减磨和耐磨性能，它们可以在水、油或带有腐蚀性的液体中工作，这是一般金属零件无法与其相比的。

（6）减震、隔音性能好。塑料是现代工业中减震隔音性能极好的材料，不仅可以用于高速运转机械，而且还可以用做汽车中的一些结构零部件，例如一些轿车已经开始采用碳纤维增强塑料制造板簧。

此外，许多塑料还都具有透光和绝热性能，或可以与金属一样进行电镀、着色和焊接，从而使得塑料制品能够具有丰富的色彩和各种各样的结构形式。另外，许多塑料还具有防水、防潮、防透气、防辐射以及耐瞬时烧蚀等特殊性能。

塑料虽然具有以上诸多优点，但它们还有一些比较严重的缺陷至今未能克服，如绝对强度低；对温度的敏感性较高，不耐热，容易在阳光、大气、压力和某些介质作用下老化；收缩率波动范围较大，塑料制品的精度不容易控制；长期受载荷作用会产生“蠕变”等。以上缺陷的存在严重地影响了塑料的应用范围，使得塑料制品在许多领域还不能从根本上取代金属制品。

1.1.2 塑料的组成

塑料是以聚合物为主体，添加各种助剂的多组分材料。根据不同的功能，塑料所用的助剂可分为：聚合物增塑剂、稳定剂、润滑剂、填充剂、交联剂、着色剂、发泡剂等。塑料中的主要助剂及其作用如下。

（1）聚合物。聚合物是塑料配方中的主要成分，它在塑料制品中为均匀的连续相，其作用在于将各种助剂粘合成一个整体，使制品能获得预定的使用性能。在成形物料中，聚合物应能与所添加的各种助剂共同作用，使物料具有较好的成形性能。聚合物决定了塑料的类型和基本性能，如物理、化学、机械、电、热等方面的性能。单一组分的塑料中，聚合物几乎占 100%；在多组分塑料中，聚合物含量占 30%～90%。

（2）增塑剂。为了改善聚合物熔体在注射成形过程中的流动性，常常需要在聚合物中添加一些能与聚合物相溶并且不易挥发的有机化合物，这些化合物统称为增塑剂。增塑剂加入聚合物后，其分子可插入到大分子链之间，削弱聚合物大分子之间的作用力，从而导致聚合物的黏流温度和玻璃化温度下降，黏度也随之减小，故流动性可以提高。增塑剂加入聚合物后，还能提高塑料的伸长率、抗冲击性能以及耐寒性能，但其硬度、强度和弹性模量却有所下降。

（3）稳定剂。为了防止或抑制不正常的降解和交联，需要在聚合物中添加一些能够稳定其化学性质的物质，这些物质称为稳定剂。根据发挥作用的不同可分为热稳定剂、抗氧化剂和光稳定剂。生产中，稳定剂的添加量一般大于 2%，也有少数情况下高达 5%。

（4）润滑剂。为了改善塑料在注射成形过程中的流动性能，并减少或避免塑料熔体对设备及模具的黏附和摩擦，常常需要在聚合物中添加一些必要的物质，这些物质统称为润滑剂。它们还能使塑料表面保持光洁。

（5）填充剂。填充剂又称填料，通常对聚合物呈惰性。在聚合物中添加填充剂的主要目的是为了改善塑料的成形性能，减小塑料中的聚合物用量，以及提高塑料的某些性能。

（6）交联剂。亦称硬化剂，添加在聚合物中能促使聚合物进行交联反应或加快交联反应速度，一般多用在热固性塑料中，可以促使制品加速硬化。

（7）着色剂。添加在聚合物中可使塑料着色的物质统称为着色剂。它们可以分为无机颜料、有机颜料和染料 3 种类型。着色剂用量一般为 0.01%～0.02%，一味提高用量并不能加重色泽和鲜艳程度。

（8）发泡剂。添加在聚合物中可使塑料形成蜂窝状泡孔结构的物质叫作发泡剂。它主要用来增大塑料制品的体积和减轻重量，同时也可提高防震性能。发泡机理可分为物理发泡和化学发泡两种类型。物理发泡通过液体发泡剂蒸发膨胀实现，化学发泡通过发泡剂受热分解产生气体实现。

（9）其他助剂。其他助剂主要有阻燃剂、驱避剂、防静电剂、偶联剂和开口剂等。

1.2 塑料的分类

塑料是一个庞大的家族，分支多，分类方法很多，最常用的分类方法有以下两种。

1.2.1 按聚合物的热性能分类

按塑料中聚合物的分子结构和热性能，塑料可分为热塑性塑料和热固性塑料两大类。

（1）热塑性塑料。热塑性塑料的聚合物的分子结构呈线形或支链状线形，受热后容易活动，外征表现为变软。将该类塑料升温熔融为黏稠液体后施加高压，便可以充满一定形状的型腔，而后使其冷却固化定型成为制品。如果再将其加热又可进行另一次塑料成形，如此可以反复地进行多次。在成形过程中，该塑料主要是发生物理变化，仅有少量的化学变化（热降解或少量交联），其变化过程基本上是可逆的。一般的热塑性塑料在一定的溶剂中可以溶解。常见的热塑性塑料有聚乙烯、聚丙烯、聚苯乙烯、聚氯乙烯（ABS）、聚甲基丙烯酸甲酯（有机玻璃）、聚甲醛、尼龙、聚碳酸酯、聚砜、SAN 等。

1-2 按塑料的成形性能分类

（2）热固性塑料。热固性塑料在尚未成形时，其聚合物为线型聚合物分子，但是它的线型聚合物分子与热塑性塑料中的线型聚合物不同，其分子链中都带有反应基因（如羟甲基等）或反应活点（如不饱和链等）。成形时，塑料在热和压力作用下充满型腔的同时，这些分子通过自带的反应活点与交联剂作用而发生交联反应，随着塑料温度的升高和交联反应程度的加深，原线型聚合物分子向三维发展而形成网状分子的结构量逐渐增多，最终形成巨型网状结构，所以热固性塑料制品内部聚合物为体形分子，它是既不熔化又不溶解的物质，若被高温加热，只能烧焦。由此可见，热固性塑料耐热变形的性能比热塑性塑料的好。

常见的热固性塑料有酚醛、脲醛、三聚氰胺甲醛、不饱和聚酯等。

1.2.2　按塑料的应用范围分类

若按用途分类，塑料可分为通用塑料和工程塑料两大类。

1-3　按塑料的应用范围分类

（1）通用塑料。通用塑料一般指产量大、用途广、成形性能好、价格低廉的塑料，它包括聚乙烯、聚丙烯、聚氯乙烯、聚苯乙烯、酚醛塑料、氨基塑料等 6 大品种。通用塑料一般不具有突出的综合性能和耐热性，不宜用于承载要求较高的构件和在较高温度下工作的耐热件。

（2）工程塑料。工程塑料一般指机械强度高，可代替金属而用作工程材料的塑料，如制作机械零件、电子仪器仪表、设备结构件等。这类塑料包括尼龙、聚甲醛、丙烯腈—丁二烯—苯乙烯 ABS、聚砜（PSF）等。工程塑料又可分为通用工程塑料和特种工程塑料。一般把产量大的工程塑料称为通用工程塑料，如尼龙、聚碳酸酯、聚甲醛及其改性产品等，通常所说的工程塑料一般指这一部分。把生产数量少、价格昂贵、性能优异，可用作结构材料或特殊用途的塑料称为特种工程塑料，如氟塑料、聚酰亚胺塑料、聚四氟乙烯、环氧树脂、导电塑料、导磁塑料、导热塑料等。

其实，通用塑料和工程塑料的划分范围并不很严格，如 ABS 是一种主要的工程塑料，但由于其产量大，所以也可划入通用塑料；聚丙烯是典型的通用塑料，而增强的聚丙烯因其有工程塑料的某些特性，故可划入工程塑料的范围。

1.3　塑料模的功用与分类

1.3.1　塑料模的功用

在高分子材料加工领域中，用于塑料制品成形的模具称为塑料成形模具，简称塑料模。在塑料材料、制品设计及加工工艺确定以后，塑料模设计对制品质量与产量就具有决定性的影响。首先，模具结构对制品尺寸精度和形状精度以及塑件的物理力学性能、内应力大小、表观质量与内在质量等均有着十分重要的影响。其次，在塑件加工过程中，塑料模结构的合理性对操作的难易程度具有重要的影响。再次，塑料模对塑件成本也有相当大的影响，除简易模具外，一般来说，制模费用是十分昂贵的，大型塑料模更是如此。

在现代塑料制品生产中，合理的加工工艺、高效率的设备和先进的模具被誉为塑料制品成形技术的“三大支柱”，尤其是塑料模对实现塑件加工工艺要求、塑件使用要求和塑件外观造型要求起着无可替代的作用。高效全自动化设备也只有装上能自动化生产的模具，才能发挥其应有的效能。此外，塑件生产与产品更新均以模具制造和更新为前提。

我国塑料工业的高速发展对模具工业提出了越来越高的要求，国内塑料模具市场以注射模具需求量最大。近年来，人们对各种设备和用品轻量化要求越来越高，这就为塑料制品提供了更为广阔的市场。塑料制品要发展，必然要求塑料模具随之发展。汽车、家电、办公用品、工业电器、建筑材料、电子通信等塑料制品主要用户行业近年来都高位运行，发展迅速，这些都会导致对模具的需求量大幅度增长，促进塑料模具快速发展。

1.3.2 塑料模的分类

按照塑料制品成形的主要方法，塑料模具可分为很多类型，主要有注射模、压缩模、压注模、挤出模、吹塑模、真空成形模和热压印模等。

（1）注射模。在注射机的螺杆或活塞的作用下，料筒内塑化熔融的塑料经喷嘴与浇注系统注入型腔，并固化成形所用的模具称为注射模。注射模主要用于热塑性塑料制品成形，近年来也越来越多地用于热固性塑料制品成形。这是一类用途宽、占有比重大、技术较为成熟的塑料模具。

（2）压缩模。将直接放入型腔内的塑料熔融，并固化成形所用的模具称为压缩模。压缩模主要用于热固性塑料制品的成形，但也可用于热塑性塑料制品成形，另外还可用于聚四氟乙烯塑件的冷压成形。

（3）压注模。加料腔内塑化熔融的塑料通过柱塞，经浇注系统注入闭合型腔，并固化成形所用的模具称为压注模。压注模多用于热固性塑料制品的成形。

（4）挤出模。用于连续挤出成形塑料型材的模具通称挤出模，也称为挤出机头。这是又一大类用途很宽、品种繁多的塑料模具，主要用于塑料棒材、管材、板材、片材、薄膜、电线电缆包段、网材、单丝、复合型材及异型材等的成形加工，也用于中空制品的型坯成形。此种模具称为型坯模或型坯机头。

1.4 塑料模具材料及其选用

1.4.1 塑料模成形零件材料要求

塑料模成形零件材料选用的要求如下。

（1）机械加工性能良好。要选用易于切削，且在加工后能得到高精度零件的钢种。为此，以中碳钢和中碳合金钢最常用，这对大型模具尤其重要。对须电火花加工的零件，还要求该钢种的烧伤硬化层较薄。

（2）抛光性能优良。注射模成形零件工作表面多须抛光达到镜面，$Ra \leqslant 0.05\mu m$，要求钢材硬度35～40HRC为宜，表面过硬会使抛光困难。钢材的显微组织应均匀致密，杂质较少，无疵瘢和针点。

（3）耐磨性和抗疲劳性能好。注射模型腔不仅受高压塑料熔体冲刷，而且还受冷热交变的温度应力作用。一般的高碳合金钢可经热处理获得高硬度，但韧性差，易形成表面裂纹，不宜采用。所选钢种应使注射模能减少抛光修模的次数，能长期保持型腔的尺寸精度，达到批量生产的使用寿命期限。这对注射次数在30万次以上和纤维增强塑料的注射生产尤其重要。

（4）具有耐腐蚀性能。对有些塑料品种，如聚氯乙烯和阻燃型塑料，必须考虑选用有耐腐蚀性能的钢种。

1.4.2 塑料模零件材料的选用

热塑性注射模成形零件的毛坯，凹模和主型芯以板材和模块供应，常用 50 或 55 调质钢，硬度为 250～280HB，易于切削加工，旧模修复时的焊接性能较好，但抛光性和耐磨性较差。

型芯和镶件常以棒材供应，采用淬火变形小、淬透性好的高碳合金钢，经热处理后在磨床上直接研磨至镜面。常用 9CrWMn、Cr12MoV 和 3Cr2W8V 等钢种，淬火后回火硬度大于 55HRC，有良好耐磨性，也有采用高速钢基体的 65Nb（65Cr4W3Mo2VNb）新钢种，价廉但淬火性能差的 T8A、T10A 也可采用。

注塑模具选用钢种时应按塑件的生产批量、塑料品种及塑件精度与表面质量要求确定，如表 1-1 所示。模具零件材料的选用与热处理方法如表 1-2 所示。

表 1-1 注塑模具钢材选用

塑料与制品	型腔注射次数（次）	适用钢种	塑料与制品	型腔注射次数（次）	适用钢种
PP、HDPE 等一般塑料件	10 万左右	50、55 正火	精密塑料件	20 万以上	PMS、SM1、5NISCa
	20 万左右	50、55 调质	玻纤增强塑料	10 万左右	PMS
	30 万左右	P20		20 万以上	SMP225CrNi3MoAL 氮化、H13 氮化
	50 万左右	SM1、5NISCa	PC、PMMA、PS 透明塑料		PMS、SM2
工程塑料	10 万左右	P20	PVC 和阻燃塑料		PCR

表 1-2 常用塑料模具零件材料的选用与热处理方法

模具零件	使用要求	模具材料	热处理		说明
导柱、导套	表面耐磨、有韧性、抗曲、不易折断	20、20Mn2B	渗碳淬火	≥55HRC	用于导柱、导套
		T8A、T10A	表面淬火	≥55HRC	
		45	调质，表面淬火，低温回火	≥55HRC	
		黄铜 H62、青铜合金			用于导套
成形零部件	强度高、耐磨性好、热处理变形小、有时还要求耐腐蚀	9Mn2V、9CrSi、CrWMn、9CrWMn、CrW、GC15	淬火，中温回火	≥55HRC	用于制品生产批量大，强度、耐磨性要求高的模具
		Cr12MoV、4Cr5MoSiV、Cr6WV、4Cr5MoSiV1	淬火，中温回火	≥55HRC	用于生产批量大，强度、耐磨性要求高的模具，但热处理变形小，抛光性能较好
		5CrMnMo、5CrNi3Cr2W8V	淬火，低温回火	≥46HRC	用于成形温度高，成形压力大的模具
		T8、T8A、T10、T10A、T12、T12A	淬火，低温回火	≥55HRC	用于制品形状简单，尺寸不大的模具
		38CrMoAIA	调质，氮化	≥55HRC	用于耐磨性要求高并能防止热咬合的活动成形零件
		45、50、55、40Cr、42CrMo、35CrMo、40MnB、40MnVB、33CrNi3MoA、37CrNi3MoA、37CrNi3A、30CrNi3	调质，淬火（或表面淬火）	≥55HRC	用于制品批量生产的热塑性塑料成形模具
		10、15、29、12CrNi2、12CrNi3、12CrNi4、20Cr、20CrMnTi、20CrNi4	渗碳淬火	≥55HRC	容易切削加工或采用塑性加工方法制作小型模具的成形零部件

续表

模具零件	使用要求	模具材料	热处理		说明
成形零部件	强度高、耐磨性好、热处理变形小、有时还要求耐腐蚀	铍铜			导热性优良，耐磨性好，可铸造成形
		锌基合金、铝合金			用于制品试制或中小批量生产中的模具成形零部件，可铸造成形
		球墨铸铁	正火或退火	正火≥200HBS 退火≥200HBS	用于大型模具
主流道衬套	耐磨性好、有时要求耐腐蚀	45、50、55以及可用于成形零件的其他模具材料	表面淬火	≥55HRC	
顶杆、拉料杆等	一定的强度和耐磨性	T8、T8A、T10、T10A	淬火，低温回火	≥55HRC	
		45、50、55	淬火	≥55HRC	
各种模板、推板、固定板、模座等	一定的强度和刚度	45、50、40Cr、40MnB，40MnVB、45Mn2	调质	≥200HBS	
		结构钢Q235-Q275			
		球墨铸铁			用于大型模具
		HT200			仅用于模座

1.5 塑料制件设计

1.5.1 塑料制件设计的基本原则

注射制品的形状结构、尺寸大小、精度和表面质量要求与注射成形工艺和模具结构的适应性称为制品的工艺性。如果制品的形状结构简单、尺寸适中、精度低、表面质量要求不高，则制品成形起来就比较容易，所需的注射工艺条件比较宽松，模具结构比较简单，这时可以认为制品的工艺性比较好；反之，则可以认为制品的工艺性较差。为设计出工艺性良好且满足使用要求的塑料制件，必须遵守以下基本原则。

（1）在设计塑件时，应考虑原材料的成形工艺特性，如流动性、收缩率等。

（2）在保证制品使用要求（如使用性能、物理性能与力学性能、电性能、耐化学腐蚀性能和耐热性能等）的前提下，应力求制件形状、结构简单和壁厚均匀。

（3）设计制品形状和结构时，应尽量考虑如何使它们容易成形，考虑其模具的总体结构，使模具结构简单、易于制造。

（4）设计出的制品形状应有利于模具分型、排气、补缩和冷却。

（5）制品成形前后的辅助工作量应尽量减少，技术要求应尽量放低，同时在成形后最好不再进行机械加工。

1.5.2 塑件的形状和结构设计

塑件形状和结构设计的主要内容包括塑件形状、壁厚、斜度、加强筋、支撑面、圆角、孔、嵌件、文字、符号及标记等内容。

1-4　塑件的结构设计原则

1．塑件形状

塑件的形状在不影响使用要求的情况下，都应力求简单，避免侧表面凹凸不平和带有侧孔，这样就容易从模腔中直接顶出，避免了模具结构的复杂性。对于某些因使用要求必须带侧凹、凸或侧孔的塑件，常常可以通过合理的设计，避免侧向抽芯，如图 1-1 所示。图 1-1（a）所示的是侧面带凹凸纹的塑件，主要是为了旋转时增加与人手的摩擦力（如家用电器、仪器仪表的旋钮），可以采用方案（b）直纹，以避免方案（a）菱形纹造成模具结构复杂；图 1-1（c）所示的塑件侧面下端带有孔，主要是为了排放液体用，可采用设计方案（d），避免方案（c）造成侧向抽芯。

2．脱模斜度

为便于塑件从模腔中脱出，在平行于脱模方向的塑件表面上，必须设有一定的斜度，此斜度称为脱模斜度。斜度留取方向对于塑件内表面是以小端为基准（即保证径向基本尺寸），斜度向扩大方向取；对于塑件外表面则应以大端为基准（保证径向基本尺寸），斜度向缩小方向取，如图 1-2 所示。脱模斜度随制件形状、塑料种类、模具结构、表面精加工程度、精加工方向等而异。一般情况下，脱模斜度取 1/30～1/60（2°～1°）较适宜。

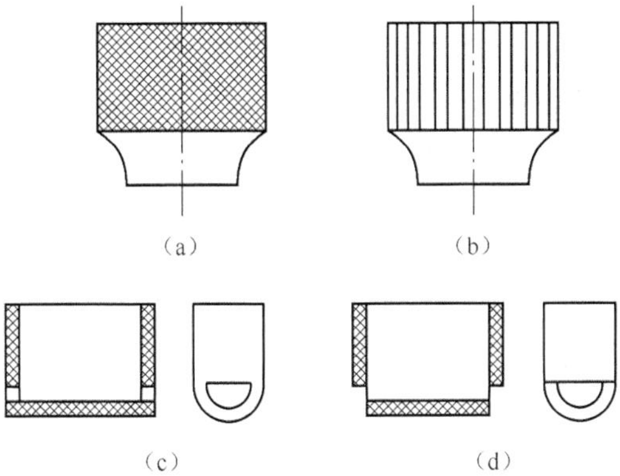

图 1-1　可避免抽芯的侧凹、侧孔塑件示例

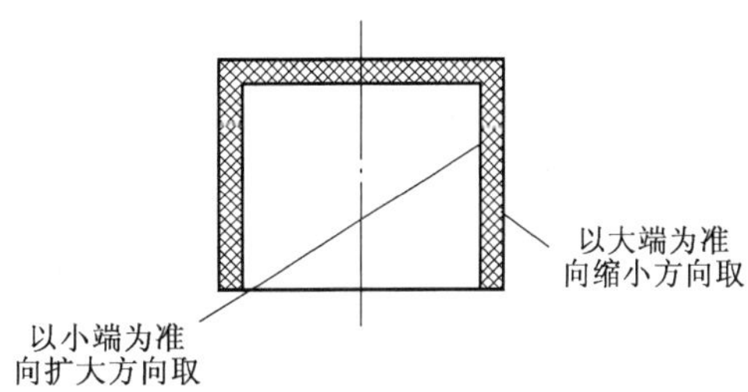

图 1-2　塑件上斜度留取方向

设计塑件时，如果未注明斜度，则模具设计时必须考虑脱模斜度。模具上脱模斜度留取方向是：型芯是以小端为基准，向扩大方向取；型腔是以大端为基准，向缩小方向取。这样规定斜度方向有利于型芯和型腔径向尺寸修整。斜度大小应在塑件径向尺寸公差范围内选取。当塑件尺寸精度与脱模斜度无关时，应尽量地选取较大的脱模斜度；当塑件尺寸精度要求严格时，可以在其尺寸公差范围内，确定较为适当的脱模斜度。

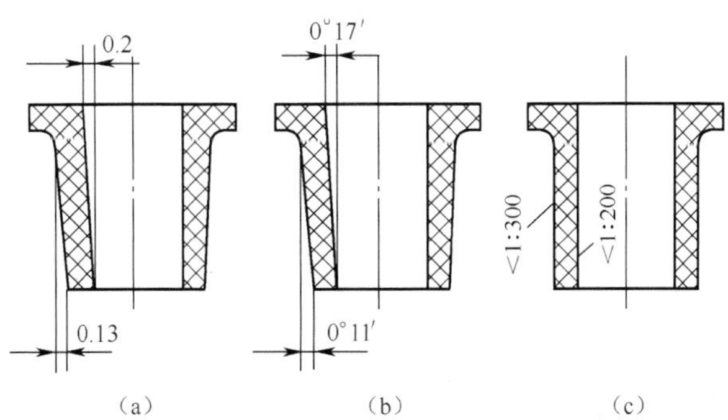

图 1-3　脱模斜度的标注

塑件上脱模斜度可以用线性尺寸、角度、比例等 3 种方式来标注，如图 1-3 所示。用线性尺寸标注脱模斜度的图例如图 1-3（a）所示，用角度表示脱模斜度如图 1-3（b）所示，用比例标注法如图 1-3（c）所示。

表 1-3～表 1-5 所示的是常用塑

料的脱模斜度推荐值，可供设计塑件时参考。

表 1-3　　常用热塑性塑料的脱模斜度

塑 料 名 称	脱 模 斜 度	
	塑件外表面	塑件内表面
尼龙（通用）	20′～40′	25′～40′
尼龙（增强）	20′～50′	20′～40′
聚乙烯	20′～45′	25′～45′
氯化聚醚	25′～45′	30′～45′
有机玻璃	30′～50′	35′～1°
聚碳酸酯	35′～1°	30′～50′
聚苯乙烯	35′～1°30′	30′～1°
ABS	40′～1°20′	35′～1°

表 1-4　　常用热固性塑料件上孔的脱模斜度

长度 L（mm）	直径 d（mm）	脱模斜度 α（′）
4～10	2～10	15～18
	10 以上	18～30
20～40	5～10	10～15
	15 以上	15～18

表 1-5　　常用热固性塑料件外表面的脱模斜度

长度 L（mm）	10 以下	10～30	30 以上
斜角 α（′）	25～30	30～35	35～40

3．防止塑件变形的措施

（1）在转角处加圆角 R。因为塑件容易产生内应力，绝对强度又比较低，所以为了使熔料易于流动和避免应力集中，应在转角处加设圆角 R，且圆角 R 的值应比金属件的圆角大。应力集中系数与 R/A 之间的关系如图 1-4 所示。

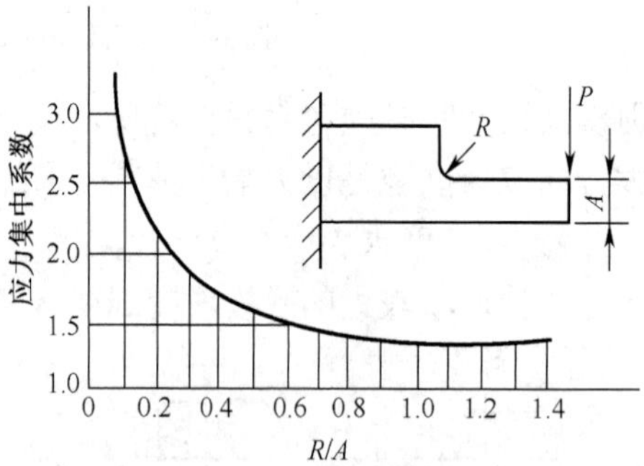

图 1-4　应力集中系数与 R/A 的关系

1-5　圆角的结构设计原则

（2）设置加强筋。塑件上增设加强筋的目的是在不增加塑件壁厚的情况下，增加塑件的刚性，防止塑件变形。对加强筋设计的基本要求是筋条方向应不妨碍脱模，筋的设置不应使塑件壁厚不均匀性明显增加，筋本身应带有大于塑件主体部分的脱模斜度等。图 1-5 所示的是加强筋设计的两个典型方案比较，其中图 1-5（a）所示的设计方案较好，而图 1-5（b）所示的方案会使筋底与塑件主体连接部位壁厚增加过多，同时使 A 处容易产生凹陷等缺陷，因而不可取。

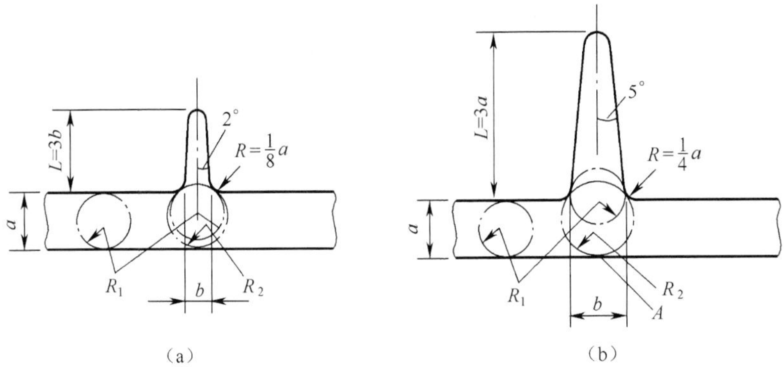

图 1-5　塑件上加强筋设计比较

1-6　加强筋与防变形机构设计原则

4. 壁厚及壁厚均匀性

塑件壁厚设计的基本依据是塑件的使用要求，例如强度、刚度、绝缘性、重量、尺寸稳定性和与其他零件的装配关系。壁厚设计也须考虑到塑件成形时的工艺性要求，如对熔体的流动阻力，顶出时的强度和刚度等。在满足工作要求和工艺要求的前提下，塑件壁厚设计应遵循如下两项基本原则。

（1）尽量减小壁厚。减小壁厚不仅可以节约材料，节约能源，也可以缩短成形周期，因为塑料是导热系数很小的材料，壁厚的少量增加会使塑件在模腔内冷却凝固时间明显增长。塑件壁厚减小，也有利于获得质量较优的塑件，因为厚壁塑件容易产生表面凹陷和内部缩孔。

热塑性塑件的壁厚一般在 1～4mm，表 1-6 列出了热塑性塑件最小壁厚及推荐壁厚。热固性塑件的壁厚一般在 1～6mm，表 1-7 为根据外形尺寸推荐的热固性塑件壁厚值。

表 1-6　热塑性塑件最小壁厚及推荐壁厚　单位：mm

塑 料 种 类	制件流程 50mm 的最小壁厚	一般制件壁厚	大型制件壁厚
聚酰胺（PA）	0.45	1.75～2.60	＞2.4～3.2
聚丙烯（PP）	0.85	2.45～2.75	＞2.4～3.2
聚乙烯（PE）	0.60	2.25～2.60	＞2.4～3.2
聚苯乙烯（PS）	0.75	2.25～2.60	＞3.2～5.4
改性聚苯乙烯	0.75	2.29～2.60	＞3.2～5.4
有机玻璃（PMMA）	0.80	2.50～2.80	＞4.0～6.5
聚甲醛（POM）	0.80	2.40～2.60	＞3.2～5.4
硬聚氯乙烯（HPVC）	1.15	2.60～2.80	＞3.2～5.8
软聚氯乙烯（LPVC）	0.85	2.25～2.50	＞2.4～3.2
氯化聚醚（CPT）	0.85	2.35～2.80	＞2.5～3.4
聚碳酸酯（PC）	0.95	2.60～2.80	＞3.0～4.5
聚苯醚（PPO）	1.20	2.75～3.10	＞3.5～6.4

表 1-7　热固性塑件壁厚　单位：mm

塑 料 名 称	塑件外形高度		
	＜50	50～100	＞100
粉状填料的酚醛塑料	0.7～2.0	2.0～3.0	5.0～6.5
纤维状填料的酚醛塑料	1.5～2.0	2.5～3.5	6.0～8.0
聚酯玻璃纤维填料的塑料	1.0～2.0	2.4～3.2	＞4.8
聚酯无机物填料的塑料	1.0～2.0	3.2～4.8	＞4.8
氨基塑料	1.0	1.3～2.0	3.0～4.0

（2）尽可能保持壁厚均匀。塑件壁厚不均匀时，成形中各部分所需冷却时间不同，收缩率也不同，容易造成塑件的内应力和翘曲变形，因此设计塑件时，应尽可能减小各部分的壁厚差别，一般情况下，应使壁厚差别保持在 30%以内。

对于由于塑件结构所造成的壁厚差别过大情况，可采取如下两种方法减小壁厚差。

① 可将塑件过厚部分挖空，如图 1-6（b）、（d）、（f）所示。

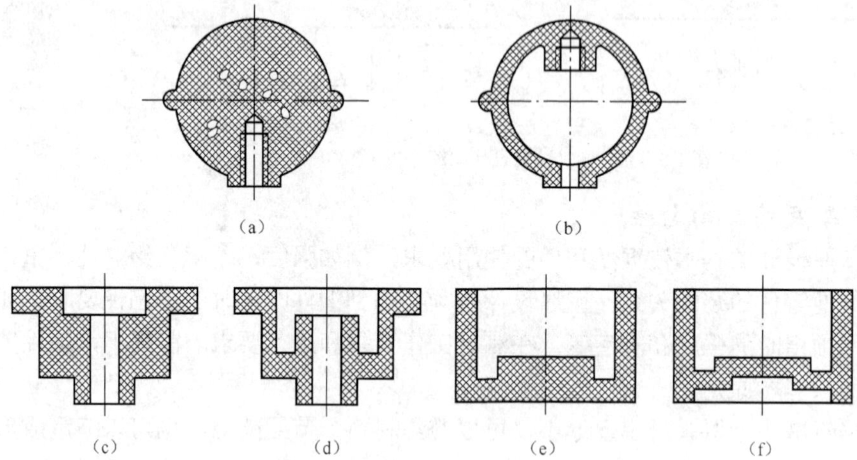

图 1-6　挖空塑件过厚部分使壁厚均匀

② 可将塑件分解，即将一个塑件设计为两个塑件，在不得已时采用这种方法。

5．塑件的支撑面

当采用塑件的整个底平面作为支撑面时，应将塑件底面设计成凹形或设置加强筋，这样不仅可提高塑件的基面强度，而且还可以延长塑件的使用寿命，如图 1-7（b）、（c）所示，支撑面设置加强筋的，筋的端部应低于支撑面约 0.5mm。

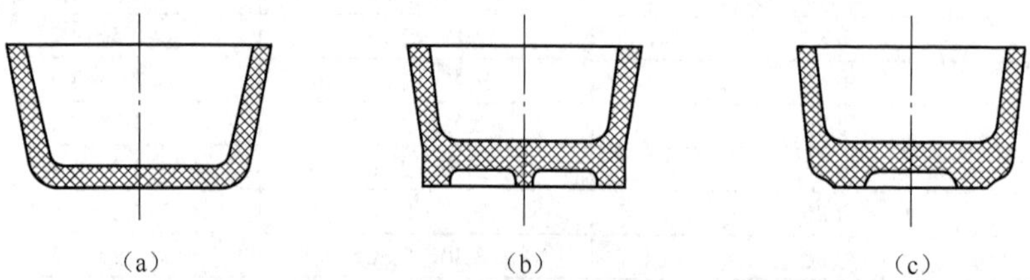

图 1-7　塑件的支撑面

1-7　支撑面的设计原则

6．塑件上的孔

塑件上的各种形状的孔，如通孔、盲孔、螺纹孔等，尽可能开设在不减弱塑件机械强度的部位，孔的形状也应力求不使模具制造工艺复杂化。

孔的成形方法与其形状和尺寸大小有关。对于较浅的通孔，可用一端固定的型芯成形，如图 1-8（a）所示。而对于较深的通孔，则可用两个对接的型芯成形，如图 1-8（b）所示，但这种方

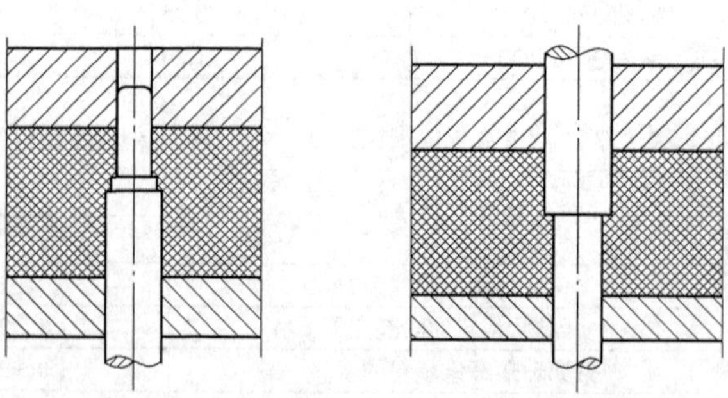

（a）一端固定的成形杆成形　　（b）对头成形杆成形

图 1-8　通孔的成形方法

法容易使上、下孔出现偏心，避免的方法是将上、下任何一侧的孔径增大 0.5mm 以上。对于比较复杂的孔形，可采用图 1-9 所列的方法成形。

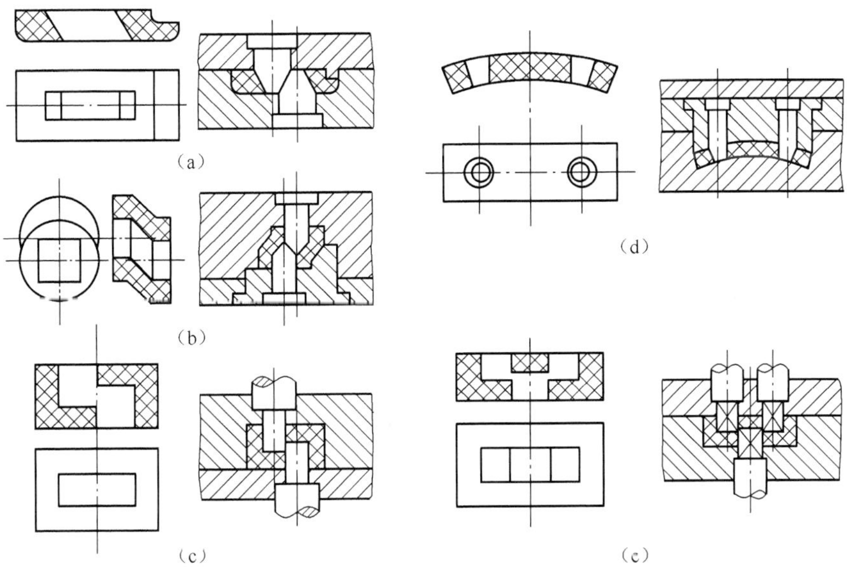

图 1-9 复杂孔形的成形方法

7. 嵌件

由于应用上的要求，塑件中常镶嵌不同形式的金属嵌件。塑件上嵌件设计的基本要求是塑件在使用过程中，嵌件不被拔脱。

金属嵌件的种类和形式很多，但为了在塑件内牢固嵌定而不致被拔脱，其表面必须加工成沟槽或滚花，或制成多种特殊形状。图 1-10 中所示的就是几种金属嵌件的典型形状。

金属嵌件设计的基本原则如下。

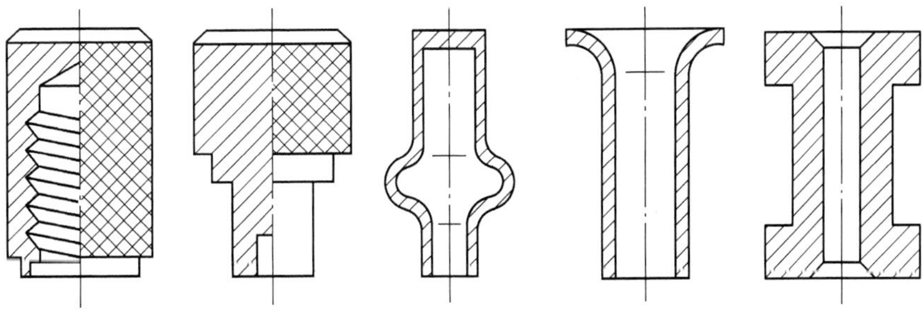

(a) 盲孔内螺纹嵌件 (b) 铆钉式嵌件 (c) 空心套型嵌件 (d) 羊眼嵌件 (e) 通孔嵌件

图 1-10 嵌件的典型形状

(1) 金属嵌件嵌入部分的周边应有倒角，以减少周围塑料冷却时产生的应力集中。

(2) 嵌件设在塑件上的凸起部位时，嵌入深度应大于凸起部位的高度，以保证应有的塑件机械强度。

(3) 内、外螺纹嵌件的高度应低于型腔的成形高度 0.05mm，以免压坏嵌件和模腔。

(4) 外螺纹嵌件应在无螺纹部分与模具配合，避免熔融物料渗入螺纹部分。

（5）嵌件高度不应超过其直径的两倍，高度应有公差要求。

（6）嵌件在模内应定位准确并防止溢料。

常见嵌件与塑件的连接形式如图 1-11 和图 1-12 所示。

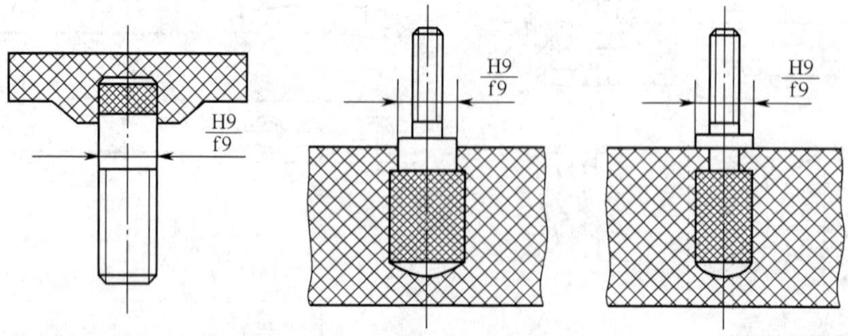

图 1-11　圆柱形嵌件的定位结构

8．标记、符号、图案、文字

塑件上常带有产品型号、名称、某些文字说明以及为了装饰美观所设计的花纹图案。所有这些文字图案以在塑件上凸起为好，一是美观，二是模具容易制造，但凸起的文字图案容易磨损。如果使这些文字图案等凹入塑件表面，虽不易磨损，但不仅不美观，模具也难以加工制造，因为成形凹下的文字图案要求模具上的文字图案必须凸起，这很难加工出来。解决的方法是仍使这些文字图案在塑件上凸起，但塑件带文字图案的部位应低于塑件主体表面。模具上成形文字图案的部分加工成镶件，镶入模腔主体，使其高出型腔主体表面。文字图案的高度一般为 0.2～0.5mm，线条宽度一般为 0.3～0.8mm。

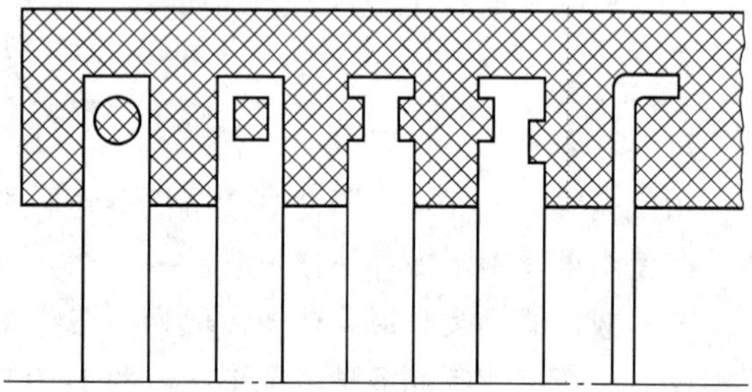

图 1-12　板片形嵌件与塑件的连接

1.5.3　螺纹塑件设计

塑件上的螺纹可以在模塑时直接成形，也可以用后加工的办法机械切削，在经常装拆和受力较大的地方则应该采用金属的螺纹嵌件。为了防止螺孔最外圈的螺纹崩裂或变形，应使内螺纹始端有一台阶孔，孔深 0.2～0.8mm，并且螺纹牙应渐渐凸起，如图 1-13 所示，图 1-13（a）是错误的，图 1-13（b）是正确的。同样制件的外螺纹其始端也应下降 0.2mm 以上，末端不宜延长到与垂直底面相接处，否则易使脆性塑件发生断裂，如图 1-14 所示，图 1-14（a）是错误的，图 1-14（b）是正确的。同样，螺纹的始端和末端均不应突然开始和结束，而应有过渡部分 l，其值一般取 2～8mm。

1-8　塑料螺纹的设计原则

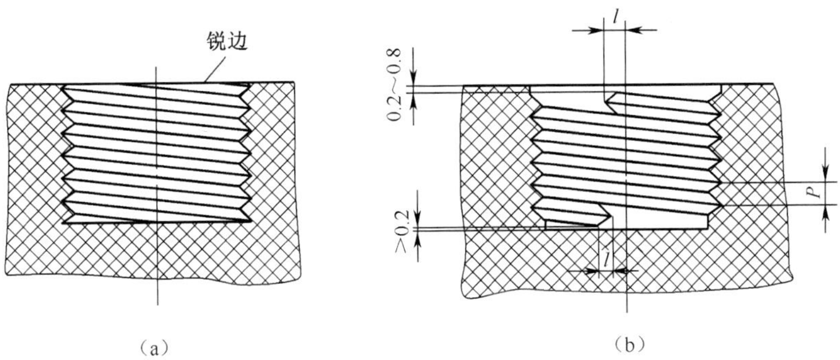

图 1-13　塑件内螺纹的正误形状

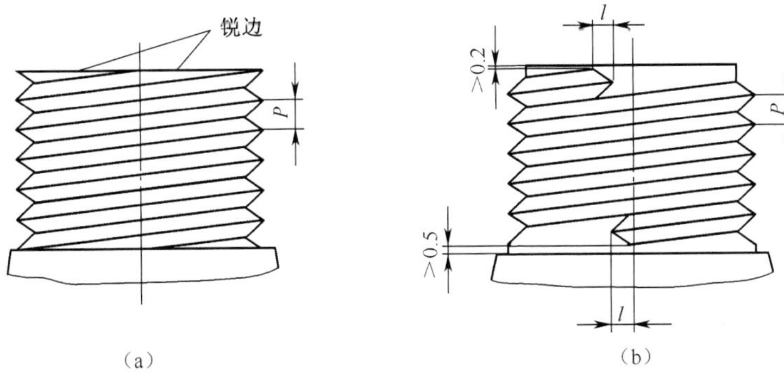

图 1-14　塑件外螺纹的正误形状

1.5.4　塑件的尺寸精度

（1）塑件的尺寸。塑件尺寸在这里指的是塑件的总体尺寸，而不是壁厚、孔径等机构尺寸。塑件尺寸大小与塑件流动性有关。在注射成形中，流动性差的塑料，如玻璃纤维增强塑料及薄壁塑件等的尺寸不能设计得过大。大而薄的塑件在塑料未充满型腔时已经固化，或勉强能允满但料的前锋已不能很好融合而形成冷接缝，影响塑件的外观和结构强度。注射成形的塑件尺寸还受注射机的注射量、锁模力和模板尺寸的限制。

（2）塑件的尺寸精度。塑件的尺寸精度是指所获得的塑件尺寸与产品图中尺寸的符合程度，即所获塑件尺寸的准确度。影响塑件尺寸精度的因素很多，首先是模具的制造精度和模具的磨损程度，其次是塑料收缩率的波动以及成形时工艺条件的变化，塑件成形后的时效变化和模具的结构形状等，因此，塑件的尺寸精度往往不高，应在保证使用要求的前提下，尽可能选用低精度等级。

塑件的尺寸公差可依据标准 GB/T 14486—2008《塑料模塑件尺寸公差》确定，见表 1-8。该标准将塑件分成 7 个精度等级，表 1-8 中 MT1 级精度要求较高，一般不采用。表 1-8 只列出了公差值，基本尺寸的上、下偏差可根据工程的实际需要分配。表 1-8 还分别给出了受模具活动部分影响的尺寸公差值和不受模具活动部分影响的尺寸公差值。此外，对于塑件上的孔的公差可采用基准孔，可取表中数值冠以“+”号；对于塑件上轴的公差可采用基准轴，可取表中数值冠以“−”号。在塑件材料和工艺条件一定的情况下，应参照表 1-9 合理的选用精度等级。

表 1-8　塑料模塑件尺寸公差表（GB/T 1448—2008）　单位：mm

公差等级	公差种类	基本尺寸 >0~3	>3~6	>6~10	>10~14	>14~18	>18~24	>24~30	>30~40	>40~50	>50~65	>65~80	>80~100	>100~120	>120~140	>140~160	>160~180	>180~200	>200~225	>225~250	>250~280	>280~315	>315~355	>355~400	>400~450	>450~500	>500~630	>630~800	>800~1000
标注公差的尺寸公差值																													
MT1	a	0.07	0.08	0.09	0.10	0.11	0.12	0.14	0.16	0.18	0.20	0.23	0.26	0.29	0.32	0.36	0.40	0.44	0.48	0.52	0.56	0.60	0.64	0.70	0.78	0.86	0.97	1.16	1.39
	b	0.14	0.16	0.18	0.20	0.21	0.22	0.24	0.26	0.28	0.30	0.33	0.36	0.39	0.42	0.46	0.50	0.54	0.58	0.62	0.66	0.70	0.74	0.80	0.88	0.96	1.07	1.26	1.49
MT2	a	0.10	0.12	0.14	0.16	0.18	0.20	0.22	0.24	0.26	0.30	0.34	0.38	0.42	0.46	0.50	0.54	0.60	0.66	0.72	0.76	0.84	0.92	1.00	1.10	1.20	1.40	1.70	2.10
	b	0.20	0.22	0.24	0.26	0.28	0.30	0.32	0.34	0.36	0.40	0.44	0.48	0.52	0.56	0.60	0.64	0.70	0.76	0.82	0.86	0.94	1.02	1.10	1.20	1.30	1.50	1.80	2.20
MT3	a	0.12	0.14	0.16	0.18	0.20	0.22	0.26	0.30	0.34	0.40	0.46	0.52	0.58	0.64	0.70	0.78	0.86	0.92	1.00	1.10	1.20	1.30	1.44	1.60	1.74	2.00	2.40	3.00
	b	0.32	0.34	0.36	0.38	0.40	0.42	0.46	0.50	0.54	0.60	0.66	0.72	0.78	0.84	0.90	0.98	1.06	1.12	1.20	1.30	1.40	1.50	1.64	1.80	1.94	2.20	2.60	3.20
MT4	a	0.16	0.18	0.20	0.24	0.28	0.32	0.36	0.42	0.48	0.56	0.64	0.72	0.82	0.92	1.02	1.12	1.24	1.36	1.48	1.62	1.80	2.00	2.20	2.40	2.60	3.10	3.80	4.60
	b	0.36	0.38	0.40	0.44	0.48	0.52	0.56	0.62	0.68	0.76	0.84	0.92	1.02	1.12	1.22	1.32	1.44	1.56	1.68	1.82	2.00	2.20	2.40	2.60	2.80	3.30	4.00	4.80
MT5	a	0.20	0.24	0.28	0.32	0.38	0.44	0.50	0.56	0.64	0.74	0.86	1.00	1.14	1.28	1.44	1.60	1.76	1.92	2.10	2.30	2.50	2.80	3.10	3.50	3.90	4.50	5.60	6.90
	b	0.40	0.44	0.48	0.52	0.58	0.64	0.70	0.76	0.84	0.94	1.06	1.20	1.34	1.48	1.64	1.80	1.96	2.12	2.30	2.50	2.70	3.00	3.30	3.70	4.10	4.70	5.80	7.10
MT6	a	0.26	0.32	0.38	0.46	0.52	0.60	0.70	0.80	0.94	1.10	1.28	1.48	1.72	2.00	2.20	2.40	2.60	2.90	3.20	3.50	3.90	4.30	4.80	5.30	5.90	6.90	8.50	10.60
	b	0.45	0.52	0.58	0.66	0.72	0.80	0.90	1.00	1.14	1.30	1.48	1.68	1.92	2.20	2.40	2.60	2.80	3.10	3.40	3.70	4.10	4.50	5.00	5.50	6.10	7.10	8.70	10.80
MT7	a	0.38	0.46	0.56	0.66	0.76	0.86	0.98	1.12	1.32	1.54	1.80	2.10	2.40	2.70	3.00	3.30	3.70	4.10	4.50	4.90	5.40	6.00	6.70	7.40	8.20	9.60	11.90	14.80
	b	0.58	0.66	0.76	0.86	0.96	1.06	1.18	1.32	1.52	1.74	2.00	2.30	2.60	2.90	3.20	3.50	3.90	4.30	4.70	5.10	5.60	6.20	6.90	7.60	8.40	9.80	12.10	15.00
未注公差的尺寸允许偏差																													
MT5	a	±0.10	±0.12	±0.14	±0.16	±0.19	±0.22	±0.25	±0.28	±0.32	±0.37	±0.43	±0.50	±0.57	±0.64	±0.72	±0.80	±0.88	±0.96	±1.05	±1.15	±1.25	±1.40	±1.55	±1.75	±1.95	±2.25	±2.80	±3.45
	b	±0.20	±0.22	±0.24	±0.26	±0.29	±0.32	±0.35	±0.38	±0.42	±0.47	±0.53	±0.60	±0.67	±0.74	±0.82	±0.90	±0.98	±1.06	±1.15	±1.25	±1.35	±1.50	±1.65	±1.85	±2.05	±2.35	±2.90	±3.55
MT6	a	±0.13	±0.16	±0.19	±0.23	±0.26	±0.30	±0.35	±0.40	±0.47	±0.55	±0.64	±0.74	±0.86	±1.00	±1.10	±1.20	±1.30	±1.45	±1.60	±1.75	±1.95	±2.15	±2.40	±2.65	±2.95	±3.45	±4.25	±5.30
	b	±0.23	±0.26	±0.29	±0.33	±0.36	±0.40	±0.45	±0.50	±0.57	±0.65	±0.74	±0.84	±0.96	±1.10	±1.20	±1.30	±1.40	±1.55	±1.70	±1.85	±2.05	±2.25	±2.50	±2.75	±3.05	±3.55	±4.35	±5.40
MT7	a	±0.19	±0.23	±0.28	±0.33	±0.38	±0.43	±0.49	±0.56	±0.66	±0.77	±0.90	±1.05	±1.20	±1.35	±1.50	±1.65	±1.85	±2.05	±2.25	±2.45	±2.70	±3.00	±3.35	±3.70	±4.10	±4.80	±5.95	±7.40
	b	±0.29	±0.33	±0.38	±0.43	±0.48	±0.53	±0.59	±0.66	±0.76	±0.87	±1.00	±1.15	±1.30	±1.45	±1.60	±1.75	±1.95	±2.15	±2.35	±2.55	±2.80	±3.10	±3.45	±3.80	±4.20	±4.90	±6.05	±7.50

注：1. a为不受模具活动部分影响的尺寸公差值；b为受模具活动部分影响的尺寸公差值。

2. MT1级为精密级，具有采用严密的工艺控制措施和高精度的模具、设备、原料时才有可能选用。

表 1-9 常用材料模塑件公差等级的选用（GB/T 14486—2008）

材料代号	塑件材料		公差等级		
			标注公差尺寸		未注公差尺寸
			高精度	一般精度	
ABS	（丙烯腈—丁二烯—苯乙烯）共聚物		MT2	MT3	MT5
CA	乙酸纤维素		MT3	MT4	MT6
EP	环氧树脂		MT2	MT3	MT5
PA	聚酰胺	无填料填充	MT3	MT4	MT6
		30%玻璃纤维填充	MT2	MT3	MT5
PBT	聚对苯二甲酸丁二酯	无填料填充	MT3	MT4	MT6
		30%玻璃纤维填充	MT2	MT3	MT5
PC	聚碳酸酯		MT2	MT3	MT5
PDAP	聚邻苯二甲酸二烯丙酯		MT2	MT3	MT5
PEEK	聚醚醚酮		MT2	MT3	MT5
PE-HD	高密度聚乙烯		MT4	MT5	MT7
PE-LD	低密度聚乙烯		MT5	MT6	MT7
PESU	聚醚砜		MT2	MT3	MT5
PET	聚对苯二甲酸乙二酯	无填料填充	MT3	MT4	MT6
		30%玻璃纤维填充	MT2	MT3	MT5
PF	苯酚-甲醛树脂	无机填料填充	MT2	MT3	MT5
		有机填料填充	MT3	MT4	MT6
PMMA	聚甲基丙烯酸甲酯		MT2	MT3	MT5
POM	聚甲醛	≤150mm	MT3	MT4	MT6
		>150mm	MT4	MT5	MT7
PP	聚丙烯	无填料填充	MT4	MT5	MT7
		30%无机填料填充	MT2	MT3	MT5
PPE	聚苯醚；聚亚苯醚		MT2	MT3	MT5
PPS	聚苯硫醚		MT2	MT3	MT5
PS	聚苯乙烯		MT2	MT3	MT5
PSU	聚砜		MT2	MT3	MT5
PUR-P	热塑性聚氨酯		MT4	MT5	MT7
PVC-P	软质聚氯乙烯		MT5	MT6	MT7
PVC-U	未增塑聚氯乙烯		MT2	MT3	MT5
SAN	（丙烯腈—苯乙烯）共聚物		MT2	MT3	MT5
UF	脲—甲醛树脂	无机填料填充	MT2	MT3	MT6
		有机填料填充	MT3	MT4	MT5
UP	不饱和聚酯	30%玻璃纤维填充	MT2	MT3	MT5

检验方法：模塑件的检验应在成型之后，在 GB/T2918—1998 规定的标准温度（23℃±2℃）和湿度（50%±5%）状态下放置 24h 或经“后处理”后，在此温度和湿度条件下用千分尺或精度不低于 0.02mm 的游标尺按 GB/T17037.4—2003 进行测量，对于超小型或大型塑件还可用投影仪等光学方法测量，塑件上同一部位应随机抽样测量 5 次，取其平均值并提供附有制品图样的检验报告。

（3）塑件的表面粗糙度。塑件的外观要求越高，表面粗糙度值应越低。成形时要尽可能从工艺上避免冷疤、云纹等缺陷产生。除此之外，塑件的表面粗糙度主要取决于模具型腔表面粗糙度。一般模具表面粗糙度要比塑件的要求低 1～2 级。模具在使用过程中，由于型腔磨损而使表面粗糙度不断加大，所以应随时予以抛光复原。透明塑件要求型腔和型芯的表面粗糙度相同，而不透明塑件则根据使用情况决定它们的表面粗糙度。塑件的表面粗糙度可参照 GB/T 14234—1993《塑料件表面粗糙度标准》选取，一般 *Ra* 取 0.2～1.6μm。

1.6 注射机的基本结构与类型

注射机是注射成形生产的主要设备，在注射机上，利用注射成形模具，采用注射成形工艺获取制品的方法称作注射成形。注射成形技术能够一次成形形状复杂且质量高的制品，生产效率及自动化程度高、材料的加工适应性强，既可成形热塑性塑料，又可成形热固性塑料，因而在塑料制品加工业中被广泛应用，是塑料制品的主要成形工艺方法之一。

据统计，全世界注射机的产量在近 10 年来增加了 10 倍，产量占塑料机械产量的 35%～40%，成为塑料机械中增长最快、产量最多的机种。目前，用注射机加工的塑料量约占塑料产量的 30%，这个比例还在扩大。注射机正朝着大型、高速、高效、精密、自动化、小型、微型、节能的方向发展。

1.6.1 注射机的基本组成

注射机全称塑料注射成形机，它由注射装置、合模装置、电气和液压控制系统、润滑系统、水路系统、机身等组成，图 1-15 所示为普通柱塞式注射机的结构示意图，各组成部分的作用如下。

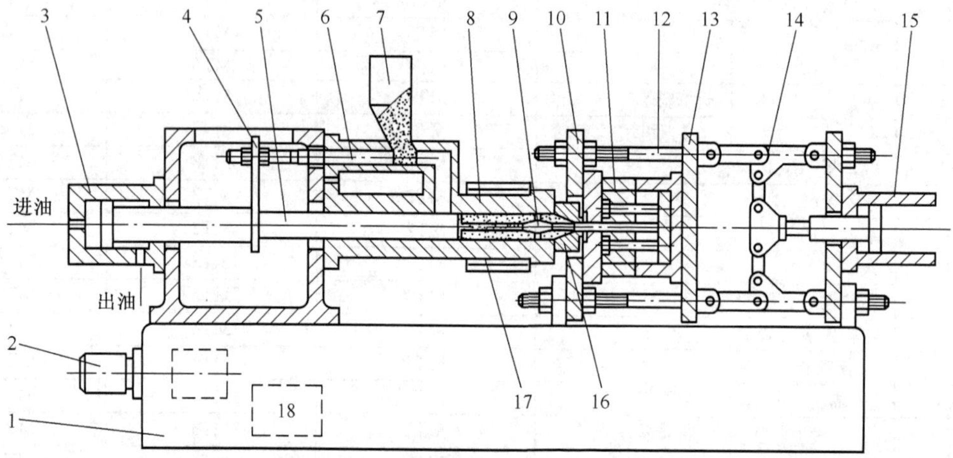

图 1-15 卧式柱塞式注射机结构示意图

1—机身 2—电动机及油泵 3—注射油缸 4—加料调节装置 5—注射柱塞 6—加料柱塞 7—料斗 8—机筒 9—分流锥 10—定模固定板 11—模具 12—拉杆 13—动模固定板 14—合模机构 15—合模油缸 16—喷嘴 17—加热器 18—油箱

（1）注射装置。将固态塑料预塑为均匀的熔料，并以高速将熔料定量地注入模腔。

（2）合模装置。使模具打开和闭合，并确保在注射时模具不开启。在合模装置内还设有供推出制品用的推出装置。

（3）液压、电气控制系统。使注射机按照工序要求准确地动作，并精确地实现工艺条件要求（时间、温度、压力）。

（4）润滑系统。为注射机各运动部件润滑。

（5）水路系统。用于注射机液压油的油温冷却、料斗区域冷却以及模具冷却。

（6）机身。它是一个稳固的焊接构件，机身上方左边安置合模机构，右边安置注射装置。

机身下方安置电气及液压控制系统。

1.6.2 注射机的工作过程

各种注射机完成注射成形的动作程度可能不完全相同，但其成形的基本过程是相同的。下面以最常用的螺杆式注射机为例，说明其工作过程。

（1）合模。模具首先以低压高速进行闭合，当动模接近定模时，合模装置的液压系统将合模动作切换成低压低速（即试合模），在确认模具内无异物存在时，再切换成高压低速，从而将模具锁紧。

（2）注射装置前移。注射座移动油缸工作使注射装置前移，保证喷嘴与模具主流道入口以一定的压力贴合，为注射工序做好准备。

（3）注射与保压。完成上面两项工作后，便可向注射油缸注入压力油，于是与注射油缸活塞杆相连接的螺杆便以高压高速将料筒内的熔料注入模腔。熔料充满模腔后，要求螺杆仍对熔料保持一定的压力，以防止模腔内的熔料回流，并向模腔内补充制品收缩所需要的物料，避免制品产生缩孔等缺陷。保压时，螺杆因补缩会有少量的前移。

（4）冷却和预塑。一旦浇口料固化即卸除保压压力，此时，合模油缸的高压也可卸除，制品在模内继续冷却定形。为了缩短成形周期，将预塑程序安排在制品冷却的时间段内进行。预塑是指注射装置对下一模用的塑料进行塑化。经过塑化，固态塑料变成有流动性的均匀的熔体，当塑化量达到预定值后，螺杆自动停止塑化。

（5）注射装置后退。成形时，为了避免喷嘴长时间与冷模具接触而使喷嘴端口处形成冷料，影响下次注射和制品质量，需要将喷嘴撤离模具，即安排注射装置后退程序。当模具温度较高时，可以取消此程序，使注射装置固定不动。

（6）开模和顶出制品。模内制品冷却定形后，合模装置即可开模，顶出装置动作使制品脱离模具。清理模具，为下一模成形做好准备。

图 1-16 所示为注射机工作过程循环框图。

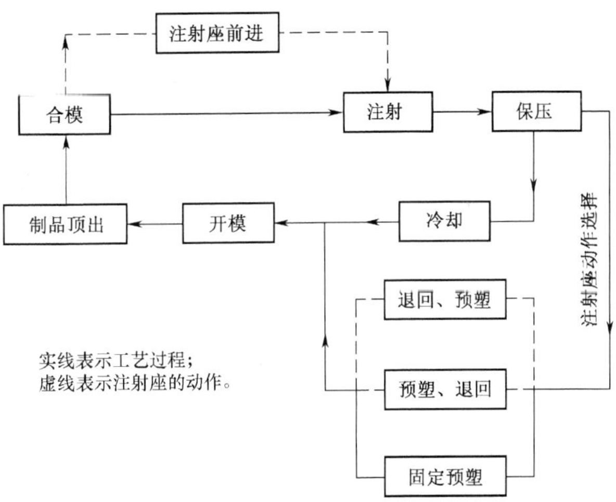

图 1-16 注射机工作过程循环框图

1.6.3 注射机的分类

随着注射成形工艺技术的发展与应用范围的不断扩大，注射机的类型不断增加。注射机的分类方法较多，常用的有以下几种。

1. 按外形结构特征分类

按照注射机的外形结构，注射机可分为卧式、立式和直角式 3 种类型。

（1）卧式注射机。卧式注射机是注射机产品中最基本、最普通的形式，它的特点是注射系统与合模系统的轴线重合，并与机器安装底面平行，因此机身较低、便于操作维修，且制品顶出脱模后可自动坠落，易于实现机械化和自动化。其缺点是机床占地面积较大，向模内安放嵌件比较困难，而且模具安装比较麻烦。

（2）立式注射机。立式注射机的特点是注射系统与合模系统的轴线重合，并与机器安装底面垂直。它的优点是占地面积小，安装、拆卸模具方便，在模内安装嵌件时，嵌件不易倾斜或下落。其缺点是制品由模具中推出后，需人工取出，有碍于自动操作，若要实现全自动化，必须采用机械手进行取件；还有机身高度不稳定、加料不方便、对厂房高度有一定要求等缺点。目前，这类注射机主要用于生产注射量小于60cm^3的多嵌件制品，它们的结构也多为柱塞式结构，塑化效果不佳。

（3）直角式注射机。直角式注射机的特点是合模系统与注射系统的轴线垂直，使用和安装特点介于前面两类注射机之间，使用也较普遍，特别适用于生产形状不对称的制品和使用侧浇口的模具。目前，国内直角式注射机的生产量小，但它是一种不可缺少的重要形式。

2．按注射机大小规格分类

按注射机规格可将注射机分为5种类别，如表1-10所示。

表1-10　注射机的大小规格分类

类　型	合模力（kN）	理论注射量（cm^3）
超小型	<160	<16
小型	160～2 000	16～630
中型	2 000～4 000	800～3 150
大型	50 000～12 500	4 000～10 000
超大型	>16 000	>16 000

1.6.4　注射机的技术参数

（1）公称注射量。公称注射量是指在对空注射的条件下，注射螺杆或柱塞作一次最大注射行程时，注射装置所能达到的最大注射量。它通常用两种参数表示，即注射质量和理论注射容量，这两者均是以注射聚苯乙烯（PS）塑料作为标准。注射质量是指注射机的螺杆（或柱塞）作一次最大行程所注射出的熔料的质量（g）；理论注射容量则为注射机料筒的截面积与螺杆的最大行程的乘积，单位为cm^3。

公称注射量反映了注射机能够生产塑料制品的最大质量，常用作表征注射机规格的主要参数。

（2）注射压力。注射时，料筒内的螺杆或柱塞对熔料施加足够大的压力，此压力称为注射压力。其作用是克服熔料从料筒流经喷嘴、流道和充满型腔时的流动阻力，给予熔料充模的速率以及对模内的熔料进行压实。注射压力的大小对制品的尺寸和重量精度，以及制品的内应力有着重要影响。为了满足不同加工需要，许多注射机通过改变螺杆直径或调节注射系统的油压来改变最大注射压力。

（3）锁模力。锁模力又称合模力，是指熔料注入模腔时，合模装置对模具施加的最大夹紧力。当高压熔料充满模腔时，会在型腔内产生一个很大的力，力图使模具沿分型面胀开，因此必须依靠锁模力将模具夹紧，使腔内塑料熔料不外溢跑料。锁模力是保证制品质量的重要参数，在一定程度上反映注射机生产制品的能力，因此，锁模力常用作表示注射机规格的主要参数。

（4）塑化能力。塑化能力是指在一小时内，塑化装置所能塑化的熔料量。

（5）合模装置的基本尺寸。主要是指模板尺寸和拉杆内距、最大模厚和最小模厚、模板最大距离和开模行程等。

1.6.5 注射机的型号规格表示法

注射机的型号规格有 3 种表示方法：锁模力、注射量/锁模力、注射量。

锁模力表示法是用注射机的最大锁模力参数来表征该机的型号规格，此表示法直观、简单，可直接反映注射制品的最大成形面积的大小。注射量/锁模力表示法是用理论注射容量与锁模力两个参数共同表示注射机的型号规格，这种表示方法能够比较全面地反映注射机加工制品的能力。注射量表示法是用注射机的理论注射容量参数来表征注射机的型号规格。

这 3 种表示方法当中，锁模力法和注射量/锁模力法在国际上用的比较普遍。我国以前采用注射量法较广，现在国产机用前两种方法的居多。国产注射机的型号规格及主要技术参数可参考其生产厂家的产品说明书。

1.7 注射模与注射机的关系

任何模具设计人员在开始工作之前，除了必须了解注射成形工艺规程之外，还应熟悉有关注射机的技术规格和使用性能，正确处理注射模与注射机之间的关系，使设计出的模具便于在注射机上安装和使用。这是因为任何注射模只有安装在注射机上才能使用，二者在注射成形生产中是一个不可分割的整体。注射模在注射机上的安装关系如图 1-17 所示。

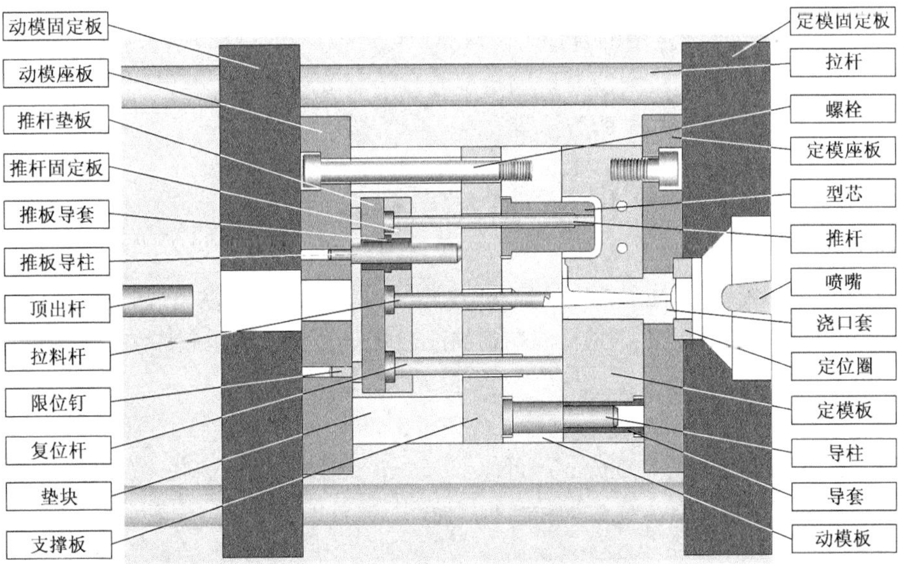

图 1-17 注射模在注射机上的安装关系

开始设计注射模时，首先需要确定模具的结构、类型和一些最基本的参数和尺寸，如型腔的个数和需要的注射量、制品在分型面上的投影面积、成形时需要用的工艺合模力、注射压力、模具的厚度和安装固定尺寸以及开模行程等。这些数据均与注射机的技术规格密切相关，如果二者不能匹配，模具将无法使用，此时只能重新确定模具的结构类型或更换注射机机型。为了了解模具结构类型与注射机机型是否匹配，必须将二者之间的有关数据进行校核。

1.7.1　型腔数量的确定和校核

多型腔注射模的型腔数量与注射机的性能参数、塑件的精度和生产的经济性等因素有关。下面介绍根据这些因素确定型腔数量的方法，这些方法也可用来校核初选的型腔数量是否能与注射机规格相匹配。

（1）按注射机的塑化能力确定型腔数量 N_1

$$N_1 \leqslant \frac{Km_p t / 3\,600 - m_j}{m_s} \tag{1-1}$$

式中：K——注射机最大注射量的利用系数，一般取 0.8；

m_p——注射机的额定塑化量，g/h 或 cm^3/h；

t——成形周期，s；

m_j——浇注系统和飞边所需塑料熔体的质量或体积；

m_s——单个制品的质量或体积。

（2）按注射机的额定合模力确定型腔数量 N_2

$$N_2 \leqslant \frac{F_I - P_I A_j}{P_I A_s} \tag{1-2}$$

式中：F_I——注射机的额定合模力，N；

A_j——浇注系统和飞边在模具水平分型面上的投影面积，mm^2；

A_s——单个制品在模具水平分型面上的投影面积，mm^2；

P_I——单位投影面积需用的合模力，MPa，可近似取值为熔体对型腔的平均压力。

此外，还有按注射机的最大注射量确定型腔数量、按制品要求的尺寸精度确定型腔数量和按生产的经济性确定型腔数量的方法等。

1.7.2　最大注射量校核

在一个注射成形周期内，注射模内所需的塑料熔体总量与模具浇注系统的容积和型腔容积有关，设计注射模时，必须保证注射成形时所需的注射量 m_i 小于注射机允许的最大注射量 m_I，二者的关系为

$$m_i = (0.1 \sim 0.8)\ m_I \tag{1-3}$$

因聚苯乙烯塑料的密度是 1.05g/cm^3，近似于 1g/cm^3，因此规定柱塞式注射机允许的最大注射量是以一次注射聚苯乙烯的最大克数为标准的，而螺杆式注射机是以体积表示最大注射量的，与塑料的品种无关。

1.7.3　锁模力校核

塑料熔体在分型面上的胀开力 F_1 应小于注射机的额定锁模力 F_I，这样才能保证注射时不发生溢料现象。为了可靠地闭锁型腔，不使成形过程中出现溢料现象，胀开力必须小于注射机的额定锁模力，二者的关系为

$$F_1 \leqslant (0.8 \sim 0.9)\ F_I \tag{1-4}$$

式中：F_I——注射机的额定锁模力。

1.7.4　开模行程校核

开模行程也叫作合模行程，指模具开合过程中动模固定板的移动距离，用符号 s 表示。注射机的开模行程是有限制的，当模具厚度确定以后，开模行程的大小直接影响模具所能成形制品的高度。塑件从模具中取出时所需的开模距离必须小于注射机的最大开模距离，否则，塑件无法从模具中取出，设计模具时必须校核它所需用的开模距离是否与注射机的开模行程相适应。

1.7.5　推顶装置校核

各种型号注射机的推出装置和最大推出距离不尽相同，设计时应使模具的推出机构与注射机相适应。通常是根据开合模系统推出装置的推出形式、推杆直径、推杆间距和推出距离等，校核模具内的推杆位置是否合理，推杆推出距离能否达到使塑件脱模的要求。

1.7.6　模具在注射机上的安装与固定尺寸校核

（1）模具外形尺寸与注射机拉杆间距。注射机动模和定模固定板的 4 个角部一般都有 4 根拉杆，它们往往会对模具的外形安装尺寸产生限制，即模具外形的长度尺寸不能同时大于与它们对应的拉杆间距。如果模具的长度尺寸中有一个超过了拉杆间距，必须考虑注射机动、定模两个固定板处于最大间距位置时，模具是否有可能在拉杆空间内旋转。只有在可能旋转的情况下，模具才能被安装在两个固定板上，否则，必须改变模具外形尺寸或更换注射机。

（2）定位圈尺寸。一般情况下，注射成形过程中均要求模具中的主流道中心线应与机筒和喷嘴的中心线重合。为此，注射机定模固定板中心都开有一个定位孔，要求模具定模板上凸出的定位圈应与注射机固定模板上的定位孔呈较松动的间隙配合。注射模上定位圈的形状如图 1-18 所示。

图 1-18　定位圈

（3）模具的安装尺寸与动、定模固定板上的螺孔。为了安装并压紧模具，注射机上的动模和定模两个固定板上都开有许多间距不同的螺孔，因此，设计模具时必须注意模具的安装尺寸应当与这些螺孔的位置及孔径相适应，以便能将动模和定模分别紧固在对应的两个固定板上。模具与固定板的连接固定方式有两种：一种是在模具的安装部位打螺栓通孔，用螺栓穿过此孔拧入注射机的固定板；另一种方法采用压板压紧模具的安装部位。一般来讲，后面一种方法比较灵活，只要在模具固定板需安放压板的外侧附近有螺孔就能紧固，但对于大型模具来讲，采用螺钉直接固定则较为安全。

（4）最大、最小模厚。注射模的动、定模两部分闭合后，沿闭合方向的长度叫模具厚度或模具闭合高度。由于绝大多数注射机的动模与定模固定板之间的距离都具有一定的调节量，因此，它们对安装使用的模具厚度均有限制。一般情况下，实际模具厚度必须小于注射机允许安装的最大模厚，且大于注射机允许安装的最小模厚。

实训与练习

1. 实训

（1）在老师的带领下，到生产企业搜集、整理常用塑料的原料，观察其形状、颜色等。

（2）搜集你身边的各种塑料制件，然后按用途对其分类，归纳出塑料在国民经济和日常生活中的应用。

（3）分析图1-19所示塑件设计的优缺点。

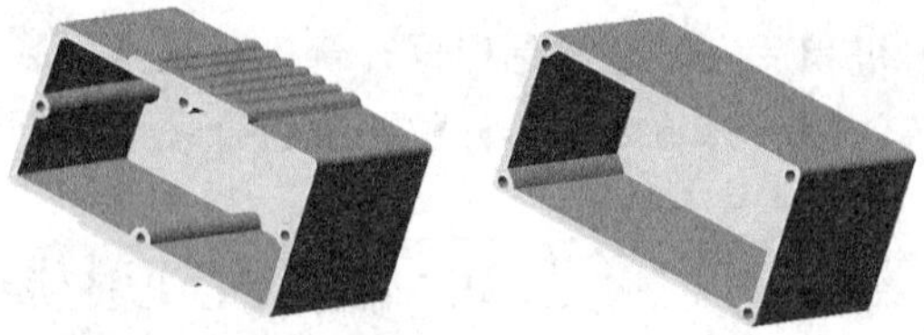

图1-19　塑件设计分析

2. 练习

（1）什么是塑料？

（2）塑料具有哪些优良性能？

（3）塑料的主要成分是什么？

（4）塑料按用途可分为几类？

（5）热塑性塑料和热固性塑料的主要区别是什么？

（6）举例说明塑料模在国民经济和日常生活中有哪些实际应用。

（7）按照塑料制品成形的主要方法，可将塑料模具分为哪几种类型？

（8）如何选择塑件的脱模斜度？

（9）壁厚对塑件成形有什么影响？

（10）为什么塑件的角部要设计成圆角的形式？

（11）塑料螺纹有什么性能特点？

（12）注射模按其各零部件所起的作用，一般由哪几部分结构组成？

（13）点浇口进料的双分型面注射模，定模部分为什么要增设一个分型面？

（14）注射机由哪些基本部分组成？简单描述各基本组成部分的作用。

（15）按外形结构特征，可将注射机分成哪几类？

（16）设计注射模时，应对注射机的哪些工艺参数进行校核？

第 2 章
塑料注射模设计

学习目标

1. 掌握注射模具的典型结构
2. 理解注射模具的结构组成
3. 了解注射模型腔数量的确定方法
4. 熟悉浇注系统的作用、分类与组成
5. 掌握各种浇口的应用及尺寸确定
6. 熟悉绝热流道注射模的基本结构与特点
7. 了解分型面的选择原则
8. 熟悉成形零部件的结构
9. 能够正确进行导柱、导套合模导向机构的设计
10. 熟悉推杆、推板等脱模机构的设计
11. 熟悉斜导柱分型与抽芯机构的动作原理
12. 了解斜导柱分型与抽芯机构的设计要点
13. 掌握斜导柱分型与抽芯机构各种形式的结构
14. 熟悉冷却系统的设计原则
15. 掌握型芯、凹模冷却系统的结构设计

课程思政元素

2.1 注射模的工作原理与结构组成

注射模的结构与塑料品种、制品的结构形状、尺寸精度、生产批量、注射工艺条件、注射机的种类等许多因素有关，因此，其结构千变万化，种类繁多。但是，在长期的生产实践中，我们为了掌握注射模的设计规律和设计方法，通过归纳、分析之后发现，无论各种注射模结构之间差别多大，在工作原理和基本结构组成方面都有一些普遍的规律和共同点。下面以图 2-1 所示的注射模典型结构为例，分析注射模的工作原理和基本结构组成。

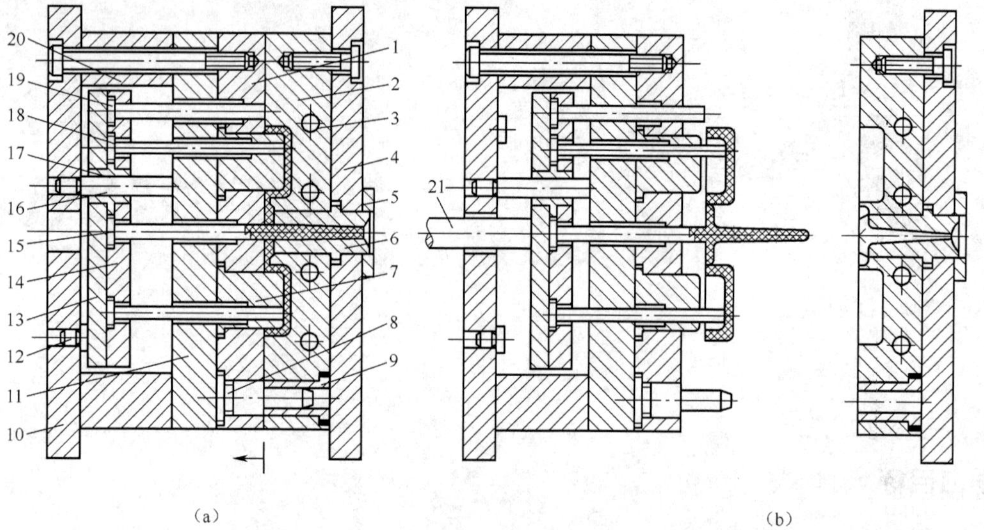

图 2-1　注射模的典型结构

1—动模板　2—定模板　3—冷却水道　4—定模座板　5—定位环　6—浇口套　7—凸模
8—导柱　9—导套　10—动模座板　11—支撑板　12—限位销　13—推板
14—推杆固定板　15—拉料杆　16—推板导柱　17—推板导套
18—推杆　19—复位杆　20—垫板　21—注射机顶杆

2.1.1　注射模的工作原理

任何注射模都可以分为定模和动模两大部分。定模部分安装固定在注射机的固定模板（定模固定板）上，在注射成形过程中始终保持静止不动；动模部分则安装固定在注射机的移动模板（动模固定板）上，在注射成形过程中可随注射机上的合模系统运动。开始注射成形时，合模系统带动动模部分朝着定模方向移动，并在分型面处与定模部分对合，其对合的精确度由合模导向机构，即由导柱 8 和固定在定模板 2 上的导套来保证。动模和定模对合之后，加工在定模板中的凹模型腔与固定在动模板 1 上的凸模 7 构成与制品形状和尺寸一致的闭合模腔，模腔在注射成形过程中可被合模系统提供的合模力锁紧，以避免它在塑料熔体的压力下胀开。注射机从喷嘴中注射出的塑料熔体经由开设在浇口套 6 中的主流道进入模具，再经由分流道和浇口进入模腔，待熔体充满模腔并经过保压、补缩和冷却定型之后，合模系统便带动动模后撤复位，从而使动模和定模两部分从分型面处开启。当动模后撤到一定位置时，安装在其内部的顶出脱模机构将会在注射机顶杆 21 的推顶作用下，与动模其他部分产生相对运动，于是制品和浇口及流道中的凝料将会被它们从凸模 7 上以及从动模一侧的分流道中顶出脱落，就此完成一次注射成形过程。

2-1　单分型面注射模的工作原理

2.1.2　注射模的结构组成

通过分析图 2-1 可知，该模具的主要功能结构由成形零部件（凸、凹模）、合模导向机构、浇注系统（主、分流道及浇口等）、脱模机构、温度调节系统以及支撑零部件（定、动模座，定、动模板和支撑板等）组成，但在许多情况下，注射模还必须设置排气机构和侧向分型或侧向抽芯机构，因此，一般都认为任何注射模均可由上述 8 大部分组成。下面主要结合图 2-1 简介这些结构在注射模中的作用。

（1）成形零部件。成形零部件是指定、动模部分中组成模腔的零件。通常由凸模（或型芯）、凹模、镶件等组成，合模时构成模腔，用于填充塑料熔体，它决定塑件的形状和尺寸。如图 2-1 所示的模具中，动模板 1 和凸模 7 成形塑件的内部形状，定模板 2 成形塑件的外部形状。

2-2　注射模具的结构组成

（2）浇注系统。浇注系统是熔融塑料从注射机喷嘴进入模具模腔所流经的通道，它由主流道、分流道、浇口和冷料穴组成。

（3）导向机构。导向机构分为动模与定模之间的导向机构和顶出机构的导向机构两类。前者是保证动模和定模在合模时准确对合，以保证塑件形状和尺寸的精确度，如图 2-1 中导柱 8、导套 9；后者是避免顶出过程中推出板歪斜而设置的，如图 2-1 中推板导柱 16、推板导套 17。

（4）脱模机构，脱模机构是用于开模时将塑件从模具中脱出的装置，又称顶出机构。其结构形式很多，常见的有推杆脱模机构、推板脱模机构、推管脱模机构等。图 2-1 中推杆 13、推杆固定板 14、拉料杆 15、推杆 18 和复位杆 19 组成推杆脱模机构。

（5）侧向分型与抽芯机构。当塑件上的侧向有凹凸形状的孔或凸台时，就需要有侧向的凸模或型芯来成形。在开模推出塑件之前，必须先将侧向凸模或侧向型芯从塑件上脱出或抽出，塑件才能顺利脱模。使侧向凸模或侧向型芯移动的机构称为侧向抽芯机构。

（6）加热和冷却系统。为了满足注射工艺对模具的温度要求，必须对模具温度进行控制，所以模具常常设有冷却系统，并在模具内部或四周安装加热元件。冷却系统一般是在模具上开设冷却水道（如图 2-1 所示冷却水道 3）。

（7）排气系统。在注射成形过程中，为了将型腔内的空气排出，常常需要开设排气系统。通常是在分型面上有目的地开设若干条沟槽，或利用模具的推杆或型芯与模板之间的配合间隙进行排气。小型塑件的排气量不大，因此可直接利用分型面排气，而不必另设排气槽。

（8）支撑零部件。用来安装固定或支撑成形的零部件及前述的各部分机构的零部件均称为支撑零部件。支撑零部件组装在一起，可以构成注射模具的基本骨架。

根据注射模中各零部件与塑料的接触情况，上述 8 大部分的功能结构也可以分为成形零部件和结构零部件两大类。其中，成形零部件是指与塑料接触，并构成模具型腔的各种零部件；结构零部件则包括支撑、导向、排气、推出塑件、侧向分型与抽芯、温度调节等功能构件。在结构零部件中，合模导向机构与支撑零部件合称为基本结构零部件，因为二者组装起来可以构成注射模架（GB/T 12555—2006《塑料注射模模架》已做出具体的标准化规定）。任何注射模均可以以这种模架为基础，再添加成形零部件和其他必要的功能结构件来形成。

2.2　注射模的典型结构

注射模结构形式多种多样，分类方法很多，按成形工艺特点可分为热塑性塑料注射模、热固性塑料注射模、低发泡塑料注射模和精密注射模；按其使用注射机的类型可分为卧式注射机用注射模、立式注射机用注射模和角式注射机用注射模；按模具浇注系统可分为冷流道注射模、绝热流道注射模、热流道注射模和温流道注射模；按模具安装方式可分

2-3　注射模具的种类

为移动式注射模和固定式注射模等。若根据注射模的结构特征可分为以下几类。

2.2.1　单分型面注射模

开模时，动模和定模分开，从而取出塑件，这种模具称单分型面模具，又称双板式模具，其典型结构如图 2-1 所示。单分型面注射模是注射模具中最简单最基本的一种形式，它根据需要可以设计成单型腔注射模，也可以设计成多型腔注射模，是应用最广泛的一种注射模。

2.2.2　双分型面注射模

双分型面注射模有两个分型面，如图 2-2 所示。*A-A* 为第一分型面，分型后浇注系统凝料由此脱出；*B-B* 为第二分型面，分型后塑件由此脱出。与单分型面注射模具相比，双分型面注射模具在定模部分增加了一块可以局部移动的中间板（又叫活动浇口板，其上设有浇口、流道及定模所需要的其他零部件），所以也叫三板式（动模板、中间板、定模板）注射模具，它常用做点浇口进料的单型腔或多型腔的注射模具。开模时，中间板在定模的导柱上与定模板作定距离分离，以便在这两个模板之间取出浇注系统凝料。

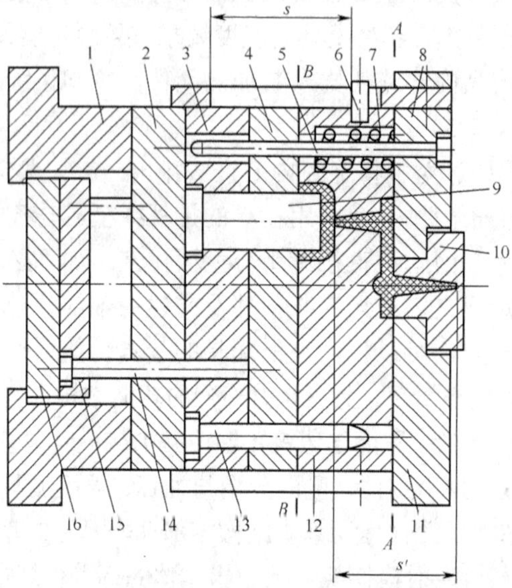

图 2-2　双分型面注射模

1—动模座板　2—支撑板　3—动模板　4—推件板　5—导柱　6—限位销　7—弹簧　8—定距拉板
9—凸模　10—浇口套　11—定模板　12—中间板　13—导柱　14—推杆　15—推杆固定板　16—推板

2-4　双分型面注射模的工作原理

双分型面注射模结构复杂，制造成本较高，零部件加工困难，一般不用于大型或特大型塑料制品的成形。

2.2.3　带有侧向分型与抽芯机构的注射模

当塑件有侧孔或侧凹时，须采用可侧向移动的型芯或滑块成形。图 2-3 所示为一斜导柱驱动型芯滑块侧向抽芯的注射模，侧向抽芯机构是由斜导柱 10、侧型芯滑决 11、锁紧块 9 和侧型芯滑块的定位装置（挡块 5、滑块拉杆 8、弹簧 7）等组成。

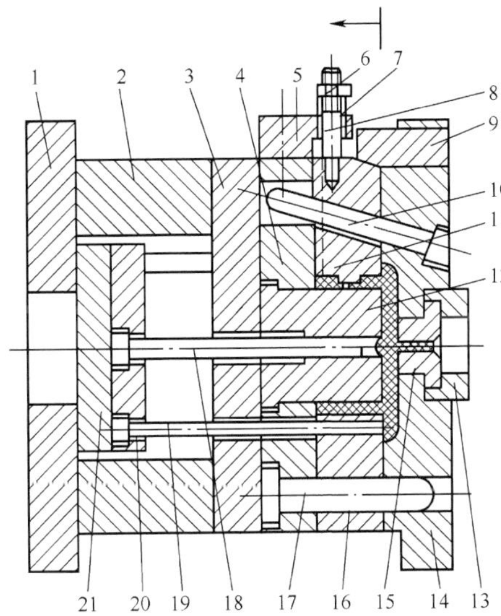

图 2-3 带侧向抽芯注射模

1—动模座板 2—垫块 3—支撑板 4—凸模固定板 5—挡块 6—螺母 7—弹簧 8—滑块拉杆 9—锁紧块 10—斜导柱 11—侧型芯滑块 12 凸模 13—定位环 14—定模板 15—浇口套 16—动模板 17—导柱 18—拉杆 19—推杆 20—推杆固定板 21—推板

2.5 带侧向抽芯注射模

除了以上 3 种主要类型之外，还有带有活动成形零部件的注射模、自动卸螺纹注射模、无流道注射模、直角式注射模和脱模机构在定模上的注射模等类型。

2.3 浇注系统设计

2.3.1 浇注系统的作用与组成

用注射成形方法加工塑料制品时，注射机喷嘴中熔融的塑料经过主流道、分流道，最后通过浇口进入模具型腔，然后经过冷却固化，得到所需要的制品，所以注射模具的浇注系统是指模具中从注射机喷嘴开始到型腔为止的塑料熔体的流动通道，如图 2-4 所示。浇注系统在模具中占有非常重要的地位，它的设计直接对制品的成形起到决定性的作用。

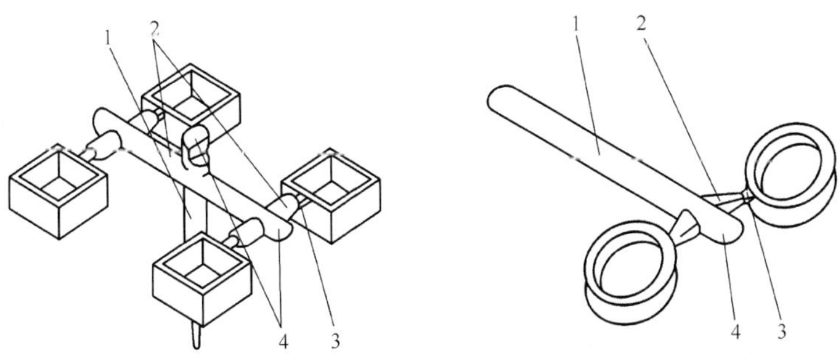

（a）卧（立）式注射机用模具的浇注系统　（b）角式注射机用模具的浇注系统

图 2-4 浇注系统示意图

1—主流道 2—分流道 3—浇口 4—冷料穴

浇注系统的作用是使塑料熔体平稳且有顺序地填充到型腔中，并在填充和凝固过程中把压力充分传递到各个部位，以获得组织紧密、外形清晰的塑料制件。浇注系统分直浇口式和横浇口式两种类型，一般都是由主流道、分流道、浇口和冷料穴 4 个部分组成。

（1）主流道。由注射机喷嘴与模具接触的部位起到分流道为止的一段流道，是熔融塑料进入模具时最先经过的部位。

（2）分流道。主流道与浇口之间的一段流道，它是熔融塑料由主流道流入型腔的过渡段，能使塑料的流向得到平稳的转换。多腔模分流道还起着向各型腔分配熔融塑料的作用。

（3）浇口。浇口是分流道与型腔之间的狭窄部分，也是最短小的部分。它的作用有 3 点。

① 使分流道输送来的熔融塑料在进入型腔时产生加速度，从而能迅速充满型腔。

② 成形后浇口处塑料首先冷凝，以封闭型腔，防止塑料产生倒流，避免型腔压力下降过快，以致在塑件上出现缩孔和凹陷。

③ 成形后，便于使浇注系统凝料与塑件分离。

（4）冷料穴。其作用是储存两次注射间隔中产生的冷料头，以防止冷料头进入型腔造成塑件熔接不牢，影响塑件质量，甚至发生冷料头堵塞住浇口，而造成成形不满。冷料穴一般设在主流道末端，当分流道较长时，在它的末端也应开设冷料穴。

2.3.2 普通浇注系统设计

1．主流道设计

主流道的几何形状和尺寸如图 2-5 所示，其截面形状一般为圆形，设计时应注意下列事项。

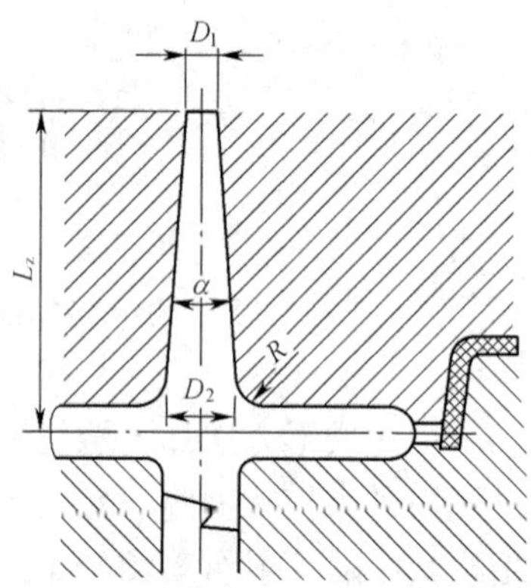

图 2-5　直浇口式主流道的形状和尺寸

（1）主流道的尺寸。主流道的尺寸应当适宜，一般情况下，主流道进口端的截面直径取为 4～8mm，若熔体流动性好且制品较小时，直径可设计得小一些；反之则要设计得大一些。确定主流道截面直径时，还应当注意喷嘴和主流道的对中问题，因对中不良产生的误差容易在喷嘴和主流道进口处造成漏料或积存冷料，并因此妨碍主流道凝料脱模。为了补偿对中误差并解决凝料脱模问题，主流道进口端直径一般都要比喷嘴出口直径大 0.5～1mm。表 2-1 列出的主流道截面直径可供参考使用。

表 2-1　　主流道截面直径的推荐值　　单位：mm

注射机注射量	10g		30g		60g		125g		250g		500g		1 000g	
进、出口端直径	D_1	D_2	D_1	D_2	D_1	D_2	D_1	D_2	D_1	D_2	D_1	D_2	D_1	D_2
聚乙烯苯乙烯	3	4.5	3.5	5	4.5	6	4.5	6	4.5	6.5	5.5	7.5	5.5	8.5
ABS、AS	3	4.5	3.5	5	4.5	6	4.5	6.5	4.5	7	5.5	8	5.5	8.5
聚砜、聚碳酸酯	3.5	5	4	5.5	5	6.5	5	7	5	7.5	6	8.5	6	9

（2）为了便于取出主流道凝料，主流道应呈圆锥形，锥角取 2°～4°。对流动性差的塑料可取到 6°～10°。

（3）主流道出口端应有圆角，圆角半径 R 取 0.3～3mm 或取 $0.125D_2$。

（4）主流道表壁的表面粗糙度 Ra 应介于 0.63～1.25μm。

（5）主流道长度一般小于或等于 60mm。

2-6　主流道设计要点（1）

2-7　主流道设计要点（2）

2．分流道设计

单腔注射模通常不用分流道，但多腔注射模必须开设分流道。分流道开设在动、定模分型面的两侧或任意一侧，其截面形状如图 2-6 所示。其中，圆形截面分流道的比表面积（流道表壁面积与容积的比值）最小，塑料熔体的热量不易散发，所受流动阻力也小，但需要开设在分型面两侧，而且上、下两部分必须互相吻合，加工难度较大，如图 2-6（a）所示；梯形截面分流道容易加工，且熔体的热量散发和流动阻力都不大，因此最为常用，如图 2-6（b）所示；U 形截面分流道的优缺点和梯形的基本相同，常用于小型制品，如图 2-6（c）所示；半圆形截面和矩形截面分流道因为比表面积较大，一般不常用，如图 2-6（d）和图 2-6（e）所示。

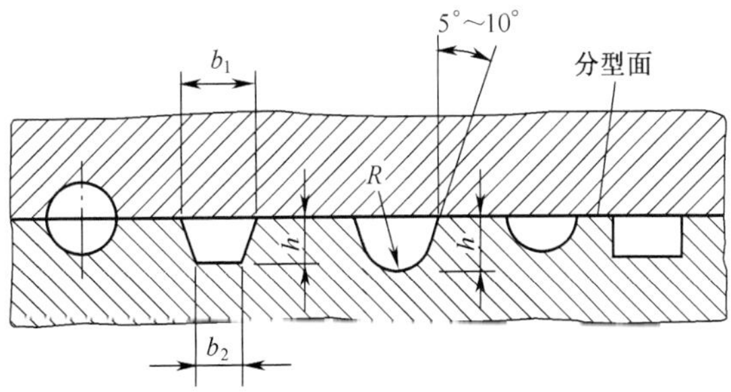

（a）　（b）　（c）　（d）　（e）

图 2-6　分流道的截面形状

分流道的尺寸须根据制品的壁厚、体积、形状复杂程度以及所用塑料的性能等因素而定，对于常用的梯形和 U 形截面分流道的尺寸推荐值如表 2-2 所示，可供参考。

2-8　分流道的设计要点

分流道表壁的表面粗糙度 Ra 不宜太小，一般要求达到 1.25～2.5μm 即可。当分流道较长时，其末端应设计冷料穴。

表 2-2　梯形和 U 形截面分流道的推荐尺寸　单位：mm

截面形状	截面尺寸							
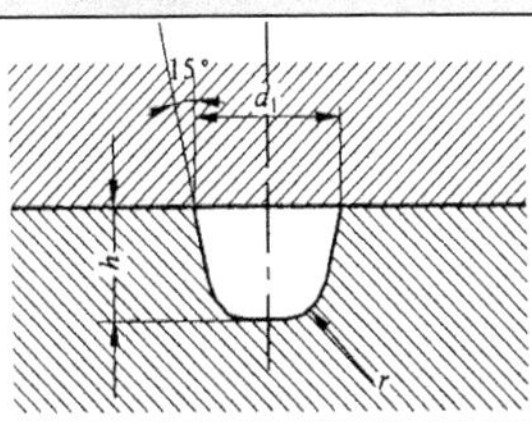	d_1	4	6	（7）	8	（9）	10	12
	h	3	4	（5）	5.5	（6）	7	8
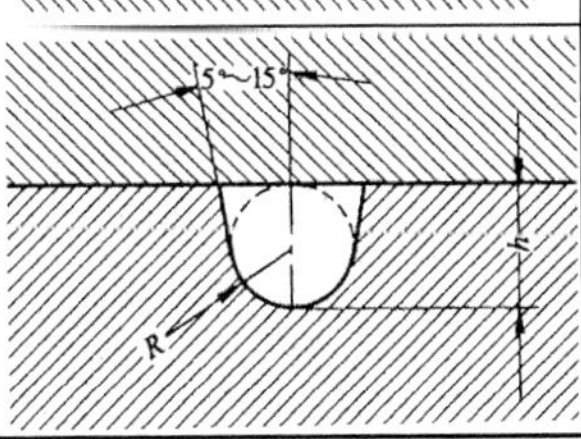	R	2	3	（3.5）	4	（4.5）	5	6
	h	4	6	（7）	8	（9）	10	12

注：1．括号内尺寸不推荐采用；

2．r 一般为 3mm。

3．冷料穴设计

冷料穴位于主流道出口一端。对于立、卧式注射机用模具，冷料穴位于主分型面的动模一侧，对于直角式注射机用模具，冷料穴是主流道的自然延伸。因为立、卧式注射机用模具的主流道在定模一侧，模具打开时，为了将主流道凝料能够拉向动模一侧，并在顶出行程中将它脱出模外，所以动模一侧应设有拉料杆。根据脱模机构的不同，应正确选取冷料穴与拉料杆的匹配方式。

（1）冷料穴与Z形拉料杆匹配。冷料穴底部装一个头部为Z形的圆杆，动、定模打开时，借助头部的Z形钩将主流道凝料拉向动模一侧，其顶出行程中又可将凝料顶出模外。Z形拉料杆安装在顶出元件（顶杆或顶管）的固定板上，与顶出元件的运动是同步的，如图2-7（a）所示。由于顶出后从Z形钩上取下冷料穴凝料时需要横向移动，故顶出后无法横向移动的塑件不能采用Z形拉料杆，如图2-8所示。Z形拉料杆除了不适用于采用脱件板脱模机构的模具外，是最经常采用的一种拉料形式，适用于所有热塑性塑料，也适于热固性塑料注射。

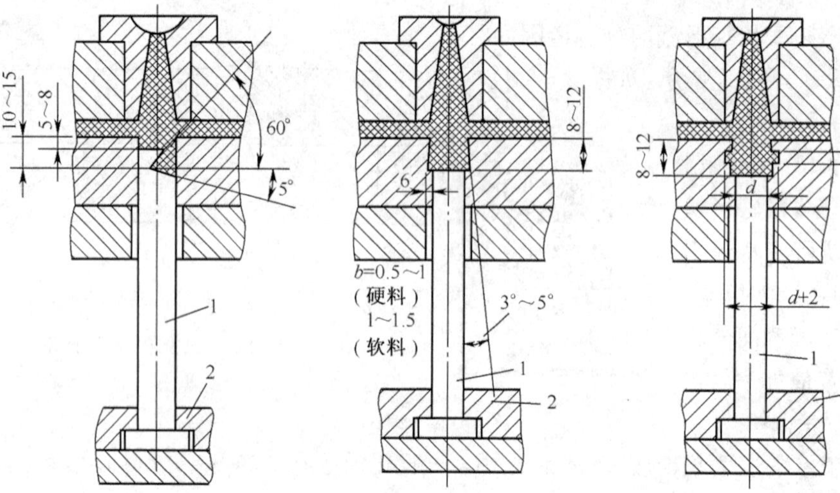

（a）Z形拉料杆　　（b）锥形冷料穴　　（c）圆环槽形冷料穴

图2-7　适用于顶杆、顶管脱模机构的拉料形式
1—拉料杆　2—顶杆固定板

（2）锥形或圆环槽形冷料穴与推料杆匹配。图2-7（b）、图2-7（c）分别表示锥形冷料穴和圆环槽形冷料穴与推料杆的匹配。将冷料穴设计为带有锥度或带一环形槽，动、定模打开时，冷料本身可将主流道凝料拉向动模一侧，冷料穴之下的圆杆在顶出行程中将凝料推出模外。这两种匹配形式也适用于除脱件板脱模机构以外的模具。

4．浇口设计

浇口是熔融塑料经分流道注入型腔的进料口，是流道和型腔之间的连接部分，也是注射模浇注系统的最后部分，其基本作用是使从分流道来的熔融塑料以最快的速度进入并充满型腔。型腔充满后，浇口能迅速冷却封闭，防止型腔内还未冷却的熔融塑料回流。

根据GB/T 8846—2005的规定，浇口分为直浇口、点浇口、侧浇口、盘形浇口等9种形式。

（1）直浇口。熔融塑料经主流道直接注入型腔的浇口称为直浇口，如图2-9所示。

直浇口的位置一般设在制品表面或背面，适用于单腔模具和大型塑件以及一些高黏度塑料，表2-3所示为常用塑料的直浇口道的大、小尺寸。

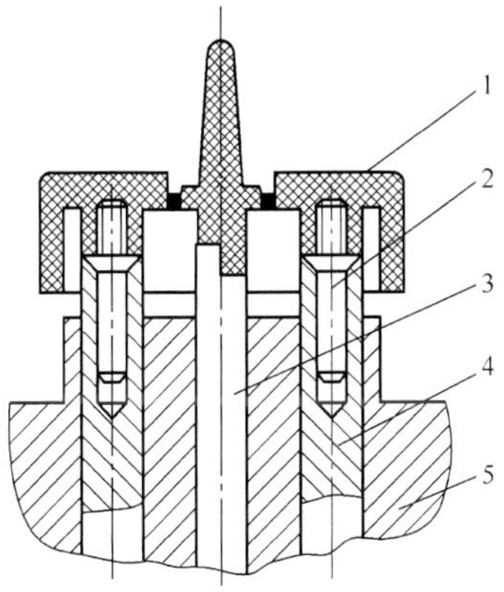

图 2-8　不宜采用 Z 形拉料杆的塑件
1—塑件　2—螺纹　3—拉料杆　4—顶杆　5—动模

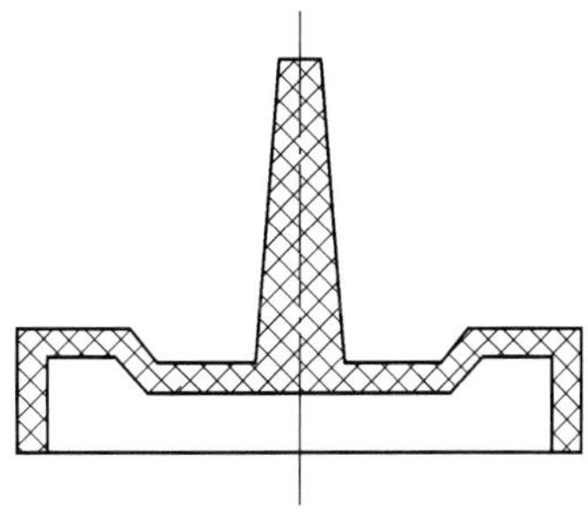

图 2-9　直浇口

表 2-3　常用塑料的直浇口道的大、小端尺寸

塑件质量（g）	<35		<340		≥340	
主流道直径（mm）	*d*	*D*	*d*	*D*	*d*	*D*
PS	2.5	4	3	6	3	8
PE	2.5	4	3	6	3	7
ABS	2.5	5	3	7	4	8
PC	3	5	3	8	5	10

（2）环形浇口与盘形浇口。熔融塑料沿塑件的整个外圆周而扩展进料的浇口称为环形浇口，如图 2-10（a）所示；熔融塑料沿塑件的内圆周而扩展进料的浇口称为盘形浇口，如图 2-10（b）所示。环形浇口和盘形浇口均适用于长管形塑件，它们都能使熔料环绕型芯均匀进入型腔，充模状态和排气效果好，能减少拼缝痕迹，但浇注系统凝料较多，切除比较困难，浇口痕迹明显。环形浇口的浇口设计在型芯上，浇口的厚度 $t = 0.25 \sim 1.6$mm，长度 $l = 0.8 \sim 1.8$mm；盘形浇口的尺寸可参考环形浇口设计。

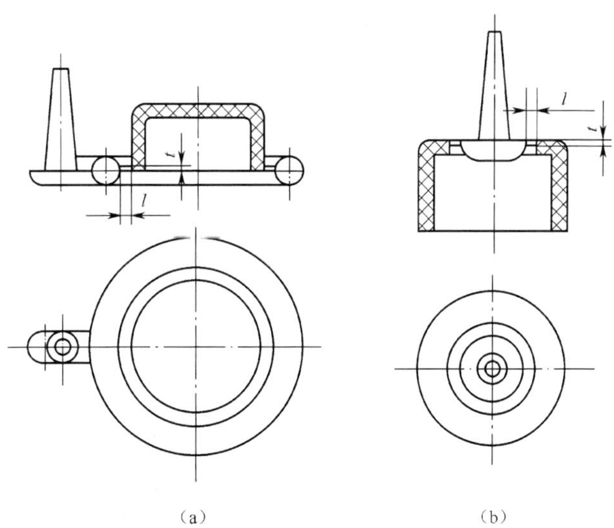

图 2-10　环形浇口和盘形浇口

（3）点浇口。截面形状如针点的浇口称为点浇口，如图 2-11 所示。点浇口截面一般为圆形。图 2-11（a）中 L_{Z1} 约为 L_{Z2} 的 2/3，一般取 15～25mm；在模腔与浇口的接合处还应采取倒角或圆弧，以避免浇口在开模拉断时损坏制品。图 2-11（b）中主流道末端增设圆弧过渡，更有利于补缩。当制品尺寸较大时，可以使用多个点浇口从多处进料，由此缩短塑料熔体流程，并减小制品翘曲变形。

点浇口能够在开模时自动拉断，浇口疤痕很小不需修整，容易实现自动化。但采用点浇口进料的浇注系统，在定模部分必须增加一个分型面，用于取出浇注系统的凝料，从而使模具结构比较复杂。点浇口的尺寸可参见图 2-11 确定或参考表 2-4 选取。

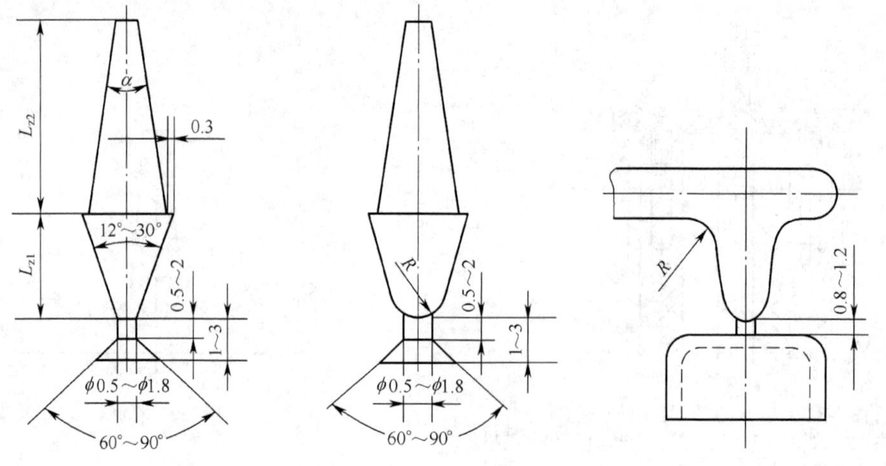

（a）　　（b）　　（c）

图 2-11　点浇口

表 2-4　　侧浇口和点浇口的推荐值　　单位：mm

塑件壁厚 t	侧浇口截面尺寸		点浇口直径	浇口长度
	深度	宽度		
＜0.8	＜0.5	＜1.0	0.8～1.3	1.0
0.8～2.4	0.5～1.5	0.8～2.4		
2.4～3.2	1.5～2.2	2.4～3.3		
3.2～6.4	2.2～2.4	3.3～6.4	1.0～3.0	

（4）侧浇口。设置在模具的分型面处，从塑件的内或外侧进料，截面为矩形的浇口称为侧浇口，如图 2-12 所示。

侧浇口一般开设在分型面上，塑料熔体从模腔侧面充模，其截面形状多为矩形狭缝，改变截面高度和宽度可以调整熔体充模时的切变速率及浇口的冻结时间。在侧浇口进入或连接型腔的部位，应成圆角以防劈裂。侧浇口的优点是可根据制品的形状特点灵活地选择浇口位置，而不像其他浇口那样，浇口位置经常受到限制。

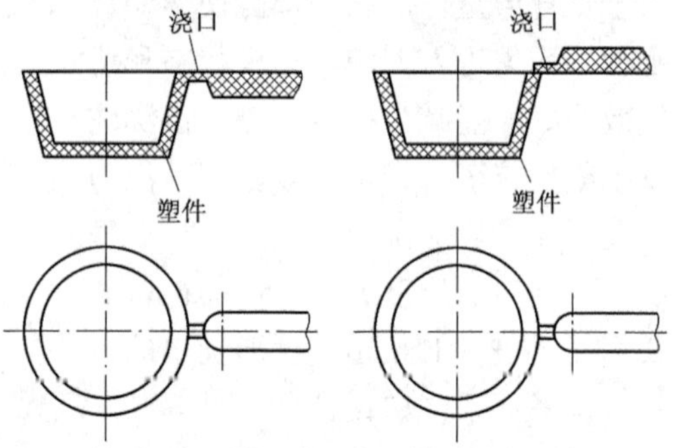

（a）齐边侧浇口　　（b）顶面侧浇口

图 2-12　侧浇口

对于中小型塑件，一般厚度 t=0.5～2.0mm（或取塑件壁厚的 1/3～2/3），宽度 b=1.5～5.0mm，浇口长度 l=0.7～2.0mm；端面进料的搭接式侧浇口，搭接部分的长度 l_1=0.6～0.9mm+0.5b，浇口长度 l 可适当加长，取 l=2.0～3.0mm。

对于潜伏浇口、轮辐浇口、扇形浇口和护耳浇口，由于篇幅所限，不再详细介绍。

5．浇口部位的选择

塑件上浇口开设部位的选择，应注意以下几点。

（1）避免熔体破裂现象在塑件上产生缺陷。浇口的尺寸如果比较小，而且正对着一个宽度和厚度都比较大的型腔，则容易产生喷射和蠕动（蛇形流）等熔体破裂现象。克服熔体破裂的办法有 3 个：一是加大浇口的断面尺寸，降低流速；二是采用冲击式浇口，即浇口开设方位正对着型腔壁或粗大型芯；三是采用护耳式浇口，可以避免喷射现象，尤其有利于成形要求透明度高的塑料制品。

（2）考虑分子取向方位对塑件性能的影响。一般来说，希望塑料注射制品具有各向同性，然而要实现完全取向几乎是不可能的。对塑件来说，垂直于流向和平行于流向的强度、应力开裂倾向等都存在着差别。在特殊情况下，也可利用分子高度取向来改善塑件的某些性能，例如为使聚丙烯铰链达到几千万次弯折而不断裂，要在铰链处利用分子高度取向。

（3）浇口开在塑件壁最厚处。当塑件壁厚相差较大时，应在避免喷射的前提下，把浇口开在接近截面最厚处。从有利于补料的角度出发，厚截面处往往是塑件最后凝固的地方，极易因体积收缩而形成表面凹陷或真空泡，将浇口开设在厚壁处也有利于补缩。

（4）减少熔接痕和增加熔接牢度。为减少塑件上熔接痕的数量，在流程不太长时，如无特殊需要，最好不要开设两个或更多的浇口。对于圆环形塑件，为了减少熔接痕，浇口最好开在塑件的切线方向上。

（5）防止料流将型芯或嵌件挤歪变形。对于有细长型芯的圆筒形塑件，应避免偏心进料以防型芯产生弯曲变形。

（6）保证型腔充满。浇口位置的选择应保证迅速和均匀地充满模具型腔，尽量缩短熔体的流动距离，这对大型塑件更为重要。

2.3.3　热流道浇注系统设计

塑料注射成形一般都需要主流道、分流道及浇口等，由于这些非制品部分同时成形，所以在每次注射后，必须将其去除。这样不仅耗费原料，增加了成形周期，而且使成形效率低并需要后加工。为此，可以采用无流道凝料的注射成形方法，习惯上称为热流道注射成形。

热塑性塑料采用热流道注射成形的特点是：对模具的整个或者局部浇注系统采用绝热或加热方法，使其内部的塑料熔体始终保持熔融状态，不能与模腔内的塑料熔体一起冷却，从而避免在浇注系统或局部流道及浇口中产生流道凝料。根据对模具浇注系统采用的绝热或加热措施，热流道注射成形使用的模具分为绝热流道注射模和热流道注射模两大类型，当热流道注射模采用单模腔结构时，绝热流道和热流道可分别通过井式喷嘴和延伸喷嘴来实现。

1．绝热流道注射模

绝热流道注射模的绝热方法是：利用塑料比金属导热差的特性，将流道的截面尺寸设计得相当大，以至靠近流道表壁的塑料熔体会因模温较低而迅速冷凝成一个完全或半熔融态的固化层，从而对流道中部的熔融塑料产生绝热作用，使这部分塑料的热量不能向外散发，并在注射压力作用下进行连续流动和顺利充模。

（1）井式喷嘴绝热流道注射模。这种结构常用于单腔注射模，如图 2-13（a）所示，它是在注射机喷嘴和模具入口之间装设主流道杯，由于杯内的物料层较厚，再加之被每次通过的物料不断加热，所以中心部分始终保持流动状态，以使物料顺利通过。由于浇口离喷嘴热源较远，所以此形式仅适用于操作周期较短（每分钟注射 3 次左右）的情况。主流道杯的详细尺寸如图 2-13（b）所示。

（2）多型腔绝热流道注射模。多型腔绝热流道注射模也称绝热分流道模具，这种结构的主流道直径和分流道直径都很大，其断面呈圆柱形，常用的分流道直径为 15～32mm，最大可达

75mm，成形周期长的塑件宜取较大值。由于塑料的导热性较差，所以尽管流道内的熔体表层冷固了，但其内芯仍保持熔融状态，故使物料得以顺利流过。停车后，流道内的物料将很快冷固，为此在分流道的中心线上设置能快速开启的分型面，以便在下次开车前打开此分型面，清理凝固的物料。如图2-14所示为点浇口式多型腔绝热流道注射模，其优点是脱模时塑件易从浇口处断开，不必再进行修整；缺点是浇口处易固化，故只能用于成形周期较短和容易成形的塑料品种。再次开车前，应打开锁链5取出流道凝料。

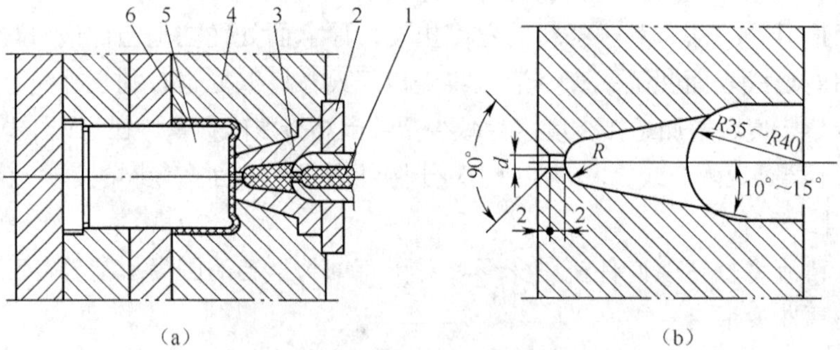

图2-13　井式喷嘴绝热流道注射模
1—注射机喷嘴　2—定位圈　3—主流道杯　4—定模　5—型芯　6—塑件

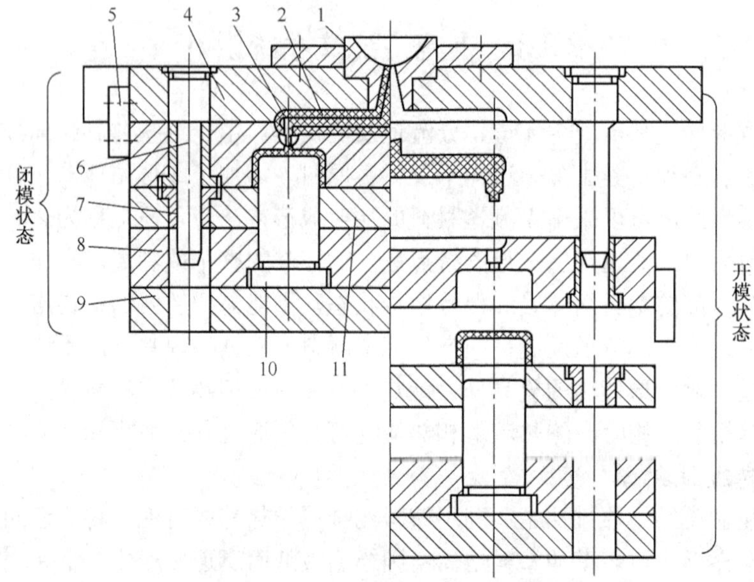

图2-14　点浇口式多型腔绝热流道注射模
1—浇口套　2—凝固物料　3—熔融物料　4—定模板　5—锁链　6—导柱
7—导套　8—型芯固定板　9—垫板　10—型芯　11—推板

2．热流道注射模

在流道内或流道的附近设置加热器，利用加热的方法使注射机喷嘴到浇口之间的浇注系统处于高温状态，让浇注系统内的塑料在成形生产过程中一直处于熔融状态，保证注射成形的正常进行，这样的模具称为热流道注射模，是热流道模具的主要形式。它在停车后一般不需要打开流道取出凝料，再开车时只需加热流道达到所要求的温度即可。如图2-15所示为塑料层绝热的延伸式喷嘴，喷嘴伸入模具直到浇口附近，喷嘴与模具之间有一圆环形的接触面，如图 2-15 中 *A* 部所示，起承压作用，此面积宜小，以减少两者间的热传递。喷嘴的球面与模具间留有不大的间隙，在第一次注射时，此间隙即被塑料所充满而起绝热作用。间隙最薄处在浇口附近，厚约 0.5mm，若厚度太大则浇口容易凝固，浇口以外的绝热间隙以不超过 1.5mm 为宜，浇口尺寸一般为 0.75～1.5mm。热流道注射模主要用于聚乙烯、聚丙烯、聚苯乙烯等塑料的成形，但不适于热稳定性差的塑料。

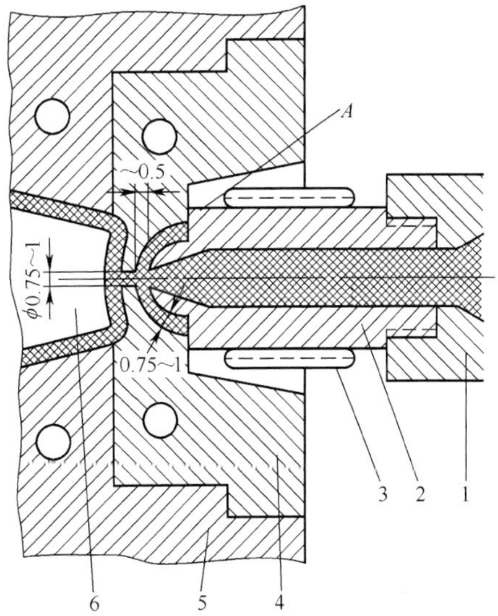

图 2-15　塑料层绝热的延伸式喷嘴
1—注射机料筒　2—延伸式喷嘴　3—加热线圈
4—浇口套　5—定模板　6—型芯

3．阀式浇口热流道注射模

对于熔融黏度较低的塑料，为了避免流涎，可采用阀式浇口。阀式浇口的启闭可由模具上专门设置的液压或机械驱动机构来实现，也可用压缩弹簧来达到启闭的目的。阀式浇口热流道注射模具有以下优点：当熔融塑料黏度很低时可避免流涎；针阀的往复运动能减少浇口处凝固；塑件上不留浇口痕迹；阀式浇口用专门的液压或机械驱动，可以在高压下提前快速封闭浇口，降低塑件的内应力等。

2.4　成形零部件设计

2.4.1　分型面的设计

分型面的选择是模具设计的第一步，分型面的选择受塑件形状、壁厚、成形方法、后处理工序、塑件外观、塑件尺寸精度、塑件脱模方法、模具类型、型腔数日、模具排气、嵌件、浇口位置与形式以及成形机的结构等的影响。分型面选择的原则是：脱出塑件方便，模具结构简单，确保塑件尺寸精度，型腔排气顺利，无损塑件外观，设备利用合理。具体情况分别说明如下。

（1）塑件脱模方便。分型面应选在塑件外形最大轮廓处。塑件在动、定模的方位确定后，其分型面应选在塑件外形的最大轮廓处，否则，塑件会无法从型腔中脱出，这是最基本的选择原则。其次要求塑件在动、定模打开时尽可能滞留在动模一侧，因为模具的脱模机构在动模一侧。按照这一要求，主型芯一般都安装在动模一侧，塑件收缩包紧在主型芯上而留在动模一侧，此时可以将型腔设计在定模一侧。但当塑件内含有带孔的嵌件，或当塑件上根本无孔时，或者由于塑件外形复杂对型腔黏附力较大时，为了使塑件不至于留在定模一侧，应该将型腔设置在动模一侧。

2-9　分型面的选择原则（上）

（2）模具结构简单。图 2-16 中所示的塑件，形状比较特殊，若按照图 2-16（a）所示方案，将分型面设计成平面，型腔底面不容易切削加工，不如将分型面设计为斜面，使型腔底面成为平面，便于加工，如图 2-16（b）所示。

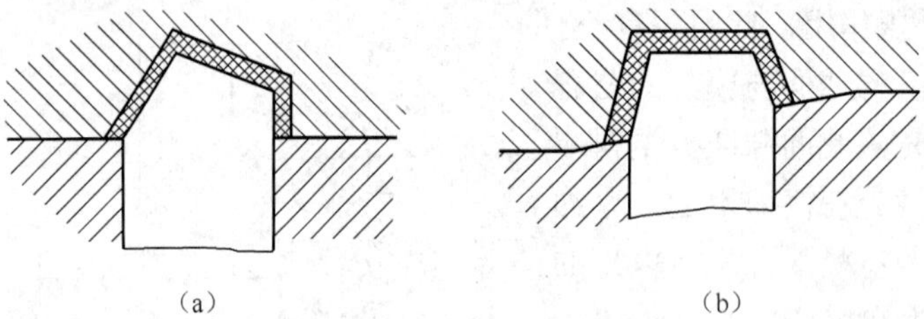

（a）　　（b）

图 2-16　分型面设计有利于型腔加工

2-10　分型面的选择原则（中）

从简化模具考虑，对需要抽芯的塑件，应尽量避免在定模部分抽芯。

（3）确保塑件尺寸精度。如果精度要求较高的制品被分型面分割，则会因为合模不准确造成较大的形状和尺寸偏差，达不到预定的精度要求。图 2-17 中所示的塑件为一双联齿轮，要求大齿、小齿、内孔三者保持严格同轴，以利于齿轮传动平稳，减小磨损。若将分型面按图 2-17（a）设计，大齿和小齿分别在定模和动模上，难以保证二者良好的同轴度；若改用图 2-17（b）中方案使分型面位于大齿端面上，型腔完全在动模上，可保证良好的同轴度。

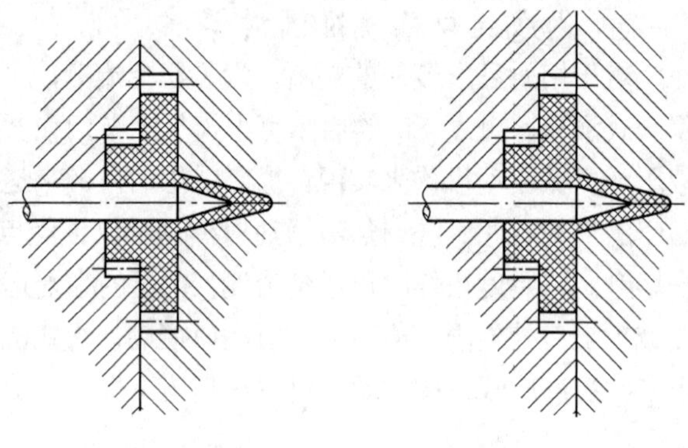

（a）　　（b）

图 2-17　分型面对塑件同轴度的影响

（4）型腔排气顺利。型腔气体的排除，除了利用顶出元件的配合间隙外，主要靠分型面，排气槽也都设在分型面上，因此，分型面应尽量与最后才能充填熔体的模腔表壁重合，这样对注射成形过程中的排气有利。

（5）无损塑件外观。分型面不仅应选择在对制品外观没有影响的位置，而且还必须考虑如何能比较容易地清除或修整掉分型面处产生的溢料飞边。在可能的情况下，还应避免分型面处产生飞边。

（6）合理利用设备。一般注射模的侧向抽芯都是借助模具打开时的开模运动，通过模具的抽芯机构进行抽芯的。在有限的开模行程内，完成的抽芯距离有限制，因此，对于互相垂直的两个方向都有孔或凹槽的塑件，应避免长距离抽芯。

2-11　分型面的选择原则（下）

除了上述原则之外，选择分型面时还应尽量减小模腔（即制品）在分型面上的投影面积，以避免此面积与注射机许用的最大注射面积接近时可能产生的溢料现象；尽量减小脱模斜度给制品大小端带来的尺寸差异；便于嵌件安装等。

2.4.2　注射模的排气

1. 排气结构的作用

注射模的排气是模具设计中不可忽视的一个问题，特别是快速注射成形工艺的发展，对注射模排气的要求愈加严格。

注射模内积存的气体有以下 4 个来源。

（1）进料系统和型腔中存有的空气。

（2）塑料含有的水分在注射温度下蒸发而成的水蒸气。

（3）由于注射温度过高，塑料分解所产生的气体。

（4）塑料中某些配合剂挥发或化学反应所生成的气体（在热固件塑料成形时，常常存在由于化学反应生成的气体）。

在排气不良的模具中，上述这些气体经受很大的压缩作用而产生反压力，这种反压力阻止熔融塑料的正常快速充模，而且气体压缩所产生的热也能使塑料烧焦。在充模速度大、温度高、物料黏度低、注射压力大和塑件过厚的情况下，气体在一定的压缩程度下能渗入塑料内部，造成熔接不牢、表面轮廓不清、充填不满、气孔、组织疏松等缺陷。

2　排气槽（或孔）的设计要点

排气槽（或孔）位置和大小的选定主要依靠经验。通常将排气槽（或孔）先开设在比较明显的部位，经过试模后再修改或增加，但基本的设计要点可归纳如下。

（1）排气要保证迅速、完全，排气速度要与充模速度相适应。

（2）排气槽（孔）尽量设在塑件较厚的成形部位。

（3）排气槽应尽量设在分型面上，但排气槽溢料产生的毛边应不妨碍塑件脱模。

（4）排气槽应尽量设在料流的终点，如流道、冷料穴的尽端。

（5）为了模具制造和清模的方便，排气槽应尽量设在凹模的一面。

（6）排气槽排气方向不应朝向操作面，防止注射时漏料烫伤人。

（7）排气槽（孔）不应有死角，防止积存冷料。

排气槽的宽度可取 1.5～6mm，深度以塑料熔体不溢出排气槽为宜，其数值与熔体黏度有关，一般可在 0.02～0.05mm 范围内选择。根据一般经验，常用塑料的排气槽厚度的取值如表 2-5 所示。

2-12　排气槽排气设计要点

表 2-5　常用塑料排气槽厚度

塑 料 名 称	排气槽厚度（mm）
尼龙类	≤0.015
聚烯烃塑料	≤0.02
PS、ABS、AS、ASA、SAN、POM、增强尼龙、PBT、PET	≤0.03
聚碳酸酯、PSU、PVC、PPO、丙烯酸塑料、其他增强塑料	≤0.04

2.4.3　成形零部件的结构设计

注射模具闭合时，成形零件构成了成形塑料制品的型腔。成形零件主要包括凹模、凸模、型芯、镶拼件、各种成形杆与成形环等。成形零件的结构设计，以成形符合质量要求的塑料制品为前提，同时考虑金属零件的加工性及模具制造成本。

1．凹模结构设计

凹模是成形塑件外表面的成形零件。凹模的基本结构可分为整体式、整体嵌入式和组合式。采用镶拼结构的凹模，对于改善模具加工工艺性有明显好处。

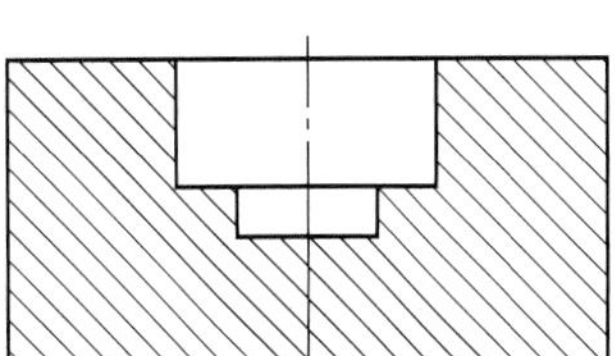

图 2-18　整体式凹模结构

（1）整体式凹模。整体式凹模是用整块模具材料直接加工而成的，其典型结构如图 2-18 所示，适合于形状简单的中小型塑件。其特点是结构简单，牢固可靠，不容易变形，成形出来的制品表面不会带有镶拼接缝的溢料痕迹，但加工较困难，需用电火花、立式铣床加工。

（2）整体嵌入式凹模。整体嵌入式凹模适用于小型、多腔注射模或需要节约优质材料的场合。它的特点是其型腔部分仍用整体材料加工制造而成，但它们必须嵌入到固定板或某些特制的模套中才能使用。整体嵌入式凹模装在固定模板中，防止嵌入件松动和旋转，如图 2-19 所示。

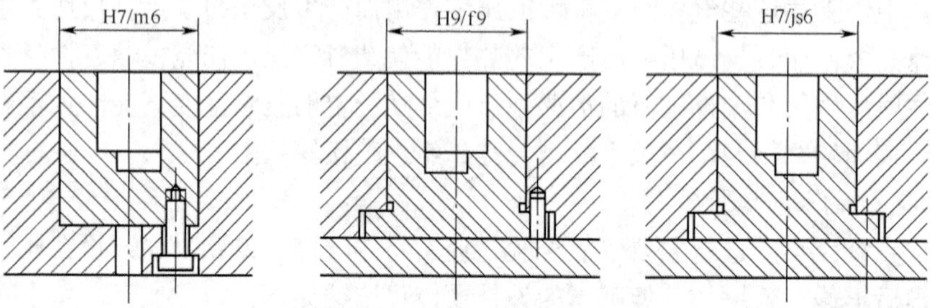

（a） （b） （c）

图 2-19　整体嵌入式凹模结构

2-13　认识整体式凹模

（3）组合式凹模。当凹模型腔的底部形状比较复杂或面积很大时，可将其底部与四周侧壁分割出来单独加工，由此能使内形加工变为外形加工，在加工切削、线切割、磨削、抛光及热处理加工时较为方便。无底型腔加工后装上底板，构成凹模整体型腔，称为组合式凹模。它是一种大面积的镶嵌，其底板面积或大于凹模型腔底面，或者就是凹模板，如图 2-20 所示。

2-14　组合式凹模设计（1）

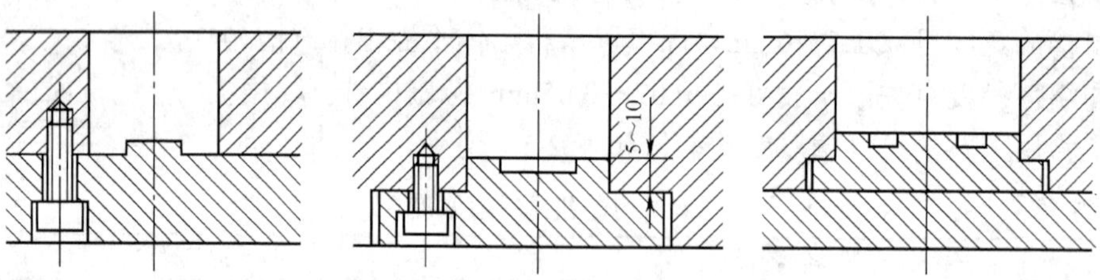

（a） （b） （c）

图 2-20　组合式凹模结构

（4）镶拼式凹模。各种结构的凹模都可用镶件或拼块组成凹模的局部型腔。图 2-21 所示为局部镶拼的凹模，镶件可镶嵌在四壁，如图 2-21（a）所示；也可镶嵌在底部，如图 2-21（b）所示。

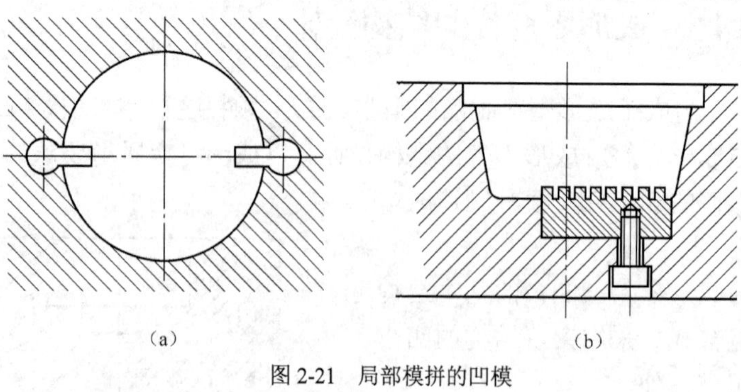
（a） （b）

图 2-21　局部模拼的凹模

2-15　组合式凹模设计（2）

2. 凸模和型芯结构设计

凸模和型芯都是用来成形塑料制品的内表面的成形零件，两者没有严格的区别。一般来讲，可以认为凸模是成形整体内型的模具零部件，而型芯多指成形制品上某些局部特殊内型或局部孔、槽等所用的模具零部件，有时也可以把型芯叫做成形杆。

（1）整体式凸模。整体式凸模使用整块模具材料直接加工而成，其典型结构如图 2-22 所示。其优点是结构牢固、不易变形、成形制品不会带有镶拼接缝的溢料痕迹，但形状复杂时，加工困难，优质模具材料的消耗量较大，主要适用于一些小型塑料制品。

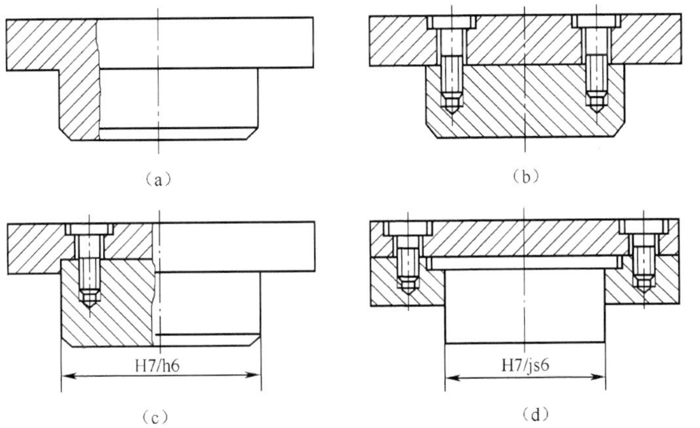

图 2-22　整体式凸模结构

2-16　凸模和型芯的结构设计

（2）圆柱形芯结构。最常见的圆柱形芯结构如图 2-23（a）所示，它采用轴肩与垫板的固定方法，定位配合部分长度为 3～5mm，用小间隙或过渡配合。非配合长度上扩孔后，有利于排气。倘若模板较薄，则用图 2-23（b）、图 2-23（c）所示的结构。

各种圆柱型芯结构如图 2-24 所示。

（3）异形型芯结构。对于需要嵌入模具的异形型芯或异形镶块，可以只将成形部分按制品形状加工，在固定板上加工出相配合的异形孔。但支撑和轴肩部分均为圆柱体，以便于加工与装配。

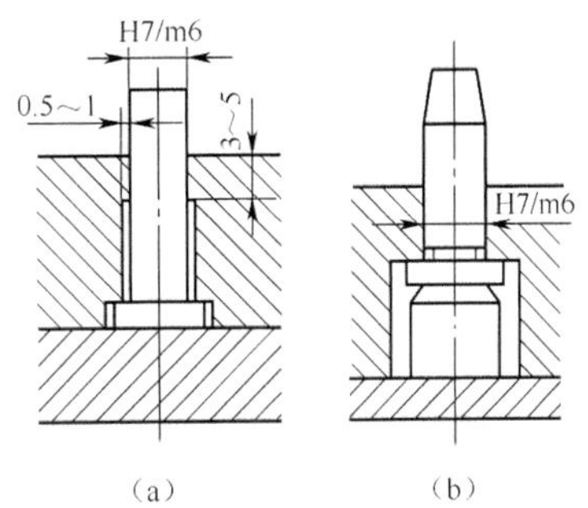

图 2-23　圆柱型芯的常用结构

（4）镶拼凸模结构。类似于凹模，当制品内型比较复杂、凸模加工制造难度比较大时，也可以对凸模采用镶拼组合式结构，以便于加工、维修或更换，如图 2-25 所示的镶拼结构，可大大改善加工和热处理的工艺性。

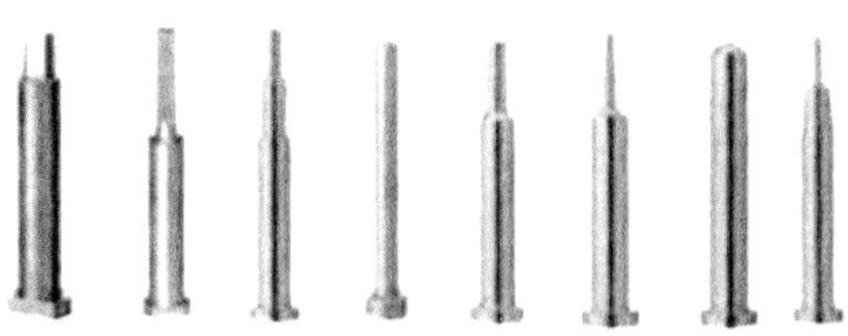
图 2-24　各种圆柱型芯结构

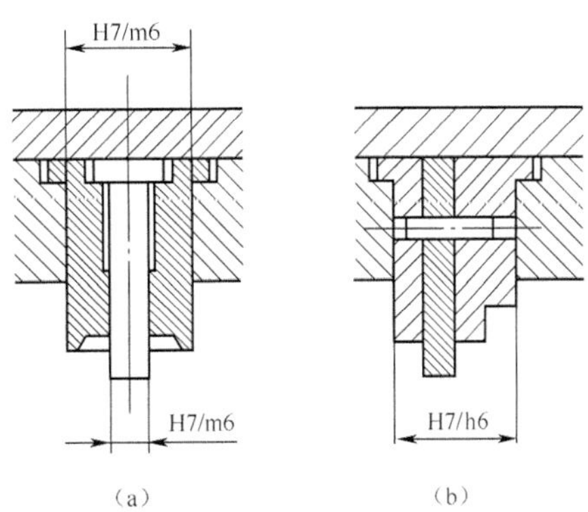

图 2-25　镶拼凸模结构

2.4.4 成形零部件工作尺寸的计算

成形零部件中与塑料接触并决定制品几何形状的各处尺寸称为工作尺寸，对工作尺寸进行准确设计计算，是成形零部件设计过程中一项非常重要的工作。

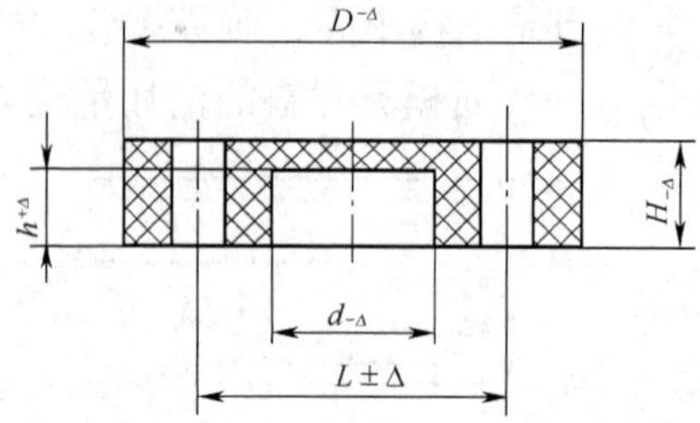

图2-26 制品形状、尺寸及公差

1．一般工作尺寸的计算

制品的形状、尺寸及公差如图2-26所示。

（1）型腔内型尺寸

$$D_M=\left[D+DS-\frac{\Delta}{2}-\frac{\delta_z}{2}\right]_0^{+\delta_z} \tag{2-1}$$

（2）型芯外形尺寸

$$d_M=\left[d+dS+\frac{\Delta}{2}+\frac{\delta_z}{2}\right]_{-\delta_z}^{0} \tag{2-2}$$

（3）型腔深度尺寸

$$H_M=\left[H+HS-\frac{\Delta}{2}-\frac{\delta_z}{2}\right]_0^{+\delta_z} \tag{2-3}$$

（4）型芯高度尺寸

$$h_M=\left[h+hS+\frac{\Delta}{2}+\frac{\delta_z}{2}\right]_{-\delta_z}^{0} \tag{2-4}$$

（5）中心尺寸

$$L_M=\left[L+LS\right]\pm\delta_z \tag{2-5}$$

式中：D_M——型腔内形尺寸，mm；

D——制品外形的基本尺寸或最大极限尺寸，mm；

d_M——型芯外形尺寸，mm；

d——制品内形的基本尺寸或最小极限尺寸，mm；

H_M——型腔深度尺寸，mm；

H——制品高度的基本尺寸或最大极限尺寸，mm；

h_M——型芯高度尺寸，mm；

h——制品型孔深度的基本尺寸或最小极限尺寸，mm；

L——两孔中心距；

L_M——模具上的两孔中心距；

Δ——制品公差或偏差，mm；

S——塑料的平均收缩率，%；

δ_z——成形零件的制造公差或偏差，mm，其中

$$\delta_z=\left(\tfrac{1}{5}\sim\tfrac{1}{3}\right)\Delta \text{ 或 } \pm\delta_z=\pm\left(\tfrac{1}{5}\sim\tfrac{1}{3}\right)\Delta$$

2．螺纹成形尺寸的计算

（1）螺纹型环的工作尺寸计算。螺纹型环用于成形制品的外螺纹，外螺纹及型环尺寸如图 2-27 所示。

螺纹型环大径尺寸

$$D_M=\left[d+dS-\frac{3}{4}a\right]_0^{+\delta_z} \tag{2-6}$$

螺纹型环小径尺寸

$$D_{M1}=[d_1+d_1S-b]_0^{+\delta_z} \tag{2-7}$$

螺纹型环中径尺寸

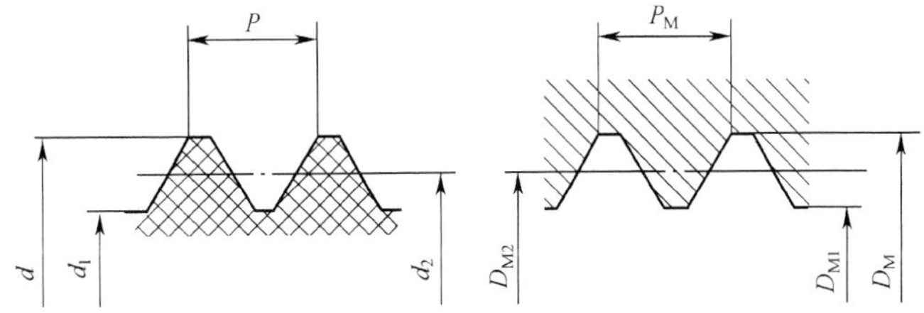

图 2-27　制品外螺纹及螺纹型环

$$D_{M2}=[d_2+d_2S-b]_0^{+\delta_z} \tag{2-8}$$

（2）螺纹型芯的工作尺寸计算。螺纹型芯用于成形制品的内螺纹，内螺纹及型芯尺寸如图 2-28 所示。

螺纹型芯大径尺寸

$$d_M=[d+dS+b]_{-\delta_z}^{0} \tag{2-9}$$

螺纹型芯小径尺寸

$$d_{M1}=\left[d_1+d_1S+\frac{3}{4}c\right]_{-\delta_z}^{0} \tag{2-10}$$

螺纹型芯中径尺寸

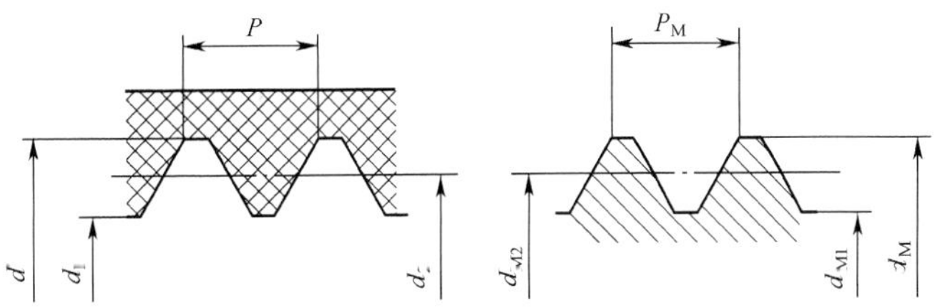

图 2-28　制品内螺纹及螺纹型芯

$$d_{M2}=[d_2+d_2S+b]_{-\delta_z}^{0} \tag{2-11}$$

螺纹型（环）芯螺距尺寸

$$P_M=[P+PS]\pm\delta_p \tag{2-12}$$

式中：D_M——螺纹型环大径尺寸，mm；

D_{M1}——螺纹型环小径尺寸，mm；

D_{M2}——螺纹型环中径尺寸，mm；

d_M　螺纹型芯大径尺寸，mm；

d_{M1}——螺纹型芯小径尺寸，mm；

d_{M2}——螺纹型芯中径尺寸，mm；

d——制品螺纹大径的基本尺寸，mm；

d_1——制品螺纹小径的基本尺寸，mm；

d_2——制品螺纹中径的基本尺寸，mm；

P_M——螺纹型环或型芯的螺距，mm；

P——制品螺纹螺距的基本尺寸，mm；

S——塑料的平均收缩率，%；

a——制品外螺纹大径公差，mm；

b——制品螺纹中径公差，mm；

c——螺纹型环小径公差，mm；

δ_z——螺纹型环、型芯的制造公差，mm；δ_z 分别为$\frac{a}{4}$、$\frac{b}{4}$、$\frac{c}{4}$；

δ_p——螺纹型环或型芯螺距的制造公差，mm。

2.4.5 成形零部件的壁厚计算

成形零部件的壁厚计算一般用计算法和查表法，计算方法比较复杂且烦琐，且计算结果与经验数据比较接近，因此，在进行模具设计时，一般采用经验数据或查有关表格。

（1）矩形型腔的壁厚经验数据。矩形型腔的壁厚经验数据如表 2-6 所示。

表 2-6　　矩形型腔的壁厚经验数据　　单位：mm

型腔宽度 a	整体式型腔	镶拼式型腔	
	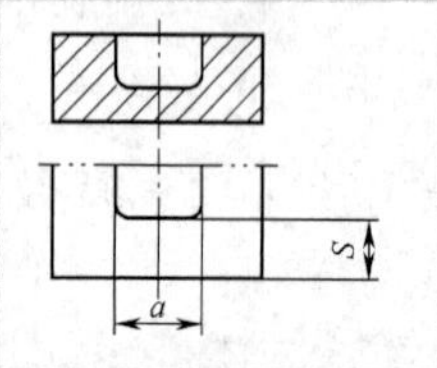	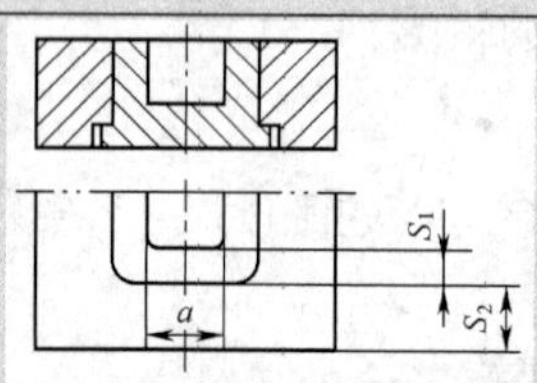	
	型腔壁厚 S	型腔壁厚 S_1	模套壁厚 S_2
＜40	25	9	22
40～50	25～30	9～10	22～25
50～60	30～35	10～11	25～28
60～70	35～42	11～12	28～35
70～80	42～48	12～13	35～40
80～90	48～55	13～14	40～45
90～100	55～60	14～15	45～50
100～120	60～72	15～17	50～60
120～140	72～85	17～19	60～70
140～160	85～95	19～21	70～78

（2）圆形型腔的壁厚经验数据。圆形型腔的壁厚经验数据如表 2-7 所示。

表 2-7　　圆形型腔的壁厚经验数据　　单位：mm

型腔直径 d	整体式型腔	镶拼式型腔	
	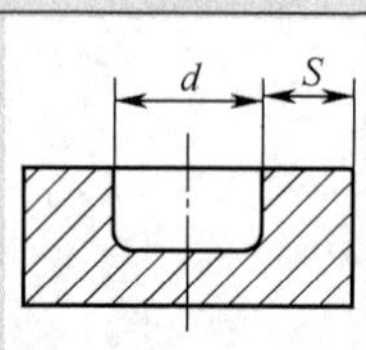	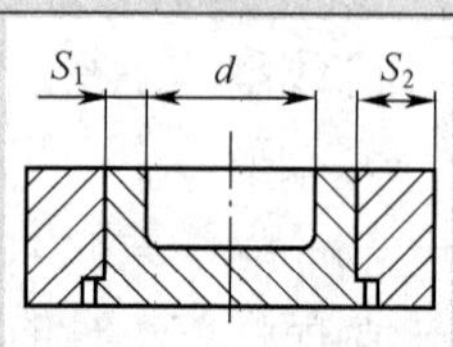	
	型腔壁厚 S	型腔壁厚 S_1	模套壁厚 S_2
＜40	20	7	18
40～50	20～22	7～8	18～20
50～60	22～28	8～9	20～22
60～70	28～32	9～10	22～25
70～80	32～38	10～11	25～30
80～90	38～40	11～12	30～32
90～100	40～45	12～13	32～35
100～120	45～52	13～16	35～40
120～140	52～58	16～17	40～45
140～160	58～65	17～19	45～50

（3）型腔的底壁厚度经验数据。型腔的底壁厚度示意图如图 2-29 所示，型腔底壁厚度 t_h

的经验数据如表 2-8 所示。

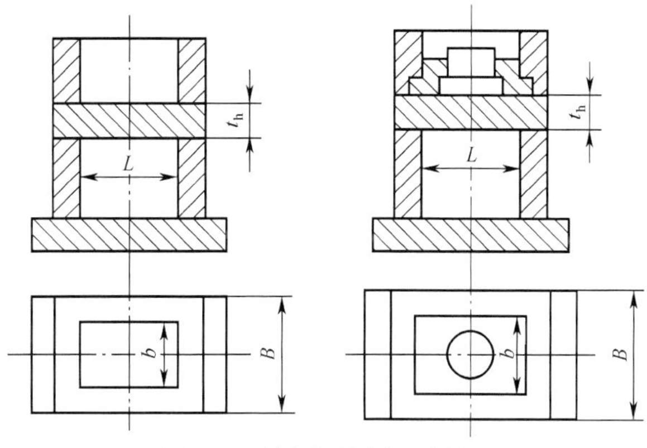

图 2-29　型腔底壁厚度示意图

表 2-8　　型腔底壁厚度的经验数据

B（mm）	$b \approx L$	$b \approx 1.5L$	$b \approx 2L$
≤102	t_h =（0.12～0.13）b	t_h =（0.1～0.11）b	t_h = 0.08 b
＞102～300	t_h =（0.13～0.15）b	t_h =（0.11～0.12）b	t_h =（0.08～0.09）b
＞300～500	t_h =（0.15～0.17）b	t_h =（0.12～0.13）b	t_h =（0.09～0.10）b

注：当压力 p_M＜29MPa，L＞1.5B 时，表中数值乘以（1.25～1.35）；当压力 p_M＜49MPa，L＞1.5B 时，表中数值乘以（1.5～1.6）。

2.5　结构零部件设计

2.5.1　导柱合模导向机构设计

合模导向机构的功能是保证动、定模部分能够准确对合，使加工在动模和定模上的成形表面在模具闭合后形成形状和尺寸准确的腔体，从而保证塑件形状、壁厚和尺寸的准确。导柱合模导向在注射模中应用最普遍，包括导柱和导套两个零件，分别安装在动、定模的两半部分。

2-17　合模导向装置的作用

1．导柱设计

导柱可以安装在动模一侧，也可以安装在定模一侧，但更多地是安装在动模一侧，因为作为成形零件的主型芯多装在动模一侧，导柱与主型芯安装在同一侧，在合模时可起保护作用。

导柱的基本结构形式有两种：一种是除安装部分的凸肩外，其余部分直径相同，称为带头导柱，GB/T 4169.4—2006 规定了带头导柱的尺寸规格和公差，同时给出了材料指南和硬度要求，规定了标记方法，如图 2-30（a）所示；另一种是除安装部分的凸肩外，使安装的配合部分直径比外伸的工作部分直径大，称为带肩导柱，GB/T 4169.5—2006 规定了带肩导柱的尺寸规格和公差，同时给出了材料指南和硬度要求，规定了标记方法，如图 2-30（b）所示。带头导柱和带肩导柱的前端都设计为锥形，便于导向。两种导柱都可以在工作部分带有贮油槽。带贮油槽的导柱可以贮存润滑油，延长润滑时间。带头导柱用于塑件生产批量不大的模具，可以不用导套。带肩导柱用于塑件大批量生产的模具，或导向精度要求高，必须采用导套的模具，装在模具另一侧的导套安装孔可以和导柱安装孔采用同一尺寸，一次加工而成，保证了严格的同轴度。

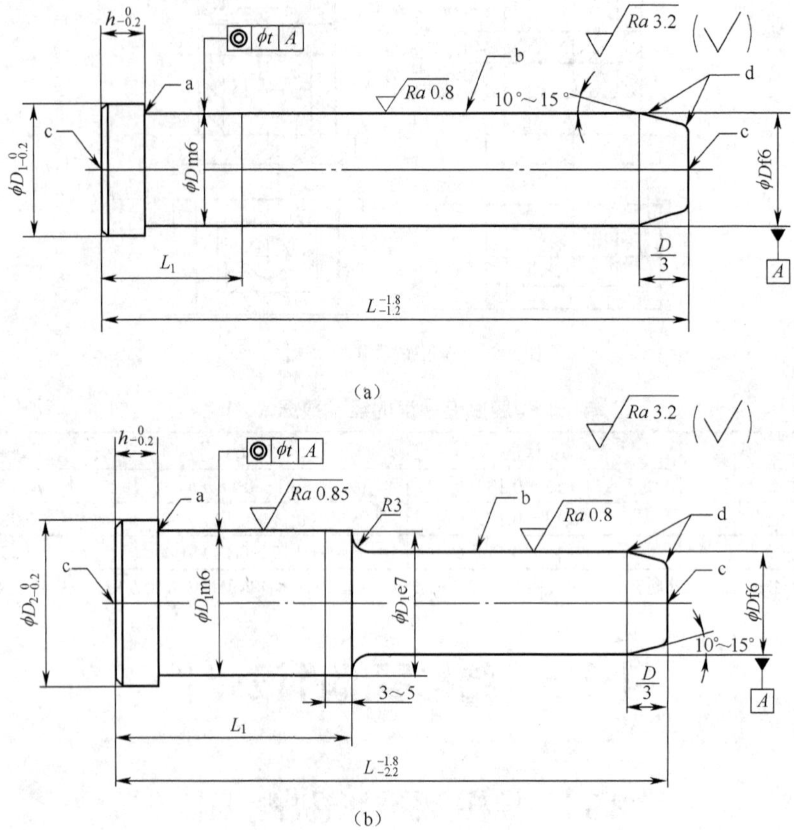

图 2-30　导柱的结构

导柱直径尺寸随模具分型面处模板外形尺寸而定，模板尺寸越大，导柱间的中心距应愈大，所选导柱直径也应越大。除了导柱长度按模具具体结构确定外，导柱其余尺寸随导柱直径而定。表 2-9 列出了导柱直径推荐尺寸与模板外形尺寸关系数据。

表 2-9　　导柱直径 d 与模板外形尺寸关系　　单位：mm

模板外形尺寸	≤150	＞150～200	＞200～250	＞250～300	＞300～400
导柱直径 d	≤16	16～18	12～20	20～25	25～30
模板外形尺寸	＞400～500	＞500～600	＞600～800	＞800～1 000	＞1 000
导柱直径 d	30～35	35～40	40～50	60	≥60

导柱安装时，模板上与之配合的孔径公差按 H7 确定，安装沉孔直径视导柱直径可取 $D=d+$（1～2）。

导柱长度尺寸应能保证位于动、定模两侧的型腔和型芯开始闭合前导柱已经进入导孔的长度不小于导柱直径，如图 2-31 所示。

2．导套设计

导向孔可带有导套，也可以不带导套，带导套的导向孔用于生产批量大或导向精度高的模具。无论带导套或不带导套的导向孔，都不应设计为盲孔，盲孔会增加模具闭合时的阻力，并使模具不能紧密闭合，带导套的模具应采用带肩导柱。

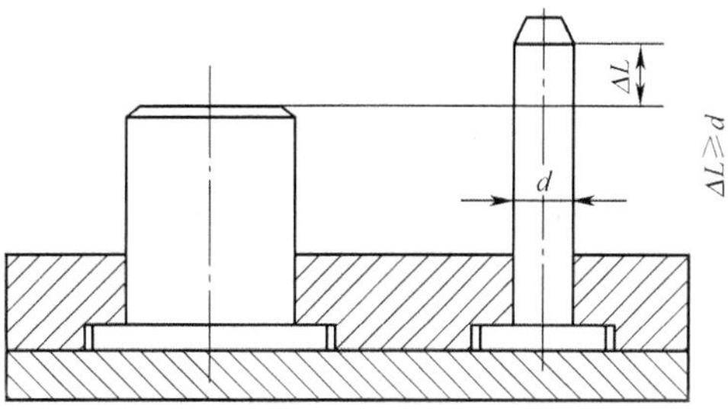

图 2-31 导柱长度的确定

导套常用的结构形式也有两种，一种不带安装凸肩，另一种带安装凸肩，分别称为直导套和带头导套，如图 2-32 所示。GB/T 4169.2—2006 和 GB/T 4169.3—2006 分别规定了它们的尺寸规格和公差，同时给出了材料指南和硬度要求，规定了标记方法。

3．导柱布置

一副模具最少要用 2 根导柱，模板外形尺寸大的模具，可最多用 4 根导柱。为了使模具在使用、维修时的拆装过程中不会发生动、定模认错方向，导柱的布置可采取如下几种方案。

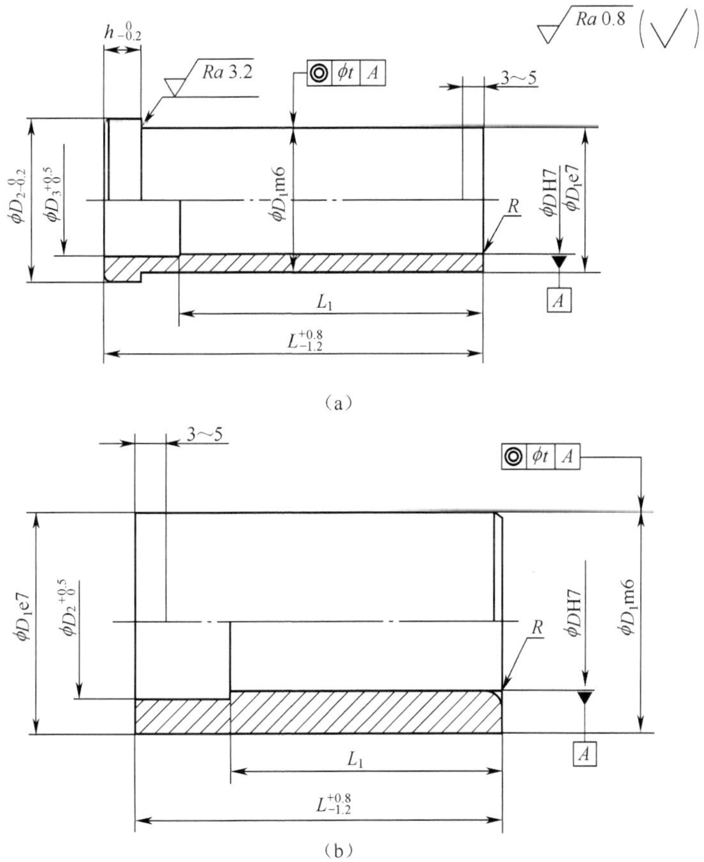

图 2-32 导套的结构

（1）2 根直径相同的导柱不对称布置。

（2）2 根直径不同的导柱对称布置。

（3）3 根直径相同的导柱不对称布置。

（4）4 根直径相同的导柱不对称布置。

（5）2 组直径不同的导柱各 2 根，对称布置。

2-18 导柱的布置与装配

2.5.2 锥面对合导向机构

带导套的对合导向，虽然对中性好，但毕竟由于导柱与导套有配合间隙，导向精度不可能很高。当要求对合精度很高时，必须采用锥面对合方法。当模具比较小时，可以采用带锥面的导柱和导套，如图 2-33 所示。生产实际中使用的锥面对合导向机构如图 2-34 所示。

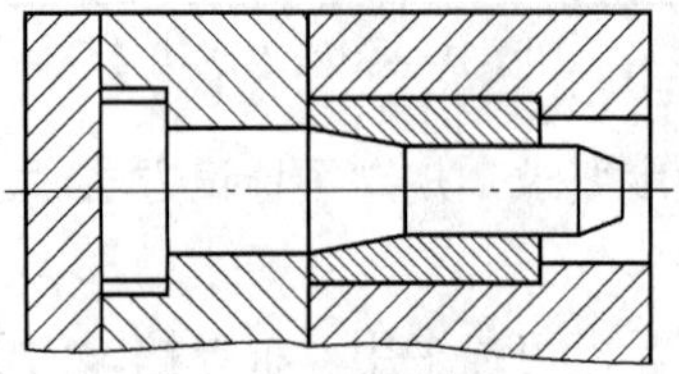

图 2-33　带锥面的导柱导套

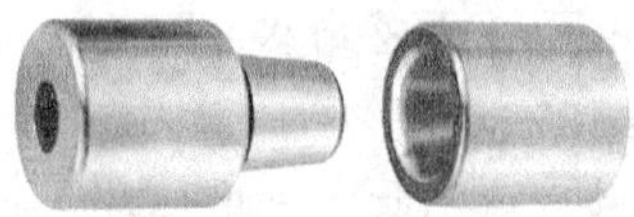

图 2-34　生产实际中使用的锥面对合导向机构

2.5.3 标准模架

GB/T 12555—2006《塑料注射模模架》规定了塑料注射模模架的组合型式、尺寸与标记，适用于塑料注射模模架。

2-19　认识标准模架

1．模架组成零件的名称

塑料注射模模架以其在模具中的应用方式，分为直浇口与点浇口两种型式，其组成零件的名称分别如图 2-35 和图 2-36 所示。

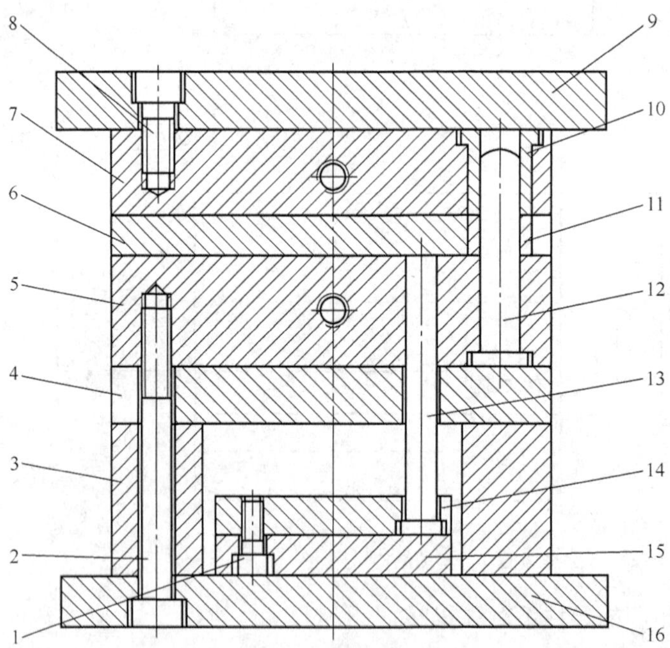

图 2-35　直浇口模架组成零件的名称

1—内六角螺钉　2—内六角螺钉　3—垫块　4—支撑板　5—动模板　6—推件板
7—定模板　8—内六角螺钉　9—定模板　10—带头导套　11—直导套
12—带头导柱　13—复位杆　14—推杆固定板　15—推板　16—动模板

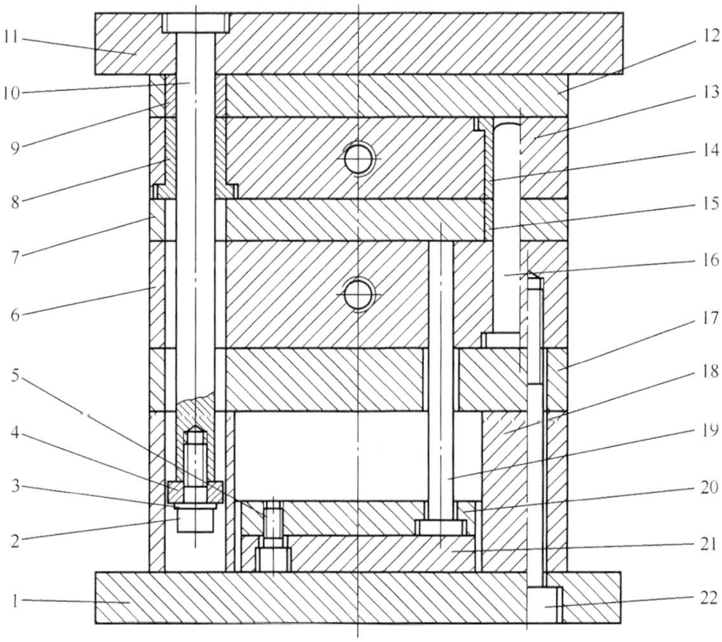

图 2-36　点浇口模架组成零件的名称

1—动模座板　2—内六角螺钉　3—弹簧垫圈　4—挡环　5—内六角螺钉　6—动模板　7—推件板
8—带头导套　9—直导套　10—拉杆导柱　11—定模座板　12—推料板　13—定模板
14—带头导套　15—直导套　16—带头导柱　17—支撑板　18—垫块　19—复位杆
20—推杆固定板　21—推板　22—内六角螺钉

2．模架组合型式

塑料注射模模架按结构特征分为 36 种，其中直浇口模架为 12 种，点浇口模架为 16 种，简化点浇口模架为 8 种。

（1）直浇口模架。直浇口模架为 12 种，其中直浇口基本型为 4 种，直身基本型为 4 种，直身无定模座板型为 4 种。

直浇口基本型分为 A 型、B 型、C 型和 D 型，其中，A 型：定模二模板，动模二模板；B 型：定模二模板，动模二模板，加装推件板；C 型：定模二模板，动模一模板；D 型：定模二模板，动模一模板，加装推件板。直身基本型分为 ZA 型、ZB 型、ZC 型、ZD 型；直身无定模座板型分为 ZAZ 型、ZBZ 型、ZCZ 型和 ZDZ 型。

（2）点浇口模架。点浇口模架为 16 种，其中点浇口基本型为 4 种，直身点浇口基本型为 4 种，点浇口无推料板型为 4 种，直身点浇口无推料板型为 4 种。点浇口基本型分为 DA 型、DB 型、DC 型和 DD 型，直身点浇口基本型分为 ZDA 型、ZDB 型、ZDC 型和 ZDD 型，点浇口无推料板型分为 DAT 型、DBT 型、DCT 型和 DDT 型，直身点浇口无推料板型分为 ZDAT 型、ZDBT 型、ZDCT 型和 ZDDT 型。

（3）简化点浇口模架。简化点浇口模架为 8 种，其中简化点浇口基本型为 2 种，直身简化点浇口型为 2 种，简化点浇口无推料板型为 2 种，直身简化点浇口无推料板型为 2 种。简化点浇口基本型分为 JA 型和 JC 型，直身简化点浇口型分为 ZJA 型和 ZJC 型，简化点浇口无推料板型分为 JAT 型和 JCT 型，直身简化点浇口无推料板型分为 ZJAT 型和 ZJCT 型。

3．模架的标记

按照 GB/T 12555—2006《塑料注射模模架》标准规定的模架应有下列标记：①模架；②基

本型号；③系列代号；④定模板厚度 A，以 mm 为单位；⑤动模板厚度 B，以 mm 为单位；⑥垫块厚度 C，以 mm 为单位；⑦拉杆导柱长度，以 mm 为单位；⑧标准代号，即 GB/T 12555—2006。

示例 1：模板宽 200mm，长 250mm，A=50mm，B=40mm，C=70mm 的直浇口 A 型模架标记为：模架 A 2025-50×40×70 GB/T 12555—2006。

示例 2：模板宽 300mm，长 300mm，A=50mm，B=60mm，C=90mm，拉杆导柱长度 200mm 的点浇口 B 型模架标记为：模架 DB 3030-50×60×90-200GB/T 12555—2006。

2.6 推出机构设计

在注射成形的每一循环中，塑件必须由模具型腔中取出。完成取出塑件这个动作的机构就是推出机构，也称为脱模机构。

2.6.1 推出机构的驱动方式

2-20 推出机构的结构分类

（1）手动脱模。手动脱模是指当模具分型后，用人工操纵推出机构（如手动杠杆）取出塑件。手动脱模时，工人的劳动强度大，生产效率低，推出力受人力限制，不能很大，但是推出动作平稳，对塑件无撞击，脱模后制品不易变形，操作安全。在大批量生产中不宜采用这种脱模方式。

（2）机动脱模。利用注射机的开模动力，分型后塑件随动模一起移动，达到一定位置时，脱模机构被机床上固定不动的推杆推住，不再随动模移动，此时脱模机构移动，把塑件从动模上脱下来。这种推出方式具有生产效率高，工人劳动强度低且推出力大等优点，但对塑件会产生撞击。

（3）液压或气动推出。在注射机上专门设有推出油缸，由它带动推出机构实现脱模，或设有专门的气源和气路，通过型腔里微小的推出气孔，靠压缩空气吹出塑件。这两种推出方式的推出力可以控制，气动推出时，塑件上还不留推出痕迹，但需要增设专门的液动或气动装置。

（4）带螺纹塑件的推出机构。成形带螺纹的塑件时，脱模前需靠专门的旋转机构先将螺纹型芯或型环旋离塑件，然后再将塑件从动模上推下，脱螺纹机构也有手动和机动两种方式。

2.6.2 推出力的计算

注射成形过程中，型腔内熔融塑料因固化收缩包在型芯上，为使塑件能自动脱落，在模具开启后就需在塑件上施加一推出力。推出力是确定推出机构结构和尺寸的依据，其近似计算式为

$$F = A\,p\,(\mu\cos\alpha - \sin\alpha) \tag{2-13}$$

式中：F——推出力，N；

A——塑件包容型芯的面积，mm^2；

p——塑件对型芯单位面积上的包紧力，一般情况下，模外冷却的塑件，p 取 2.4×10^7～3.9×10^7 Pa；模内冷却的塑件，p 取 0.8×10^7～1.2×10^7 Pa；

μ——塑件对钢的摩擦系数，为 0.1～0.3；

α——脱模斜度。

从式（2-13）可以看出，推出力的大小随着塑件包容型芯的面积增加而增大，随着脱模斜度增大而减小，同时也和塑料与钢（型芯材料）之间的摩擦系数有关。实际上，影响脱模力的因素很多，型芯的表面粗糙度、成形的工艺条件、大气压力及推出机构本身在推出运动时的摩擦阻力等都会影响推出力的大小。

2.6.3　一次推出机构

塑件在推出零件的作用下，通过一次推出动作，就能将塑件全部脱出，这种类型的脱模机构即为一次推出机构，也称为简单脱模机构。它是最常见的，也是应用最广的一种脱模机构，一般有以下几种形式。

1．推杆脱模机构

（1）机构组成和动作原理。推杆脱模是最典型的一次推出机构，它结构简单，制造容易且维修方便，其机构组成和动作原理如图 2-37 所示。它是由推杆 1、推杆固定板 2、推板导套 3、推板导柱 4、推杆垫板 5、拉料杆 6、复位杆 7 和限位钉 8 等所组成的。推杆、拉料杆、复位杆都装在推杆固定板 2 上，然后用螺钉将推杆固定板和推杆垫板连接固定成一个整体，当模具打开并达到一定距离后，注射机上的机床推杆将模具的推出机构挡住，使其停止随动模一起的移动，而动模部分还在继续移动后退，于是塑件连同浇注系统一起从动模中脱出。合模时，复位杆首先与定模分型面相接触，使推出机构与动模产生相反方向的相对移动。模具完全闭合后，推出机构便回复到了初始的位置（由限位钉 8 保证最终停止位置）。

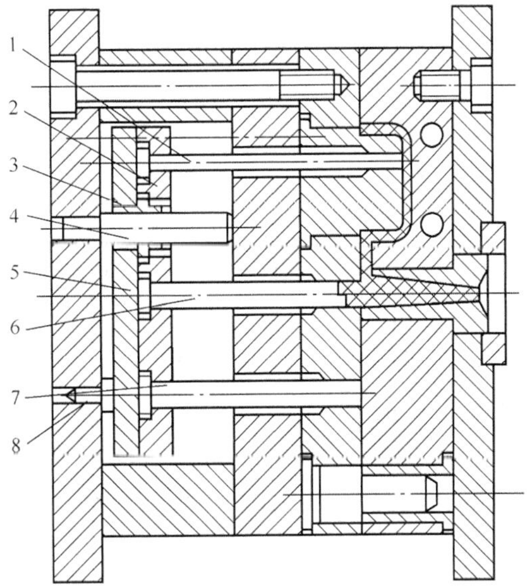

图 2-37　推杆一次推出机构

1—推杆　2—推杆固定板　3—推板导套　4—推板导柱　5—推杆垫板　6—拉料杆　7—复位杆　8—限位钉

2-21　推杆脱模机构

（2）推杆的设计。国家标准规定的推杆有 3 种：推杆、扁推杆、带肩推杆，它们的设计已经标准化，具体参见相关标准。推杆的位置应合理布置，其原则是：根据制品的尺寸，尽可能使推杆位置均匀对称，以及使制品所受的推出力均衡，并避免推杆弯曲变形。如果因为制品的某些特殊需要，推出位置必须设在制品的外表面时，可在推杆的工作端面加工一些装饰性标志。生产实践中使用的推杆如图 2-38 所示。

（3）推杆的装配。推杆与推杆孔间为滑动配合，一般选 H7/f6，其配合间隙兼有排气作用，但不应大于所用塑料的排气间隙，以防漏料。配合长度一般为推杆直径的 2～3 倍。推杆端面应精细抛光，因其已构成形腔的一部分，为了不影响塑件的装配和使用，推杆端面应高出型腔表面 0.1mm。

图2-38 生产实践中使用的推杆

（4）复位装置。推杆或推管将塑件推出后，必须返回其原始位置，才能合模进行下一次注射成形。最常用的方法是复位杆复位，这种复位杆又名回程杆。这种方法经济、简单，回程动作稳定可靠。其工作过程如图2-37所示，当开模时，推杆、复位杆都向右推出，复位杆突出模具的表面；当注射模闭合时，复位杆与定模分型面接触，注射机继续闭合时，则使复位杆随同推出机构一同返回原始位置。

有时，需要在模具闭合之前使推杆或推管复位（如某些带活动型芯的注射模），就应当采用弹簧复位的办法。图2-39所示为弹簧复位的推出机构。注射成形后，注射机的推杆推动推板2，这时弹簧5受到压缩，推杆3就将塑件推出。合模时，弹簧5又回复原有长度，将推板2与推杆3一同弹回原来的位置。

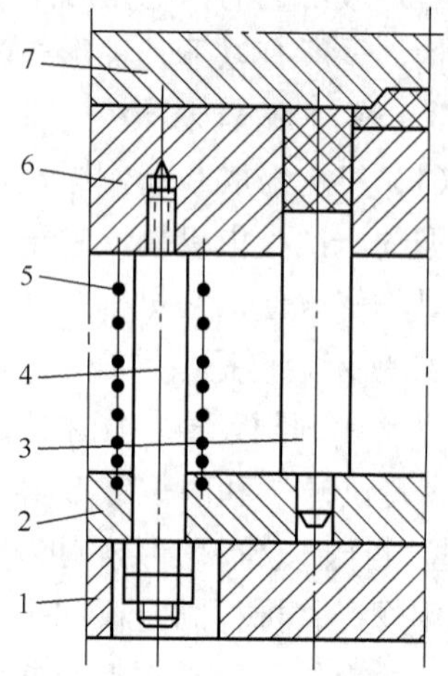

图2-39 弹簧复位装置

1—动模板 2—推板 3—推杆 4—拉杆 5—弹簧 6—动模型板 7—定模

（5）导向装置。对大型模具来说，设置的推杆数量较多或由于塑件推出部位面积的限制，推杆必须做成细长形以及推出机构受力不均衡时，脱模力的总重心与机床推杆不重合，推出后，推板可能发生偏斜，造成推杆弯曲或折断，此时应考虑设置导向装置，以保证推出板移动时不发生偏斜。一般采用推板导柱，也可加上推板导套来实现导向，如图2-37所示。推板导柱与导向孔或推板导套的配合长度不应小于10mm。当动模垫板支撑跨度较大时，推板导柱还可兼起辅助支撑作用。

推杆推出是应用最广的一种推出形式，它几乎可以适用于各种形状塑件的脱模。但其推出力作用面积较小，如设计不当，易发生塑件被推坏的情况，而且还会在塑件上留下明显的推出痕迹。

2．推管脱模机构

推管脱模机构适于环形、筒形塑件或带有孔的部分的塑件的推出，用于一模多腔成形更为有利。由于推管整个周边接触塑件，故推出塑件的力量均匀，塑件不易变形，也不会留下明显的推出痕迹。

对于台阶筒体和锥形筒体，分别如图2-40（a）、图2-40（b）所示，只能用推管脱模。推管脱模机构要求推管内外表面都能顺利滑动。其滑动长度的淬火硬度为50HRC左右，且等于脱模行程与配合长度之和，再加上5～6mm余量。非配合长度均应用0.5～1mm的双面间隙。推管在推出位置与型芯应有8～10mm的配合长度，推管壁厚应在1.5mm以上，必要时采用阶梯推管，如图2-40（a）所示。

推管脱模机构有3类形式。

（1）长型芯。型芯紧固在模具底板上，如图2-40（a）所示。结构可靠，但底板加厚，型芯延长，只用于脱模行程不大的场合。

（2）中长型芯。推管用推杆推拉，如图2-40（b）所示。该结构的型芯和推管可较短些，但动模板因容纳脱模行程而增厚。

（3）短型芯。如图 2-40（c）所示，这种结构使用较多。为避免型芯固定凸肩与运动推管相干涉，型芯凸肩须有缺口，或用键固定，致使型芯固定不可靠；且推管必须开窗，或剖切成 2～3 个脚，致使推管被削弱，制造困难。

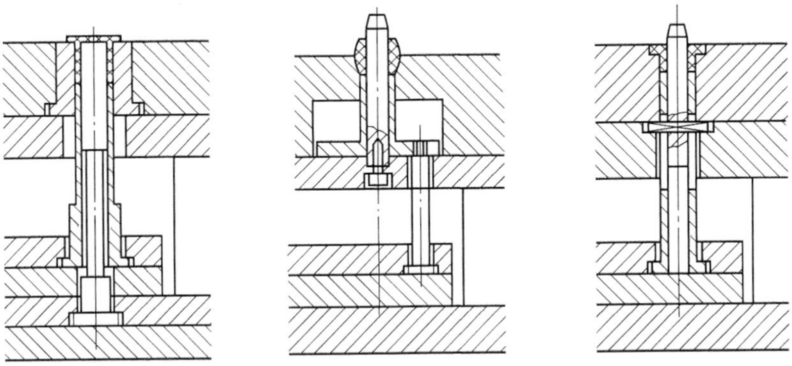

（a）　　（b）　　（c）

图 2-40　推管脱模的结构类型

2-22 推管脱模机构

3．推板脱模机构

对于薄壁容器、壳体以及表面不允许有推出痕迹的制品，需要采用推板推出机构，推板也称推件板。在分型面处从壳体塑件的周边推出，推出力大且均匀。对侧壁脱模阻力较大的薄壁箱体或圆筒制品，推出后外观上几乎不留痕迹，这对透明塑件尤为重要。

2-23 推板脱模机构

推板脱模机构不需要回程杆复位。推板应由模具的导柱导向机构导向定位，以防止推板孔与型芯间的过度磨损和偏移。为防止推杆与推板分离，推板滑出导柱，推杆与推板用螺纹连接，如图 2-41（a）所示。应注意，该种结构在合模时，推板与模具底脚之间应留 S=2～3mm 的间隙。当导柱足够长时，推杆与推板也可不作连接，如图 2-41（b）所示。对于有多个圆柱型芯相配的推件板，大多镶上淬火套与型芯相配，便于加工和调换，如图 2-41（a）所示。图 2-41（c）所示的结构适用于两侧具有推杆的注射机，模具结构可简化，但推板要增大并加厚。

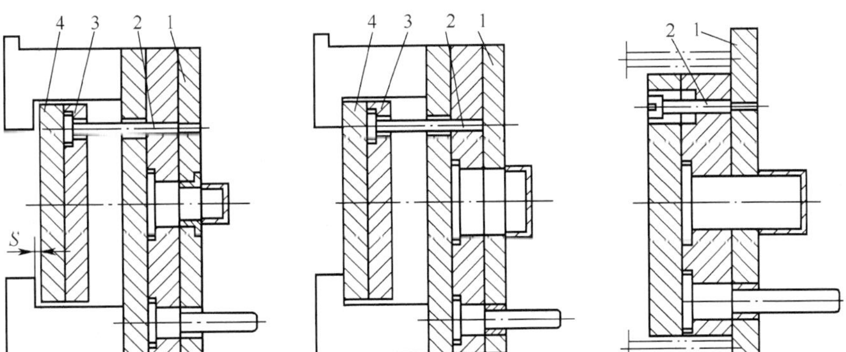

（a）　　（b）　　（c）

图 2-41　推板脱模机构

1—推板　2—推杆　3—推杆固定板　4—推板

4. 推块脱模机构

对于端面平直的无孔塑件，或仅带有小孔的塑件，为保证塑件在模具打开时能留到动模一侧，一般都把型腔安排在动模一侧，如果塑件表面不希望留下推杆痕迹，必须采用推块机构推出塑件，如图 2-42 所示。对于齿轮类或一些带有凸缘的制品，如果采用推杆推出容易变形，或者是采用推板推出容易使制品黏附模具时，也需采用推块作为推出零件。推动推块的推杆如果用螺纹连接在推块上，则复位杆可以与推杆安装在同一块固定板上，如图 2-42（a）所示。如果推块与推杆无螺纹连接，必须采用图 2-42（b）所示的复位方法。推块实际上成为型腔底板或构成大部分型腔底面，推件运动的配合间隙既要小于溢料间隙，又能不产生过大的摩擦磨损，这就对配合面间的加工，特别是非圆形推块的配合面提出很高要求，常常要在装配时研磨。

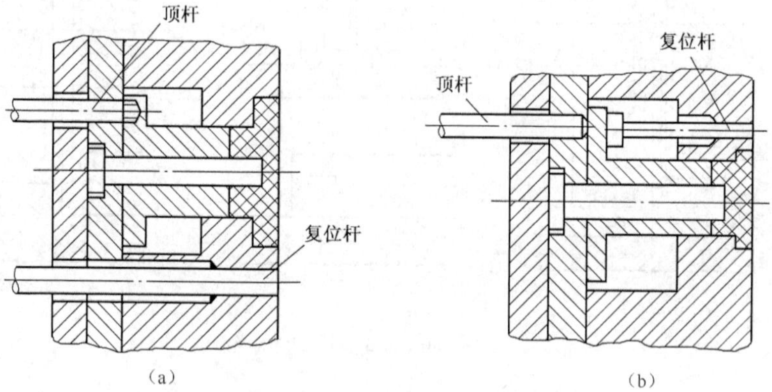

图 2-42 推块机构及复位方法

2.6.4 二次推出机构

一次脱模机构是在脱模机构推出运动中一次将塑件脱出，这些塑件因为形状简单，仅仅是从型芯上脱下或仅从型腔内脱出。对于形状复杂的塑件，因模具型面结构复杂，塑件被推出的半模部分（一般是动模部分）既有型芯，又有型腔或型腔的一部分，必须将塑件既从被包紧的型芯上，又从被粘附的型腔中脱出，脱模阻力是比较大的，若由一次动作完成，势必造成塑件变形、损坏，或者在一次推出动作后，仍然不能从模具内取下或脱落。对于这种情况，模具结构中必须设置两套脱模机构，在一个完整的脱模行程中，使两套脱模机构分阶段工作，分别完成相应的顶推塑件的动作，以便达到分散总的脱模阻力和顺利脱件的目的，这样的脱模机构称为二次推出机构。

设计二次推出机构时应注意，第一次推出的脱模力大，应不使制品损伤；而第二次脱模应有较大的行程，保证制件自动坠落。机构的动作顺序安排为：第一次脱模时，两级脱模机构所有元件应同步推进。在一次脱模结束后，一次脱模元件静止不动，而二次脱模元件沿原脱模方向继续运动，或者二次脱模元件超前于一次脱模元件向前运动（两者都动但速度不同），直至将塑件完全脱出。为此，一次脱模元件在推出过程中，要用滑块让位、摆杆外摆、钢球打滑、弹簧、限位螺钉等方法使一次脱模元件在一次脱模结束后不动或慢速运动，从而达到使两套脱模机构分阶段工作的目的。

二次脱模机构形式很多，下面仅以弹开式二次推出机构予以简介。如图 2-43 所示，图 2-43（a）所示为尚未推出的状态。模具打开后，由于弹簧 4 的作用，使动模板 2 移动距离 l_1，塑件从型芯上脱下 l_1 距离，为一次脱模，如图 2-43（b）所示。因塑件带脱模斜度，这时就消除了或大大减小了对型芯的包紧力。当模具推出机构开始工作时，就将塑件从动模型腔内和型芯的剩余部分上脱出，如图 2-43（c）所示。设计该机构时应注意使 $L=l_1+l_2 \geqslant h$，$l_2 \geqslant h_1$。

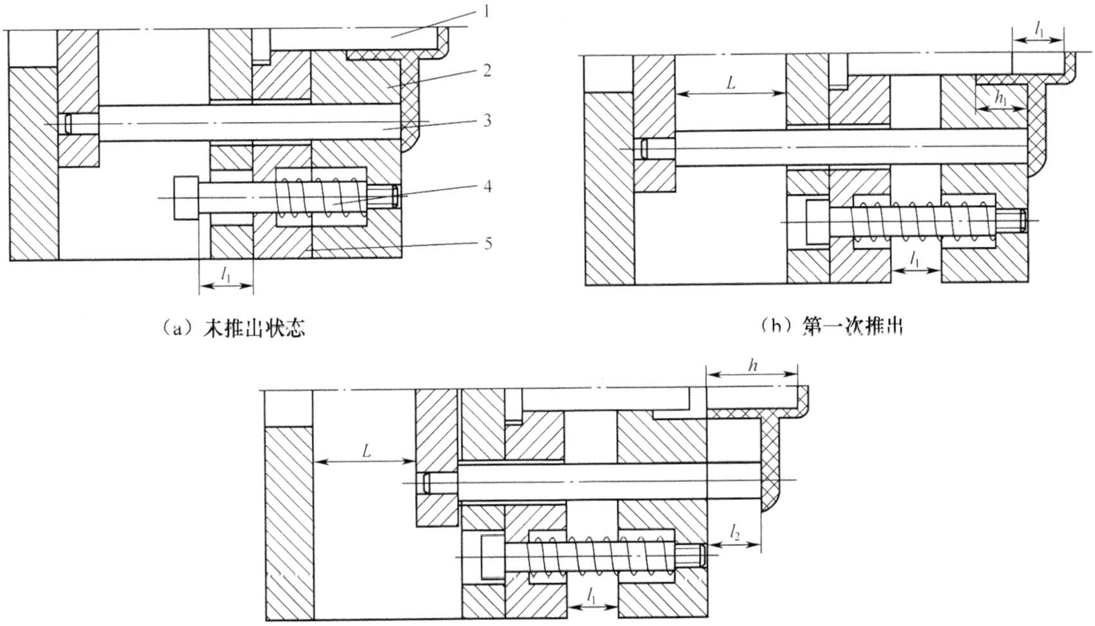

（a）未推出状态　　（b）第一次推出

（c）推出完成

图 2-43　弹开式二次脱模机构

1—型芯　2—动模型腔　3—推杆　4—弹簧　5—型芯固定板

2.6.5　浇注系统凝料的推出和自动脱落

自动化生产要求模具的操作也能全部自动化，除塑件能实现自动化脱落外，浇注系统凝料亦要求能自动脱落。

（1）点浇口凝料脱出和自动坠落。点浇口在模具的定模部分，为了将浇注系统凝料取出，要增加一个分型面，因此又称三板式模具。这种结构的浇注系统凝料若由人工取出，虽然模具构造简单，但是生产率低，劳动强度大，只用于小批量生产。为适应大批量、自动化生产的要求，可采用以下办法使浇注系统凝料自动脱落。

图 2-44 所示为利用拉料杆拉断点浇口凝料的结构，模具首先从 *A* 面分型，在拉料杆 2 的作用下，使浇注系统凝料与塑件切断并留于定模一边，待分开一定距离后，定模型腔 5 接触到限位拉杆 6 的凸肩，带动流道推板 3 从 *B* 面分型，这时浇注系统脱离拉料杆 2 自动脱落。当继续开模时，定模型腔 5 受到限位拉杆 7 的阻碍不能移动，塑件随动模型芯 9 移动，脱离定模型腔 5，最后在推杆 10 的作用下，由推板 8 将塑件推出。

（2）潜伏浇口凝料脱出和自动坠落。根据进料口位置的不同，潜伏浇口可以开设在定模部分、动模部分或开设在塑件内部的柱子或推杆上。

图 2-45 所示为潜伏浇口开设在动模部分塑件外侧的结构形式。开模时，塑件包在凸模 3 上随动模一起后移，浇注系统凝料由于冷料穴的作用留在动模一侧。推出机构工作时，推杆将塑件从凸模 3 上推出的同时，潜伏浇口被切断，浇注系统凝料在推杆 1 和主流道推杆的作用下，推出动模板 4 而自动脱落。在这种形式的结构中，潜伏浇口的切断、推出与塑件的脱

模是同时进行的。在设计模具时，流道推杆及倒锥穴也应尽量接近潜伏浇口。

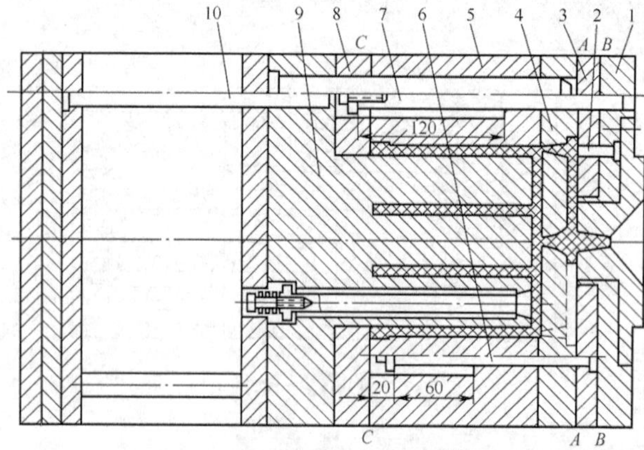

图 2-44　利用拉料杆拉断点浇口凝料

1—定模固定板　2—拉料杆　3—流道推板　4—分流道板

5—定模型腔　6、7—限位拉杆　8—推板　9—型芯　10—推杆

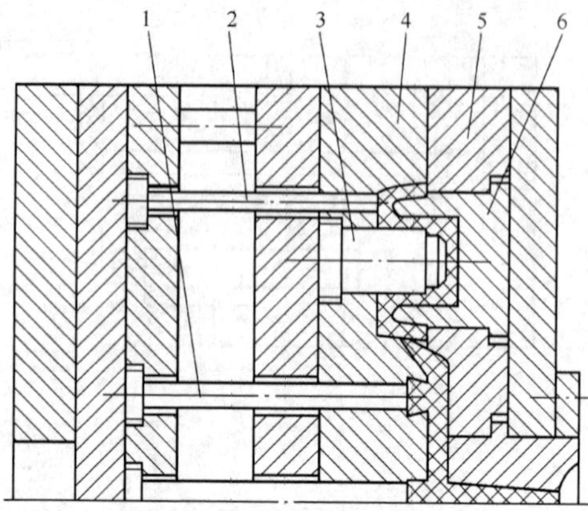

图 2-45　潜伏浇口在动模部分的结构

1—流道推杆　2—推杆　3—凸模

4—动模板　5—定模板　6—定模型芯

2.7　侧向分型与抽芯机构设计

当注射成形如图 2-46 所示的侧壁带有孔、凹穴和凸台等塑件时，模具上成形该处的零件就必须制成可侧向移动的零件，此类零件称为活动型芯。在塑件脱模前必须先将活动型芯抽出，否则就无法脱模。带动活动型芯作侧向移动（抽拔与复位）的整个机构称为侧向分型与抽芯机构。

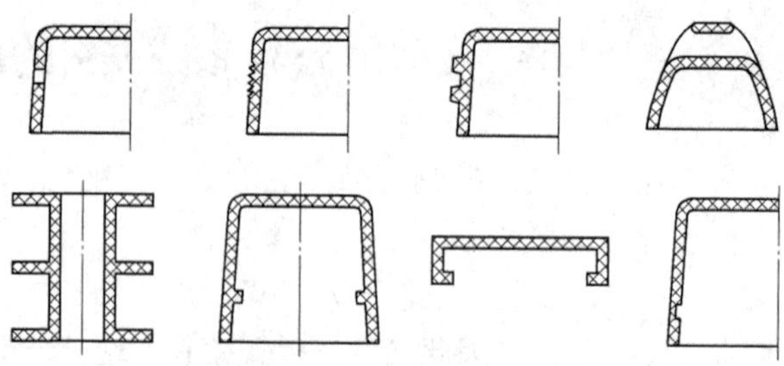

图 2-46　成形时需要侧向分型与抽芯机构的制品

图 2-46 所示均为需要模具设置侧向分型或抽芯机构的典型制品，除此之外，对于成形那些深型腔和侧壁不允许有脱模斜度，要求高光亮的制品，其模具结构也需要侧向分型与抽芯机构。

2.7.1　斜导柱侧向分型与抽芯机构

斜导柱驱动的侧向分形与抽芯机构应用最广，它不但可以向外侧抽芯，也可用来向内侧抽芯。这类侧向抽芯机构的特点是结构紧凑、动作安全可靠、加工制造方便，是设计和制造注射模抽芯时最常用的机构，但它的抽芯力和抽芯距受到模具结构的限制，一般适用于抽芯力不大及抽芯距小于 80mm 的场合。

1. 侧向分型与抽芯工作原理

斜导柱侧向分型与抽芯机构利用斜导柱等零件把开模力传递给侧型芯或侧向成形块，使之产生侧向运动，完成侧向分型与抽芯动作，如图 2-47 所示。

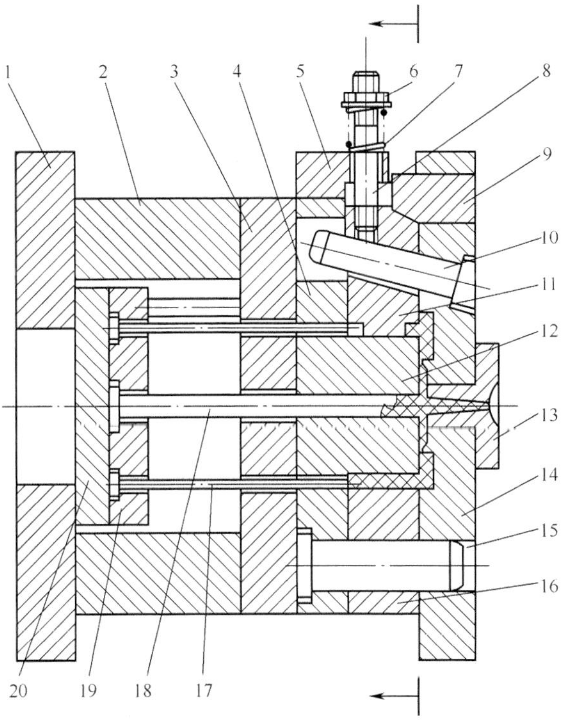

图 2-47　斜导柱侧向分型与抽芯机构

1—动模座板　2—垫块　3—支撑板　4—动模板　5—挡块　6—螺母　7—弹簧
8—滑块拉杆　9—楔紧块　10—斜导柱　11—侧型芯滑块　12—型芯　13—浇口套
14—定模座板　15—导柱　16—定模板　17—推杆　18—拉料杆　19—推杆固定板　20—推板

斜导柱侧向分型与抽芯机构的工作过程是：开模时，动模部分向后移动，开模力通过斜导柱 10 驱动侧型芯滑块 11，迫使其在动模板 4 的导滑槽内向外滑动，直至滑块与塑件完全脱开，完成侧向抽芯动作。这时塑件包在型芯 12 上随动模继续后移，直到注射机顶杆与模具推板接触，推出机构开始工作，推杆将塑件从型芯上推出。合模时，复位杆使推出机构复位，斜导柱使侧型芯滑块向内移动复位，最后由楔紧块锁紧。

2．设计要点

2-24　斜导柱侧向分型与抽芯机构

斜导柱抽芯机构的设计要点可归纳如下。

（1）由于活动型芯一般都比较小，应牢固装配在滑块上，防止其在抽芯时松脱；还必须注意成形型芯与滑块连接部件的强度。通常的连接方式如图 2-48 所示，图 2-48（a）所示适于细小型芯的连接，在细小型芯后部制出台肩，从滑块的后部以过渡配合镶入后用螺塞固定；图 2-48（b）所示适用于薄片型芯，采用通槽嵌装和销钉定位；图 2-48（c）所示为适用于多个型芯的场合，把各型芯镶入一固定板后，用螺钉和销钉从正面与滑块连接和定位，如果正面连接和定位影响塑件成形，螺钉和销钉可以从滑块的背面深入侧型芯固定板；图 2-48（d）所示为采用燕尾形式连接，一般也应该用圆柱销定位。

（2）滑块在导滑槽中滑动要平稳，不应发生卡滞、跳动等现象。常用的滑块与导滑槽的配合方式如图 2-49 所示。图 2-49（a）所示为整体式的 T 形导滑槽，结构紧凑，多用于小型模具的抽芯机构，但加工困难，精度不易保证；为克服整体式 T 形槽要用 T 形铣刀加工出精度较高的 T 形槽的困难，采用图 2-49（b）和图 2-49（c）所示的分体盖板式 T 形槽；图 2-49

（d）和图 2-49（e）所示为 T 形槽设计成局部盖板式结构形式，导滑部分淬硬后便于磨削加工，精度也容易保证，而且装配方便，因此，它们是最常用的两种形式；图 2-49（f）所示虽然也是采用 T 形槽的形式，但移动方向的导滑部分设在中间的镶块上，而高度方向的导滑部分还是靠 T 形槽；图 2-49（g）所示为整体燕尾槽导滑的形式，导滑的精度较高，但加工更加困难。

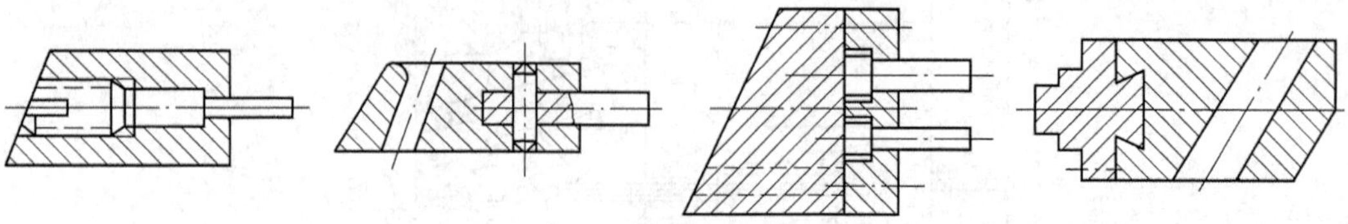

（a）　（b）　（c）　（d）

图 2-48　活动型芯与滑块的连接

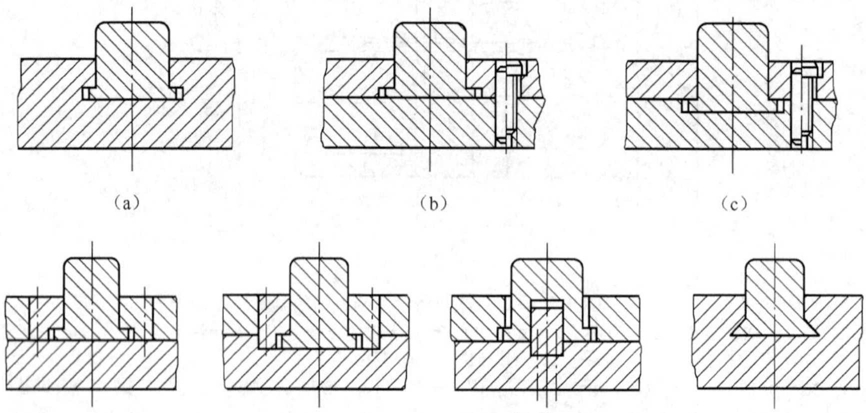

（a）　（b）　（c）

（d）　（e）　（f）　（g）

图 2-49　滑块与导滑槽的配合

在设计滑块与导滑槽时，要注意选用正确的配合精度。导滑槽与滑块导滑部分采用间隙配合，一般采用 H8/f8。如果在配合面上成形时与熔融塑料接触，为了防止配合部分漏料，应适当提高精度，可采用 H8/f7 或 H8/g7，其他各处均留有 0.5mm 左右的间隙。配合部分的表面要求较高，表面粗糙度值均要求 $Ra \leqslant 0.8\mu m$。

（3）滑块限位装置要灵活可靠，保证开模后滑块停止在一定位置上而不任意滑动，如图 2-50 所示。其中，图 2-50（a）、图 2-50（b）、图 2-50（c）所示为挡块限位，图 2-50（d）、图 2-50（e）所示为弹簧销限位，图 2-50（f）所示为弹簧滚珠限位。

（4）滑块完成抽芯动作后，仍停留在导滑槽内，留在滑槽内的滑块长度 l 不应小于滑块全长 L 的 2/3，否则，滑块在开始复位时容易倾斜，甚至损坏模具，滑块与导滑槽的配合如图 2-49 所示。

（5）为防止滑块和顶出机构复位时的相互干涉，应尽可能不使顶杆和活动型芯的水平投影重合，或者使顶杆的顶出行程小于活动型芯部分的最低面。

（6）滑块设在定模上的情况下，为了保证塑件留在动模上，开模前必须先抽出侧向型芯，因此，应采用定距拉紧装置。

3．压紧楔块设计

压紧楔块的作用是保证在注射过程中滑块（哈夫块）能闭合紧密，避免侧向分型面产生毛边，保证塑件尺寸精度，免除斜导柱承受型腔的侧向推挤压力。

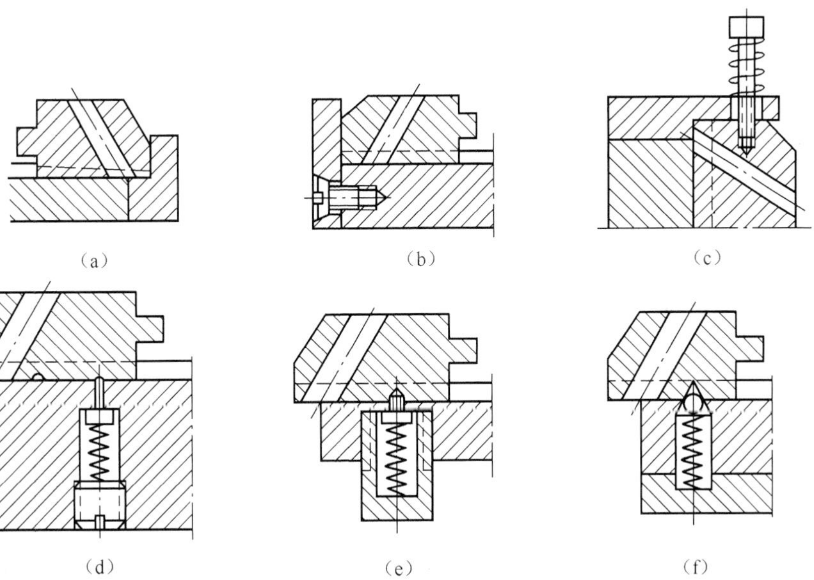

(a) (b) (c) (d) (e) (f)

图 2-50 滑块限位装置

压紧楔块可以根据型腔对滑块（哈夫块）产生推挤压力的大小而采用不同的结构形式。实际采用的主要结构形式如图 2-51 所示。图 2-51（a）所示为将楔块与定模板设计为一体，优点是牢固可靠，锁紧力大，但斜面磨损后不易修复，加工时也耗费较多材料。图 2-51（b）所示为在结构（a）的基础上，在斜面处镶上一淬硬镶块，减少磨损，磨损后也易更换。图 2-51（c）所示为将楔块设计成一个单独件，用 T 形槽固定到定模板中，牢固可靠程度类似于图 2-51（a）的整体式结构。图 2-51（d）所示为用螺钉将楔块从侧向固定到定模板上，结构简单，但锁紧力较小，适用于小型模具和型腔对滑块侧向推挤压力较小的模具。图 2-51（e）所示为对图 2-51（d）中结构的一种加强形式，可增加锁紧力。图 2-51（f）所示的结构适用于定模比较薄的模具，因定模板较薄，压紧楔块固定不够牢固，增加楔块外伸部分厚度以补偿锁紧力不足。

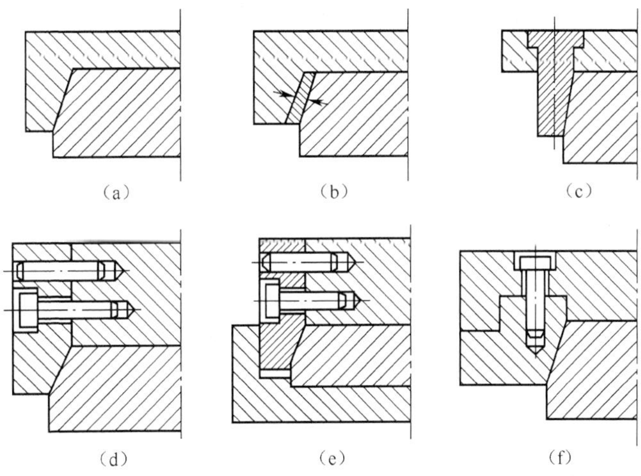

(a) (b) (c) (d) (e) (f)

图 2-51 压紧楔块结构形式

压紧楔块的楔角应大于斜导柱的抽芯斜角 2°～3°，以使模具开模时，压紧楔块的斜面起到让位作用，否则，斜导柱就无法驱动滑块起抽拔作用。

4. 结构形式

斜导柱侧向分型与抽芯机构按斜导柱和滑块的安装位置大致可分成 4 种结构类型。

（1）斜导柱在定模、滑块在动模。斜导柱在定模、滑块在动模是最常见的基本结构形式，前面已作介绍（见图 2-47），这种模具的侧滑块在预先复位过程中，有可能在顶杆或顶管还未退到闭模位置时，滑块就已经复位，从而使它们相撞而产生干涉现象。当然，可将顶出零件安排在不干涉的位置来避免干涉现象，但有时因为结构限制无法避免二者在主分型面上投影的重合时，就要判断是否有干涉现象的发生。如图 2-52 所示，Δl 为侧型芯与顶杆在主分型面上重合的侧向距离，Δh 是顶杆端面与侧型芯在开模方向的最近距离。当

$$\Delta l < \Delta h \cdot \tan\alpha \tag{2-14}$$

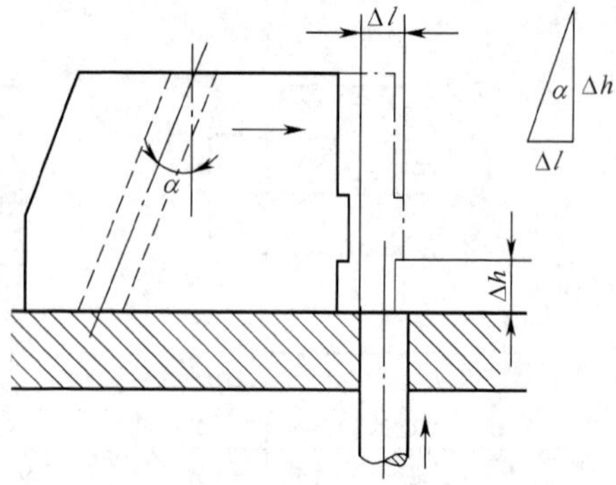

图 2-52　产生干涉现象的几何条件

不会产生干涉。二者重合距离 Δl 越大，侧型芯越低，即 Δh 越小，越容易发生干涉。

在判断有干涉时，须采用先复位机构。

① 弹簧式先复位机构。将压缩弹簧安装在顶杆固定板和动模板底面之间，顶出塑件时弹簧受压。一旦合模，在弹簧力作用下脱模机构立即复位，避免了顶杆与侧向型芯的干涉。但是弹簧力有限，且可靠性差，仅适用于立式和小型注射模。

2-25　斜导柱在定模、滑块在动模

② 三角滑块式先复位机构。如图 2-53 所示，合模时，固定在定模板上的楔杆 1 与三角滑块 4 的接触先于斜导柱 2 与侧型芯滑块 3 的接触；在楔杆作用下，三角滑块在推管固定板 6 的导滑槽内向下移动的同时，追使推管固定板向左移动，使推管先于侧型芯滑块的复位，从而避免两者发生干涉。

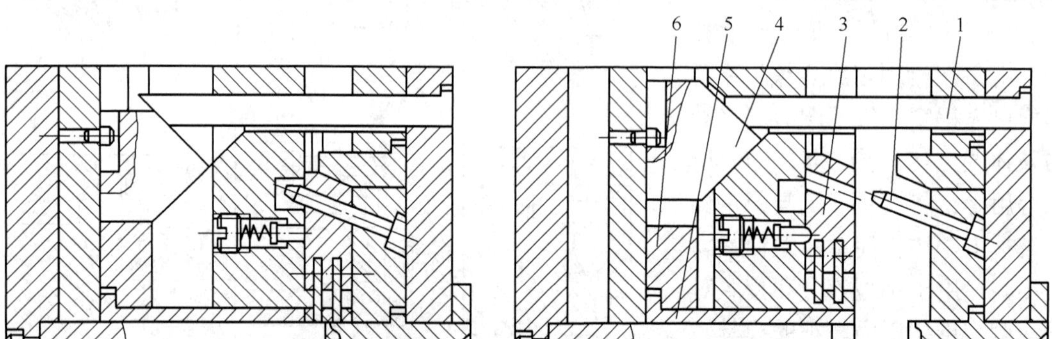

（a）　（b）

图 2-53　三角滑块式先复位机构

1—楔杆　2—斜导柱　3—侧型芯滑块　4—三角滑块　5—推管　6—推管固定板

（2）斜导柱和滑块都在定模。斜导柱安装在定模模板上，滑块设置在定模边的型腔板上，型腔板上加工有导滑槽。对于此种结构，定模板必须与型腔板首先分型，由型腔板的开模力驱使滑块在斜导柱的作用下，在型腔板上作侧抽运动，此时必须确保型腔板与动模锁紧，在侧抽完成后，型腔板才与动模分型，然后塑件从动模主型芯上顶出。这种机构就是模具的顺序脱模机构，它同时又具有斜导柱侧抽机构，因此，该机构

2-26　斜导柱和滑块都在定模

称为定距分型拉紧机构。倘若动模与型腔板之间拉紧不可靠，则会造成塑件和侧型芯损伤，如图 2-54 所示的定距拉紧机构适用于点浇口的浇注系统。

（3）斜导柱在动模、滑块在定模。应用这种模具结构是有条件的，塑件对型芯有足够包紧力，型芯在初始开模时，能沿开模轴线方向运动，必须保证推板与动模板在开模时首先分型，故须在推板下装弹簧顶销，而且侧向抽拔距较小。如图 2-55 所示，*A* 面分型时，构成形腔的凹凸模处于闭合状态，开模力使侧滑块抽拔的同时，使主型芯随推板一起浮动，主型芯的位移足以完成侧抽所需的开模高度。在侧抽完成后，主分型面 *B* 打开时，塑件留在主型芯上，直至推板将其脱出。

2-27　斜导柱和滑块都在动模

（4）斜导柱和滑块都在动模。这种机构常用于侧向分型，也称瓣合凹模，如图 2-56 所示，由两个或多个侧滑块组成凹模，被定模楔压锁紧。动模与定模首先分型，待动模带着闭合型腔退至脱模位置时，推板将塑件脱离主型芯。与此同时，在斜导柱作用下进行侧向分型。由于滑块始终不脱离斜导柱，所以不须对其设置定位装置。该脱模机构须同时克服主型芯脱模和侧向分型两方面的阻力。

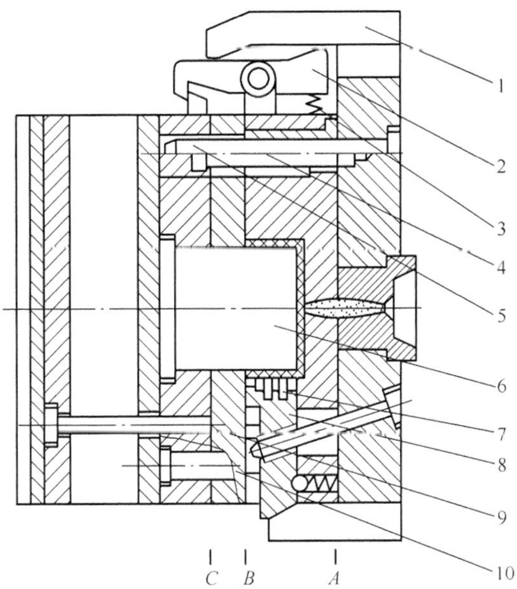

图 2-54　摆钩式定距拉紧机构
1—压杆　2—摆钩　3—弹簧　4—定距螺钉　5—导柱
6—主型芯　7—侧型芯　8—侧滑块　9—顶杆　10—推板

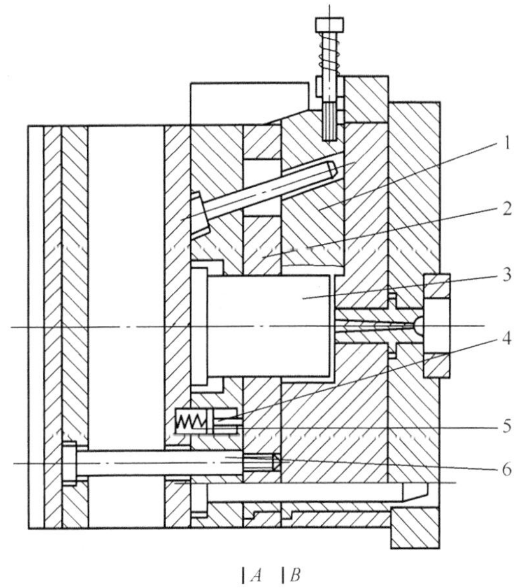

图 2-55　斜导柱在动模、滑块在定模的侧抽机构
1—滑块　2—推板　3—主型芯　4—顶销
5—弹簧　6—顶杆

（5）斜导柱内抽芯。斜导柱抽芯机构除了对塑件进行外侧抽芯与侧向分型外，对于内表面带侧凹的塑件，也可利用斜导柱抽芯机构进行内抽芯。进行内抽芯的斜导柱，向模具中心线方向倾斜，如图 2-57 所示。斜导柱 2 固定于定模板 1 上，侧型芯滑块 3 安装在动模板 6 上。开模时，塑件包紧在凸模 4 上随动模向左移动。在开模过程中，斜导柱 2 驱动侧型芯滑块 3 在动模板 6 的导滑槽内滑动而进行内侧抽芯，最后推杆 5 将塑件从凸模 4 上推出。

2-28　斜导柱内抽芯

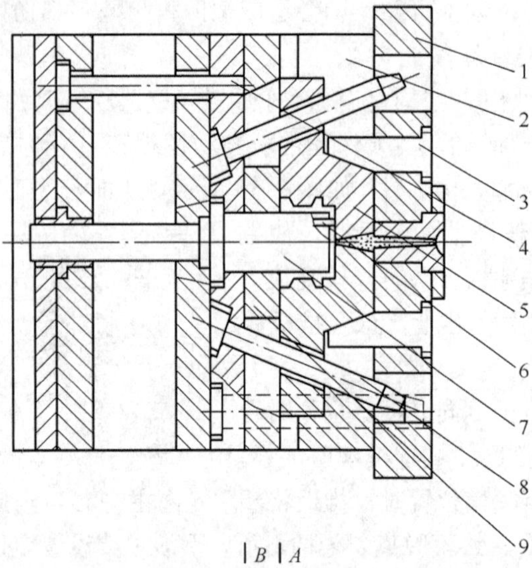

图 2-56　斜导柱和滑块都在动模的侧向分型机构
1—定模固定板　2—定模板　3—锁紧楔　4—顶杆　5—瓣合凹模　6—小型芯　7—主型芯　8—斜导柱　9—推板

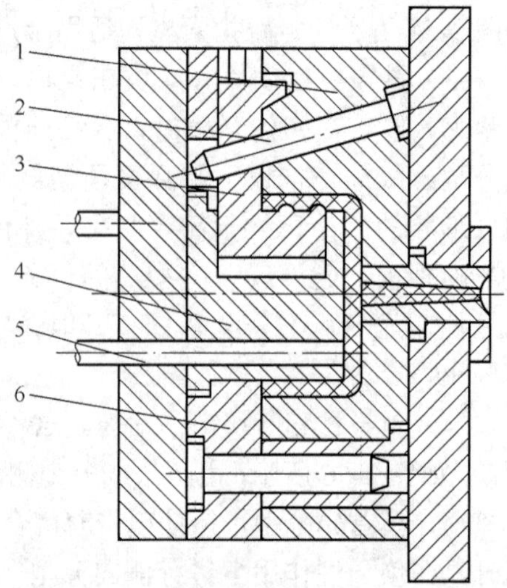

图 2-57　斜导柱内抽芯
1—定模板　2—斜导柱　3—侧型芯滑块　4—凸模　5—推杆　6—动模板

2.7.2　弯销侧向分型与抽芯机构

弯销侧向分型与抽芯机构的原理和斜导柱侧向分型与抽芯相同，只是在结构上用弯销代替斜导柱。这种机构的优点在于倾斜角较大，最大可达 40°，因而在开模距离相同的条件下，其抽拔距大于斜导柱抽芯机构的抽拔距。

通常，弯销装在模板外侧，一端固定在定模上，另一端由支撑块支撑，因而承受的抽拔力较大。图 2-58 所示就是弯销抽芯机构的典型结构，图中滑板 1 移动一定距离后，由定位销 4 定位，支撑板 3 防止滑板在注射时的移位。

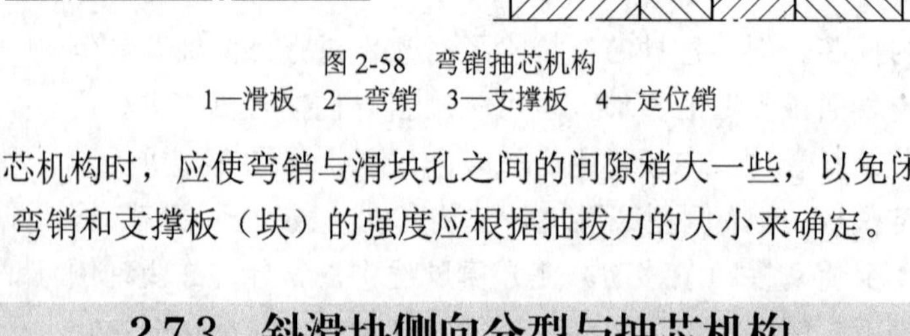

图 2-58　弯销抽芯机构
1—滑板　2—弯销　3—支撑板　4—定位销

设计弯销抽芯机构时，应使弯销与滑块孔之间的间隙稍大一些，以免闭模时碰撞，通常为 0.5mm 左右。弯销和支撑板（块）的强度应根据抽拔力的大小来确定。

2.7.3　斜滑块侧向分型与抽芯机构

斜滑块抽芯机构适用于成形面积较大、侧孔或侧凹较浅的塑件，所需的抽拔距也较小。

图 2-59 所示为斜滑块抽芯的一例，图中塑件带有外侧凹，脱模时要求塑件从型芯 1 与斜滑块 5 两瓣中脱出；在顶出杆 6 的作用下，两瓣斜滑块 5 向上运动并向两侧分离；侧向分离是通过固定在滑块外侧的圆销 8 和在模套 4 上对应圆销位置开设的半圆导滑槽来完成的；圆销与半圆导滑槽的方向应与斜滑块的斜面平行。开模时，圆销沿导滑槽向斜上方移动，使两瓣滑块分开，滑块上移的位置由限位螺钉 3 来控制。

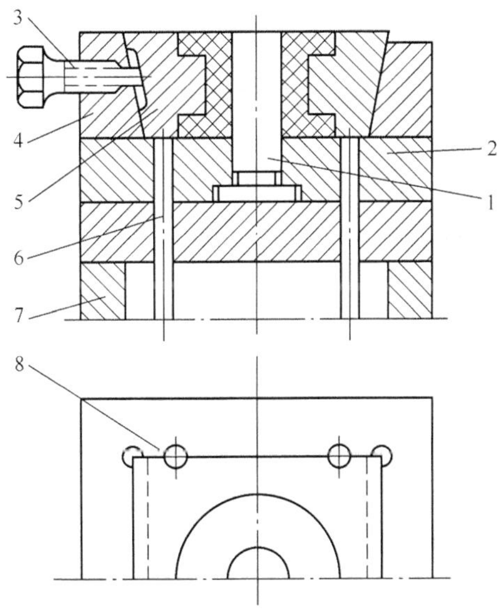

图 2-59　斜滑块抽芯机构

1—型芯　2—动模垫板　3—限位螺钉　4—模套　5—斜滑块　6—顶杆　7—动模支块　8—圆销

斜滑块抽芯机构的抽芯动作和塑件的顶出同时进行，而且斜滑块的刚性较大，倾斜角可比斜导柱的倾斜角大，通常不超过 30°。斜滑块的顶出高度一般不超过导滑长度的 2/3，以免影响使用的可靠性。

2-29　斜滑块侧向分型与抽芯机构

2.7.4　斜顶杆顶出抽芯机构

图 2-60 所示为斜顶杆顶出抽芯机构。斜顶杆 1 既是顶出元件，又是塑件内侧凹的成形零件，其尾部带有小轴 4，小轴两端装有滚轮 6，滚轮装在固定于顶出板 7 的支架 5 上。顶出时，顶杆沿型芯 2 和型芯垫板上的斜槽运动，完成内侧抽芯并顶出塑件，与此同时，滚轮沿支架向内滚动。整个顶出机构由复位杆 3 复位。

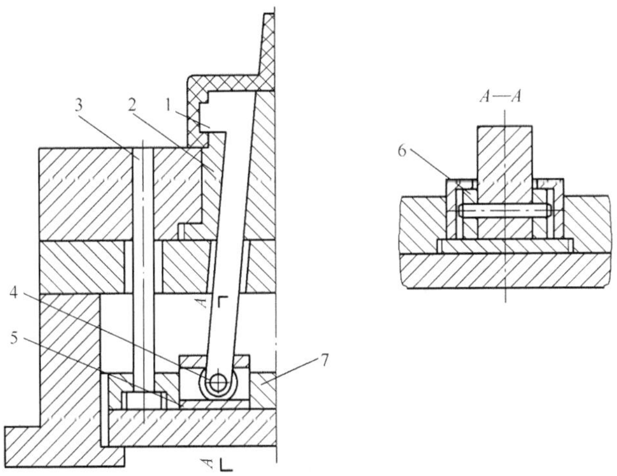

图 2-60　斜顶杆顶出抽芯机构

1—斜顶杆　2—型芯　3—复位杆　4—小轴　5—支架　6—滚轮　7—顶出板

斜顶杆是斜滑块抽芯的一种变异形式，受力情况与斜滑块完全相同，但因斜顶杆断面尺寸小于斜滑块，长度又较大，因此斜角应选取较小值，一般不宜超过 20°，只适于小抽芯距的模具。

2.7.5　手动分型抽芯机构

手动分型抽芯机构多用于试制和小批量生产的模具，用人力将型芯从塑件上抽出，劳动强度大，生产率低，但是结构简单，缩短了模具加工周期，降低了制造成本。手动分型抽芯机构多用于活动型芯、螺纹型芯和成形块的抽出，可分为模内手动分型抽芯和模外手动分型抽芯两种。

（1）模内手动分型抽芯机构。模内手动分型抽芯机构是指在开模前，用手搬动模具上的分型抽芯机构完成抽芯动作，然后再开模，顶出塑件。手动分型抽芯机构多利用丝杠、斜槽或齿轮装置来进行。

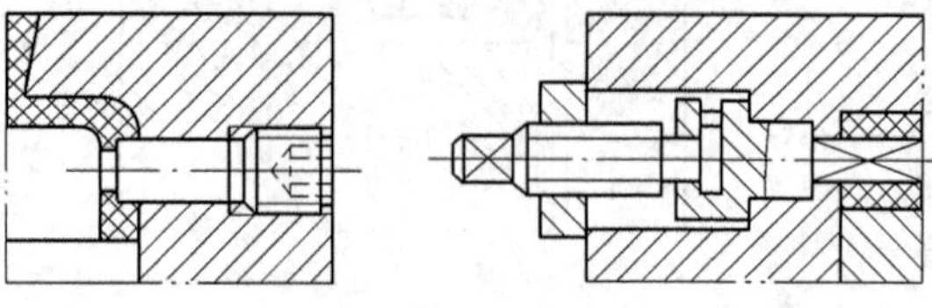
（a）（b）
图2-61　丝杠手动抽芯机构

利用丝杠和螺母的配合，使型芯退出，丝杠可以一边转动一边抽出，也可以只做转动，由滑块移动来实现抽芯动作。图2-61（a）所示用于圆形型芯，图2-61（b）所示用于非圆形成形孔。

（2）模外手动分型抽芯机构。模外手动分型抽芯机构是指镶块或型芯和塑件一起顶出模外，然后用人工或简单的机械手将镶块从塑件上取下的结构。塑件受到结构形状的限制或生产批量很小，不宜采用前面所介绍的几种抽芯机构时，可以采用模外手动分形抽芯机构，如图2-62所示。这种结构必须既要便于取件，又要有可靠的定位，防止在成形过程中镶块产生位移，影响塑件的尺寸精度。图2-62（a）所示为利用活动镶块的顶面与定模型芯的顶面相密合而定位；图2-62（b）所示为在活动镶块上设一个平面与分型面相平，在闭模时，分型面将活动镶块压紧。

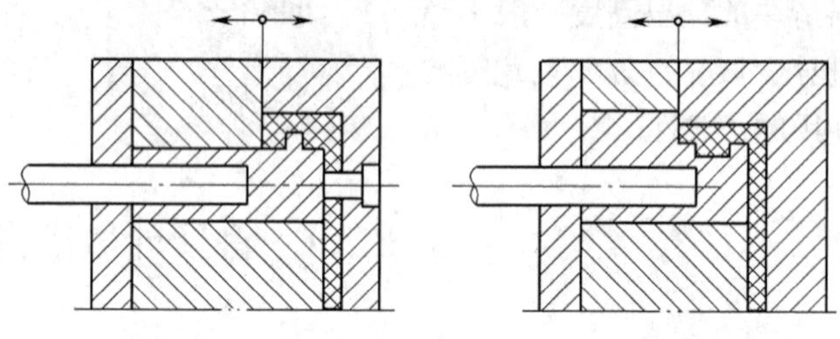
（a）（b）
图2-62　模外手动分型抽芯机构

2.8　温度调节系统设计

在注射模中设置温度调节系统的目的，就是要通过控制模具温度，使注射成形具有良好的制品质量和较高的生产效率。注射模温度调节是采用加热或冷却方式来实现的。模具加热方法有蒸汽加热、热油加热、热水加热及电加热等方法，最常用的是电阻加热法；冷却方法则采用常温水冷却、冷却水强力冷却或空气冷却等，大部分采用常温水冷却。

2.8.1　温度调节系统的功用

（1）改善成形条件。注射成形时，模具应保持合适的温度，方能使成形正常进行。如热流道模具，模温应保持流道内熔料温度在成形范围内，模温过高或过低则不能满足成形要求；对普通热塑性塑料模具，模具常需要冷却，因此，在保证成形的情况下，要尽量使模温保持在允许低温的状态，以缩短成形周期。

（2）稳定制品的形位尺寸精度。控制模温是稳定制品形位尺寸精度的主要方法之一，因为模温变化会使塑料收缩率有较大的波动，模腔（型芯）形状尺寸所控制品的尺寸就得不到保证，特别对结晶性塑料，因温度对塑料的结晶速率和结晶度的影响大，所以收缩率的波动就很大。如果模温不能使制品均匀冷却，则制品在各个方向上的收缩程度就不同，这样不但影响制品尺寸精度，而且会引起制品的变形，因此，合理控制模温可以使影响塑料收缩率的因素得到稳定，使制品的形位尺寸变化在允许的范围内。

（3）改善制品机械、物理性能。如果模温控制不适当，会造成制品内应力增加和集中，从而影响制品的使用性能。

（4）提高制品表面质量。塑件上常出现冷料斑、光泽不良、熔料流痕等缺陷，对模温进行合理调节，可以有效防止此类缺陷的产生。

2.8.2 冷却系统设计

1. 冷却系统的设计原则

2-30 冷却系统的设计原则

（1）冷却水道的位置取决于制件的形状和不同的壁厚。原则上冷却水道应设置在塑料向模具热传导困难的地方，根据冷却系统的设计原则，冷却水道应围绕模具所成形的制品，且尽量排列均匀一致，如图 2-63 所示，由于顶出装置的影响，动模的冷却水道排列不能与定模的冷却水道排列完全一致。

（2）在保证模具材料有足够的机械强度的前提下，冷却水道应安排得尽量紧密，尽可能设置在靠近型腔（型芯）表面，如图 2-64 所示。冷却水道应优先采用大于 8mm 的直径，并且各个水道的直径应尽量相同，避免由于水道直径不同而造成的冷却液流速不均。

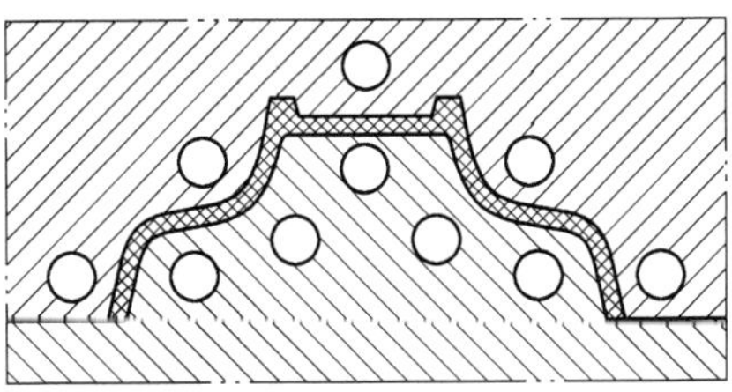

图 2-63 冷却水道的位置与制品的关系

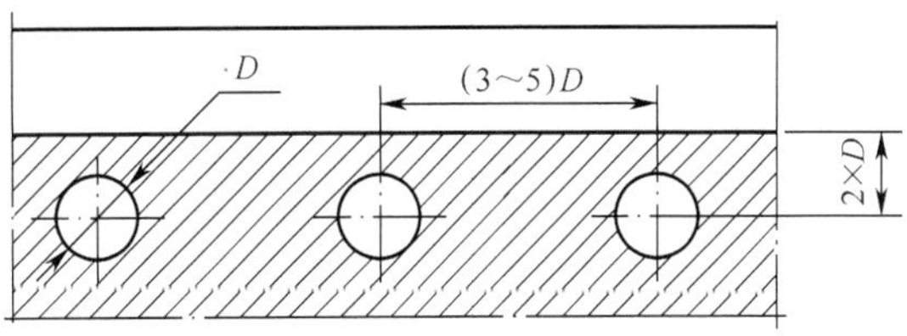

图 2-64 冷却水道的孔径与位置关系

（3）水道出入口的布置应该注意两个问题，即浇口处加强冷却和冷却水道的出入口温差应尽量小。塑料熔体充填型腔时，浇口附近温度最高，距浇口越远，温度就越低，因此，浇口附近应加强冷却，其办法就是冷却水道的入口处要设置在浇口的附近。对于中、大型模具，由于冷却水道很长，会造成较大的温度梯度变化，导致在冷却水道末端（出口处）温度上升很高，从而影响冷却效果。从均匀冷却的方案考虑，冷却液在出、入口处的温差，一般希望控制在 5℃以下，而精密成形模具和多型腔模具的出、入口温差则要控制在 3℃以下，冷却水道长度在 1.5m 以下，因此，对于中、大型模具，可将冷却水道分成几个独立的回路来增大冷却液的流量，减少压力损失，提高传热效率。图 2-65 所示分别为直浇口型芯、超宽侧浇口、侧浇口和中心点浇口型芯冷却水道的布置形式。

（4）冷却液在模具中的流速以尽可能高一些，但就其流动状态来说，以湍流为佳。在湍流下的热传递比层流高 10～20 倍，因为在层流中冷却液作平行于冷却水道壁各同心层的运动，每一个同心层都好比一个绝热体，从而妨碍了模具向冷却液散发热的过程的进行（然而一旦到达了湍流状态，再增加冷却液在冷却水道中的流速，其传热效率将无明显提高）。

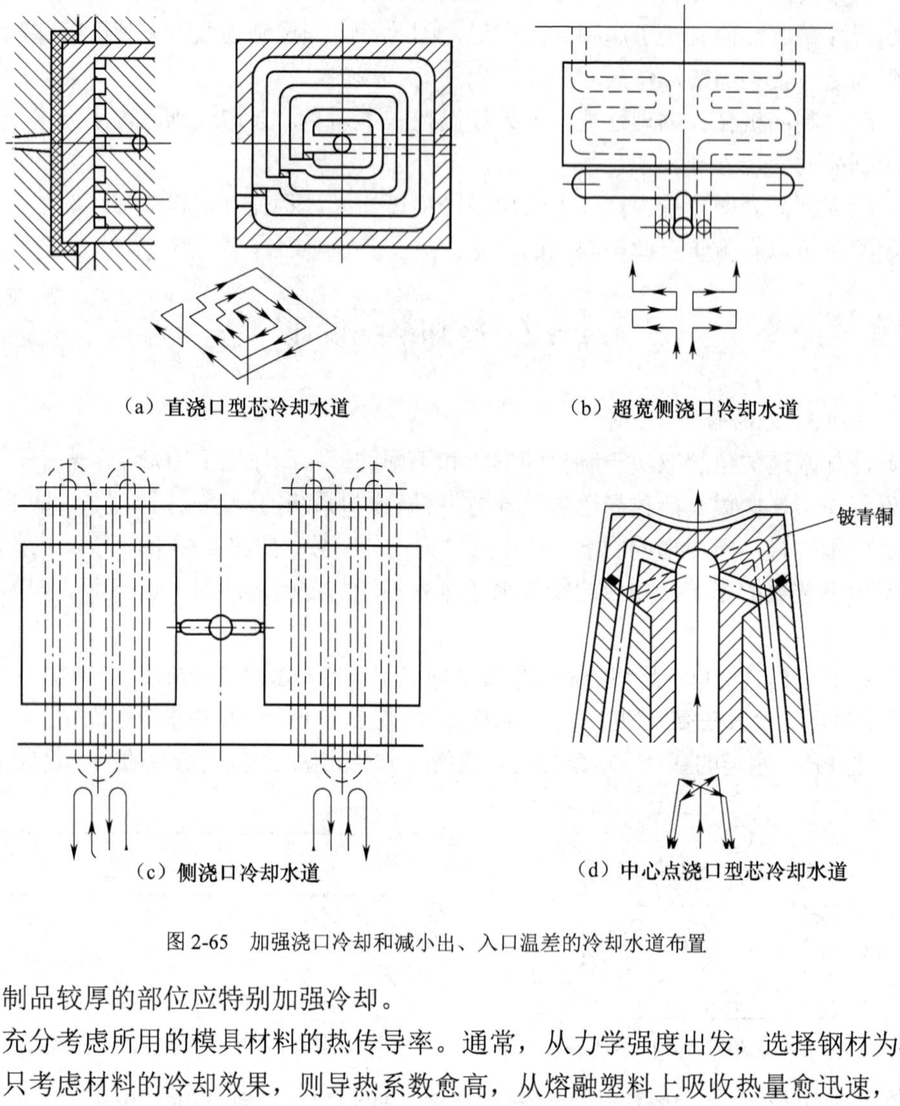

（a）直浇口型芯冷却水道　（b）超宽侧浇口冷却水道

（c）侧浇口冷却水道　（d）中心点浇口型芯冷却水道

图 2-65　加强浇口冷却和减小出、入口温差的冷却水道布置

（5）制品较厚的部位应特别加强冷却。

（6）充分考虑所用的模具材料的热传导率。通常，从力学强度出发，选择钢材为模具材料。如果只考虑材料的冷却效果，则导热系数愈高，从熔融塑料上吸收热量愈迅速，冷却得愈快，因此，在模具中对于那些冷却液无法达到而又必须对其加强冷却的地方，可采用铍青铜材料进行拼镶。

2．冷却系统的结构设计

（1）型芯冷却系统的结构设计。通常型芯中冷却水道的设置有下列几种方式。

对于成形制品壁较薄，尺寸较小的型芯，可采用如图 2-66 所示的结构，由于冷却水道距型芯表面的距离不等，所以冷却效果不均匀。

在型芯尺寸、力学强度允许的前提下，在型芯中加入带有螺旋的水槽镶件，如图 2-67 所示的方式，对其温度进行控制，可获得极佳的效果。但是这种镶件形状复杂，会因加工难度大而提高模具的制造费用。

对于直径较小且尺寸较长的型芯，由于表面积小，使得热传导非常困难。在成形过程中，因细长型芯散热不良，会引起制品在这一部位出现变形、缩孔等缺陷，因此，必须采取特殊的冷却方式对细长型芯的温度加以控制。图 2-68（a）所示为在采用铍青铜材料制造型芯，让冷却水直接冷却其另一端；图 2-68（b）所示为在型芯内部较粗的部分加入细铜棒，让冷却水直接对细铜棒的另一端进行冷却。

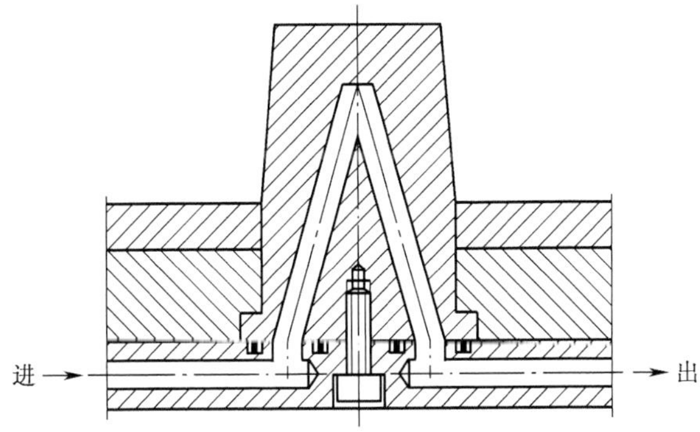

图 2-66　型芯的冷却方式

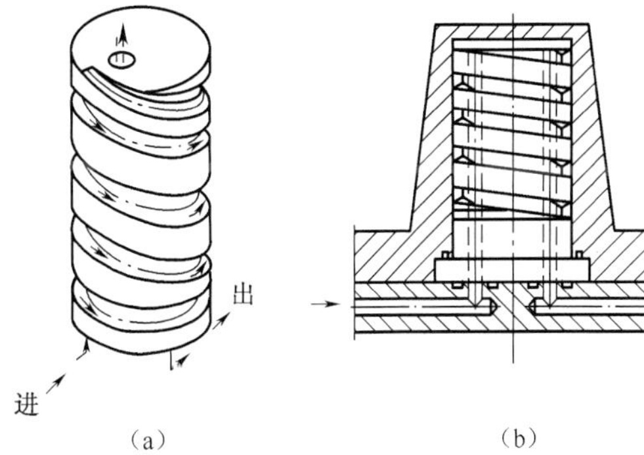

图 2-67　螺旋式型芯冷却水路

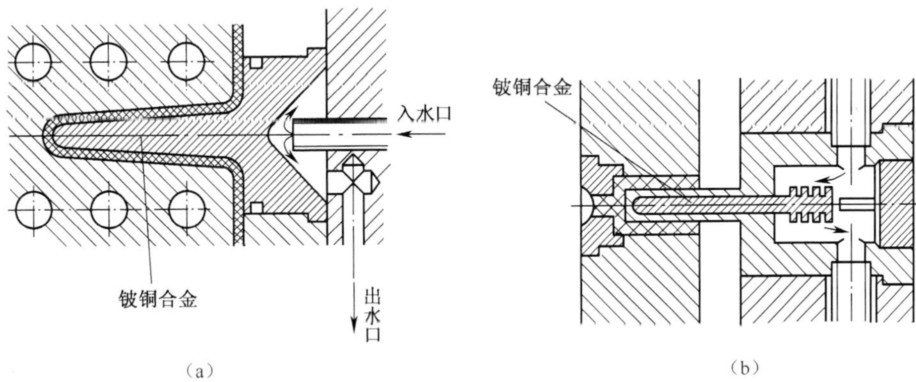

图 2-68　细小型芯的冷却方法

（2）凹模冷却系统的结构设计。通常凹模冷却系统的设置有下列几种方式。

图 2-69 所示为一模多腔的冷却系统，对于深型腔可采用多层水道；对于嵌入式型腔可采用螺旋形槽进行冷却，如图 2-70 所示。

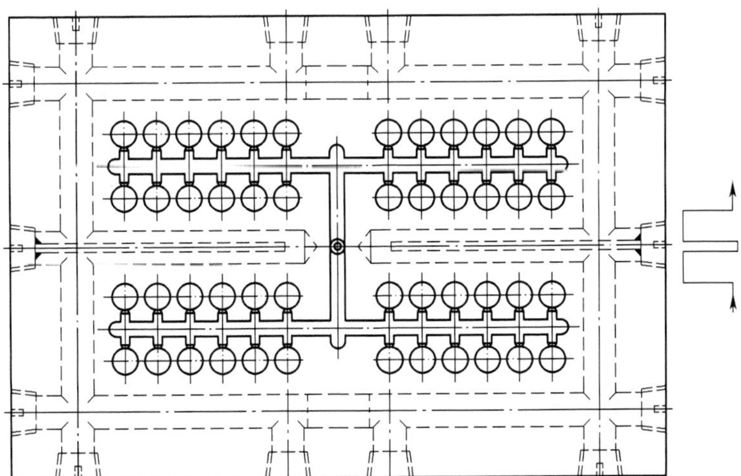

图 2-69　一模多腔的冷却系统

（3）一般情况下，模板中的冷却水道常采用钻床加工。有些水道较长且横竖交错，在加工时，为了减小难度和使钻孔所要求的精度相对降低，一般规定两条相交错的水道在长度小于 150mm 时，最小间距为 3mm；在长度大于 150mm 时，最小间距为 5mm，如图 2-71 所示。

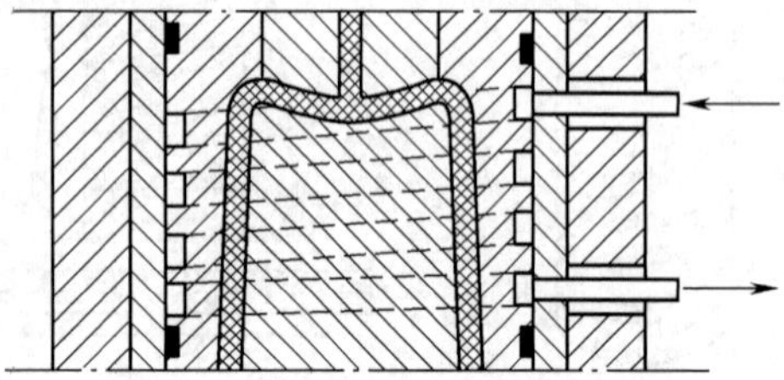

图 2-70　型腔的螺旋形槽冷却系统

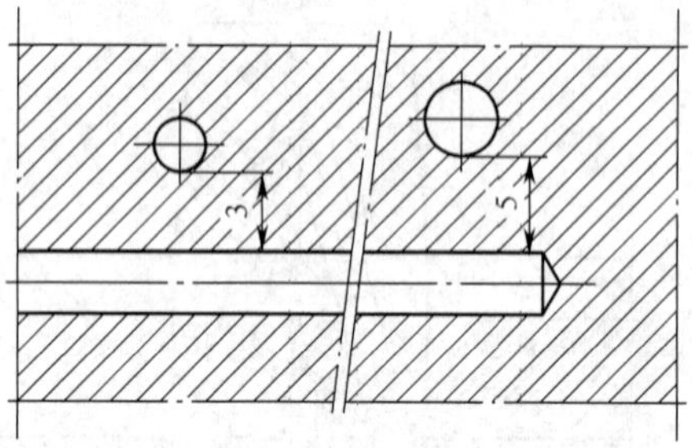

图 2-71　环绕型腔（或型芯）的冷却水道

2.8.3　加热系统设计

由于熔融黏度高、流动性差的塑料，如聚碳酸酯、聚甲醛、氯化聚醚、聚砜、聚苯醚等，要求较高的模温才能注射成形，故此时需要对模具进行加热。若模温过低，则会影响塑料的流动性，产生较大的流动剪切力，使塑件的内应力较大，甚至还会出现冷流痕、银丝、注不满等缺陷，尤其是当冷模刚刚开始注射时，这种情况更为明显。但是，模温也不能过高，否则要延长冷却时间，且塑件脱模后易发生变形。当模温要求在 80℃以下时，模具上无须设置加热装置，可利用熔融塑料的余热使模具升温，达到要求的工艺温度；若模温要求在 80℃以上时，模具就要有加热装置。

电加热为最常采用的加热方式，其优点是设备简单、紧凑、投资小，便于安装、维修、使用，温度容易调节，易于自动控制；其缺点是升温缓慢，并有加热后效现象，不能在模具中交替地加热和冷却。模具电加热有电阻丝加热和工频加热两类，后者因加热装置构造比较复杂，体积大，所以很少采用。

（1）电阻丝加热。将电阻丝绕制成螺旋弹簧状，再将它套上瓷管或带孔的陶瓷元件，安放在加热板或模具的加热孔中，如图 2-72 所示。该方法虽然简单，成本低廉，但由于电阻丝直接与空气接触，容易氧化损耗，因而使用寿命短，而且热量损耗较大，不利于节能。此外，赤热的电阻丝暴露在模外也不安全，电阻丝烧坏后也不便于维修。为安全起见，最好用云母及石棉垫片与加热板外壳绝缘。

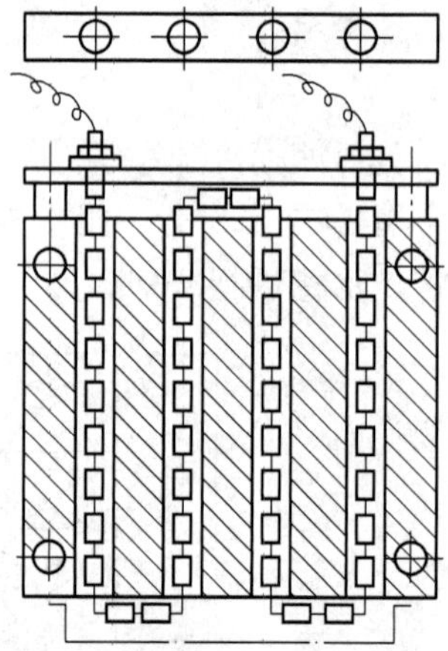

图 2-72　电阻丝加热的加热板

（2）电热棒加热。在电阻丝与金属管内填充石英砂或氧化镁等耐热材料，在管内的两端垫有云母片或石棉垫片，在电阻丝出口处用瓷塞塞住，电阻丝两端通过瓷塞上的两个小孔引出（见图 2-73），这样组成的电加热元件俗称电热棒。由于电热棒加热的电阻丝与外界空气隔绝，因此不易氧化，使用寿命长，电热棒烧坏后也便于更换，使用比较安全。

在设计模具中电热棒的插孔位置时，应考虑塑件的顶出位置，同时要尽量对称、等距、靠边，顶杆的布置也需照顾电热棒插孔而做适当的调整。

（3）电热套加热。电热套加热就是在模具型腔外围套上电热套（圈）或装上几块（2～4 块）电热套，以补充模具上加热量的不足。电热套应与模具外形相吻合，最常见的有矩形和圆形两种，如图 2-74 所示。矩形电热套由四块电热片构成，用导线和螺钉连成一体。圆形电热套也是通过螺钉夹紧在模具上，它可以制成整体式和两瓣式，前者加热效率好，后者制造及安装方便。

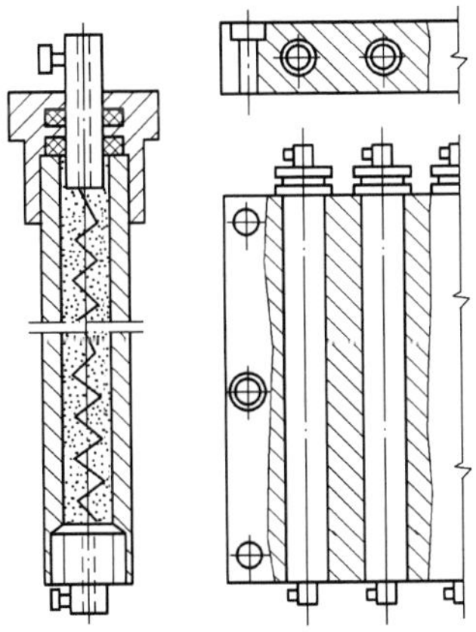

图 2-73　电热棒及其安装

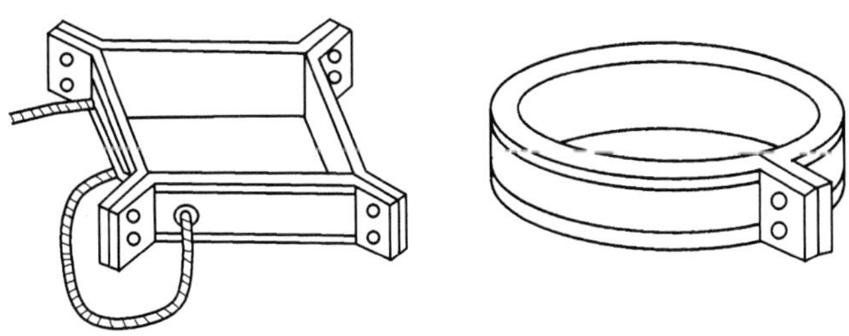

（a）矩形　　（b）圆形

图 2-74　电热套的形式

2.9　注射模设计实例

如图 2-75 所示为某企业大批量生产的塑料壳体，材料为聚甲醛（POM），技术要求为外表面无瑕疵、美观、性能可靠，要求设计该零件的塑料注射模。通过该实例，使学生掌握单分型面注射模的典型结构及结构组成、分型面的确定、成形零部件结构的设计与工作部分尺寸的计算、浇注系统的设计等知识，并完成以下几个方面的工作。

（1）完成整套单分型面注射模的设计。

（2）绘制模具装配图。

（3）绘制型腔和型芯等主要零件的零件图。

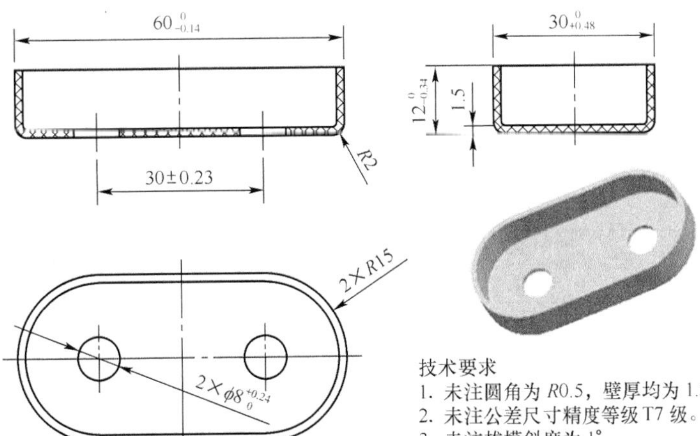

技术要求
1. 未注圆角为 R0.5，壁厚均为 1.5mm。
2. 未注公差尺寸精度等级 T7 级。
3. 未注拔模斜度为 1°。

图 2-75　塑料壳体

2.9.1 确定模具结构形式

本模具的结构形式采用单分型面注射模。

采用一模两腔，顶杆推出，流道采用平衡式，浇口采用侧浇口。

为了缩短成形周期，提高生产率，保证塑件质量，动、定模均开设冷却通道。

2.9.2 确定型腔数量和排列方式

（1）型腔数量的确定。该塑件精度要求不高，尺寸较小，可以采用一模多腔的形式。考虑到模具制造成本和生产效率，初定为一模两腔的模具形式。

（2）型腔排列形式的确定。该塑件为长方体，形状很规则，可以采用如图 2-76 所示的排列方式。

2.9.3 注射机的初步选择

（1）注射量的计算。通过计算或三维软件建模分析，可知单个塑件体积约 4.65cm^3，两个约 9.3cm^3。根据经验，成形塑件所需的注射量为塑件体积的 1.6 倍，即 1.6×9.3cm^3=14.88cm^3。

根据相关文献，聚甲醛（POM）的密度为 1.41g/cm^3，故所需塑料质量为 1.41 × 14.88=20.98（g）。

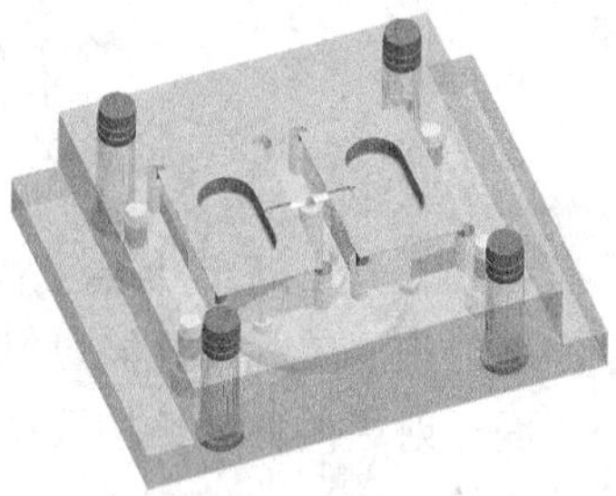

图 2-76 型腔布排

（2）锁模力的计算。通过计算或三维软件建模分析，可知单个塑件在分型面上的投影面积约 1 534mm^2，两个约 3 068mm^2。根据经验，总的投影面积为塑件在分型面上投影面积的 1.35 倍，即 1.35×3 068=4 141.8（mm^2）。又聚甲醛（POM）成形时型腔的平均压力为 35MP（经验值），故所需锁模力为

$$F_m=S\cdot P=4\ 141.8\times35=144\ 963\times10^{-3}\text{（kN）}=144.963\text{（kN）}\approx145\text{（kN）}$$

式中：F_m——锁模力；

S——塑件和浇注系统在分型面上的投影面积；

P——塑件成形时形腔的平均压力。

（3）注射机的选择。根据以上计算，选用 XS-ZY-125 注射机，其主要技术参数如表 2-10 所示。

表 2-10 XS-ZY-125 注射机的主要技术参数

项目	参数	项目	参数
理论注射容量（cm^3）	60	锁模力（kN）	500
螺杆直径（mm）	38	拉杆内间距（mm）	190×300
注射压力（MPa）	122	移模行程（mm）	180
注射行程（mm）	170	最大模厚（mm）	200
注射方式	柱塞式	最小模厚（mm）	70
喷嘴球半径（mm）	12	定位圈尺寸（mm）	55
锁模方式	液压—机械	喷嘴孔直径（mm）	4

2.9.4　浇注系统设计

1．主流道设计

根据所选注射机，主流道小端尺寸为：

$$d = \text{注射机喷嘴尺寸} + (0.5\sim1)\,\text{mm} = 4\text{mm} + 1\text{mm} = 5\text{mm}$$

主流道球面半径为：

$$SR = \text{注射机喷嘴球面半径} + (1\sim2)\,\text{mm} = 12\text{mm} + 1\text{mm} = 13\text{mm}$$

2．分流道设计

（1）分流道布置形式。分流道应能满足良好的压力传递和保持理想的填充状态，使塑料熔体尽快地经分流道均衡地分配到各个型腔。本模具采用一模两腔的结构形式，考虑到结构特点，决定采用平衡式分流道，如图 2-77 所示。

（2）分流道长度。分流道只有一级，对称分布，考虑到浇口的位置，取总长为 26mm。

（3）分流道的形状、截面尺寸。为了便于机械加工及凝料脱模，分流道的截面形状常采用加工工艺性比较好的圆形截面。根据经验，分流道的直径一般取 2～12mm，比主流道的大端小 1～2mm。本模具分流道的直径取 5mm，以分型面为对称中心，分别设置在定模和动模上。

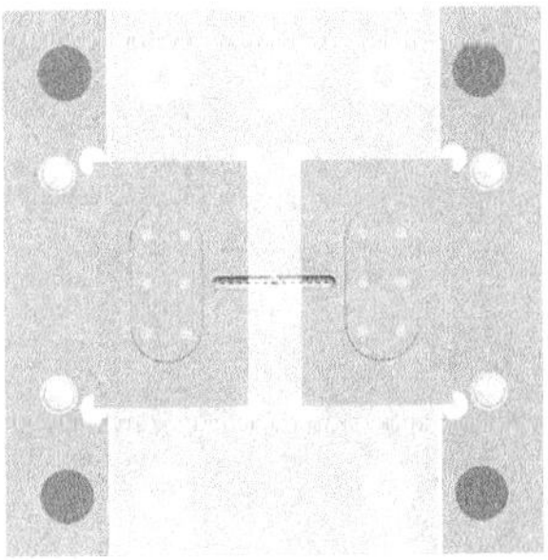

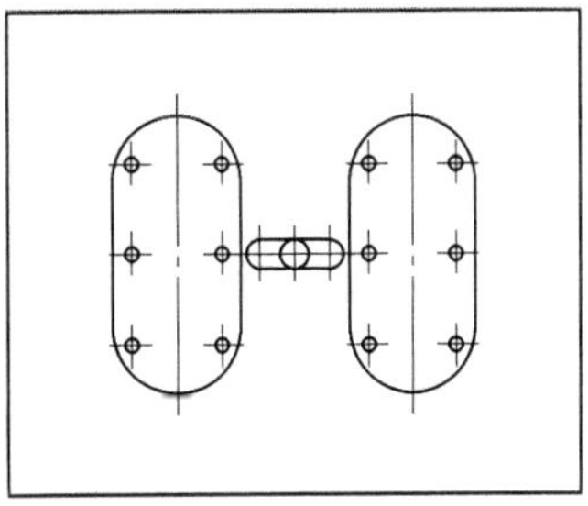

图 2-77　分流道形式

3．浇口设计

塑件结构较简单，表面质量无特殊要求，故选择侧浇口。侧浇口一般开设在模具的分型面上，从制品侧面边缘进料。它能方便地调整浇口尺寸，控制剪切速率和浇口封闭时间，是被广泛采用的一种浇口形式。

本模具侧浇口的截面形状采用矩形，长为 2mm，宽为 3mm，侧浇口的高为 0.8mm。

4．冷料穴和拉料杆设计

本模具只有一级分流道，流程较短，故只在主流道末端设置冷料穴。冷料穴设置在主流道正面的动模板上，直径稍大于主流道的大端直径，取 6mm，长度取为 10mm。

拉料杆采用钩形拉料杆，直径取 6mm。拉料杆固定在推杆固定板上，开模时随着动、定模分开，将主浇道凝料从主流道衬套中拉出。在制品被推出的同时，冷凝料也被推出。

2.9.5　成形零件设计

1．分型面位置的确定

根据塑件的结构形式，最大截面为底平面，故分型面应选在底平面处，如图 2-78 所示。

2．排气系统设计

由于制品尺寸较小，排气量很小，因此利用分型面和推杆、型芯间的配合间隙排气即可。该套模具较小，设置了 6 根推杆，因此不需单独开设排气槽。

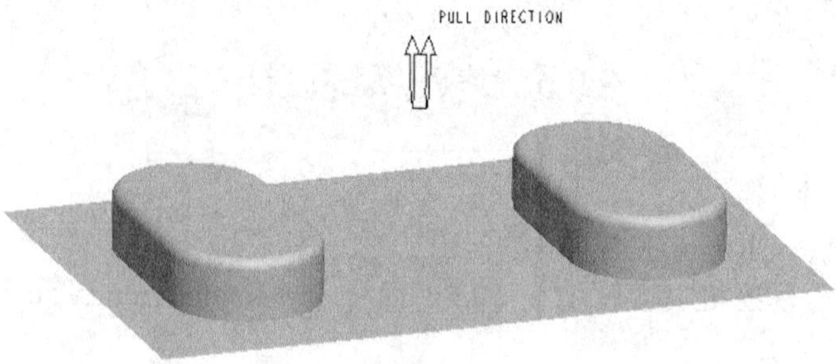

图 2-78　分型面

3．成形零件的结构设计

本模具采用一模两腔、侧浇口的成形方案。型腔和型芯均采用镶嵌结构，通过螺钉和模板相连。采用 Pro/E、UG 等三维软件进行分模设计，得到如图 2-79 所示的型腔和如图 2-80 所示的型芯。

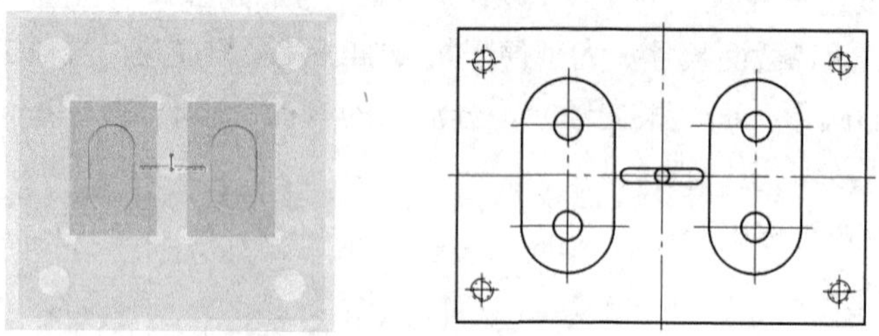

图 2-79　型腔

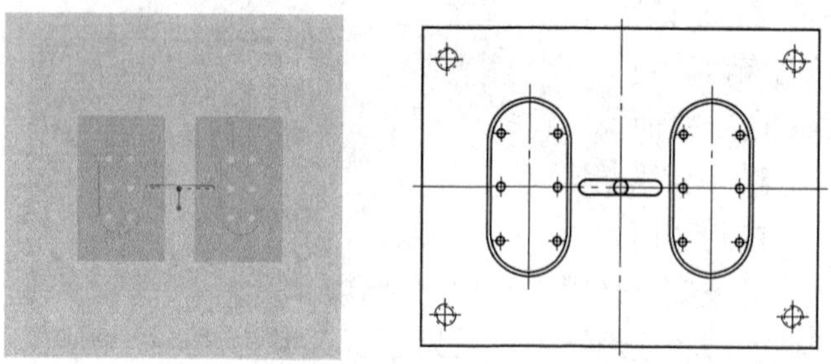

图 2-80　型芯

因为塑件尺寸精度不高，且用 Pro/E、UG 等三维软件设计时已经考虑了收缩率和绝对精度，因此，可直接由分模后的三维模型转换为工程图。原则上模具各个零件的制造公差应取塑件公差的 1/3，但实际生产中常根据经验确定。

（1）型腔。塑件表面光滑，无其他特殊结构。塑件总体尺寸为 60mm×30mm×12mm，考虑到一模两腔以及浇注系统和结构零件的设置，型腔镶件尺寸取 120mm×100mm，深度根据模架的情况进行选择。为了安装方便，在定模模板上开设相应的型腔切口，并在直角上钻直径为 10 mm 的孔以便于装配。

（2）型芯。与型腔相一致，型芯的尺寸也取 120mm×100 mm，并在动模模板上开设相应的型芯切口。

4．成形零件钢材的选用

该塑件是大批量生产，成形零件所选用的钢材耐磨性和抗疲劳性能应该良好，机械加工性能和抛光性能也应良好，因此，决定采用硬度比较高的模具钢 Gr12MoV，淬火后表面硬度为 58HRC～62HRC。

2.9.6 冷却系统设计

一般注射到模具内的塑料温度在 200℃左右，而塑件固化后从模具型腔中取出时，其温度在 60℃以下。本项目选择常温水对模具进行冷却。

由于冷却水道的位置、结构形式、孔径、表面状态、水的流速、模具材料等很多因素都会影响模具的热量向冷却水传递，故精确计算比较困难。实际生产中，通常都是根据模具的结构确定冷却水路，通过调节水温、水速来满足要求。

无论多大的模具，水孔的直径均不能大于 14mm，否则，冷却水难以成为湍流状态，以致降低热交换效率。一般水孔的直径可根据塑件的平均厚度来确定，平均壁厚为 2mm 时，水孔直径可取 8～10mm；平均壁厚为 2～4mm 时，水孔直径可取 10～12mm；平均壁厚为 4～6mm 时，水孔直径可取 10～14mm。

本塑件壁厚均为 1.5mm，制品总体尺寸较小，为 60mm×30mm×12mm，确定水孔直径为 6mm。在型腔和型芯上均采用直流循环式冷却装置，由于动模、定模均为镶拼式，受结构限制，冷却水路布置如图 2-81 所示。

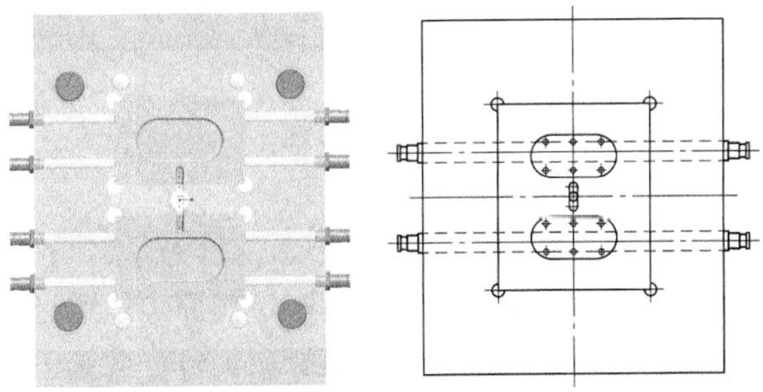

图 2-81　冷却水路布置

2.9.7 注射机有关参数的校核

（1）最大注射量的校核。为了保证正常的注射成形，注射机的最大注射量（包括流道凝料）应稍大于制品的质量或体积。通常注射机的实际注射量最好在注射机的最大注射量的 80%以内。XS-ZY-125 注射机允许的最大注射量约为 125cm^3，利用系数取 0.8，则

$$0.8 \times 125\ cm^3 = 100cm^3$$

见 2.9.3 节，成形塑件所需的注射量为 14.88cm^3，

$$14.88cm^3 < 100cm^3$$

根据公式（1-3），最大注射量符合要求。

（2）注射压力的校核。注射成形时根据经验压力取为 80MPa，安全系数取 1.3。

$$1.3 \times 80MPa = 104MPa$$

注射成形时的压力应该小于注射机的额定压力

$$104\ MPa < 122MPa$$

所以，注射压力校核合格。

（3）锁模力校核。安全系数取 1.2，见 2.9.3 节，注射成形时要求的锁模力 F_m 为 145N，则

$$1.2 \times 145kN = 174kN$$

本项目所选额定锁模力 F_1 为 500kN

根据公式（1-4），锁模力校核合格。

（4）模具尺寸的校核。模具平面尺寸 250mm×250mm＜290mm×260mm（拉杆间距），合

格；模具高度 203mm，200mm＜203mm＜300mm 合格；模具开模所需行程=10.5mm（型芯高度）+12mm（塑件高度）+（5～10）mm=（27.5～32.5）mm＜300mm（注射机开模行程），合格。

综合分析，选择 XS-ZY-125 注射机是合适的。

2.9.8　模具装配图的绘制

模具装配图用以表明模具结构、工作原理、组成模具的全部零件及其相互位置关系和装配关系。模具装配图的绘制过程一般分为装配图设计的准备、画出塑件的主剖视图、绘制装配草图的核心部分和完成模具装配图等几个阶段。

一般情况下，模具装配图用主视图和俯视图表示，若表达不够清楚时，再增加其他视图，一般按 1:1 的比例绘制。装配图上要标明必要的尺寸和技术要求。

（1）主视图。主视图一般放在图样上面偏左，按模具正对操作者方向绘制，采取剖视画法，一般按模具闭合状态绘制。在上、下模或定模与动模之间有一完成的塑件，塑件及流道画网格线。

主视图是模具装配图的主体部分，应尽量在主视图上将结构表达清楚，力求将成形零件的形状画完整。

剖视图的画法一般按照机械制图国家标准执行，但也有一些行业习惯和特殊画法，如为减少局部视图，在不影响剖视图表达剖面迹线通过部分结构的情况下，可以将剖面迹线以外部分旋转或平移到剖视图上，螺钉和销钉可各画一半等，但不能与国家标准发生矛盾。

（2）俯视图。俯视图通常布置在图样的下面偏左，与主视图相对应。通过俯视图可以了解模具的平面布置，排样方式或浇注系统、冷却系统的布置，以及模具的轮廓形状等。

（3）塑件图。塑件图布置在图样的右上角，并注明塑件名称、塑料牌号等要素，标全塑件尺寸。塑件图尺寸较大或形状较为复杂时，可单独画在零件图上，并装订在整套模具图样中。

（4）标题栏和零件明细栏。标题栏内容应按统一要求填写，特别是设计者必须在相应位置签名。编制明细栏必须包括序号、代号、零件名称、图号（或页次）、数量、材料及热处理要求等。其中，零件序号应自下往上进行排列。选材时，应注明牌号并尽量减少材料种类。标准件应按规定进行标记，零件名称栏中文字应首尾两字对齐，字间距应均匀、字体大小要一致。

（5）尺寸标注。装配图上须标出模具的总体尺寸、必要的配合尺寸和安装尺寸，其余尺寸一般不标注。零件序号标注要求是不漏标、不重复标，引线间不交叉，序号编制一般按顺时针方向排列，字体严格使用仿宋体，字间布置应均匀、对齐。

（6）技术要求。根据各模具的实际情况撰写技术要求。

设计完成的塑料壳体模具装配图如图 2-82 所示。

2.9.9　模具零件图的绘制

装配图绘制完成后，由装配图拆画出各零件图，标注各零件完整的尺寸公差、形位公差、表面粗糙度及相应技术要求。模具零件主要包括：工作（成形）零件，如型芯、型腔、凸型腔、口模、定型套等；结构零件，如固定板、卸料板、定位板、浇注系统零件、导向零件、分型与抽芯零件、冷却与加热零件等；紧固标准件，如螺钉、销钉及模架、弹簧等。

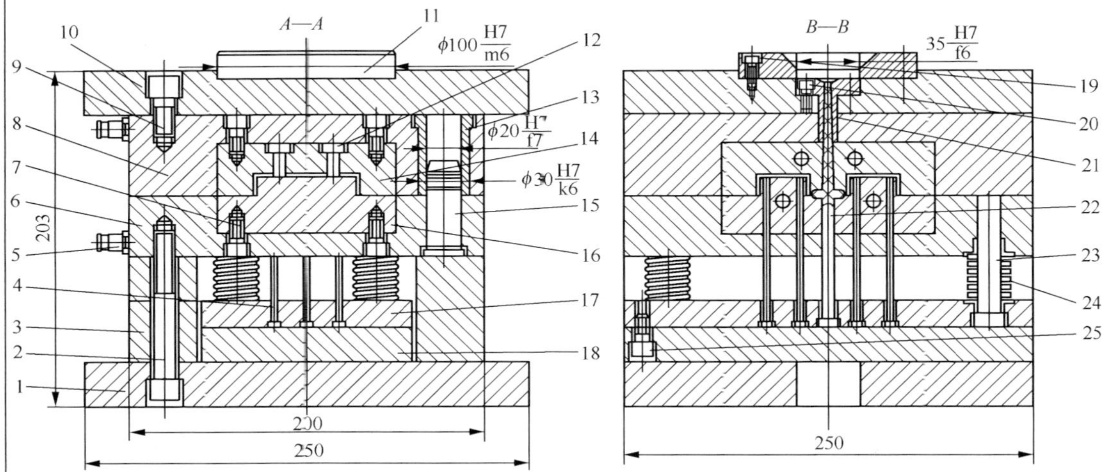

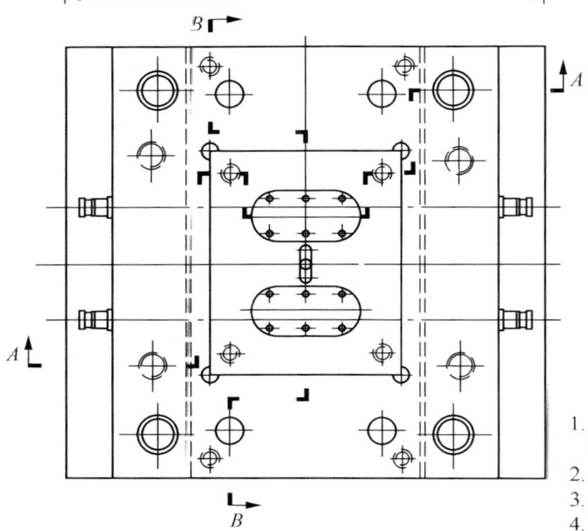

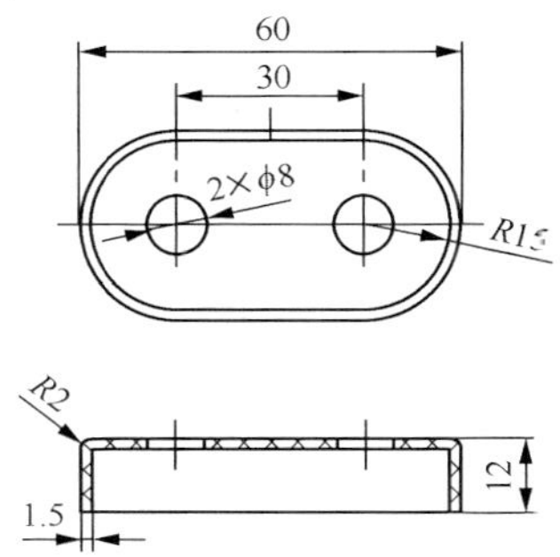

技术要求

1. 模具所有活动部分必须保证位置准确，不能有歪斜卡滞现象。
2. 分型面密合良好，不能有溢料产生。
3. 冷却系统应畅通，不能有漏泄现象。
4. 模具装配完成后进行试模，如有不妥，修模再试。

序号	代号	名称	数量	材料	备注
25	GB/T 70.1—2008	内六角螺钉 M6	4	45	
24	GB/T 2089—2009	弹簧	4	64Mn	
23	GB/T 4169.1—2006	复位杆	4	T8A	
22	GB/T 4169.1—2006	拉料杆	1	T8A	
21	KT05	主流道衬套	1	45	
20	GB/T 70.1—2008	内六角螺钉 M6	2	45	
19	GB/T 70.1—2008	内六角螺钉 M6	2	45	
18	GB/T 4169.8—2006	推板	1	45	
17	GB/T 4169.8—2006	推杆固定板	1	45	
16	KT03	型芯镶件	1	Cr12MoV	
15	GB/T 4169.2—2006	导柱	1	T8A	
14	KT02	型腔镶件	4	Cr12MoV	
13	GB/T 4169.2—2006	导套	1	T8A	
12	KT04	型芯杆	4	Cr12MoV	
11	GB/T 4169.18—2006	定位圈	1	45	
10	GB/T 4169.8—2006	定模座板	1	45	
9	GB/T 70.1—2008	内六角螺钉 M12	4	45	
8	GB/T 4169.8—2006	定模板	1	45	
7	GB/T 70.1—2008	内六角螺钉 M8	8	黄铜	
6	GB/T 4169.8—2006	动模板	1	45	
5	KT01	水嘴	1	黄铜	
4	GB/T 4169.1—2006	推杆	12	45	
3	GB/T 4169.6—2006	垫块	1	Q235A	
2	GB/T 70.1—2008	内六角螺钉 M12	4	45	
1	GB/T 4169.8—2006	动模座板	1	45	

制图			壳体模具装配图	1:1
校核				
			KT00	

图 2-82　塑料壳体模具装配图

零件图的绘制和尺寸标注均应符合机械制图国家标准的规定，要注明全部尺寸、公差配合、形位公差、表面粗糙度、材料、热处理要求及其他技术要求。

1．视图和比例大小的选择

视图选择可参照下列建议。

（1）轴类零件通常仅需一个视图，按加工位置布置较好。

（2）板类零件通常需主视图和俯视图两个视图，一般按装配位置布置较好。

（3）镶拼组合成形零件，常画部件图，这样便于尺寸及偏差的标注，视图可按装配位置布置。零件图比例大都采用 1:1，小尺寸零件或尺寸较多的零件则需放大比例绘制。

2．尺寸标注的基本规范

尺寸标注是零件设计中一项极为重要的内容，尺寸标注要做到既不少标、漏标，又不多标、重复标，同时又要使整套模具零件图上的尺寸布置清晰、美观。

（1）正确选择基准面。尽量使设计基准、加工基准、测量基准一致，避免加工时反复换算。成形部分的尺寸标注基准应与塑件图中的标注基准一致。

（2）尺寸布置要合理。大部分尺寸最好集中标注在最能反映零件特征的视图上，如对于板类零件而言，主视图上应集中标注厚度尺寸，而平面内各尺寸则应集中标注在俯视图上。

另外，同一视图上尺寸应尽量归类布置。如可将某一模板俯视图上的大部分尺寸归类成四类：第一类是孔径尺寸，可考虑集中标注在视图的左方；第二类是纵向间距尺寸，可考虑集中标注在视图轮廓外右方；第三类是横向间距尺寸，可考虑集中布置在视图轮廓外下方；第四类则是型孔大小尺寸，可考虑集中标注在型孔周围空白处，并尽量做到全套图样一致。

（3）脱模斜度的标注。脱模斜度有 3 种标注方法：其一是大、小端尺寸均标出；其二是标出一端尺寸，再标注角度；其三是在技术要求中注明。

（4）有精度要求的位置尺寸。对于需与轴类零件相配合的通孔中心距、多腔模具的型腔间距等有精度要求的位置尺寸，均需标注公差。

（5）螺纹尺寸及齿轮尺寸。对于螺纹成形尺寸和齿轮成形件，还需在零件图上列出主要几何参数及其公差。

3．表面粗糙度及形位公差

（1）各表面的粗糙度都应注明。对于多个相同粗糙度要求的表面，可集中在图样的右下角统一标注。

（2）有形位公差要求的结构形状，则需要加注形位公差。

4．技术要求及标题栏

零件图上技术要求的标注位置位于标题栏的上方，应注明除尺寸、公差、表面粗糙度以外的加工要求。标题栏按统一规格填写，设计者必须在各零件图的标题栏相应位置上签名。

5．型腔零件图的绘制

采用 Pro/E、UG 等软件直接绘制型腔零件图，然后转到 AutoCAD 里进行修改，完成后的零件图如图 2-83 所示。

6．型芯零件图的绘制

采用 Pro/E、UG 等软件直接绘制型芯零件图，然后转到 AutoCAD 里进行修改，完成后的零件图如图 2-84 所示。

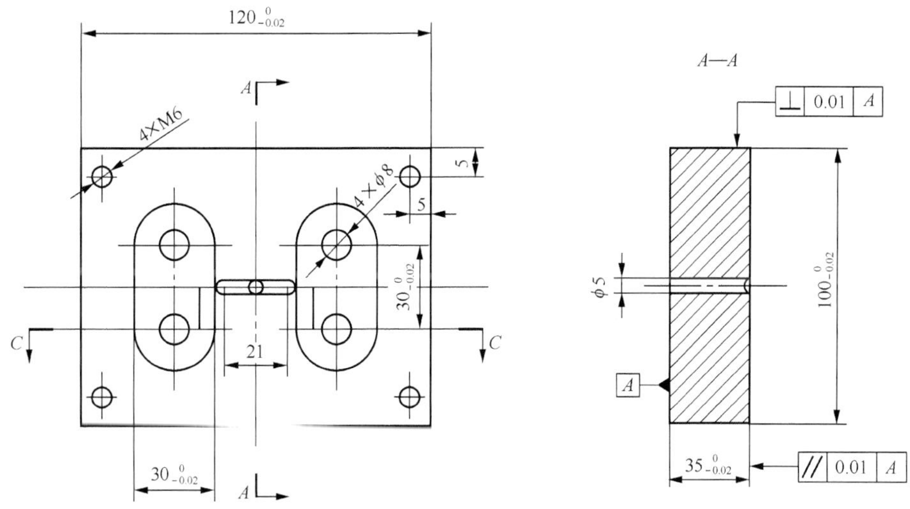

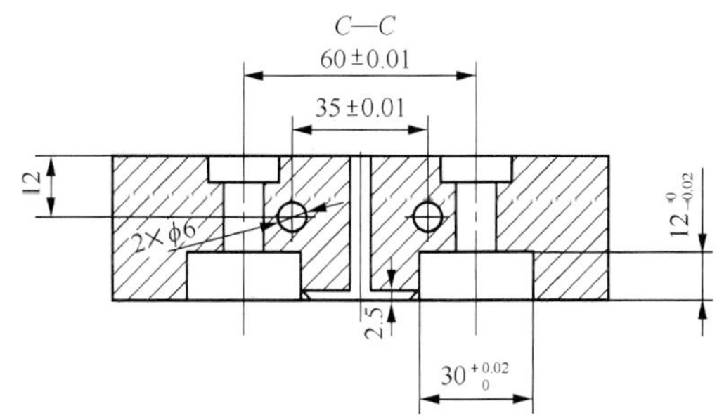

技术要求

1. 热处理之前应钻好冷却水孔。
2. 热处理硬度应达到 50～55HRC。
3. 除了冷却水孔，其余保证尺寸精度在 0.02mm 之内。
4. 除了水孔的表面粗糙度 Ra 值为 3.2μm 外，其余各面的粗糙度 Ra 值均为 0.8μm。

图 2-83　塑料壳体模具型腔零件图

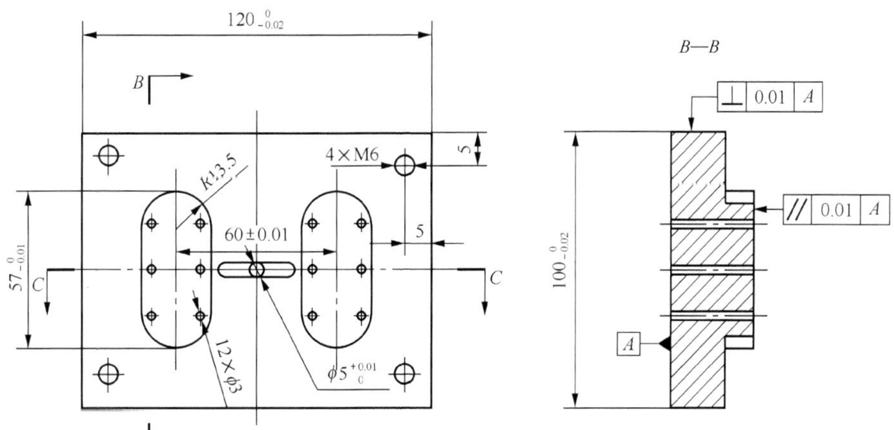

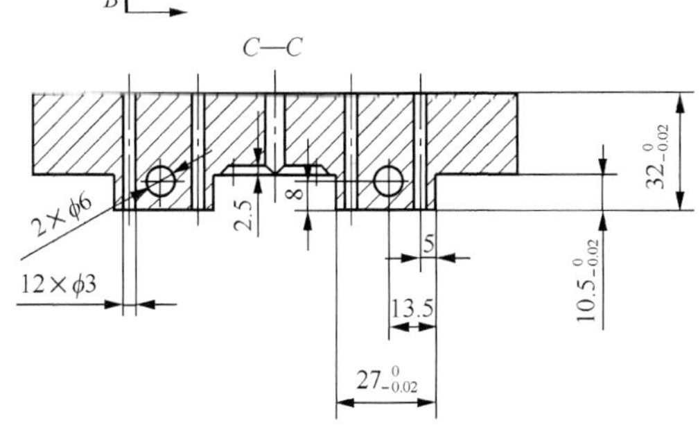

技术要求

1. 热处理之前应钻好推杆孔、冷却水孔。
2. 热处理硬度应达到 50～55HRC。
3. 除了冷却水孔，其余保证尺寸精度在 0.02mm 之内。
4. 除了水孔的表面粗糙度 Ra 值为 3.2μm 外，其余各面的粗糙度 Ra 值均为 0.8μm。

图 2-84　塑料壳体模具型芯零件图

实训与练习

1．实训

（1）在实训基地拆、装一套单分型面注射模，写出实训报告。

（2）在实训基地拆、装一套双分型面注射模，写出实训报告。

（3）在老师的带领下，到生产企业观察其产品浇注系统的设计实例，如电视机后壳、电冰箱塑料件等，讨论设计的优缺点。

（4）在实训基地拆、装两套塑料注射模，观察其推出机构的设计并进行测量，画出推出机构各零件的零件图。

2．练习

（1）注射模按其各零部件所起的作用，一般由哪几部分结构组成？

（2）点浇口进料的双分型面注射模，定模部分为什么要增设一个分型面？

（3）单分型面注射模具与双分型面注射模具在模具结构及取件方法上有哪些区别？

（4）斜导柱侧向分型与抽芯机构由哪些零部件组成？各部分作用是什么？

（5）斜滑块侧向分型与抽芯注射模的工作原理是什么？

（6）注射机由哪些基本部分组成？简单描述各基本组成部分的作用。

（7）按外形结构特征可将注射机分成哪几类？描述每种类型的特点。

（8）设计注射模时，应对注射机哪些工艺参数进行校核？

（9）热流道浇注系统可分为哪两大类？这两大类又是如何进行分类的？

（10）井式喷嘴热流道注射模有哪些优点？

（11）多型腔外加热式热流道的结构特点是什么？

（12）分型面的选择原则是什么？

（13）排气槽的设计要点有哪些？

（14）设计凹模的结构形式时采用镶拼结构有哪些好处？

（15）常用小型芯的固定方法有哪几种形式？

（16）导柱和导套的结构形式有哪些？

（17）导柱尺寸如何确定？

（18）国家标准规定的塑料注射模模架应如何标记？

（19）二次推出机构的工作原理是什么？

（20）斜导柱分型与抽芯机构的结构形式有哪些？各自有什么特点？

（21）斜导柱分型与抽芯机构的设计要点有哪些？请分别叙述。

（22）画图说明侧型芯滑块与导滑槽导滑的结构有哪几种？

（23）画图说明侧型芯滑块脱离斜导柱时的定位装置的结构有哪几种形式？

（24）注射模具为什么要设置温度调节系统？

（25）应如何进行型芯的冷却系统结构设计？

（26）应如何进行凹模的冷却系统结构设计？

第 3 章
其他塑料成形模具设计

学习目标

1. 掌握塑料压缩、压注、挤出成形的原理
2. 熟悉塑料压缩模、压注模的典型结构及组成
3. 了解塑料压缩模、压注模的分类与结构选用
4. 掌握塑料压缩模、压注模的设计要点
5. 掌握塑料挤出成形的模具结构
6. 了解塑料挤出机头与挤出机的连接形式

课程思政元素

3.1 压缩模设计

3.1.1 压缩成形原理

压缩成形又称为压制成形、压塑成形、模压成形等。它的基本原理是将粉状或松散状的固态成形物料直接加入到模具中，通过加热、加压方法使它们逐渐软化熔融，然后根据模腔型状进行流动成形，最终经过固化转变为塑料塑件，主要用于热固性塑料制件的生产。压缩成形原理如图 3-1 所示。压缩成形时，将粉状、粒状、碎屑状或纤维状的热固性塑料原料直接加入敞开的模具加料室内，如图 3-1（a）所示；然后合模加热，使塑料熔化，在合模压力的作用下，熔融塑料充满型腔各处，如图 3-1（b）所示；这时，型腔中的塑料产生化学交联反应，使熔融塑料逐步转变为不熔的硬化定型的塑料制件，最后将塑件从模具中取出，如图 3-1（c）所示。

3-1 压缩成形原理

压缩成形的缺点是：成形周期长，劳动强度大，生产环境差，生产操作多用手工而不易实现自动化；塑件经常带有溢料飞边，高度方向的尺寸精度不易控制；模具易磨损，因此使用寿命较短。但是，它也有一些注射成形所不及的优点：使用普通压力机就可以进行生产；没有浇注系统，结构比较简单；塑件内取向组织少，取向程度低，性能比较均匀；成形收缩

率小等。利用压缩方法还可以生产一些带有碎屑状、片状或长纤维状填充剂、流动性很差且难于用注射方法成形的塑料制件和面积很大、厚度较小的大型扁平塑料制件。

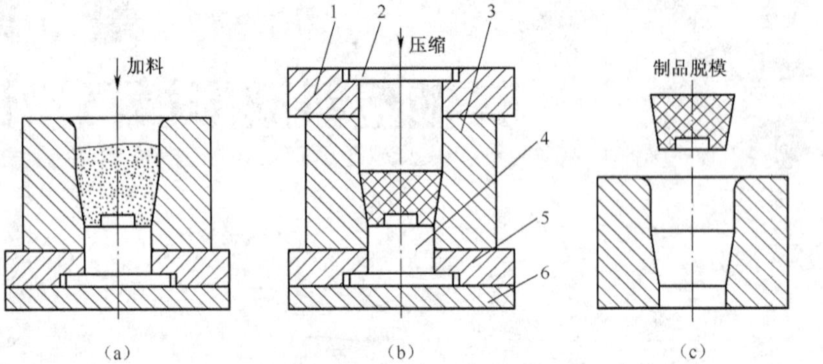

3-2 压缩成形工艺过程

图 3-1 压缩成形原理示意图

1—上模座（兼起固定板作用） 2—上凸模 3—凹模 4—下凸模 5—下模板 6—下模座

3.1.2 压缩模的典型结构及组成

压缩模的典型结构如图 3-2 所示。模具的上模和下模分别安装在压力机的上、下工作台上，上、下模通过导柱导套导向定位。上工作台下降，使上凸模 12 进入下模加料室 13 与装入的塑料接触并对其加热。当塑料成为熔融状态后，上工作台继续下降，熔料在受热受压的作用下充满型腔并发生固化交联反应。塑件固化成形后，上工作台上升，模具分型，同时压力机下面的辅助液压缸开始工作，脱模机构将塑件脱出。压缩模按各零部件的功能作用可分为以下几大部分。

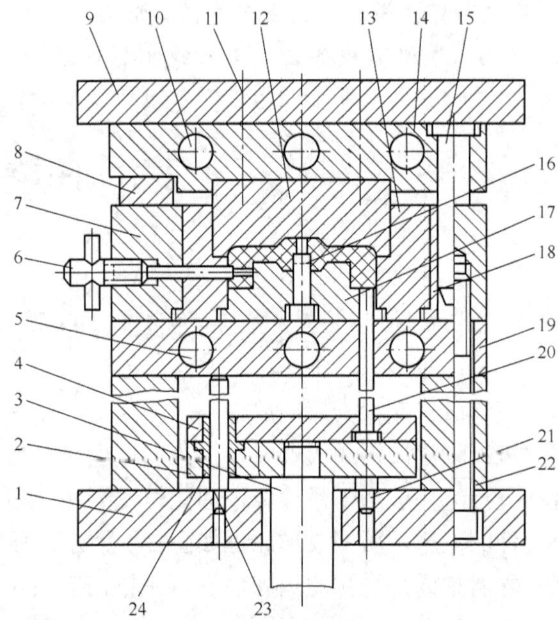

图 3-2 压缩模典型结构

1—下模座板 2—推板 3—连接杆 4—推杆固定板 5、10—加热器安装孔 6—侧型芯 7—型腔固定板 8—承压块 9—上模座板 11—螺钉 12—上凸模 13—加料室（凹模） 14、19—加热板 15—导柱 16—型芯 17—下凸模 18—导套 20—推杆 21—支撑钉 22—垫块 23—推板导柱 24—推板导套

（1）成形零件。成形零件是直接成形塑件的零件，加料时与加料室一道起装料的作用。图 3-2 中模具型腔由侧型芯 6、上凸模 12、凹模 13、型芯 16、下凸模 17 等构成。

（2）加料室。图 3-2 中凹模 13 的上半部为凹模截面尺寸扩大的部分。由于塑料与塑件相比具有较大的比容，塑件成形前单靠型腔往往无法容纳全部原料，因此，一般需要在型腔之上设一段加料腔室。

（3）导向机构。在图 3-2 中，由布置在模具上周边的 4 根导柱 15 和导套 18 组成导向机构，它的作用是保证上模和下模两大部分或模具内部其他零部件之间准确对合。为保证推出机构上、下运动平稳，该模具在下模座板 1 上设有 2 根推板导柱 23，在推板上还设有推板导套 24。

（4）侧向分型与抽芯机构。当压缩塑件带有侧孔或侧向凹凸时，模具必须设有各种侧向分型与抽芯机构，塑件方能脱出。图 3-2 中的塑件有一侧孔，在推出塑件前用手动丝杆（侧型芯 6）抽出侧型芯。

（5）脱模机构。压缩模中一般都需要设置脱模机构（推出机构），其作用是把塑件脱出模腔。图 3-2 中的脱模机构由推板 2、推杆固定板 4、推杆 20 等零件组成。

（6）加热系统。在压缩热固性塑料时，模具温度必须高于塑料的交联温度，因此，模具必须加热。常见的加热方式有：电加热、蒸汽加热、煤气或天然气加热等，以电加热最为普遍。图 3-2 中加热板 14、19 中设计有加热器安装孔 5、10，加热器安装孔中插入加热元件（如电热棒）分别对上凸模、下凸模和凹模进行加热。

（7）排气结构。压缩成形过程中必须对模腔内的塑料进行排气。排气方法有两种，一种是用模内的排气结构自然排放，另一种则是通过压力机短暂卸压排放。图 3-2 中虽然未画出排气结构，但设计时一定要注意排气，设计方法可参考注射模排气结构。

（8）支撑零部件。压缩模中的各种固定板、支撑板（加热板等）以及上、下模座等均称为支承零部件，如图 3-2 所示的零件 1、7、8、9、14、19、22 等。它们的作用是固定和支撑模具中各种零部件，并且将压力机的力传递给成形零部件和成形物料。

3.1.3　压缩模的分类

压缩模的分类方法很多，例如按照型腔数量的多少可以分为单腔压缩模和多腔压缩模等，按分型面的形式可分为水平分型面压缩模和垂直分型面压缩模等。下面介绍按照模具在压力机上的固定方式和模具加料室的形式进行分类的方法。

3-3　压缩模按固定方式分类介绍

1．按照模具在压力机上的固定方式分类

按照模具上、下模在压力机上的固定形式，压缩模可分为移动式压缩模、半固定式压缩模和固定式压缩模。

（1）移动式压缩模。这类模具的特点是模具不在压力机上固定。压缩成形前，在压力机工作空间之外打开模具，把塑料加入型腔，然后将上、下模合拢，送入压力机工作台上对塑料进行加热、加压成形固化。成形后将模具移出压力机，再使用专门卸模工具开模脱出塑件。

移动式压缩模结构简单，制造周期短，但因加料、开模、取件等工序均手工操作，故劳动强度大、生产率低、易磨损，模具质量一般不宜超过 20kg，目前只供试验及新产品试制时制造样品用，正式生产中已经淘汰。

（2）半固定式压缩模。半固定式压缩模如图 3-3 所示，一般将上模固定在压力机上，下模可沿导轨移进或移出压力机外进行加料，并在卸模架上脱出塑件。

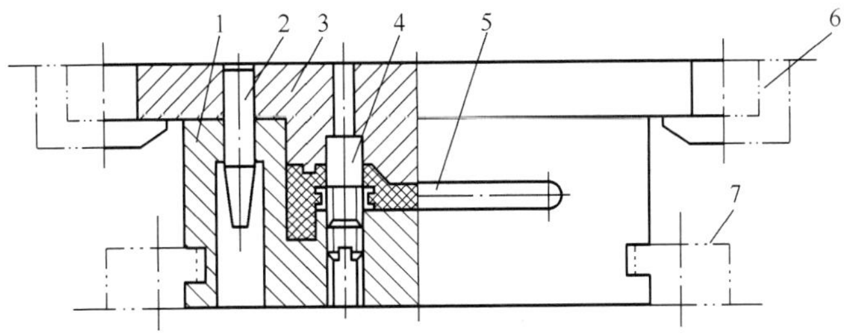

图 3-3　半固定式压缩模

1—凹模（加料腔）　2—导柱　3—凸模　4—型芯　5—手柄　6—压板　7—导轨

下模移进时用定位块定位，合模时靠导向机构定位。当然，也可按需要采用下模固定的形式，工作时则移出上模，用手工取件或卸模架取件。半固定式压缩模便于安放嵌件和加料，用于小批量生产，减小劳动强度。

（3）固定式压缩模。固定式压缩模如图 3-2 所示。上、下模分别固定在压力机的上、下工作台上，开、合模与塑件脱出均在压力机上靠操作压力机来完成，因此，生产率较高、操作简单、劳动强度小、开模振动小、模具寿命长，但其结构复杂，成本高，且安放嵌件不方便，适用于成形批量较大或形状较大的塑件。

3-4 压缩模按加料室形式分类介绍

2．按照模具加料室的形式分类

根据模具加料室形式不同可分为溢式压缩模、不溢式压缩模和半溢式压缩模。

（1）溢式压缩模。溢式压缩模又称敞开式压缩模，如图 3-4 所示。这种模具无加料室，型腔即可加料，型腔的高度 h 基本上就是塑件的高度。模具的凸模与凹模无配合部分，完全靠导柱定位，仅在最后闭合后凸模与凹模才完全密合，所以塑件的径向尺寸精度不高，而高度尺寸精度尚可。压缩成形时，由于多余的塑料易从分型面处溢出，故塑件具有径向飞边，设计时挤压环的宽度 b 应较窄，以减小薄塑件的径向飞边。图 3-4 中环形挤压面 b（即挤压环）在合模开始时，挤压面仅产生有限的阻力，合模到终点时，挤压面才完全密合。

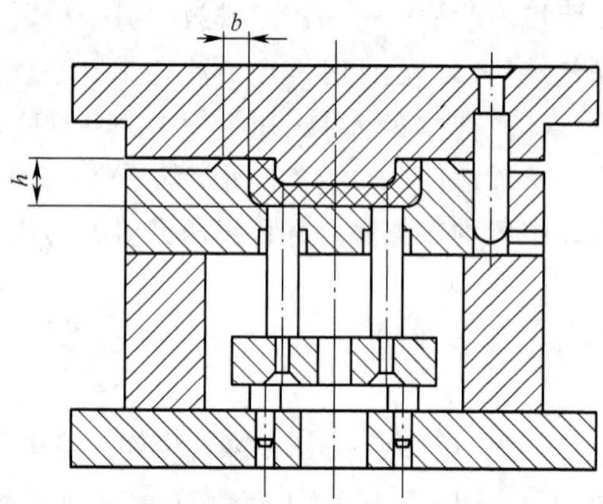

图 3-4　溢式压缩模

压缩时，压力机的压力不能全部传给塑料。模具闭合较快时，会造成溢料量的增加，既造成原料的浪费，又降低了塑件密度，强度不高。溢式模具结构简单，造价低廉，耐用（凸凹模间无摩擦），塑件易取出，通常可用压缩空气吹出塑件。对加料量的精度要求不高，加料量一般稍大于塑件质量的 5%～7%，适用于压制高度不大、外形简单、精度低、强度没有严格要求的塑件。

（2）不溢式压缩模。不溢式压缩模如图 3-5 所示。这种模具的加料室在型腔上部延续，其截面形状和尺寸与型腔完全相同，无挤压面。由于凸模和加料腔之间有一段配合，配合段单面间隙为 0.025～0.075mm，故闭合压制时，压力几乎完全作用在塑件上。压缩时仅有少量的熔融塑料溢出，使塑件在垂直方向上形成很薄的轴向飞边，去除比较容易。塑件致密性高，机械强度高。适用于成形形状复杂、精度高、壁薄、长流程的深腔塑件，也可成形流动性差、比容大的塑件，特别适用于含棉布、玻璃纤维等长纤维填料的塑件。

不溢式压缩模的缺点是每模加料都必须准确称量，否则塑件高度尺寸不易保证；凸模与加料室侧壁有摩擦，不可避免地会擦伤加料室侧壁，同时，塑件推出模腔时带划伤痕迹的加料室也会损伤塑件外表面，使脱模较为困难，一般必须设置推出机构。为避免加料不均，不溢式模具一般不宜设计成多型腔结构。

（3）半溢式压缩模。半溢式压缩模如图 3-6 所示。这种模具在型腔上方设有加料室，其截面尺寸大于型腔截面尺寸，两者分界处有一环形挤压面，其宽度为 4～5mm。凸模与加料室呈间隙配合，凸模下压时受到挤压面的限制，故易于保证塑件高度尺寸精度。凸模在四周开有溢流槽，过剩的塑料通过配合间隙或溢流槽排出，因此，此模具操作方便，加料时加料量不必严格控制，只需简单地按体积计量即可。塑件径向壁厚尺寸和高度尺寸的精度均较好，密度较高，模具寿命较长，塑件脱模容易，塑件外表面不会被加料室划伤。

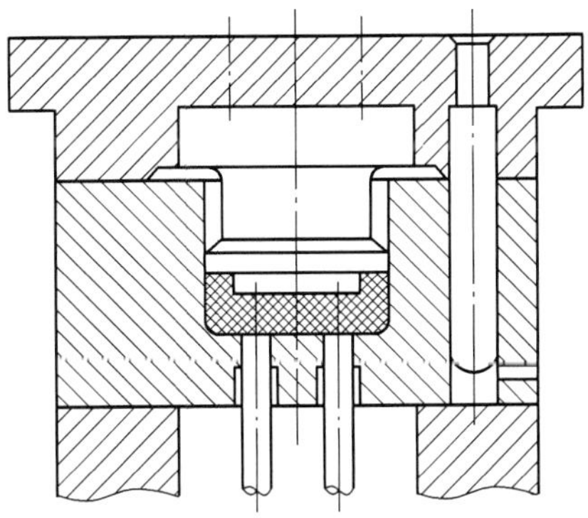

图 3-5　不溢式压缩模

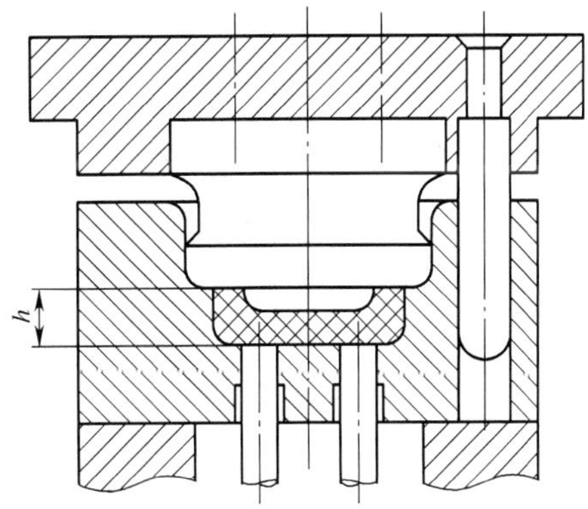

图 3-6　半溢式压缩模

由于这种模具兼有溢式和不溢式压缩模的优点，所以生产中被广泛采用，适用于压制流动性较好的塑件以及形状较复杂、带有小型嵌件的塑件，不适于压制用布片或长纤维做填料的塑件。

3.1.4　压缩模的结构选用

压缩模的总体结构需要根据塑料品种、工艺特性、成形性能以及制品的结构形状和技术质量等因素选择确定，而压缩模与压力机之间的连接方式、模腔数量的多少、脱模方式的选择等均与制品的生产批量有关，具体可参考表 3-1 选择。

表 3-1　压缩模的结构选用

<table>
<tr><th rowspan="2">制品生产批量</th><th colspan="4">压缩模的结构形式</th></tr>
<tr><th>模具类型</th><th>模具体积质量（kg）</th><th>模腔数量</th><th>脱模方式</th></tr>
<tr><td rowspan="2">小批或试生产</td><td rowspan="2">移动式</td><td rowspan="2">≤20</td><td>中小型制品：单腔或多腔</td><td rowspan="2">机动手工脱模或采用专用脱模顶出装置脱取制品</td></tr>
<tr><td>较大型制品：单腔中小型制品：多腔</td></tr>
<tr><td>中批</td><td>半固定式</td><td>≤30</td><td>中小型制品：双腔或多腔</td><td rowspan="2">模具带有顶出脱模机构，制品脱模方式可采用模内手动、机动或自动</td></tr>
<tr><td>大批或中批</td><td>固定式</td><td>>30</td><td>大型或较大型制品：单腔</td></tr>
</table>

3.1.5　压缩模结构设计要点

在设计压缩模时，首先应确定加料室的总体结构，凹模和凸模之间的配合形式以及成形零部件的结构，然后再根据塑件尺寸确定型腔成形尺寸，根据塑件重量和塑料品种确定加料室尺寸。但是，压缩模和注射模的设计在很多方面都有共同之处，对于压缩制品的工艺性、分型面的选择、成形零部件的工作尺寸计算以及模具材料的选用等问题，都可以根据热固性塑料的特点，参考注射模的设计进行处理。下面仅就压缩模的一些特殊要求进行讲解。

1. 塑件在模具内加压方向的选择

塑件在模具内的加压方向是指压力机滑块与凸模向型腔施加压力的方向。加压方向对塑件的质量、模具结构和脱模的难易程度都有重要影响，因此，在决定施压方向时，应遵从以下原则。

3-5　塑件加压方向的选择原则

（1）有利于压力传递。加压方向应使压力传递距离尽量短，以减小压力损失，并使塑件组织均匀，例如图 3-7（a）所示的圆筒形塑件，一般顺着轴向加压。但当圆筒太长时，压力损失大，若从上端加压，则塑件底部压力小，会使底部产生疏松现象；若采用上下凸模同时加压，则塑料中部会出现疏松现象，为此可将塑件横放，采用图 3-7（b）所示的横向加压形式，这种形式有利于压力传递，可克服上述缺陷，但在塑件外圆上将产生两条飞边而影响外观质量。

（2）便于加料。为了便于加料，加料室应设计为直径大而深度浅的结构，如图 3-8（a）所示，而图 3-8（b）所示加料室直径小而深，则不便于加料。

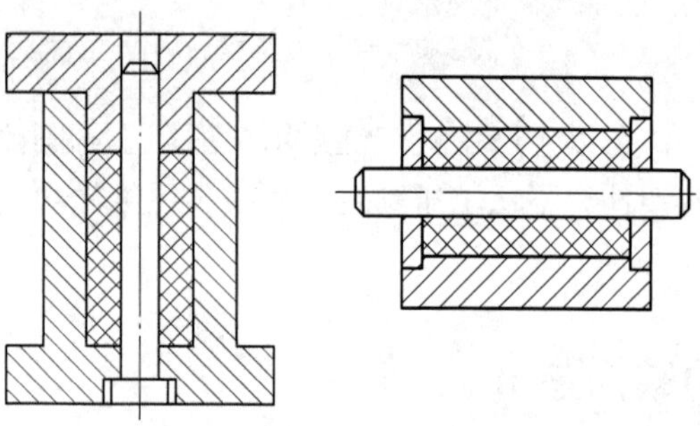

（a）　　（b）

图 3-7　有利于压力传递的加压方向

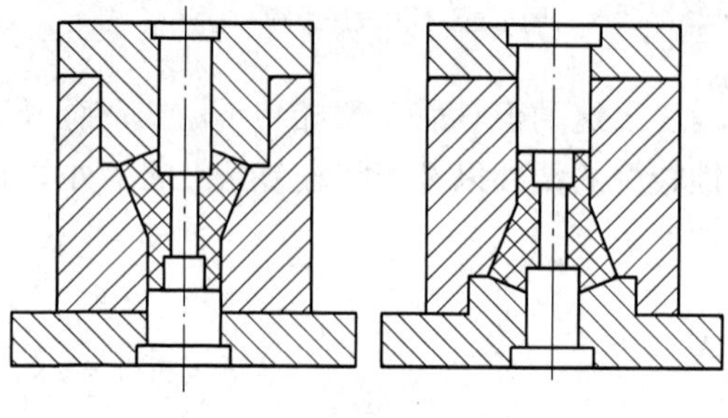

（a）　　（b）

图 3-8　便于加料的加压方向

（3）便于安放和固定嵌件。当塑件上有嵌件时，应优先考虑将嵌件安放在下模上，如图 3-9（a）所示，将嵌件改装在下模，不但操作方便，而且还可利用嵌件推出塑件而不留下推出痕迹；如将嵌件安放在上模，如图 3-9（b）所示，则既费事又可能使嵌件不慎落下而压坏模具。

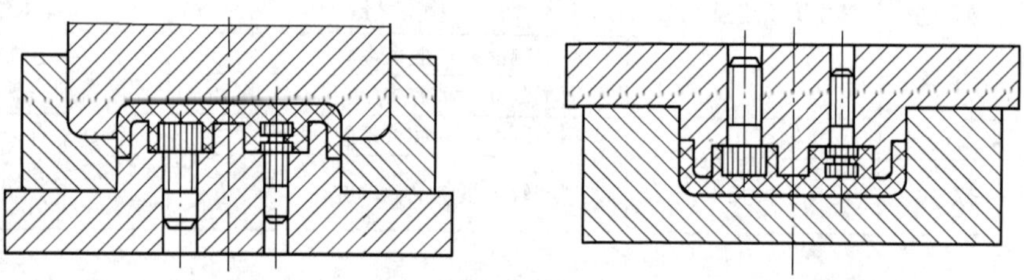

（a）　　（b）

图 3-9　便于安放嵌件的加压方向

（4）保证凸模强度。对于从正、反面都可以加压成形的塑件，选择加压方向时，应使凸模形状尽量简单，保证凸模强度，图 3-10（a）所示的结构比图 3-10（b）所示结构的凸模简单、强度高。

（5）便于塑料流动。加压方向与塑料流动方向一致时，有利于塑料流动，如图 3-11（a）所示，型腔设在下模，凸模位于上模，加压方向与塑料流动方向一致，有利于塑料充满整个型腔；若将型腔设在上模，凸模位于下模，如图 3-11（b）所示，加压时，塑料逆着加压方向流动，同时，由于在分型面上需要切断产生的飞边，故需要增大压力。

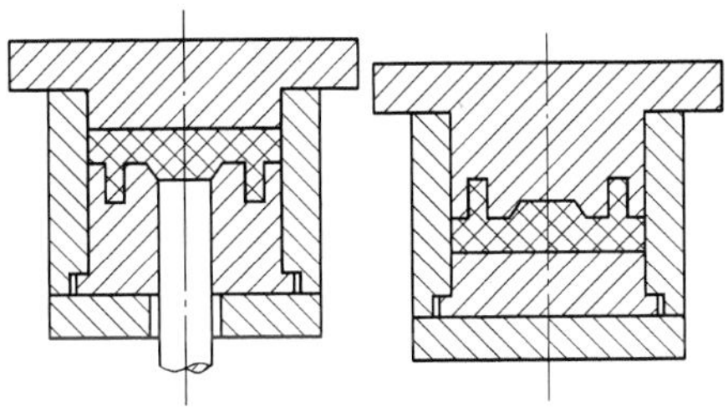

（a）　（b）

图 3-10　有利于凸模强度的加压方向

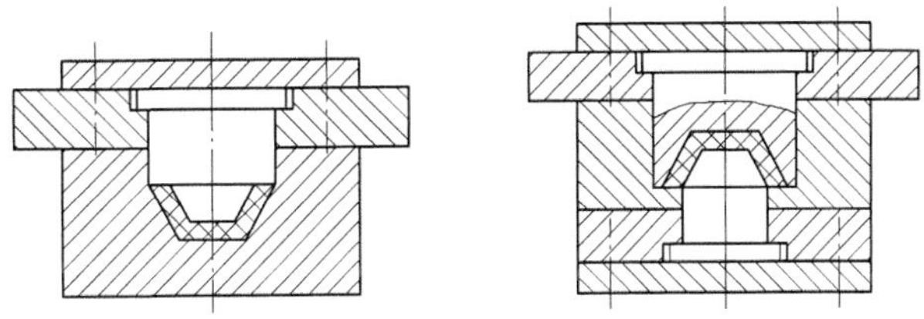

（a）　（b）

图 3-11　便于塑件流动的加压方向

（6）保证重要尺寸的精度。沿加压方向的塑件高度尺寸不仅与加料量有关，而且还受飞边厚度变化的影响，故对塑件精度要求高的尺寸不宜与加压方向相同。

（7）便于抽拔长型芯。当塑件上具有多个不同方位的孔或侧凹时，应注意将抽拔距较大的型芯与加压方向保持一致，而将抽拔距较小的型芯设计成能够进行侧向运动的抽芯机构。

2．凸凹模配合的结构形式

压缩模凸模与凹模配合的结构形式及尺寸是模具设计的关键，其形式和尺寸依压缩模类型不同而不同，现分述如下。

（1）溢式压缩模的凸凹模配合形式。溢式压缩模的凸凹模配合形式如图 3-12 所示，它没有加料室，仅利用凹模型腔装料，凸模和凹模没有引导环和配合环，而是依靠导柱和导套进行定位和导向，凸凹模接触面既是分型面又是承压面。为了使飞边变薄，凸凹模接触面积不宜太大，一般设计成单边宽度为 3～5mm 的挤压面，如图 3-12（a）所示。

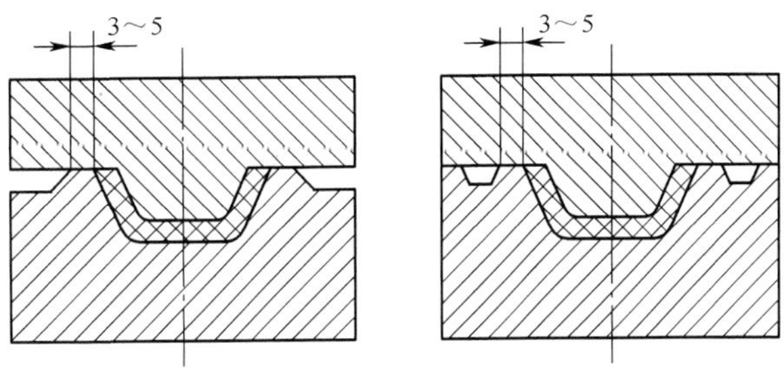

（a）　（b）

图 3-12　溢式压缩模的配合形式

由于凸、凹模对合面积较小，如果单靠它来支撑模腔充满后的压力机余压，有时会引起对合面过早变形与磨损，从而使凹模口部变成倒锥形，影响制品脱模。为了提高承压面积，可在溢料面（挤压面）外开设溢料槽，在溢料槽外再增设承压面，如图 3-12（b）所示。

（2）不溢式压缩模的凸凹模配合形式。不溢式压缩模的凸凹模配合形式如图 3-13（a）所示，其加料室为凹模型腔的向上延续部分，两者截面尺寸相同，没有挤压环，但有引导环、配合环和排气溢料槽，其中配合环的配合精度为 H8/f7 或单边 0.025～0.075mm。这种配合形式的最大缺点是凸模与加料室侧壁摩擦会使加料室逐渐损伤，造成塑件脱模困难，而且塑件外表面也很易擦伤。为克服这些缺点，可采用如图 3-13（b）、（c）所示的改进形式。图 3-13（b）是将凹模型腔向上延长 0.8mm 后，每边向外扩大 0.3～0.5mm，减小塑料推出时的摩擦，同时，凸模与凹模间形成空间，供排除余料用；图 3-13（c）是凹模型腔向上延长，把加料室扩大的形式，用于带斜边的塑件。当成形流动性差的塑料时，上述模具在凸模上均应开设溢料槽。

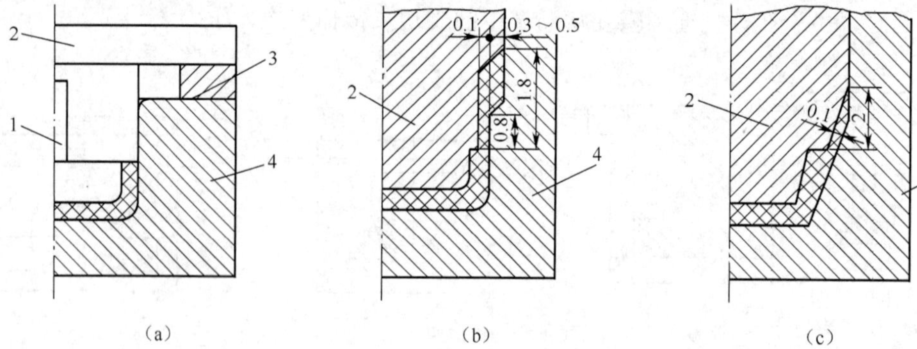

图 3-13 不溢式压缩模的配合形式
1—排气溢料槽 2—凸模 3—承压面 4—凹模

（3）半溢式压缩模的凸凹模配合形式。半溢式压缩模的凸凹模配合形式如图 3-14 所示，移动式压缩模 α 取 20′～1°30′，固定式压缩模 α 取 20′～1°；在有上下凸模时，为了加工方便，α 取 4°～5°；圆角 R 通常取 1～2mm，引导环长度 L_1 取 5～10mm，当加料腔高度 $H \geqslant 30$mm 时，L_1 取 10～20mm；配合环长度 L_2 应根据凸凹模的间隙而定，间隙小则长度取短些。一般移动式压缩模 L_2 取 4～6mm，固定式模具，若加料腔高度 $H \geqslant 30$mm 时，L_2 取 8～10mm；挤压环的宽度 B 值按塑件大小及模具用钢而定，一般中小型模具 B 取 2～4mm，大型模具 B 取 3～5mm；料槽深度 Z 取 0.5～1.5mm。

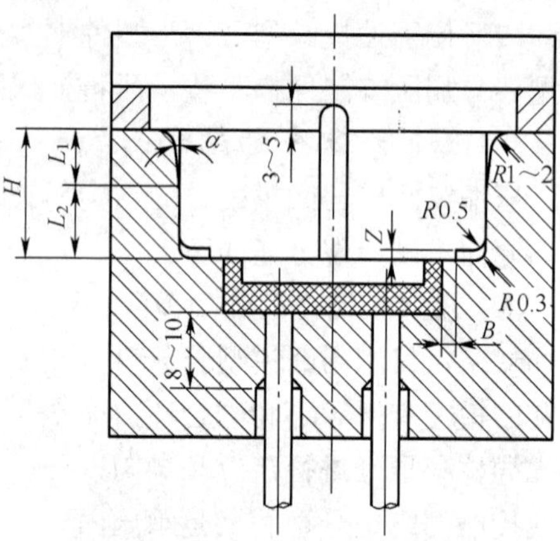

图 3-14 半溢式压缩模的凸凹模配合形式

这种形式的最大特点是具有溢式压缩模的水平挤压环，同时还具有不溢式压缩模凸模与加料室之间的配合环和引导环，其中配合环的配合精度为 H8/f7 或单边留 0.025～0.075mm 间隙，同时在凸模上设有溢料槽进行排气溢料。

3.2 压注模设计

3.2.1 压注成形原理

压注成形又称传递成形，它是在压缩成形基础上发展起来的一种热固性塑料的成形方法，成形原理如图 3-15 所示。模具中带有一个加料腔，该腔通过模内浇注系统与闭合的压注模腔相连，工作时需要先将固态成形物料添加到加料腔内进行加热，使其转变为黏流态，然后利用专用柱塞在压力机滑块作用下对加料腔内塑料熔体进行加压，使熔体通过模内的浇注系统进入闭合模腔并进行流动充模，当熔体充满模腔以后，再经适当保压和固化，便可开启模具脱取制品。当前，压注成形主要用于热固性塑料制品。

3-6 压注成形原理

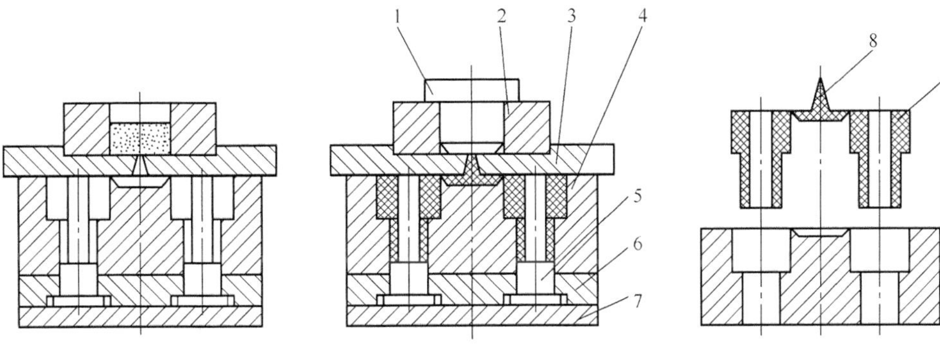

图 3-15 压注成形原理
1—压注柱塞 2—加料腔 3—上模座 4—凹模 5—凸模
6—凸模固定板 7—下模座 8—浇注系统凝料 9—制品

压注模与压缩模有许多共同之处，比如两者的加工对象都是热固性塑料，型腔结构、脱模机构、成形零件的结构及计算方法等基本相同，模具的加热方式也相同。

3.2.2 压注模的典型结构与组成

压注成形的一般过程是，先闭合模具，然后将塑料加入模具加料室内，使其受热成熔融状态，在与加料室配合的压料柱塞的作用下，使熔料通过设在加料室底部的浇注系统高速挤入型腔。塑料在型腔内继续受热、受压而发生交联反应，并固化成形。然后打开模具，取出塑件，清理加料室和浇注系统后，进行下一次成形。压注成形和压缩成形都是热固性塑料常用的成形方法。压注模与压缩模的最大区别在于前者设有单独的加料室。

图 3-16 所示为典型的固定式压注模，由压柱、上模、下模三部分组成，打开上分型面 *A*—*A*，取出主流道凝料，并清理加料室；打开下分型面 *B*—*B*，取出塑件和分流道凝料。由于上、下模分别与压力机滑块和工作台面固定连接，故在开模状态下，加料室 3 与上模板 15 应能在模内处于悬浮状态。压注成形之前，加料室与上模板通过定距导柱 16 悬挂在上、下模之间，这时可以进行加料（包括安装嵌件）、清模等生产操作。压注成形开始后，整个模具闭合，压力机滑块通过压柱 2，将加料室内已经熔融的成形物料经由浇注系统高速挤进闭合模腔，以便使它们在模腔内成形和固化。开模时，压力机滑块带动上模回程，上模部分与加料室在 *A*—*A* 处分型，以便从该处型面处往加料室内加料。当上模回程上升到一定高度时，拉杆 11 迫使拉钩 13 转动，并与下模部分脱开，接着定距导柱 16 发挥作用，由它带动上模板及加料室在 *B*—*B* 处与下模分型，以便顶出脱模机构，将制品从该分型面处脱出。

3-7 固定式压注模的工作原理

压注模由以下几部分组成。

（1）型腔。成形塑件的部分，凸模、凹模、型芯等组成（见图 3-16 中 5、14、15），分型面的形式及选择与注射模、压缩模相似。

（2）加料室。由加料室 3 和压柱 2 组成，移动式压注模的加料室和模具本体是可分离的，开模前先取下加料室，然后开模取出塑件。固定式压注模的加料室是在上模部分，加料时可以与压柱部分定距分型。

（3）浇注系统。多型腔压注模的浇注系统与注射模相似，同样分为主流道、分流道和浇口，单型腔压注模一般只有主流道。与注射模不同的是，加料室底部可开设几个流道同时进入型腔。

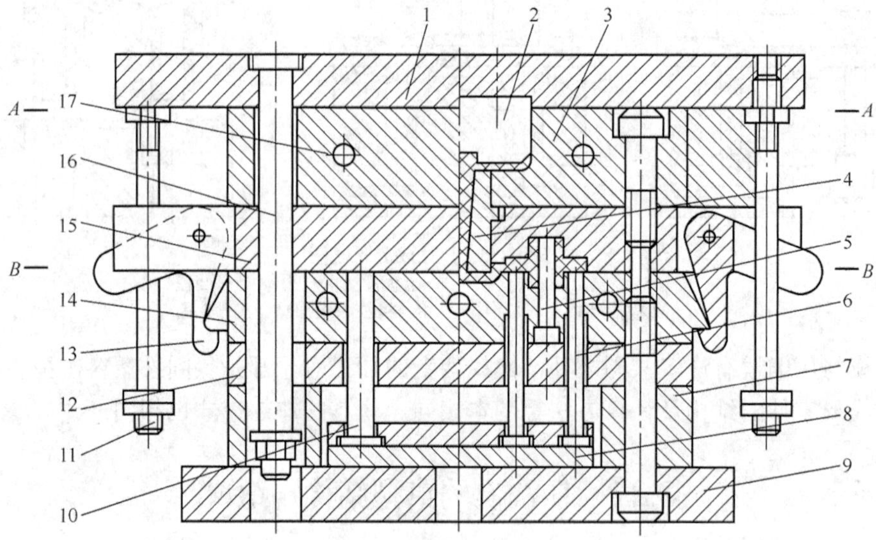

图 3-16　压注模的结构

1—上模座板　2—压柱　3—加料室　4—浇口套　5—型芯　6—推杆　7—垫块　8—推板　9—下模座板　10—复位杆　11—拉杆　12—支撑板　13—拉钩　14—下模板　15—上模板　16—定距导柱　17—加热器安装孔

（4）导向机构。一般由导柱和导柱孔（或导套）组成。在柱塞和加料室之间，型腔分型面之间，都应设导向机构。

（5）侧分型与抽芯机构。压注模的侧向分型抽芯机构与压缩模和注射模基本相同。

（6）脱模机构。由推杆 6、推板 8、复位杆 10 等组成，由拉钩 13、定距导柱 16、拉杆 11 等组成的两次分型机构是为了加料室分型面和塑件分型面先后打开而设计的，也包括在脱模机构之内。

（7）加热系统。固定式压注模由压柱、上模、下模 3 部分组成，应分别对这 3 部分加热，如图 3-16 所示，在加料室和型腔周围分别钻有加热孔，插入电加热元件。移动式压力注模加热是利用装于压力机上的上、下加热板，压注前柱塞、加料室和压注模都应放在加热板上进行加热。

3.2.3　压注模的分类

压注成形对设备要求不高，既可使用普通压力机，也可使用专用液压机。根据使用设备和操作方法的不同，压注模可以分为以下类型。

1．普通压力机用压注模

在普通压力机上使用的压注模，浇注系统与加料腔分开加工制造。其中，浇注系统与热固性注射模浇注系统相似，而加料腔突出了压注模的特点，故有时也称为料腔式压注模。与注射模和压缩模相似，这类压注模也可以划分为移动式和固定式压注模、单腔和多腔压注模等，下面简介移动式和固定式压注模特点。

（1）移动式压注模。移动式压注模的上下模两部分均不与压力机滑块和工作台面固定连接，它可在任何形式的普通压力机上使用，加料、合模、开模、脱取制品等生产操作均可在压力机工作空间之外用手动操作，这种模具适用于制品批量不大的压注成形生产。

3-8　移动式压注模的工作原理

图 3-17 是移动式压注模结构示例，加料腔 4 与模具本体可以分离。采用这种模具压注成形时，首先闭合模具，然后将定量的成形物料装进加料腔加热熔融（加热装置设计与压缩模加热装置相似），并由压力机通过压注柱塞 3 将熔融后的物料经由浇注系统（主流道、分流道和浇口等）高速挤入闭合模腔，以使它们成形为制品。待制品在模腔内固化定型之后，需要先将加料腔从模具上取下，然后利用卸模架开启模具脱取制品。需要指出，在这种模具中，压注柱塞对加料腔中物料所施加的成形压力，同时也起合模力作用。

（2）固定式压注模。固定式压注模的上、下模两部分分别与压力机滑块和工作台面固定连接，压注柱塞固定在上模部分，生产操作均在压力机工作空间进行，制品脱模有模内的顶出脱模机构保证，劳动强度较低，生产效率较高，主要适用于制品批量较大的压注成形生产。与移动式压注模相似，压注柱塞对物料腔内物料施加的成形压力，同时也起合模力作用。

图 3-16 所示即为固定式压注模，加料室在模具的内部，与模具不能分离，用普通的压力机就可以使塑件成形。开模时，压柱随上模座板移动，*A*—*A* 型面分型，加料室敞开，压柱把浇注系统的凝料从浇口套中拉出。当上模座板上升到一定高度时，拉杆 11 上的螺母迫使拉钩 13 转动，使之与下模部分脱开，接着定距导柱 16 起作用，使 *B*—*B* 分型面分型，最后由推出机构将塑件推出。

2．专用液压机用压注模

供压注成形专用的液压机实际上是具有两个液压缸的双压式液压机，一个液压缸供合模使用，称为主缸；另一个液压缸供压注成形使用，称为辅助缸。通常主缸压力设计得比辅助缸压力大，这样可防止合模力不足而引起溢料现象。压注成形专用液压机可分为上、下双压式和上、侧双压式（即直角式）。

图 3-18 是在上、下双压式液压机上使用的压注模结构实例，在这类模具中，主流道与加

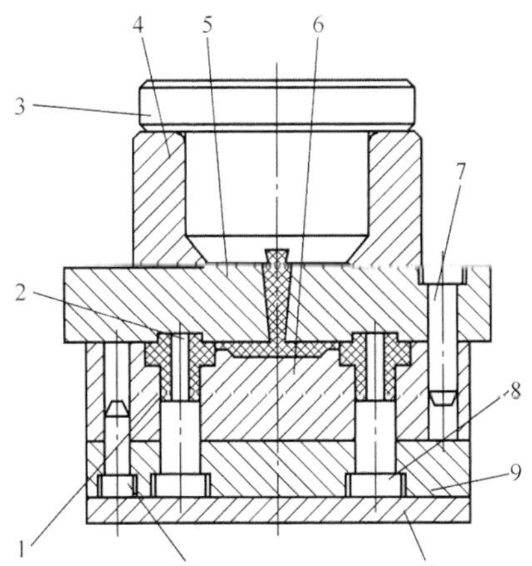

图 3-17　移动式压注模

1—制品　2—浇注系统　3—压柱柱塞　4—加料腔　5—上模座　6—凹模　7—导柱　8—凸模　9—凸模固定板　10—下模座　11—导柱

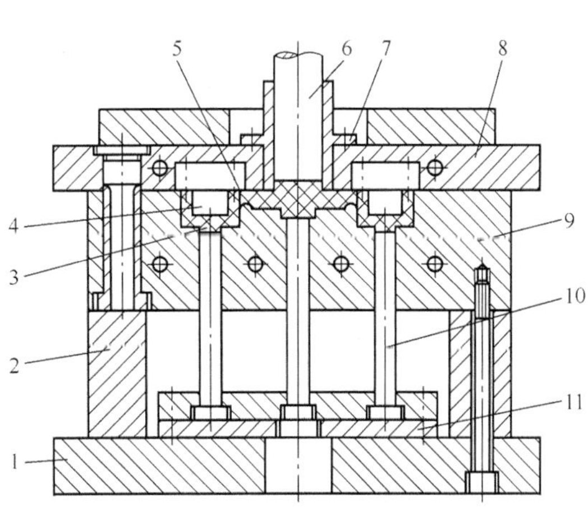

图 3-18　辅助柱塞式压注模

1—下模座　2—支撑块　3—制品　4—凸模　5—浇注系统　6—辅助柱塞（供压注用）　7—加料腔　8—上模座　9—凹模型板　10—顶杆　11—顶杆底板

料腔合为一体，辅助缸活塞杆（图中未画出）与压注柱塞（或称为辅助柱塞）连接，它们可将熔融后的物料直接挤进闭合模腔（单腔模），或仅通过分流道挤进闭合模腔（双腔模），故可成形流动性很差的塑料。与普通压力机所用的压注模相比，这种压注模少了一个分型面，且成形压力也不再起合模力作用，故合模比较可靠，能减少溢料飞边，为了区别起见，它们有时也被称为辅助注塞式压注模。

3.2.4 压注模结构设计要点

压注模的结构设计在很多方面与注射模、压缩模相似，例如型腔总体设计、分型面位置、合模导向机构、推出机构、侧向分型抽芯机构以及加热系统等，均可参照注射模或压缩模的设计原则。下面仅讨论压注模区别其他模具的特殊结构设计要点。

1．加料室的结构

压注模与注射模不同之处在于它有加料室。压注成形之前，塑料必须加入到加料室内，进行预热、加压，才能压注成形。由于压注模的结构不同，所以加料室的形式也不相同。

（1）普通压力机用移动式压注模的加料室。移动式压注模的加料室是活动的，能从模具上单独取下，如图 3-19 所示。图 3-19（a）所示为用于加料室有一个流道的压注模，加料室与上模座板以凸台定位，这种结构可减少溢料的可能性，应用较广泛；图 3-19（b）所示与模板之间没有定位关系，适用于加料室有两个以上主流道的压注模，其截面为长圆形；图 3-19（c）所示结构采用 3 个挡销，使加料室定位，圆柱挡销与加料室的配合间隙较大，加工及使用比较方便；图 3-19（d）所示为采用导柱定位，这种结构导柱可固定在上模（图中即是），也可固定在下模，呈间隙配合，一端应采用较大间隙。采用导柱定位结构拆卸和清理不太方便。

3-9 移动式压注模的加料室设计

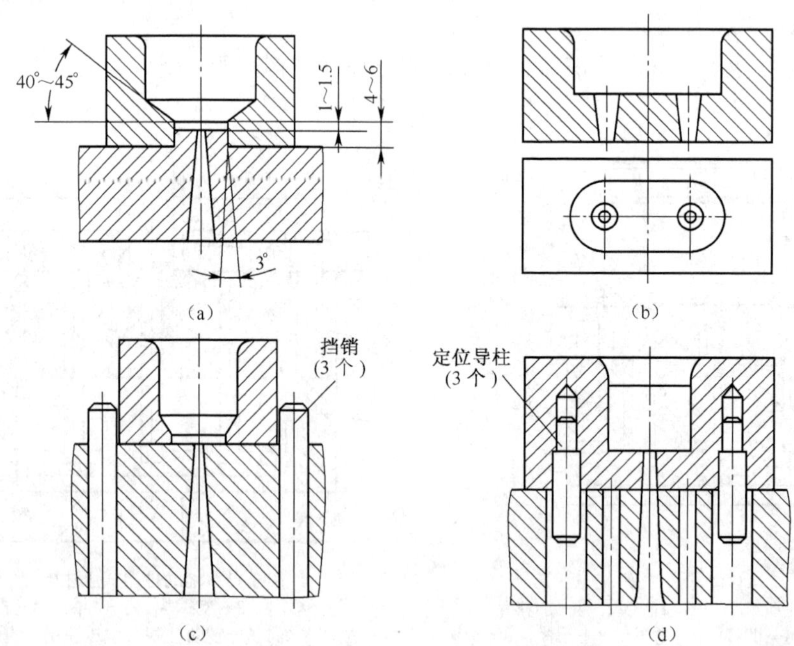

图 3-19 移动式压注模的加料室

（2）普通压力机用固定式压注模的加料室。固定式压注模的加料室与上模板连接为一体，在加料室底部开设一个或几个流道与型腔沟通。由于加料室与上模板是两个零件，所以应增设浇口套，如图 3-20 所示。

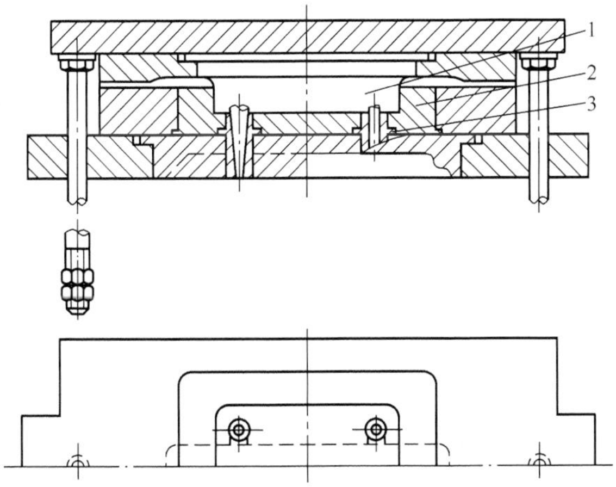

图 3-20　固定式压注模的加料室
1—压柱　2—加料室　3—浇口套

3-10　固定式
压注模的加料室设计

（3）专用液压机用柱塞式压注模的加料室。柱塞式压注模加料室的断面为圆形，断面尺寸与锁模力无关，故其直径较小，高度较大。加料室在模具上的固定方式如图 3-21 所示，图 3-21（a）为采用螺母锁紧的方式，图 3-21（b）为采用轴肩固定的方式，图 3-21（c）为采用对剖的两个半环锁紧的方式。

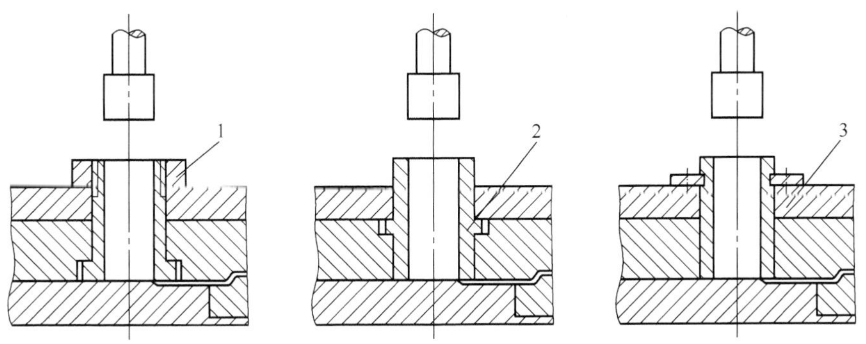

（a）　（b）　（c）

图 3-21　柱塞式压注模加料室的固定方式
1—螺母　2—轴肩　3—对剖半环

加料室的材料一般选用 40Cr、T10A、CrWMn、Cr12 等，热处理硬度为 52～56HRC，加料室内腔应镀铬抛光，表面粗糙度 *Ra* 低于 0.4μm。

2．压柱的结构

压注模的压料柱塞简称压柱，其作用是将加料室内的塑料从浇注系统挤入模具型腔中。

3-11　压柱的
结构设计要点

（1）普通压力机用压注模的压柱。普通压力机用压注模压柱的结构形式如图 3-22 所示。图 3-22（a）所示结构为顶部与底部带倒角的圆柱形压柱，结构简单，常用于移动式压注模；图 3-22（b）所示为带凸缘结构的压柱，承压面积大，压注时平稳，既可用于移动式压注模，又可用于固定式压注模；图 3-22（c）和图 3-22（d）所示为带底板的，适用于固定式压注模。为了利用开模拉出主流道凝料，可在固定式压柱下面开设拉料沟槽，如图 3-23 所示。其中，图 3-23（a）所示结构用于直径较小的压柱；图 3-23（b）所示结构用于直径大于 75mm 的压柱。

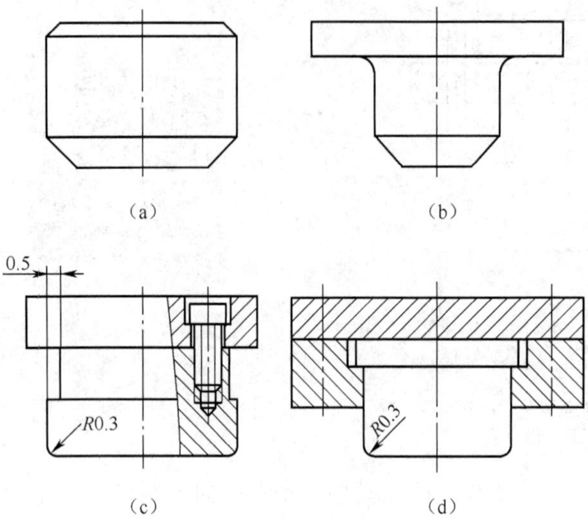

图 3-22　普通压力机用压注模的压柱结构

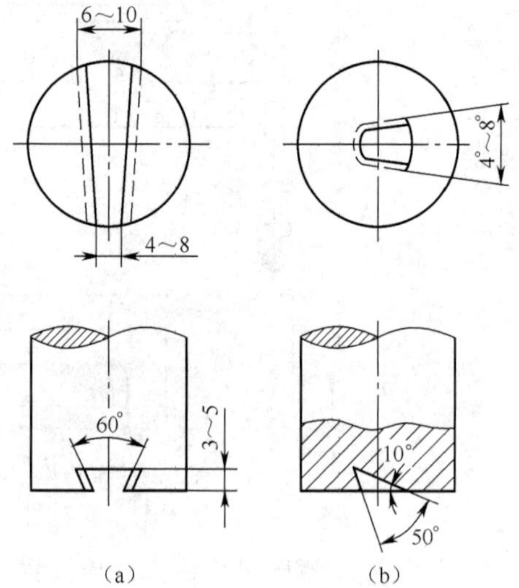

图 3-23　拉料沟槽的结构

加料室与压柱的配合通常为 H9/f8，它们之间的配合关系如图 3-24 所示，其中，压柱高度 H' 应比加料室的高度 H 小 0.5～1mm，底部转角处应留 0.3～0.5mm 的储料间隙。

（2）专用液压机用压注模的压柱。专用液压机用压注模压柱的结构如图 3-25（a）所示，柱塞的一端带有螺纹，可以拧在液压机辅助液压缸的活塞杆上。当直径较小时，压柱与加料室的径向单边配合间隙为 0.05～0.08mm；当直径较大时，径向单边配合间隙为 0.10～0.13mm。间隙过大时塑料溢料，过小时摩擦磨损严重。图 3-25（b）所示柱塞的柱面有环型槽，可防止塑料从侧面溢出，头部的球形凹面可以起到使料流集中的作用。

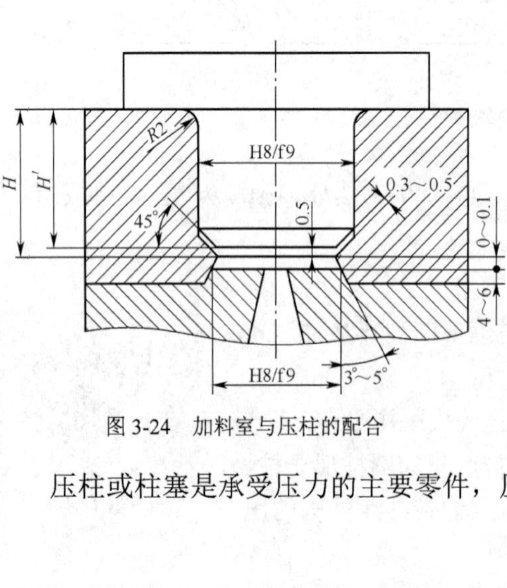

图 3-24　加料室与压柱的配合

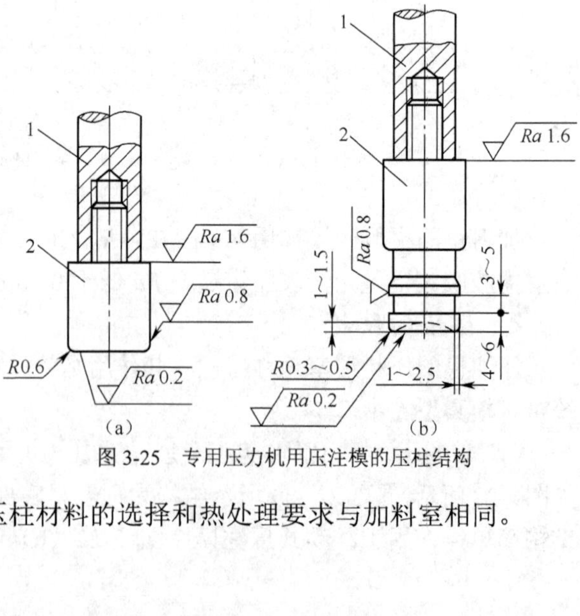

图 3-25　专用压力机用压注模的压柱结构

压柱或柱塞是承受压力的主要零件，压柱材料的选择和热处理要求与加料室相同。

3.3　挤出模设计

3.3.1　挤出成形原理

热塑性塑料的挤出成形原理如图 3-26 所示（以管材的挤出为例）。首先，将粒状或粉状的热塑性塑料加入料斗中，在旋转的挤出机螺杆的作用下，加热的塑料通过沿螺杆的螺旋槽向前方输送。在此过程中，塑料不断地接受外加热和螺杆与物料之间、物料与物料之间及物料与料筒之间的剪切摩擦热，逐渐熔融呈黏流态。然后，在挤压系统的作用下，塑料熔体通过具有一定形状的挤出模具（机头）口模以及一系列辅助装置（定型、冷却、牵引、切割等装置），从而获得截面形状一定的塑料型材。挤出成形适用于所有的热塑性塑料及部分热固性塑料的加工，例如聚氯乙烯、聚乙烯、聚丙烯、尼龙、ABS、聚碳酸酯、聚砜、聚甲醛等热塑性塑料，还有酚醛、尿醛等热固性塑料，主要用于管材、棒料、板材、片材、线材和薄膜等连续型材的生产，在塑料成形加工工业中占有很重要的地位。

3-12　塑料挤出成形原理

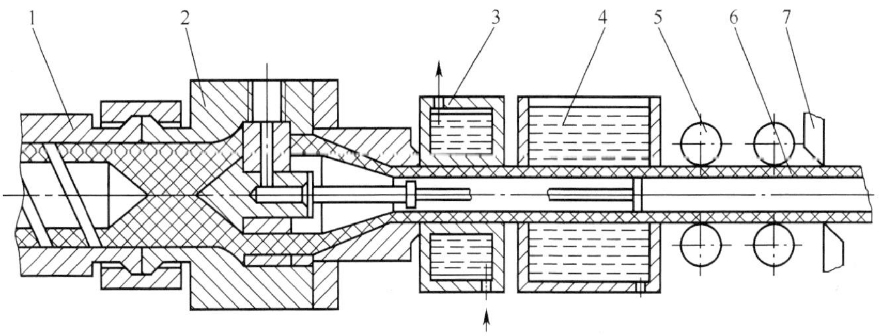

图 3-26　挤出成形原理
1—挤出机料筒　2—机头　3—定径装置　4—冷却装置　5—牵引装置　6—塑料管　7—切割装置

热塑性塑料挤出成形的工艺过程可分为 3 个阶段。

第一阶段：塑化。塑料原料在挤出机的机筒温度和螺杆的旋转压实及混合作用下，由粉状或粒状转变成黏流态物质（常称干法塑化），或固体塑料在机外溶解于有机溶剂中，而成为黏流态物质（常称湿法塑化），然后加入到挤出机的料筒中。生产中，通常采用干法塑化方式。

第二阶段：成形。黏流态塑料熔体在挤出机螺杆螺旋力的推挤作用下，通过具有一定形状的口模，即可得到截面与口模形状一致的连续型材。

第三阶段：定型。通过适当的处理方法，如定径处理、冷却处理等，使已挤出的塑料连续型材固化为塑料制件。

挤出成形所用的设备为挤出机，其所成形的塑件均为具有恒定截面形状的连续型材。挤出成形工艺还可以用于塑料的着色、造粒和共混等。挤出成形方法有以下特点。

（1）塑件的几何形状简单，横截面形状不变，模具结构简单，制造维修方便。

（2）连续成形，产量大，生产率高，成本低，经济效益显著。

（3）塑件内部组织均衡紧密，尺寸比较稳定准确。

（4）适应性强，除氟塑料外，所有的热塑性塑料都可采用挤出成形，部分热固性塑料也可采用挤出成形。变更机头口模，产品的截面形状和尺寸可相应改变，这样就能生产出不同规格的各种塑料制件。挤出工艺所用设备结构简单，操作方便，应用广泛。

3.3.2 挤出成形的模具结构

1．挤出成形机头的主要作用

挤出模也称挤出头，简称机头。挤出成形模具主要由两部分组成，即机头和定型装置（定型套）。挤出成形机头的主要作用如下所述。

（1）使来自挤出机的熔融塑料由螺旋运动变为直线运动。

（2）对机筒内的塑料熔体产生一定的压力，保证挤出的塑件密实。

（3）使塑料通过机头时进一步塑化。

（4）通过机头口模以获得所需的断面形状相同的连续的塑件。

定型装置的作用是将制件的形状进行冷却定型，从而获得能满足要求的正确尺寸、几何形状及表面质量。通常采用冷却、加压或抽真空的方法，将从机头中挤出的塑件的既定形状稳定下来，并对其进行精整，得到截面尺寸更为精确、表面更为光亮的塑料制件。

2．挤出成形机头的分类方法

（1）按挤出塑件形状分类，可分为管材机头、棒材机头、板材机头、吹膜机头、电缆机头等。

（2）按挤出方向分类，可分为直向机头、横向机头（角机头）。前者机头内塑料流动方向与挤出机挤出螺杆轴向一致，如挤管机头；后者机头内的塑料流动方向与挤出机螺杆轴向成某一角度（多为直角），如电缆机头。

（3）按机头内压力大小分类，可分为低压机头（料流压力小于 4MPa）、中压机头（料流压力为 4～10MPa）和高压机头（料流压力大于 10MPa）。

3．机头的组成与结构

以管材挤出成形机头为例，机头的结构组成可分为以下几个主要部分，如图 3-27 所示。

（1）口模和芯棒。口模成形塑料制品的外表面、芯棒成形塑料制品的内表面、口模和芯棒的定型部分决定了制品的横截面形状，如图 3-27 所示的零件 3 和零件 4。

（2）过滤板和过滤网。过滤网的作用是将熔融塑料由螺旋运动变为直线运动，过滤杂质，并造成一定的压力，如图 3-27 所示的零件 9。过滤板起支承过滤网的作用。

（3）分流器（鱼雷头）和分流器支架。分流器使通过它的塑料变成薄环状，便于进一步地加热与塑化，如图 3-27 所示的零件 6。分流器支架主要用来支承分流器和芯棒，同时也有搅拌熔料的作用，小型机头的分流器与分流器支架可设计成一体。

（4）机头体。用来组装机头各零件并与挤出机相连接，如图 3-27 所示的零件 8。

（5）定径套。定径套的作用是使塑件通过它后获得良好的表面质量、正确的尺寸及几何形状，如图 3-27 所示的零件 2。

（6）温度调节系统。为了保证塑料熔体在机头中正常流动及挤出成形质量，机头上一般设有温度调节系统，如图 3-27 所示的零件 10。

（7）调节螺钉。调节螺钉是用来调节控制成形区内口模与芯棒间的环隙及同轴度，以保证挤出塑件壁厚均匀，如图 3-27 所示的零件 5，调节螺钉的数量通常为 4～8 个。

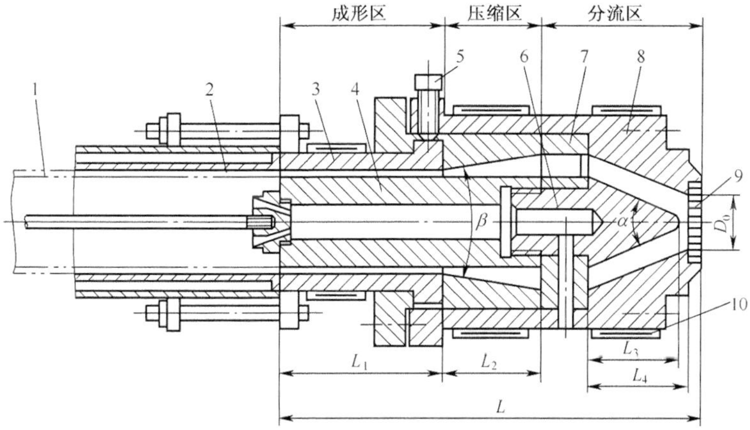

图 3-27　管材挤出成形机头
1—管材　2—定径套　3—口模　4—芯棒　5—调节螺钉　6—分流器
7—分流器支架　8—机头体　9—过滤网　10—加热器

3.3.3　机头与挤出机的连接

挤出成形所用的设备是挤出机，挤出成形模具必须安装在与其相适应的挤出机上才能进行生产。设计机头的结构时，首先要了解挤出机的技术参数及机头与挤出机的连接形式，设计的机头必须满足挤出机的技术要求。目前，挤出成形用的挤出机类型主要有单螺杆式、双螺杆式和多螺杆式挤出机，其中，螺杆式挤出机按其结构形式可分为立式和卧式挤出机。

挤出机的型号不同，其连接形式也不同。设计机头时必须对挤出机法兰盘的结构形式、过滤板和过滤网配合尺寸、铰链螺栓长度、连接螺钉（栓）直径及分布数量等进行校核。机头与挤出机的连接形式可如图 3-28 和图 3-29 所示。

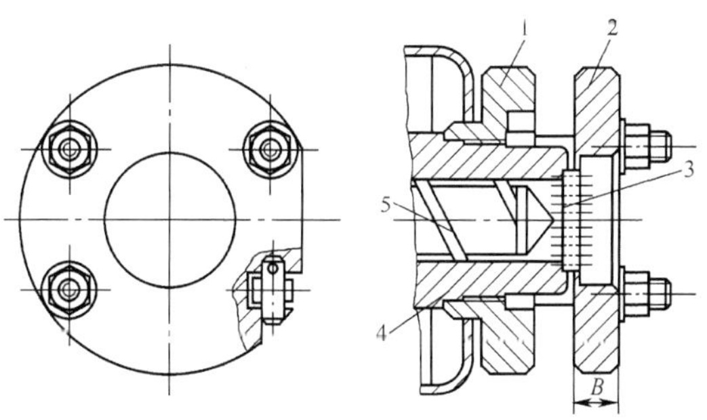

图 3-28　机头的连接形式之一
1—机筒法兰　2—机头法兰　3—过滤板
4—机筒　5—螺杆

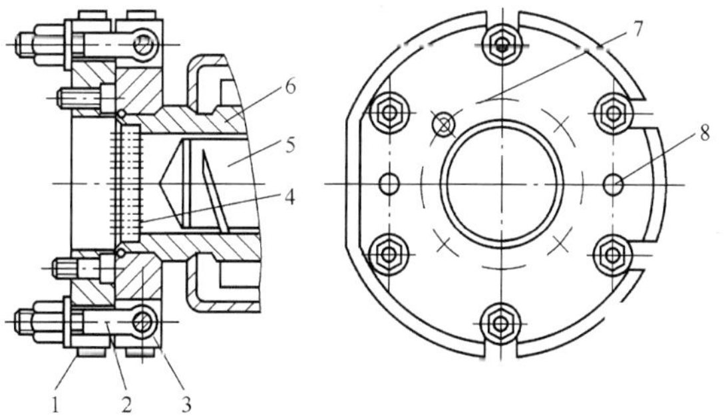

图 3-29　机头的连接形式之二
1—机头法兰　2—铰链螺钉　3　挤出机法兰　4—过滤板
5—螺杆　6—机筒　7—螺钉　8—定位销

图 3-28 所示的连接形式为机头与机头法兰用螺纹连接，而机头法兰是用铰链螺钉与机筒法兰连接固定的。机头的内径和过滤板外径的配合可以保证机头与挤出机的同轴度要求，安装时过滤板的端部必须压紧，否则会漏料。

图 3-29 所示为机头与挤出机相连接的另一种形式，即机头与机头法兰是用内六角螺钉连接的。因为机筒法兰与机头法兰有定位销 8 定位，机头的外圆与机筒法兰内孔配合，因此可

以保证机头与挤出机的同轴度。

3.3.4 管材挤出成形机头

管材挤出成形机头是挤出机头的主要类型之一，它的应用范围比较广泛，主要用于成形圆形塑料管件。管材机头适用于聚乙烯、聚丙烯、聚碳酸酯、尼龙、软硬聚氯乙烯等塑料的挤出成形。

常用的管材挤出成形机头有直通式、直角式和旁侧式 3 种形式，另外，还有微孔流道挤管机头等。

3-13 管材挤出机头的结构形式

（1）直通式挤管机头。直通式挤管机头如图 3-27 所示，其特点是熔料在机头内的流动方向与挤出方向一致，结构简单、容易制造，但熔体经过分流器及分流器支架时，易产生熔接痕迹，且不容易消除，管材的力学性能较差，机头的长度较大、结构笨重。直通式挤管机头主要用于挤出成形软硬聚氯乙烯、聚乙烯、尼龙、聚碳酸酯等塑料管材。

（2）直角式挤管机头。直角式挤管机头又称弯管机头，机头轴线与挤出机螺杆的轴线成直角，如图 3-30 所示。用于内径定径的场合，冷却水从芯棒 3 中穿过。成形时，塑料熔体包围芯棒并产生一条熔接痕。熔体的流动阻力小，成形质量较高，但机头结构复杂，制造困难。直角式挤管机头用于成形聚乙烯、聚丙烯等塑料管材。

（3）旁侧式挤管机头。此机头与直角式结构相似，如图 3-31 所示，其结构更为复杂，熔体的流动阻力也较大，但机头的体积较小。旁侧式挤管机头适用于直径大、管壁较厚的管材。

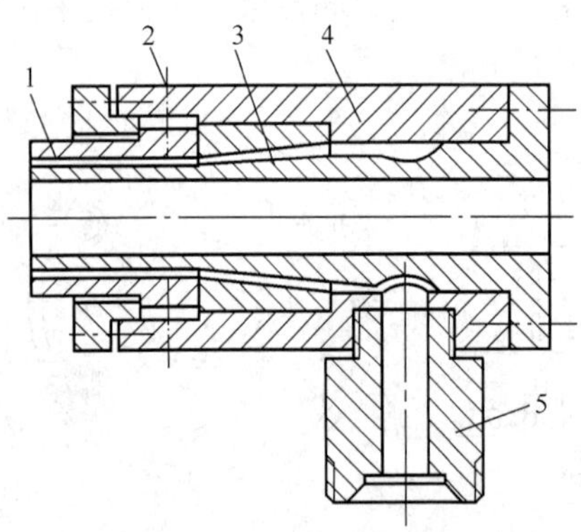

图 3-30 直角式挤管机头
1—口模 2—调节螺钉 3—芯棒
4—机头体 5—连接管

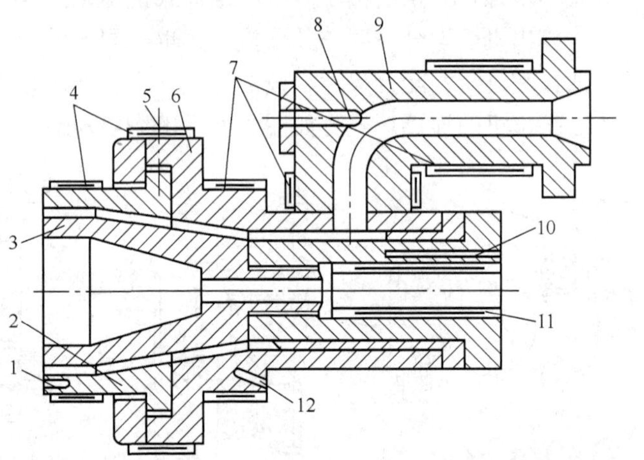

图 3-31 旁侧式挤管机头
1、12—温度计插孔 2—口模 3—芯棒
4、7—电热器 5—调节螺钉 6—机头体
8、10—熔料测温孔 9—机头体 11—芯棒加热器

3.3.5 棒材挤出成形机头

塑料棒材是实心的圆棒，在制造行业获得了广泛应用，如齿轮、轴承、螺栓、螺母等在大批量生产时，可以采用挤出法生产。塑料棒材的原材料一般是工程塑料，如尼龙、聚甲醛、

聚碳酸酯、ABS、聚砜、玻璃纤维增强塑料等。

（1）机头结构。棒材挤出成形的机头结构比较简单，如图 3-32 所示。它与管材挤出机头基本相似，其区别是模腔中没有芯棒，只有分流器。使用分流器可以减小模腔内部的容积及增加塑料的受热面积，如果模腔内为无滞料区的流线形，也可以不设分流器装置。

棒材挤出成形机头结构的设计方法与管材相同，其区别有以下几点：机头进口处的收缩角为 30°～60°，收缩部分长度为 50～100mm；机头的出口处要制作成喇叭形状，喇叭口的扩张角一般小于 45°，否则会产生死角；定径套的长度为棒材直径尺寸的 4～15 倍；模腔表面应光滑，粗糙度 Ra 小于 0.8μm。

（2）定径套的结构。棒材的表面质量主要取决于定径套，棒材定径套的结构比较简单，如图 3-33 所示。定径套一般使用铜制造，传热效果好。定径套的长度可根据需要适当选取，当棒材直径小于 50mm 时，定径套长度可取 200～350mm；当棒材直径在 50～100mm 时，定径套长度可取 300～500mm。

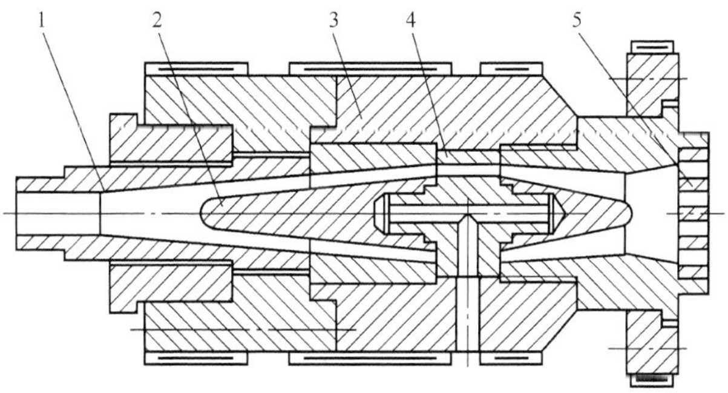

图 3-32　棒材挤出成形机头

1—口模　2—分流器　3—机头体　4—分流器支架　5—过滤板

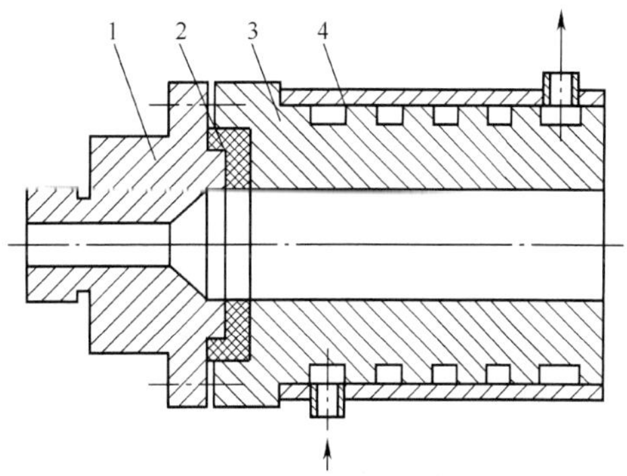

图 3-33　棒材定径套

1—机头体　2—绝热垫圈　3—定径套　4—冷却套

定径套内径应稍大于棒材外径，以补偿棒材自熔融状态冷却至室温时的体积收缩。棒材挤出成形收缩率如表 3-2 所示。

表 3-2　棒材挤出成形收缩率　单位：%

塑料种类	尼龙 60	聚碳酸酯	尼龙 1010	聚甲醛	ABS	聚砜
收缩率	3～6	1～2.5	2.5～5	2.4～4	1～2.5	1～2

实训与练习

1．实训

（1）在实训基地拆、装一套塑料压缩模，观察其结构设计并草绘出模具图。

（2）在实训基地拆、装一套塑料压注模，观察其结构设计并草绘出模具图。

（3）在实训基地拆、装一套塑料挤出模，观察其结构设计并草绘出模具图。

2．练习

（1）填空题

① 按照模具上、下模在压力机上的固定形式，可分为________压缩模、________压

缩模和________压缩模。

② ________压缩模的特点是模具不在压力机上固定。

③ 溢式压缩模又称________压缩模。这种模具无加料室，型腔即可加料，型腔的高度 h 基本上就是塑件的高度。

④ ________用于压制流动性较好的塑件以及形状较复杂、带有小型嵌件的塑件，不适于压制以布片或长纤维作填料的塑件。

⑤ 多型腔压注模的浇注系统与注射模相似，同样分为________、________和________，单型腔压注模一般只有________。与注射模不同的是，________可开设几个流道同时进入型腔。

⑥ 固定式压注模由________、________、________3 部分组成，应分别对这 3 部分加热。

⑦ 热塑性塑料挤出成形的工艺过程可分为________、________、________3 个阶段。

⑧ 挤出成形所用的设备为挤出机，其所成形的塑件均为________的连续型材。

⑨ 挤出成形模具________的作用是将制件的形状进行冷却定型，从而获得能满足要求的正确尺寸、几何形状及表面质量。

⑩ 挤出成形所用的设备应用最广泛的是________________________。

（2）问答题

① 压缩成形的原理是什么？

② 压缩成形的优点是什么？

③ 压缩成形的缺点是什么？

④ 决定塑件在模具内加压方向的因素有哪些？

⑤ 压注模的类型及特点是什么？

⑥ 压注成形原理是什么？

⑦ 压注模主要包括哪几个部分？

⑧ 挤出模具包括什么？用于什么成形？其作用是什么？

⑨ 挤出成形模具的分类及作用是什么？

⑩ 挤出成形工艺过程大致可分为哪 3 个阶段？

⑪ 管材挤出机头的设计典型结构有哪些？

⑫ 简述管材挤出成形机头的结构。

中　　篇

冲压成形工艺与模具设计

第4章 冲压加工基础

学习目标

1. 掌握冲压加工与冲压模具的概念
2. 熟悉冲压加工的基本工序
3. 熟悉冲压加工的常用材料
4. 熟悉冲压模具的常用材料
5. 熟悉冲模材料的选用原则
6. 熟悉曲柄压力机和液压机的原理与组成

课程思政元素

4.1 冲压加工的分类、特点及应用

4.1.1 冲压加工与冲压模具的概念

冲压加工是现代机械制造业中先进、高效的加工方法之一，它是在室温下，利用安装在压力机上的模具对材料施力，使其产生分离或塑性变形，从而获得所需零件的一种压力加工方法。冲压加工是少切削或无切削加工的一种主要形式。由于冲压加工通常是在室温下进行加工，所以常常称为冷冲压；又由于它的加工材料主要是板料，所以又称为板料加工。冲压不但可以加工金属材料，还可以加工非金属材料。

在冲压加工中，将材料加工成冲压零件（或半成品）的一种特殊工艺装备称为冲压模具或冷冲模。冲压模具在实现冲压加工中是必不可少的工艺装备，没有符合要求的冲压模具，冲压加工就无法进行；没有先进的冲压模具，先进的冲压工艺就无法实现。冲模设计是实现冷冲压加工的关键，一个冲压零件往往要用几副模具才能加工成形。

4.1.2 冲压加工的特点

和其他的加工方法（如机械加工）相比，冲压成形具有以下一些特点。

（1）可以获得其他加工方法不能或难以加工的形状复杂的零件，如汽车覆盖件、车门等。

（2）由于尺寸精度主要由模具来保证，所以加工出的零件质量稳定，一致性好，具有“一模一样”的特征。

（3）冲压加工是少切削或无切削加工的一种，部分零件冲压直接成形，无须任何再加工，材料利用率高。

（4）可以利用金属材料的塑性变形提高工件的强度、刚度。

（5）生产率高、易于实现自动化。

（6）模具使用寿命长，生产成本相对低。

（7）冲压加工操作简便，但具有一定的危险性，生产中应注意安全。

由于以上特点，冲压生产被广泛用于汽车、拖拉机、电机、电器、仪器仪表以及飞机、国防、日用工业等部门。

4.1.3　冲压加工的基本工序

由于冲压件的形状、尺寸和精度不同，因此，冲压所采用的工序种类各异。据其变形特点，可以分为以下两大类。

（1）分离工序。使板料沿一定的轮廓线分离而获得一定形状、尺寸和断面质量的冲压件（俗称冲裁件）的工序。分离工序主要包括冲孔、落料、切边等工序。

（2）成形工序。材料在不破裂的条件下产生塑性变形而获得的一定形状、尺寸和精度冲压件的加工工序。成形工序主要包括弯曲、拉深、翻边、胀形、缩口等。

常用的冲压工序如表 4-1 所示。

表 4-1　常用的冲压工序

工序名称		简　图	特点及应用范围
分离工序	落　料	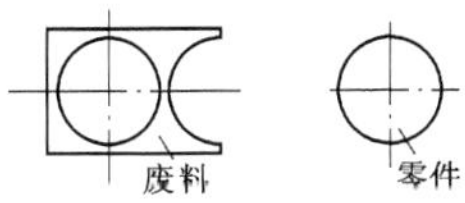	用冲模沿封闭轮廓线冲切，冲下部分是零件，或为其他工序制造毛坯
	冲　孔	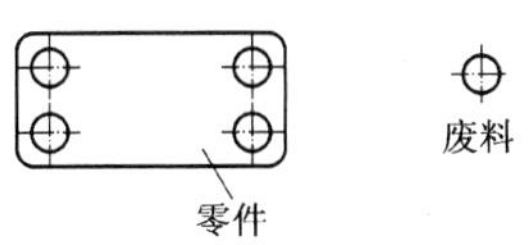	用冲模沿封闭轮廓线冲切，冲下部分是废料
	切　边	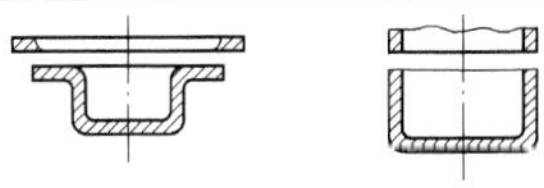	将成形零件的边缘修切整齐或切成一定形状
	切　断	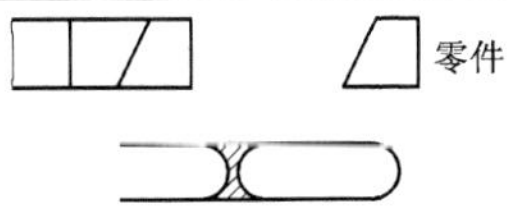	用剪刀或冲模沿不封闭线切断，多用于加工形状简单的平板零件
	剖　切	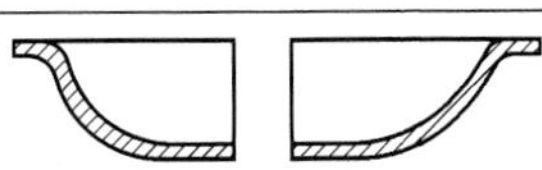	将冲压加工成的半成品切开成为两个或多个零件，多用于不对称零件的成双或成组冲压成形之后
成形工序	弯　曲	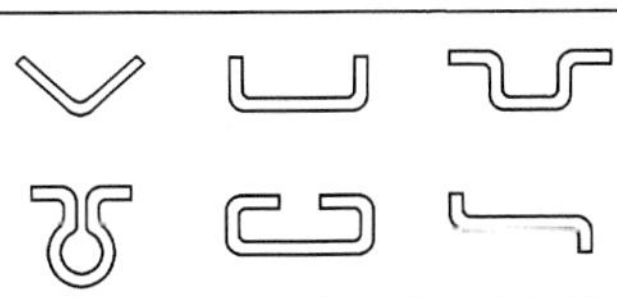	将板材沿直线弯成各种形状，可以加工形状复杂的零件

续表

工序名称		简图	特点及应用范围
成形工序	卷圆	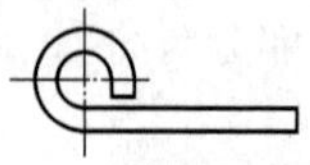	将板材端部卷成接近封闭的圆头，用于加工类似铰链的零件
	拉深	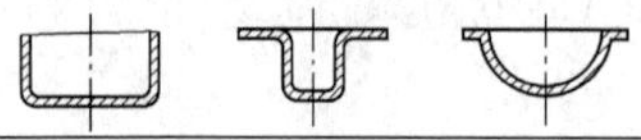	将板材毛坯拉成各种空心零件，还可以加工汽车覆盖件
	翻边	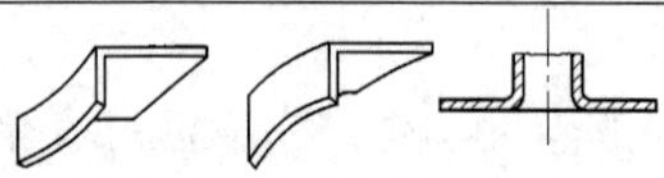	将零件的孔边缘或外边缘翻出竖立成一定角度的直边
	胀形	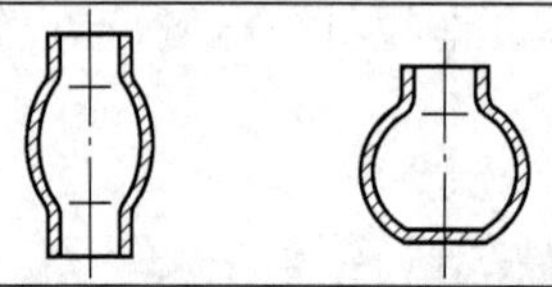	在双向拉应力作用下的变形，可成形各种空间曲面形状的零件
	起伏	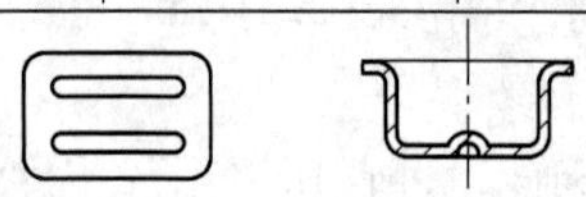	在板材毛坯或零件的表面上，用局部成形的方法制成各种形状的突起与凹陷

此外，为了提高劳动生产率，常将两个以上的基本工序合并成一个工序，如落料拉深、切断弯曲、冲孔翻边等，称为复合工序。在生产实际中，对于批量生产的零件绝大部分是采用复合工序。

4.2 冲压常用材料

4.2.1 冲压加工对材料的要求

冲压所用的材料，不仅要满足产品设计的技术要求，还应当满足冲压工艺的要求和冲压后的加工要求（如切削加工、电镀、焊接等）。冲压工艺对材料的基本要求如下。

（1）良好的塑性。对于冲压成形工序，为了有利于冲压变形和制件质量的提高，材料应该具有良好的塑性。对于分离工序，塑性好的材料可以得到较好的断面质量。对变形工序，塑性好，材料允许的变形程度大，可以减少冲压工序次数及中间退火次数。

（2）良好的表面质量。冲压时，一般要求冲压材料表面光洁、平整，无氧化皮、裂纹、锈斑、划痕等缺陷。表面质量好的材料，冲压时工件不易破裂，废品较少；模具不易擦伤，寿命提高，而且制件的表面质量好。

（3）符合国家标准的厚度公差。材料的厚度公差应符合国家标准规定，一定的模具间隙适应于一定厚度的材料，厚度公差太大，将影响工件质量，并可能损伤模具和设备。

4.2.2 冲压加工常用材料及其力学性能

冲压加工常用的材料包括金属材料和非金属材料两类，金属材料又分为黑色金属和有色金属两类。

常用的黑色金属材料如下。

（1）普通碳素钢钢板，如 Q195、Q235 等。

（2）优质碳素结构钢钢板，如 08、08F、10、20 等。

（3）低合金结构钢板，如 Q345（16Mn）、Q295（09Mn2）等。

（4）电工硅钢板，如 DT1、DT2。

（5）不锈钢板，如 1Cr18Ni9Ti、1Cr13 等。

常用的有色金属有铜及铜合金，牌号有 T1、T2、H62、H68 等，其塑性、导电性与导热性均很好；还有铝及铝合金，常用的牌号有 1060、1050A、3A21、2A12 等，有较好的塑性，变形抗力小且轻。

非金属材料有胶木板、橡胶、塑料板等。

冲压用材料最常用的是板料，常见规格如 710mm×1 420mm 和 1 000mm×2 000mm 等；大量生产可采用专门规格的带料（卷料）；特殊情况可采用块料，它适用于单件小批量生产和价值昂贵的有色金属的冲压。

板料按表面质量可分为 I（高质量表面）、II（较高质量表面）、III（一般质量表面）3 种。

用于拉深复杂零件的铝镇静钢板，其拉深性能可分为 ZF（最复杂）、HF（很复杂）、F（复杂）3 种；一般深拉深低碳薄钢板可分为 Z（最深拉深）、S（深拉深）、P（普通拉深）3 种；板料供应状态可分为 M（退火状态）、C（淬火状态）、Y（硬态）、Y2（半硬、1/2 硬）等；板料有冷轧和热轧两种轧制状态。

常用金属板料的力学性能见表 4-2。

表 4-2　冲压常用金属材料的力学性能

材料名称	牌号	材料状态及代号	力学性能			
			屈服点 σ_s（MPa）	抗剪强度 τ（MPa）	抗拉强度 σ_b（MPa）	伸长率 δ（%）
普通碳素钢	Q195	未经退火	195	255～314	315～390	28～33
	Q235		235	303～372	375～460	26～31
	Q275		275	392～490	490～610	15～20
碳素结构钢	08F	已退火	180	230～310	275～380	27～30
	08		200	260～360	215～410	27
	10F		690	220～340	275～410	27
	10		210	260～340	295～430	26
	15		230	270～380	335～470	25
	20		250	280～400	355～500	24
	35	已退火	320	400～520	490～635	19
	45		360	410～560	530～685	15
	50		380	440～580	540～715	13
不锈钢	1Cr13	已退火	120	320～380	440～470	20
	1Cr18Ni9Ti	经热处理	200	460～520	560～640	40
铝	1060、1050A、1200	已退火	50～80	80	70～110	20～28
		冷作硬化	—	100	130～140	3～4
硬铝	2A12	已退火	—	105～125	150～220	12～14
		淬硬并经自然时效	368	280～310	400～435	10～13
		淬硬后冷作硬化	340	280～320	400～465	8～10
纯铜	T1、T2、T3	软	70	160	210	29～48
		硬	—	240	300	25～40

续表

材料名称	牌号	材料状态及代号	力学性能			
			屈服点 σ_s（MPa）	抗剪强度 τ（MPa）	抗拉强度 σ_b（MPa）	伸长率 δ（%）
黄铜	H62	软	—	260	294～300	3
		半硬	200	300	343～460	20
		硬	—	420	≥12	10
	H68	软	100	240	294～300	40
		半硬	—	280	340～441	25
		硬	250	400	392～400	13

4.2.3 冲压加工常用材料在图纸上的表示

在冲压工艺资料和图纸上，对材料的表示方法有特殊的规定，现举例说明。

钢板 $\dfrac{B-1.0\times1\,000\times1\,500-\text{GB}\,708\text{—}1988}{08-\text{II}-S-\text{GB}13237\text{—}1991}$

表示：08 钢板，板料尺寸为 1.0mm×1 000mm×1 500mm，普通精度，较高级的精整表面，深拉深级的冷轧钢板。材料的牌号可查阅相关资料。

4.3 冲压模具常用材料

4.3.1 模具材料在模具工业中的地位

模具材料是模具制造的基础，模具材料和热处理技术对模具的使用寿命、精度和表面粗糙度起着重要的甚至决定性的作用，因此，根据模具的使用条件合理选用材料，采用适当的热处理和表面工程技术以便充分发挥模具材料的潜力，根据模具材料的性能特点选用合理的模具结构，根据模具材料的特性采用相应的维护措施等是十分重要的。只有这样，才能有效地提高模具的使用寿命，防止模具的早期失效。

模具材料使用性能的好坏直接影响模具的质量和使用寿命，模具材料的工艺性能将影响模具加工的难易程度、模具加工的质量和加工成本，因此，在设计模具时，除设计出合理的模具结构外，还应选用合适的模具材料及热处理工艺，这样才能使模具获得良好的工作性能和较长的使用寿命。

4.3.2 冲模材料的选用原则

制造冲压模具用的材料有灰铸铁、铸钢、钢、钢结硬质合金、硬质合金、低熔点合金、塑料、聚氨酯橡胶等。

模具材料与模具寿命和模具制造成本及模具总成本都有直接关系，在选择模具材料时应充分考虑以下几点。

（1）根据被冲裁零件的性质、工序种类及冲模零件的工作条件和作用来选择模具材料。

如冲模工作零件的工作条件，是否有应力集中、冲击载荷等，这就要求所选用的模具材料具有较高的强度和硬度、高耐磨性及足够的韧性；导向零件要求具有耐磨性和较好的韧性，一般常采用低碳钢，表面渗碳淬火。

（2）根据冲压件的尺寸、形状和精度要求来选材。一般来说，对于形状简单、冲压件尺寸不大的模具，其工作零件常用高碳工具钢制造；对于形状较复杂、冲压件尺寸较大的模具，其工作零件选用热处理变形较小的合金工具钢制造；对冲压件精度要求很高的精密冲模的工作零件，常选用耐磨性较好的硬质合金等材料制造。

（3）冲压零件的生产批量。对于大批量生产的零件，其模具材料应采用质量较好的、能保证模具耐用度的材料；反之，对于小批量生产的零件，则采用较便宜、耐用度较差的材料。

（4）根据我国模具材料的生产与供应情况，兼顾产生单位材料状况与热处理条件选材。

4.3.3　冲模常用材料及热处理

表 4-3 和表 4-4 给出了部分冲压模具的常用材料。由于用于制造凸、凹模的材料均为工具钢，价格较为昂贵，且加工困难，故常根据凸、凹模的工作条件和制件生产批量的大小而选用最适宜的材料。

表 4-3　　冲模工作零件常用材料及热处理要求

模具类型	冲件情况及对模具工作零件的要求		选用材料及热处理		热处理硬度（HRC）	
			材料牌号	热处理	凸　模	凹　模
冲裁模	Ⅰ	形状简单、精度较低、冲裁材料厚度小于或等于 3mm、批量中等 带台肩的、快换式的凹凸模和形状简单的镶块	T8A、T10A、9Mn2V	淬火	56～60 —	60～64
	Ⅱ	材料厚度小于或等于 3mm、形状复杂 冲裁材料大于 3mm、形状复杂的镶块	9CrSi、CrWMn、Cr12、Cr12MoV	淬火	58～62	60～64
	Ⅲ	要求耐磨、高寿命	Cr12MoV	淬火	56～62	60～64
			YG15、YG20	—	—	—
	Ⅳ	冲薄材料用的凹模	T10A	—	—	
弯曲模	Ⅰ	一般弯曲的凹、凸模及镶块	T8A、T10A	淬火	56～62	
	Ⅱ	形状复杂、高度耐磨的凹、凸模及镶块	CrWMn、Cr12、Cr12MoV	淬火	60～64	
		生产批量特别大	YG15	—	—	
	Ⅲ	加热弯曲	5CrNiMo、5CrNiTi、5CrMnMo	淬火	52～56	
拉深模	Ⅰ	一般拉深	T10A	淬火	56～60	58～62
	Ⅱ	形状复杂、高度耐磨	Cr12、Cr12MoV	淬火	58～62	60～64
	Ⅲ	生产批量特别大	Cr12MoV	淬火	58～62	60～64
			YG10	淬火	—	—
			YG15	—		
	Ⅳ	变薄拉深凸模	Cr12MoV	淬火	58～62	
		变薄拉深凹模	Cr12MoV、W18Cr4V	淬火		60～64
			YG10、YG15	—		—
	Ⅴ	加热拉深	5CrNiTi 5CrNiMo	淬火 —	52～56 —	52～56 —

续表

模具类型	冲件情况及对模具工作零件的要求		选用材料及热处理		热处理硬度（HRC）	
			材料牌号	热处理	凸　模	凹　模
大型拉深模	Ⅰ	中小批量	HT200	—		
			QT600-2	—	197～269HB	
	Ⅱ	大批量	镍铬铸铁	淬火	火焰淬硬 40～45	
			钼铬铸铁		火焰淬硬 50～55	
			钼钒铸铁		火焰淬硬 50～55	
冷挤压模	Ⅰ	挤压铝、锌等有色金属	T10A、Cr12、Cr12Mo	淬火	61 或更高	58～62
	Ⅱ	挤压黑色金属	Cr12MoV、Cr12Mo、W18Cr4V	淬火	61 以上	58～62

表 4-4　冲模一般零件的材料和热处理要求

零件名称	选用材料	热处理	硬度（HRC）
上、下模板	HT200、HT250	—	—
	ZG270-500、ZG310-570	—	—
	厚钢板加工而成 Q235、Q255	—	—
模柄	45 钢、Q255	—	—
导柱	20 钢、T10A	20 钢渗碳淬硬	60～62
导套	20 钢、T10A	20 钢渗碳淬硬	57～60
凸模、凹模固定板	Q255、Q255	—	
托料板	Q235	—	
导尺	Q255 或 45 钢	淬硬	43～48
挡料销	45 钢	淬硬	43～48
	T7A		52～57
导正销、定位销	T7、T8	淬硬	52～56
垫板	45 钢	淬硬	43～48
	T8A		54～58
螺钉	45 钢	头部淬硬	43～48
销钉	45 钢	淬硬	43～48
	T7		52～54
推杆、顶杆	45 钢	淬硬	43～48
顶板	45 钢、Q255	—	
拉深模压边圈	T8A	淬硬	54～58
定距侧刃、废料切刀	T8A	淬硬	58～62
侧刃挡板	T8A	淬硬	54～58
定位板	45 钢	淬硬	43～48
	T7		52～54
斜楔与滑块	T8A、T10A	淬硬	60～62
弹簧	65Mn、60SiMnA	淬硬	40～45

4.4　冲压设备与选用

冲压设备选用是冲压工艺设计过程中的一项重要内容，必须根据冲压工序的性质、冲压力的大小、模具结构型式、模具几何尺寸，以及根据生产批量、生产成本、产品质量等诸多因素，结合单位现有设备条件进行选择。

冲压设备的种类很多，其分类的方法也很多。如按驱动滑块力的种类可分为机械的、液压的、气动的等；按滑块个数可分为单动、双动、三动等；按驱动滑块机构的种类又可分为曲柄式、肘杆式、摩擦式；按机身结构形式可分为开式、闭式等。冲压生产中常按驱动滑块力的种类把压力机分为机械压力机、液压压力机。下面介绍两种常用的冲压设备。

4.4.1　曲柄压力机

1．曲柄压力机的结构及工作原理

曲柄压力机是冲压生产中应用最广泛的一种机械压力机。图 4-1 所示为 JB23－63 曲柄压力机的外形和工作原理图。

电动机 1 通过带传动带动大带轮 3 转动，小齿轮 4 与大齿轮 5 啮合使曲轴 7 转动，经过连杆 9 带动滑块 10 做上、下直线移动。上模 11 固定于滑块上，下模 12 固定于工作台垫板 13 上，压力机便能对置于上、下模间的材料加压。为了满足使用需求，曲轴的两端分别装有离合器 6 和制动器 8，以实现滑块的控制运动。飞轮装在传动轴端，这样能使电动机的负荷均匀和有效地利用能量，起到储能作用，大齿轮 5 起飞轮的作用。

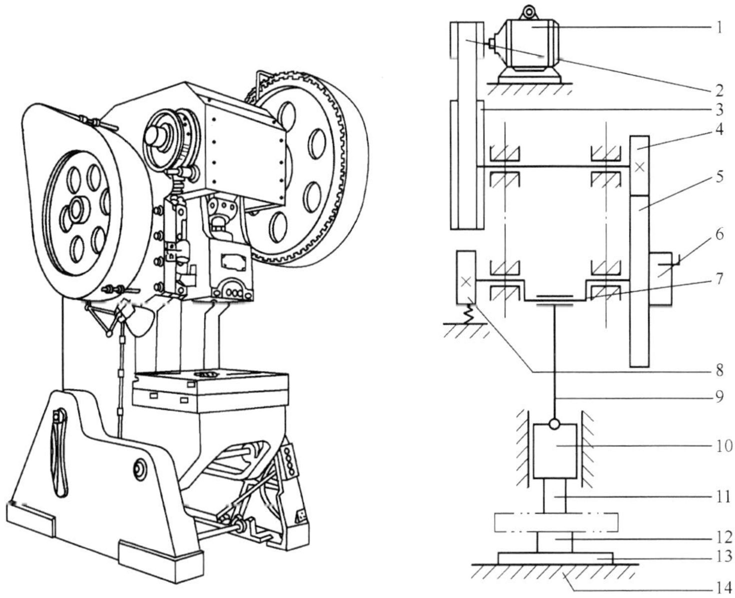

图 4-1　JB23—63 曲柄压力机外形和工作原理图

1—电动机　2—小带轮　3—大带轮　4—小齿轮　5—大齿轮　6—离合器　7—曲轴　8—制动器　9—连杆　10—滑块　11—上模　12—下模　13—垫板　14—工作台

按下开关，电动机旋转，小带轮带动大带轮转动，通过小齿轮再带动大齿轮转动。合上离合器，曲轴开始转动，然后通过连杆滑块机构，带动滑块做上、下往复直线运动。压力机每完成一个冲次，即上、下运动一个循环，离合器会自动分离，滑块会自动停在上止点，只有开启连续冲压开关，压力机才会连续循环冲压。

4-1　曲柄压力机的结构及工作原理

2．曲柄压力机的组成

如图 4-1 所示，曲柄压力机由工作机构、传动系统、操作系统、支撑部件和辅助系统等组成。

（1）工作机构。工作机构主要由曲轴 7、连杆 9 和滑块 10 组成，其作用是将电动机主轴的旋转运动变为滑块的往复直线运动。滑块底平面中心设有模具安装孔，大型压力机滑块底面还设有 T 型槽，用来安装和压紧模具；滑块中还设有退料（退件）装置，用以在滑块回程时将工件或废料从模具中退出。

（2）传动系统。传动系统由电动机、皮带、飞轮、齿轮等组成，其作用是将电动机的运动和能量按照一定要求传给曲柄滑块机构。

（3）操作系统。操作系统包括空气分配系统、离合器、制动器、电气控制箱等。

（4）支撑部件。支撑部件包括机身、工作台、拉紧螺栓等。

此外，压力机还包括气路和润滑等辅助系统以及安全保护、气垫、顶料等附属装置。

3．曲柄压力机的型号

曲柄压力机的型号用汉语拼音字母、英文字母和数字表示。例如JB23－63型号的意义是：

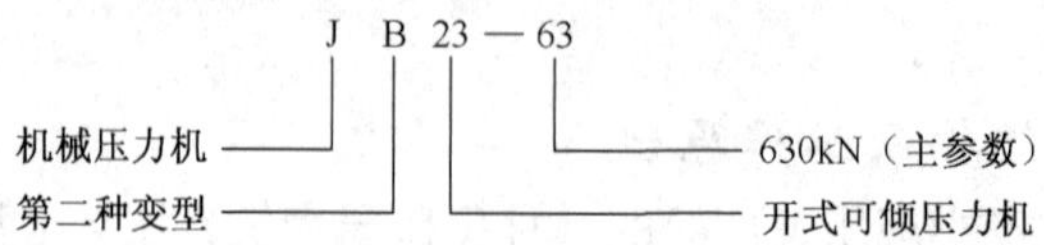

现将型号的表示方法叙述如下。

第1个字母为类的代号，“J”表示机械压力机。

第2个字母代表同一型号产品的变型顺序号，凡主参数与基本型号相同，但其他某些次要参数与基本型号不同的称为变型，“B”表示第二种变型产品。

第3、4个数字为列、组代号，“2”代表开式双柱压力机，“3”代表可倾机身。

横线后的数字代表主参数，一般用压力机的公称压力作为主参数，代号中的公称压力用工程单位“tf（吨力）”表示，故转换为法定单位制的“kN（千牛）”时，应将此数字乘以10。例中63代表63tf，乘以10即为630kN。

4．曲柄压力机的主要技术参数

曲柄压力机的主要技术参数是反映一台压力机的工作能力，所能加工零件的尺寸范围以及有关生产率的指标，分述如下。

（1）公称压力（kN）。公称压力是指曲柄旋转到下止点前某一特定角度（此特定角度称为公称压力角，约为30°）时，滑块上所能容许承受的最大作用力。它是反映压力机工作能力的重要指标，生产中不允许冲压力大于公称压力。

（2）滑块行程。滑块行程是指滑块从上止点到下止点所走的距离，它为曲柄半径的两倍。

（3）闭合高度。闭合高度又称为装模高度，是指滑块在下止点位置时，滑块下表面到工作台垫板上表面的距离。当闭合高度调节装置将滑块调整到最上位置时，闭合高度达最大值，称为最大闭合高度；当闭合高度调节装置将滑块调整到最下位置时，闭合高度达最小值，称为最小闭合高度。

（4）模柄孔尺寸。当模具需要用模柄与滑块相连时，模具的模柄尺寸应与滑块内模柄孔的尺寸相协调。

（5）工作台尺寸和滑块底面尺寸。这些尺寸与模具外形尺寸及模具安装方法有关。

（6）滑块行程次数。它是指滑块每分钟从上止点到下止点，然后再回到上止点所往复的次数。

除上述参数外，喉口的深度、漏料孔的尺寸等也是模具设计时所必须考虑的。

表4-5是常用的开式可倾压力机的主要结构参数。

5．曲柄压力机的选用原则

确定压力机规格时，一般应遵循以下原则。

（1）压力机的公称压力不小于冲压工序所需的压力。当进行弯曲或拉深时，其压力曲线应位于压力机滑块允许负荷曲线的安全区内。图4-2为压力机滑块允许负荷曲线。

（2）压力机滑块行程应满足工件在高度上能获得所需尺寸，并在冲压后能顺利地从模具上取出工件。

表 4-5 开式可倾压力机的主要结构参数

项目			63	160	400	630	1 000	1 600	2 000	2 500	3 150
公称压力（kN）			63	160	400	630	1 000	1 600	2 000	2 500	3 150
达到公称压力时滑块离下止点的距离（mm）			3.5	5	7	8	10	12	12	13	13
滑块行程（次 · min^{-1}）			50	70	100	120	140	160	160	200	200
行程次数			160	115	80	70	60	40	40	30	30
最大封闭高度（mm）	固定式和可倾式		170	220	300	360	400	450	450	500	500
	活动台位置	最低		300	400	460	500				
		最高		160	200	220	260				
封闭高度调节量（mm）			40	60	80	90	110	130	130	150	150
滑块中心到床身的距离（mm）			110	160	220	260	320	380	380	425	425
工作台尺寸（mm）	左右		315	450	630	710	900	1120	1120	1250	1250
	前后		200	300	420	480	600	710	710	800	800
工作台孔尺寸（mm）	左右		150	220	300	340	420	530	530	650	650
	前后		70	110	150	180	230	300	300	350	350
	直径		110	160	200	230	300	400	400	460	460
立柱间距离（mm）			150	220	300	340	420	530	530	650	650
模柄孔尺寸（直径×深度）（mm）			ϕ30×50		ϕ50×70		ϕ60×75	ϕ70×80		T 型槽	
工作台板厚度（mm）			40	60	80	90	110	130	130	150	150
倾角（可倾式工作台压力机）（°）			30	30	30	30	25	25			

（3）压力机的闭合高度、工作台尺寸和滑块尺寸等应能满足模具的正确安装。

（4）压力机的滑块行程次数应符合生产率和材料变形速度的要求。

此外，对厚板冲裁、斜刃冲裁等所需变形功较大的冲压工序，压力机的功率应能满足变形功的要求。

4.4.2 液压机

液压机工作平稳，压力大，操作空间大，设备结构简单，在冲压生产过程中广泛应用于拉深、成形等工艺过程，也可应用于塑料制品的加工过程中。

1. 液压机的结构及工作过程

液压机是根据帕斯卡原理制成的，它利用液体压力来传递能量，液压机的结构如图 4-3 所示。

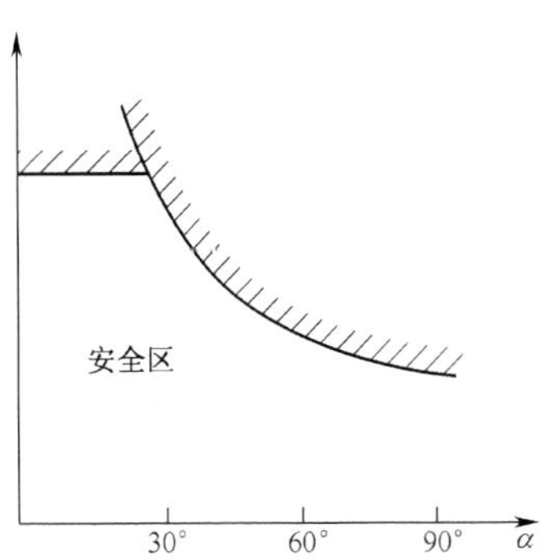

图 4-2 压力机滑块允许负荷曲线

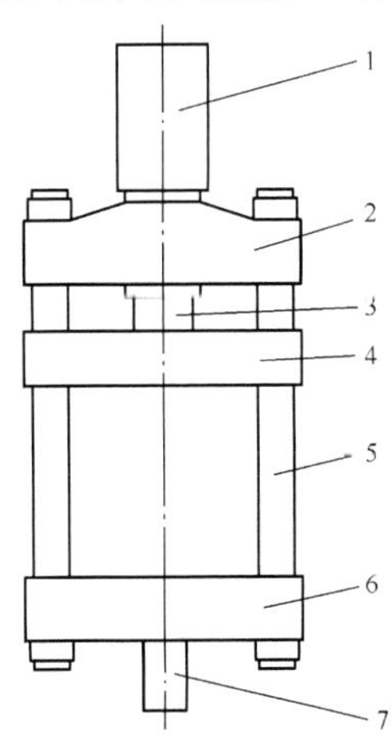

图 4-3 液压机结构

1—充液罐 2—上梁 3—主缸及活塞 4—活动横梁 5—立柱 6—下梁 7—顶出缸

4-2 液压机的结构及工作过程

工作时，模具安装于活动横梁 4 和下梁 6 之间，主缸 3 带动活动横梁 4 对模具加压；工作结束时，主缸 3 回复，打开模具，顶出缸可将工件顶出。

2．液压机型号的表示方法

液压机的型号表示方法与曲柄压力机的型号表示方法相类似，其具体表示方法如下。

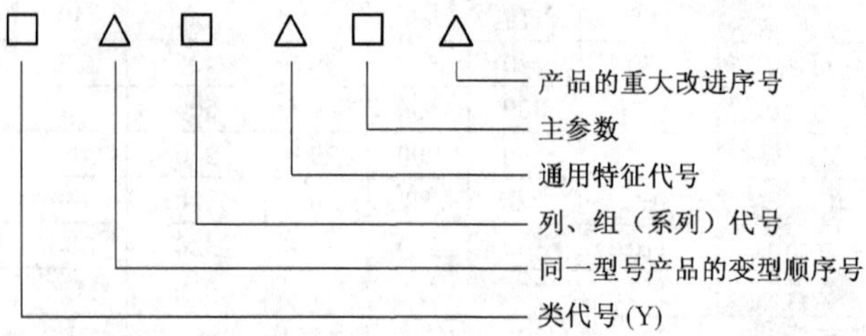

其中通用特征代号如表 4-6 所示。

表 4-6　通用特征代号

通用特性	自动	半自动	数控	液压	缠绕结构	高速	精密	长行程或长杆	冷挤压	温热挤压
字母代号	Z	B	K	Y	R	G	M	C	L	W

例如 YA32-315 型号的意义如下。

第 1 个字母为类的代号，“Y”表示液压机。

第 2 个字母代表同一型号产品的变型顺序号。

第 3、4 个数字为列、组代号，“32”表示四柱液压机。

横线后的数字代表主参数，“315”表示 315tf（3 150kN）。

3．液压机的技术参数

现以三梁四柱式液压机为例，介绍液压机的基本参数。

（1）公称压力（公称吨位）。公称压力是指液压机名义上能产生的最大压力，在数值上等于工作液体压力和工作柱塞总工作面积的乘积，它反映了液压机的主要工作能力。

（2）最大净空距（开口高度）。最大净空距是指活动横梁停止在上限位置时，从工作台上表面到活动横梁下表面的距离，如图 4-4 中的 H。最大净空距反映了液压机高度方向上工作空间的大小。

（3）工作台尺寸（长×宽）。工作台尺寸指工作台面上可以利用的有效尺寸，如图 4-4 中的 B 与 T。

（4）最大行程。最大行程指活动横梁能够移动的最大距离，如图 4-4 中的 S。

（5）允许最大偏心距。允许最大偏心距是指工件变形阻力接近公称压力时，所能允许的最大偏心值。

（6）顶出器公称压力及行程。有些液压机下横梁装有顶出器，其压力和行程可按工艺要求确定。

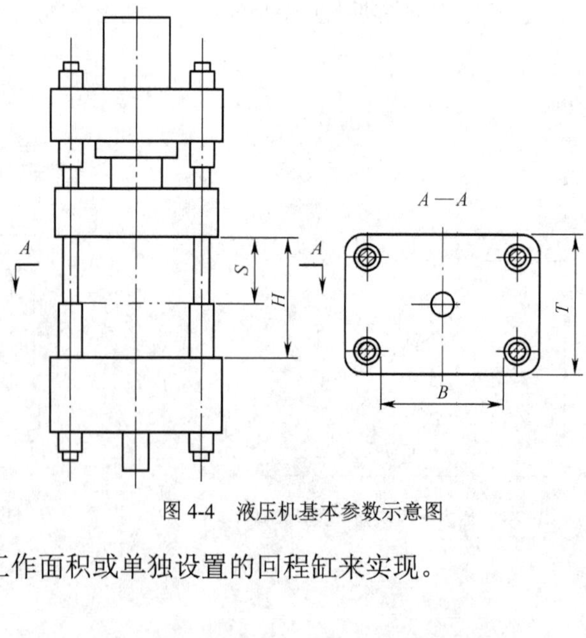

图 4-4　液压机基本参数示意图

（7）回程力。回程力由活塞缸下腔工作面积或单独设置的回程缸来实现。

（8）活动横梁运动速度（滑块速度）。可分为工作行程速度、空行程速度及回程速度。工作行程速度由工艺要求来确定，空行程速度及回程速度可以高一些，以提高生产率。

Y32 系列通用液压机的主要技术参数如表 4-7 所示。

表 4-7　　通用液压机（四柱式）主要技术参数（湖州机床厂）

型号 ＼ 名称 / 单位	公称力	滑块行程	滑块开口高度	滑块工作速度	工作台尺寸	液压垫力	液体工作压强	电动机功率
	kN	mm	mm	mm/s	mm	kN	MPa	kW
YB32-40	400	320	520	10	400×460	100	25	5.5
YC32-63B	630	400	600	6～10	500×570	160	25	5.5
YF32-100A	1 000	500	800	6～10	630×720	190	25	7.5
YB32-200	2 000	710	1 120	10	900×930	400	25	15.5
YA32-315F	3 150	800	1 250	10	1 160×1 260	630	25	22.6
YF32-400	4 000	800	1 250	8	1 250×1 260	630	25	30
YF32-500	5 000	900	1 500	2.5～10	1 400×1 400	1 250	25	44
YF32-630	6 300	1 000	1 600	9～12	1 600×1 880	1 250	25	60
YF32-800A	8 000	1 000	1 800	8	1 600×1 800	1 250	25	60
YF32-1000	10 000	1 000	1 600	10	1 600×2 000	2 000	25	60

实训与练习

1．实训

在老师的带领下，参观有代表性的冲压工厂或冲压车间，现场了解各种冲压基本工序以及冲压材料、冲压模具的不同种类，增加感性认识，为学习好本课程打好基础。

2．练习

（1）什么是冲压？与其他方法相比，冲压加工有何特点？

（2）冲压工序如何分类？各有什么特点？

（3）对冲压工艺所用材料的基本要求有哪些？

（4）冲压材料在图纸上如何表示？

（5）冲模材料的选用原则是什么？

（6）曲柄压力机的工作原理、组成是什么？其型号如何表示？

（7）曲柄压力机的主要技术参数有哪些？

（8）液压机的主要技术参数有哪些？

（9）表达材料力学性能的指标有哪几个？对材料的成形有什么影响？

（10）冲压工艺对材料的基本要求有哪些？常用的冲压材料有哪些种类？

（11）冲压模具包括哪些类型？

第 5 章 冲裁工艺与模具设计

学习目标

1. 了解冲裁件的断面特征
2. 能够正确选择冲裁合理间隙
3. 掌握凸、凹模刃口尺寸的计算方法
4. 熟悉降低冲裁力的方法和措施
5. 能够合理地进行冲裁排样
6. 掌握冲裁模的典型结构
7. 掌握冲裁模主要零部件的设计

课程思政元素

冲裁是利用模具使板料沿一定轮廓线产生分离的冲压工序。冲裁时所使用的模具称为冲裁模。

根据变形机理的不同，冲裁可分为普通冲裁和精密冲裁。通常所说的冲裁是普通冲裁；精密冲裁断面较光洁，精度较高，但需专门的精冲设备与模具。本章主要讨论普通冲裁，图 5-1 所示的模具是冲压一板状零件的冲裁模。

冲裁工艺的种类很多，常用的有切断、落料、冲孔、切边、切口、剖切等，其中落料和冲孔应用最多，落料是沿工件的外形封闭轮廓线冲切，冲下部分为工件；冲孔是沿工件的内形封闭轮廓线冲切，冲下部分为废料。落料与冲孔的变形性质完全相同，但在进行模具设计时，模具尺寸的确定方法不同，因此，工艺上必须作为两个工序加以区分。冲裁工艺是冲压生产的主要方法之一，主要有以下用途。

（1）直接冲出成品零件。

（2）为弯曲、拉深、成形等其他工序备料。

（3）对已成形的工件进行再加工，如切边，切舌，拉深件、弯曲件上的冲孔等。

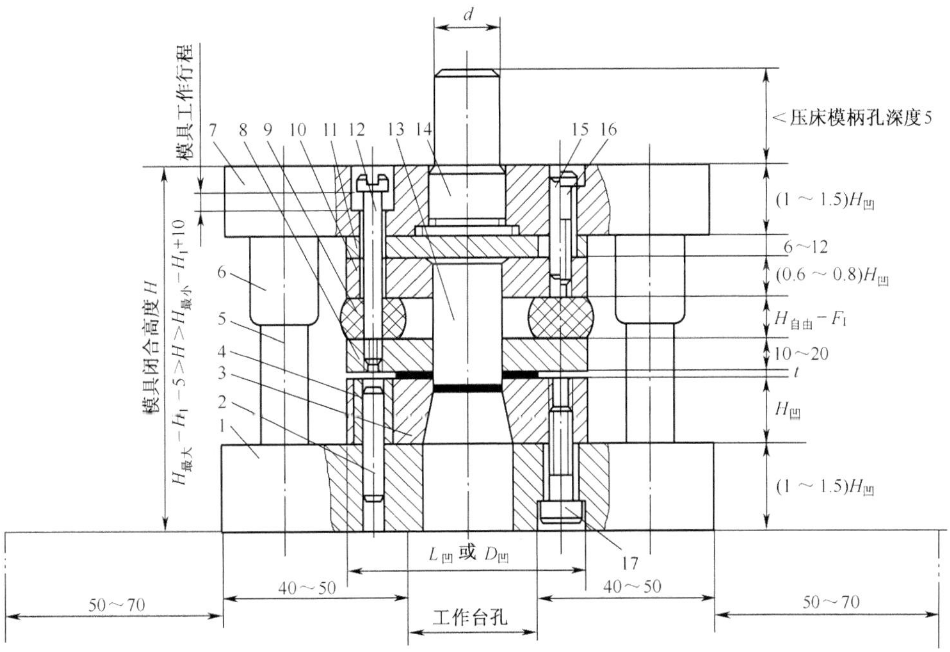

图 5-1　冲裁模典型结构与模具总体尺寸关系图

1—下模座　2、15—销钉　3—凹模　4—套　5—导柱　6—导套　7—上模座　8—卸料板　9—橡胶　10—凸模固定板　11—垫板　12—卸料螺钉　13—凸模　14—模柄　16、17—螺钉

5.1　冲裁变形过程及断面特征

5.1.1　冲裁板料的变形过程

在冲裁过程中，冲裁模的凸、凹模组成上下刃口，在压力机的作用下，凸模逐渐下降，接触被冲压材料并对其加压，使材料发生变形直至产生分离。板料的冲裁是瞬间完成的。当模具间隙正常时，整个冲裁变形分离过程大致可分为 3 个阶段，如图 5-2 所示。

（1）弹性变形阶段。当凸模开始接触板料并下压时，凸模与凹模刃口周围的板料产生应力集中现象，使材料产生弹性压缩、弯曲、拉深等复杂的变形，如图 5-2（a）所示，板料略有挤入凹模洞口的现象。此时，凸模下的材料略有弯曲，凹模上的材料则向上翘。间隙越大，弯曲和上翘越严重。凸模继续压入，直到材料内的应力达到弹性极限。

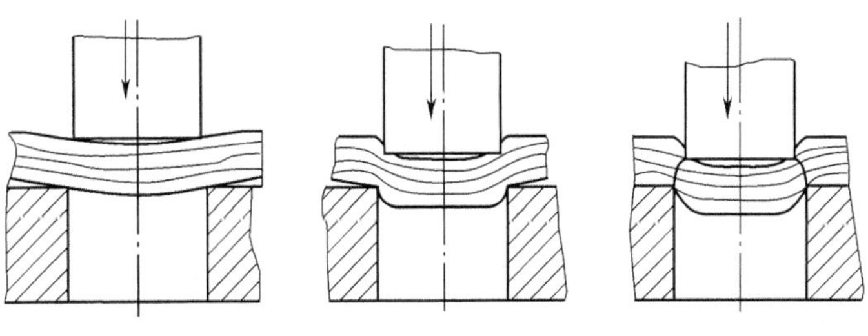

（a）弹性变形阶段　（b）塑性变形阶段　（c）断裂分离阶段

图 5-2　冲裁时板料的变形过程

（2）塑性变形阶段。当凸模继续下压，材料内的应力达到屈服点时，材料进入塑性变形阶段。凸模切入板料上部，同时板料下部挤入凹模洞口，如图 5-2（b）所示。在板料剪切面

的边缘，由于弯曲、拉伸等作用形成圆角，同时由于塑性剪切变形，在切断面上形成一小段光亮且与板面垂直的直边。随着凸模挤入板料深度的增大，塑性变形程度增大，变形区材料硬化加剧，冲裁变形抗力不断增大，直到刃口附近侧面的材料由于拉应力的作用出现微裂纹时，塑性变形阶段结束。此时，冲裁变形抗力达到最大值。由于凸、凹模间存在间隙，故在这个阶段中，板料还伴随着弯曲和拉伸变形，间隙越大，弯曲和拉伸变形也越大。

（3）断裂分离阶段。当板料的应力达到强度极限后，凸模继续下压，凹模刃口附近的侧面材料内产生裂纹，紧接着凸模刃口附近的侧面材料产生裂纹，如图 5-2（c）所示。已形成的上下微裂纹随凸模继续压入不断向材料内部扩展，当上下裂纹会合时，板料便被剪断分离。随后，凸模将分离的材料推入凹模洞口。

由上述冲裁变形过程分析可知，冲裁过程的变形是很复杂的，除了剪切变形外，还存在拉深、弯曲和横向挤压等变形，所以冲裁件及废料的平面不平整，常有翘曲现象。

5.1.2 冲裁件的断面特征

在正常冲裁工作条件下，在凸模刃口产生的剪切裂纹与在凹模刃口产生的剪切裂纹是相互会合的，这时可得到如图 5-3 所示的冲裁件断面，它具有如下 4 个特征区。

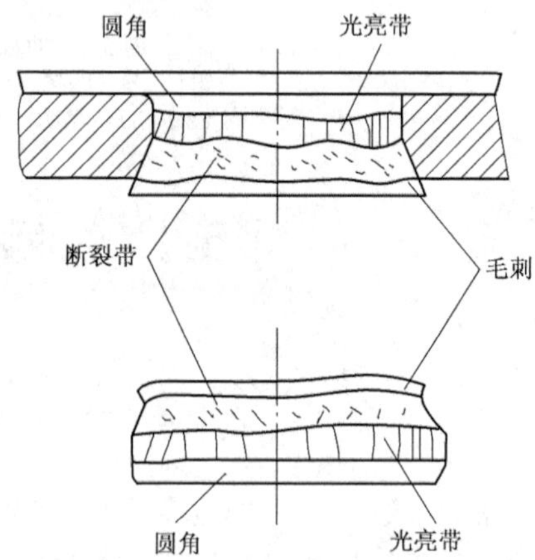

图 5-3 冲裁件的断面特征

（1）塌角（圆角）区。该区域是由于当凸模刃口压入材料时，刃口附近的材料产生弯曲和伸长变形，材料被拉入凸凹模间隙形成的。冲孔工序中，塌角位于孔断面的小端；落料工序中，塌角位于工件断面的大端。板料的塑性越好，凸、凹模之间的间隙越大，形成的塌角也越大。

（2）光亮带。该区域发生在塑性变形阶段。当刃口切入板料后，板料与凸、凹模刃口的侧表面挤压而形成光亮垂直的断面，通常占全断面的 1/3～1/2。冲孔工序中，光亮带位于孔断面的小端；落料工序中，光亮带位于零件断面的大端。板料塑性越好，凸、凹模之间的间隙越小，光亮带的宽度越宽。光亮带通常是测量带面，影响着制件的尺寸精度。

（3）断裂带。该区域是在断裂阶段形成。断裂带紧挨着光亮带，是由刃口附近的微裂纹在拉应力作用下不断扩展而形成的撕裂面。断裂带表面粗糙，并带有 4°～6° 的斜角。在冲孔工序中，断裂位于孔断面的大端；在落料工序中，断裂位于零件断面的小端。凸、凹模之间的间隙越大，断裂带越宽且斜角越大。

（4）毛刺。在塑性变形阶段后期，凸模和凹模的刃口切入被加工板料一定深度时，刃口正面材料被压缩，刃尖部分是高静压应力状态，裂纹的起点不会在刃尖处发生，而是在模具侧面距刃尖不远的地方发生，因此，在拉应力的作用下，裂纹加长，材料断裂产生毛刺，裂纹的产生点和刃口尖的距离为毛刺的高度。在普通冲裁中，毛刺是不可避免的。

影响冲裁件断面质量的因素很多，其中影响最大的是凸、凹模之间的冲裁间隙。在具有合理间隙的冲裁条件下，所得到的冲裁件断面塌角较小，有正常的光亮带，其断裂带虽然粗糙，但比较平坦，斜度较小，毛刺也不明显。

5.2 冲裁间隙

冲裁模凸、凹模刃口部分尺寸之差称为冲裁间隙，用 Z 表示，又称双面间隙（单面间隙用 $Z/2$ 表示）。冲裁间隙是冲裁模设计中一个很重要的工艺参数，冲裁间隙对冲裁件的质量、冲裁力和模具寿命等都有很大的影响。在长期的研究中，发现冲裁间隙的影响规律各不相同，因此，并不存在一个绝对合理的间隙值，能同时满足冲裁件断面质量最佳、尺寸精度最高、寿命最长、冲裁力最小等各方面要求。在实际生产中，间隙的选用主要考虑冲裁件断面质量和模具寿命这两个主要因素，它们与生产成本和产品质量密切相关。

5.2.1 合理间隙

实际生产中，间隙的选择除了考虑冲裁断面的质量和模具寿命这两个主要方面外，同时还考虑到模具制造中的偏差及使用中的磨损，而选择一个合适的间隙范围，只要在这个范围内就可加工出良好的冲裁件。这个范围的最小值称为最小合理间隙，用 Z_{min} 表示；最大值称为最大合理间隙，用 Z_{max} 表示。考虑到模具在使用过程中的磨损会使间隙增大，因此，实际设计与制造模具时常采用最小合理间隙 Z_{min}。

5.2.2 合理间隙的确定

（1）经验确定法。生产中常用下述经验公式计算合理间隙 Z 的数值。

$$Z=ct \tag{5-1}$$

式中：t——材料厚度，mm；

c——系数，与材料性能及厚度有关，当 $t<3$mm 时，c=6%～12%；当 $t>3$mm 时，c=15%～25%；当材料软时，取小值；当材料硬时，取大值。

（2）查表法。表 5-1 和表 5-2 所提供的经验数据为落料、冲孔模具的初始间隙，可用于一般条件下的冲裁。表中初始间隙的最小值 Z_{min} 为最小合理间隙，而初始间隙的最大值 Z_{max} 是考虑到凸模和凹模的制造误差，在 Z_{min} 的基础上增加一个数值而得到的。在使用过程中，由于模具工作部分的磨损，间隙将会有所增加，因而间隙的最大值（最大合理间隙）可能超过表 5-1 和表 5-2 中所列数值。

表 5-1　较小的冲裁模具初始双面间隙　单位：mm

材料厚度 t	软　铝		纯铜、黄铜、软钢 ω_c=0.08%～0.2%		杜拉铝、中等硬钢 ω_c=0.3%～0.4%		硬钢 ω_c=0.5%～0.6%	
	Z_{min}	Z_{max}	Z_{min}	Z_{max}	Z_{min}	Z_{max}	Z_{min}	Z_{max}
0.2	0.008	0.012	0.010	0.014	0.012	0.016	0.014	0.018
0.3	0.012	0.018	0.015	0.021	0.018	0.024	0.021	0.027
0.4	0.016	0.024	0.020	0.028	0.024	0.032	0.028	0.036
0.5	0.020	0.030	0.025	0.035	0.030	0.040	0.035	0.045
0.6	0.024	0.036	0.030	0.042	0.036	0.048	0.042	0.054

续表

材料厚度 t	软铝		纯铜、黄铜、软钢 ω_c=0.08%～0.2%		杜拉铝、中等硬钢 ω_c=0.3%～0.4%		硬钢 ω_c=0.5%～0.6%	
	Z_{min}	Z_{max}	Z_{min}	Z_{max}	Z_{min}	Z_{max}	Z_{min}	Z_{max}
0.7	0.028	0.042	0.035	0.049	0.042	0.056	0.049	0.063
0.8	0.032	0.048	0.040	0.056	0.048	0.064	0.056	0.072
0.9	0.036	0.054	0.045	0.063	0.054	0.072	0.063	0.081
1.0	0.040	0.060	0.050	0.070	0.060	0.080	0.070	0.090
1.2	0.050	0.084	0.072	0.096	0.084	0.108	0.096	0.120
1.5	0.075	0.105	0.090	0.120	0.105	0.135	0.120	0.150
1.8	0.090	0.126	0.108	0.144	0.126	0.162	0.144	0.180
2.0	0.100	0.140	0.120	0.160	0.140	0.180	0.160	0.200
2.2	0.132	0.176	0.154	0.198	0.176	0.220	0.198	0.242
2.5	0.150	0.200	0.175	0.225	0.200	0.250	0.225	0.275
2.8	0.168	0.224	0.196	0.252	0.224	0.280	0.252	0.308
3.0	0.180	0.240	0.210	0.270	0.240	0.300	0.270	0.330
3.5	0.245	0.315	0.280	0.350	0.315	0.385	0.350	0.420
4.0	0.280	0.360	0.320	0.400	0.360	0.440	0.400	0.480
4.5	0.315	0.405	0.360	0.450	0.405	0.490	0.450	0.540
5.0	0.350	0.450	0.400	0.500	0.450	0.550	0.500	0.600
6.0	0.380	0.600	0.540	0.660	0.600	0.720	0.660	0.780
7.0	0.560	0.700	0.630	0.770	0.700	0.840	0.770	0.910
8.0	0.720	0.880	0.800	0.960	0.880	1.040	0.960	1.120
9.0	0.870	0.990	0.900	1.080	0.990	1.170	1.080	1.260
10.0	0.900	1.100	1.000	1.200	1.100	1.300	1.200	1.400

注：初始间隙的最小值相当于间隙的公称数值；表中 ω_c 表示钢中的含碳量。

表 5-2　　较大的冲裁模具初始双面间隙　　单位：mm

材料厚度 t	08 钢、10 钢、35 钢、09Mn2 钢、Q235 钢		40 钢、50 钢		16Mn 钢		65 Mn 钢	
	Z_{min}	Z_{max}	Z_{min}	Z_{max}	Z_{min}	Z_{max}	Z_{min}	Z_{max}
小于 0.5	极小间隙							
0.5	0.040	0.060	0.040	0.060	0.040	0.060	0.040	0.060
0.6	0.048	0.072	0.048	0.072	0.048	0.072	0.048	0.072
0.7	0.064	0.092	0.064	0.092	0.064	0.092	0.064	0.092
0.8	0.072	0.104	0.072	0.104	0.072	0.104	0.064	0.092
0.9	0.090	0.126	0.090	0.126	0.090	0.126	0.090	0.126
1.0	0.100	0.140	0.100	0.140	0.100	0.140	0.090	0.126
1.2	0.126	0.180	0.132	0.180	0.132	0.180		
1.5	0.132	0.240	0.170	0.240	0.170	0.240		
1.75	0.220	0.320	0.220	0.320	0.220	0.320		
2.0	0.246	0.360	0.260	0.380	0.260	0.380		
2.1	0.260	0.380	0.280	0.400	0.280	0.400		
2.5	0.360	0.500	0.380	0.540	0.380	0.540		
2.75	0.400	0.560	0.420	0.600	0.420	0.600		
3.0	0.460	0.640	0.480	0.660	0.480	0.660		
3.5	0.540	0.740	0.580	0.780	0.580	0.780		
4.0	0.640	0.880	0.680	0.920	0.680	0.920		
4.5	0.720	1.000	0.780	1.040	0.680	0.960		
5.5	0.940	1.280	0.980	1.320	0.780	1.100		
6.0	1.080	1.440	1.140	1.500	0.840	1.200		
6.5					0.940	1.300		
8.0					0.200	1.680		

注：冲裁皮革、石棉和纸板时，间隙取 08 钢的 25%。

5.2.3　合理间隙的选择原则

生产实践证明，冲裁间隙取小值时，冲裁件的断面质量较好，但间隙过小会增大冲裁力和退料力，降低模具使用寿命，因此，在选择冲裁间隙时，应综合考虑各方面因素。

（1）当冲裁件断面质量要求不高时，在合理的间隙范围内，应尽量取较大的间隙，从而有利于延长模具寿命，降低冲裁力、推件力、卸料力。

（2）当冲裁件质量要求高时，在合理间隙范围内，应尽量取较小值，这样尽管模具寿命有所降低，但保证了零件的冲裁质量。

在设计冲模时，一般取 Z_{min} 作为初始间隙，主要是考虑模具工作一段时间之后，要进行刃磨。修磨后间隙会增大，使模具间隙向 Z_{max} 过渡，所以为了使模具能在较长时间内冲裁出合格的零件，提高模具的利用率，降低生产成本，一般设计模具时取 Z_{min} 作为初始间隙。

5.3　凸、凹模刃口尺寸的计算

模具刃口尺寸及公差是影响冲裁件尺寸精度的主要因素，模具的合理间隙值也是靠凸、凹模刃口尺寸及其公差来保证的，因此，正确确定凸、凹模刃口尺寸和公差是冲裁模设计中的一项关键工作。

5.3.1　凸、凹模刃口尺寸的计算原则

凸、凹模间隙的存在使冲裁件断面都带有锥度，所以冲裁件尺寸的测量和使用都是以光亮带的尺寸为基准的。落料件的光亮带是凹模刃口挤切材料产生的，冲孔件的光亮带是凸模刃口挤切材料产生的，因此，设计凸、凹模刃口尺寸应区别冲孔和落料，并遵循以下原则。

（1）确定基准模刃口尺寸。设计落料模先确定凹模刃口尺寸，间隙取在凸模上，冲裁间隙通过减小凸模尺寸获得。设计冲孔模先确定凸模刃口尺寸，以凸模为基准，间隙取在凹模上，冲裁间隙通过增大凹模尺寸获得。

（2）遵循冲模在使用过程中的磨损规律。冲裁过程中，凸、凹模与冲裁零件或废料发生摩擦，凸模轮廓越磨越小，凹模轮廓越磨越大，凸、凹模间隙越磨越大。设计落料模时，凹模基本尺寸应取接近或等于工件的最小尺寸；设计冲孔模时，凸模基本尺寸取接近或等于工件孔的最大极限尺寸。不管冲孔还是落料，冲裁间隙一般选取最小合理间隙值 Z_{min}。

模具磨损预留量与工件制造精度有关，用 $x\Delta$表示，其中，Δ为工件的公差值；x 为磨损系数，其值在 0.5～1 之间，根据工件制造精度选取：

工件精度 IT10 以上　　$x=1$

工件精度 IT11～IT13　　$x=0.75$

工件精度 IT14　　$x=0.5$

（3）考虑工件精度与模具精度的关系。选择模具刃口制造公差时，要考虑工件精度与模具精度的关系，既要保证工件的精度要求，又要保证有合理的间隙值，一般冲模精度较工件精度高 2～4 级。对于形状简单的圆形、方形刃口，其制造偏差值可按 IT6～IT7 级来选取；

对于形状复杂的刃口，制造偏差可按工件相应部位公差值的 1/4 来选取；对于刃口尺寸磨损后无变化的，制造偏差值可取工件相应部位公差值的 1/8 并冠以“±”。

（4）公差标注遵循“入体”原则。工件尺寸公差与冲模刃口尺寸的制造偏差原则上都应按“入体”原则标注为单向公差。所谓“入体”原则是指标注工件尺寸公差时，应向材料实体方向单向标注。但对于磨损后无变化的尺寸，一般标注双向偏差。

（5）最小合理间隙值原则。不管落料还是冲孔，冲裁间隙一般选用最小合理间隙值 Z_{min}。

5.3.2 凸、凹模刃口尺寸的计算

由于冲模加工方法不同，刃口尺寸的计算方法也不同，基本上可分为两类。

1. 按凸模与凹模图样分别加工法

这种方法主要适用于圆形或简单规则形状的工件，因冲裁此类工件的凸、凹模制造相对简单，精度容易保证，所以采用分别加工法。设计时，需在图纸上分别标注凸模和凹模刃口尺寸及制造公差。

（1）冲孔。设冲裁件孔的直径为 $d^{+\Delta}_{0}$，根据刃口尺寸计算原则，计算公式为

$$d_p = (d + x\Delta)^{0}_{-\delta_p} \tag{5-2}$$

$$d_d = (d + x\Delta + Z_{min})^{+\delta_d}_{0} \tag{5-3}$$

（2）落料。设冲裁件的落料尺寸为 $D^{0}_{-\Delta}$，根据刃口尺寸计算原则，计算公式为

$$D_d = (D - x\Delta)^{+\delta_d}_{0} \tag{5-4}$$

$$D_p = (D - x\Delta - Z_{min})^{0}_{-\delta_p} \tag{5-5}$$

（3）中心距。中心距属于磨损后基本不变的尺寸。在同一工步中，在工件上冲出孔距为 $L\pm\Delta/2$ 两个孔时，其凹模型孔中心距为

$$L_d = L \pm \frac{1}{8}\Delta \tag{5-6}$$

式（5-2）～式（5-6）中：

D、d——落料、冲孔工件基本尺寸，mm；

D_p、D_d——落料凸、凹模刃口尺寸，mm；

d_p、d_d——冲孔凸、凹模刃口尺寸，mm；

L_d、L——工件中心距和凹模中心距的公称尺寸，mm；

Δ——工件公差，mm；

δ_p、δ_d——凸、凹模制造公差，见表 5-3，或取 IT6 级左右精度，mm；

x——磨损系数，见表 5-4；

Z_{min}——最小冲裁间隙，mm。

表 5-3　规则形状冲裁凸、凹模制造极限偏差　单位：mm

材料厚度 t	基本尺寸									
	0～10		10～50		50～100		100～150		150～200	
	$+\delta_d$	$-\delta_p$	$+\delta_d$	$-\delta_p$	$+\delta_d$	$-\delta_p$	$+\delta_d$	$-\delta_p$	$+\delta_d$	$-\delta_p$
0.4	+0.006	−0.004	+0.006	−0.004	—	—	—	—	—	—
0.5	+0.006	−0.004	+0.006	−0.004	+0.008	−0.005	—	—	—	—

续表

材料厚度 t	基本尺寸									
	0~10		10~50		50~100		100~150		150~200	
	$+\delta_d$	$-\delta_p$	$+\delta_d$	$-\delta_p$	$+\delta_d$	$-\delta_p$	$+\delta_d$	$-\delta_p$	$+\delta_d$	$-\delta_p$
0.6	+0.006	−0.004	+0.008	−0.005	+0.008	−0.005	+0.010	−0.007	—	—
0.8	+0.007	−0.005	+0.008	−0.006	+0.010	−0.007	+0.012	−0.008	—	—
1.0	+0.008	−0.006	+0.010	−0.007	+0.012	−0.008	+0.015	−0.010	+0.017	−0.012
1.2	+0.010	−0.007	+0.012	−0.008	+0.017	−0.010	+0.017	−0.012	+0.022	−0.014
1.5	+0.012	−0.008	+0.015	−0.010	+0.020	−0.012	+0.020	−0.014	+0.025	−0.017
1.8	+0.015	−0.010	+0.017	−0.012	+0.025	−0.014	+0.025	−0.017	+0.032	−0.019
2.0	+0.017	−0.012	+0.020	−0.014	+0.030	−0.017	+0.029	−0.020	+0.035	−0.021
2.5	+0.023	−0.014	+0.027	−0.017	+0.035	−0.020	+0.035	−0.023	+0.040	−0.027
3.0	+0.027	−0.017	+0.030	−0.020	+0.040	−0.023	+0.040	−0.027	+0.045	−0.030

表 5-4　　磨损系数 x　　单位：mm

材料厚度 t	非圆形工件 x 值			圆形工件 x 值	
	1	0.75	0.5	0.75	0.5
	工件公差Δ				
1	<0.16	0.17~0.35	≥0.36	<0.16	≥0.16
1~2	<0.20	0.21~0.41	≥0.42	<0.20	≥0.20
2~4	<0.24	0.25~0.49	≥0.50	<0.24	≥0.24
>4	<0.30	0.31~0.59	≥0.60	<0.30	≥0.30

这种计算方法适合于圆形和规则形状的冲裁件。设计时，应分别在凸、凹模图上标注刃口尺寸及制造公差，为保证冲裁间隙在合理范围内，应保证下式成立。

$$|\delta_p|+|\delta_d|\leqslant Z_{max}-Z_{min} \tag{5-7}$$

如果式 5-7 不成立，则应提高模具制造精度，以减小 δ_d、δ_p。当模具形状复杂时，则不宜采用这种方法。

【例 5-1】 冲裁加工图 5-4 所示的连接片，已知零件的材料为 Q235，材料厚度为 t=0.5mm。计算冲裁模具的凸、凹模刃口部分的尺寸及公差。

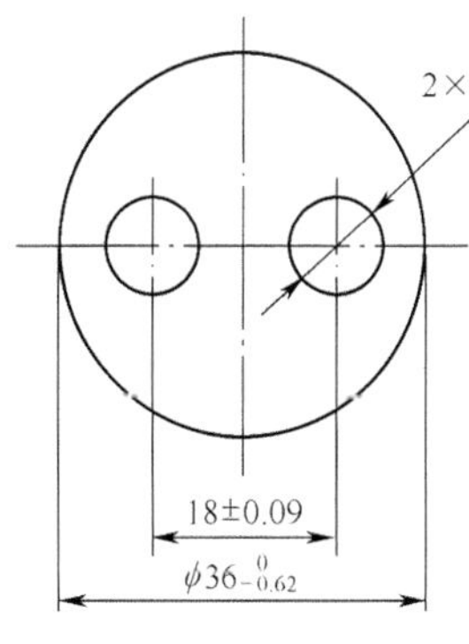

图 5-4　连接片零件图

解：由零件图可知，该零件属于无特殊要求的一般冲孔、落料件，凸、凹模按分别加工法制造。外形尺寸 $\phi36^{\ 0}_{-0.62}$ mm 由落料获得，内孔尺寸 $2\times\phi6^{+0.12}_{\ 0}$ mm 及尺寸（18±0.09）mm 由冲孔同时获得。

确定初始间隙。查表 5-2 得 $Z_{min}=0.04$mm，$Z_{max}=0.06$mm。

确定磨损系数 x。查表 5-4，冲孔 $2\times\phi6^{+0.12}_{\ 0}$ mm 磨损系数 $x=0.75$；落料 $\phi36^{\ 0}_{-0.62}$ mm 磨损系数 $x=0.5$。

冲孔凸、凹模刃口尺寸计算：

查表 5-3，$-\delta_p=-0.004$mm，$+\delta_d=+0.006$mm。

凸模刃口尺寸 $d_p=(d+x\Delta)^{\ 0}_{-\delta_p}=(6+0.75\times0.12)^{\ 0}_{-\delta_p}$ mm $=6.09^{\ 0}_{-0.004}$ mm

凹模刃口尺寸 $d_d=(d_p+Z_{min})^{+\delta_d}_{\ 0}=(6.09+0.04)^{+\delta_d}_{\ 0}$ mm $=6.13^{+0.006}_{\ 0}$ mm

校核。$|\delta_p|+|\delta_d|=0.004\text{mm}+0.006\text{mm}=0.01\text{mm}$，$Z_{max}-Z_{min}=0.06\text{mm}-0.04\text{mm}=0.02\text{mm}$，满足$|\delta_p|+|\delta_d|\leqslant Z_{max}-Z_{min}$的要求。

落料凸、凹模刃口尺寸计算。

查表 5-3，$-\delta_p=-0.004\text{mm}$，$+\delta_d=+0.006\text{mm}$。

凹模刃口尺寸　$D_d=(D-x\Delta)_0^{+\delta_d}=(36-0.5\times0.62)_0^{+\delta_d}\text{mm}=35.69_0^{+0.006}\text{mm}$

凸模刃口尺寸　$D_p=(D_d-Z_{min})_{-\delta_p}^{0}=(35.69-0.04)_{-\delta_p}^{0}\text{mm}=35.65_{-0.004}^{0}\text{mm}$

校核。$|\delta_p|+|\delta_d|=0.004\text{mm}+0.006\text{mm}=0.01\text{mm}$，$Z_{max}-Z_{min}=0.06\text{mm}-0.04\text{mm}=0.02\text{mm}$，满足$|\delta_p|+|\delta_d|\leqslant Z_{max}-Z_{min}$的要求。

中心距尺寸计算:

$$L_d=L\pm\frac{1}{8}\Delta=(18\pm0.125\times2\times0.09)\text{mm}=(18\pm0.023)\text{mm}$$

2．凸、凹模分开加工法的刃口尺寸计算

采用凸、凹模分开加工法时，为了保证凸、凹模间一定的间隙值，必须严格限制冲模制造公差，这样就造成了冲模制造困难。冲制薄材料的冲模（因 Z_{max} 与 Z_{min} 的差值很小），或冲制复杂形状工件的冲模，或单件生产的冲模，常常采用凸模与凹模配合加工的方法。

配作法就是先按设计尺寸制造出一个基准件（凸模或凹模），然后根据基准件的实际尺寸，再按最小合理间隙配制另一件。这种加工方法的特点是模具的间隙由配制保证，工艺比较简单，不必校核$|\delta_p|+|\delta_d|\leqslant Z_{max}-Z_{min}$的条件，并且还可放大基准件的制造公差，使制造容易。设计时，基准件的刃口尺寸及制造公差应详细标注，而配作件上只标注公称尺寸，不标注公差，只在图纸上注明“凸（凹）模刃口按凹（凸）模实际刃口尺寸配制，保证最小双面合理间隙值 Z_{min}”即可。目前，大多任务厂采用此种加工方法。

对于形状复杂的冲裁件，各部分的尺寸性质不同，凸、凹模的磨损情况也不同，因此，基准件的刃口尺寸须按不同方法计算。

图 5-5（a）所示为落料件，计算时应以凹模为基准件，但凹模的磨损情况分为 3 类：第一类是凹模磨损后增大的尺寸（图中的 A 类尺寸）；第二类是凹模磨损后减小的尺寸（图中的 B 类尺寸）；第三类是凹模磨损后保持不变的尺寸（图中的 C 类尺寸）。如图 5-5（b）所示为冲孔件，应以凸模为基准件，可根据凸模的磨损情况，按图示方式将尺寸分为 A、B、C 3 类。当凸模磨损后，其尺寸的增减情况也是 A 类尺寸增大、B 类尺寸减小、C 类尺寸保持不变。这样，对于复杂形状的落料和冲孔，其基准件的刃口尺寸均可按下式计算。

$$A=(A_{max}-x\Delta)_0^{+\delta} \quad (5\text{-}8)$$

$$B=(B_{min}+x\Delta)_{-\delta}^{0} \quad (5\text{-}9)$$

$$C=C\pm\delta/2 \quad (5\text{-}10)$$

式（5-8）～式（5-10）中：

A、B、C—— 基准件基本尺寸，mm；

A_{max} —— 冲裁件 A 类尺寸最大极限值，mm；

B_{min} —— 冲裁件 B 类尺寸最小极限值，mm；

δ—— 模具制造公差，mm。

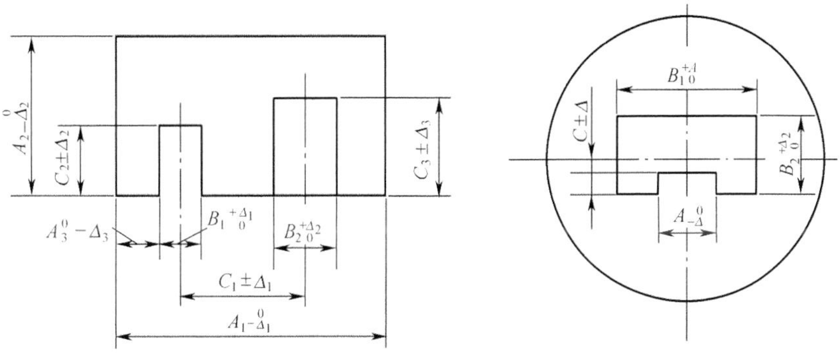

（a）落料件　　　　（b）冲孔件

图 5-5　落料、冲孔尺寸分类

【例 5-2】　图 5-6 所示的落料零件，材料为 10 钢，材料厚度为 1mm，其中尺寸 $a=80_{-0.42}^{\ 0}\text{mm}$，$b=40_{-0.34}^{\ 0}\text{mm}$，$c=35_{-0.34}^{\ 0}\text{mm}$，$d=(22\pm0.14)\ \text{mm}$，$e=15_{-0.12}^{\ 0}\text{mm}$。试确定冲裁加工模具的凸、凹模刃口部分的尺寸及公差。

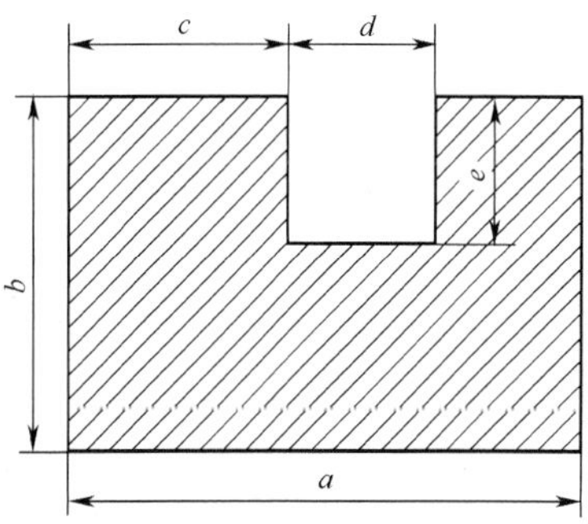

图 5-6　落料件零件图

解: 该冲裁件属于落料件，选择凹模为基准件，凸、凹模按配作法制造。计算时只需要确定落料凹模刃口尺寸及制造公差，凸模刃口尺寸按凹模实际尺寸保证最小间隙配合制造。

确定初始间隙。查表 5-2，得 $Z_{\min}=0.10\text{mm}$，$Z_{\max}=0.13\text{mm}$。

确定磨损系数 x。查表 5-4，尺寸 $a=80_{-0.42}^{\ 0}\text{mm}$，磨损系数 $x=0.5$；尺寸 $e=15_{-0.12}^{\ 0}\text{mm}$，磨损系数 $x=1.0$；其余尺寸磨损系数是 $x=0.75$。

$$A\text{类尺寸}\quad a_{\mathrm{d}}=(a-x\varDelta)_{\ 0}^{+\delta}=(80-0.5\times0.42)_{\ 0}^{+\delta}\text{mm}=79.79_{\ \ 0}^{+0.105}\text{mm}$$

$$b_{\mathrm{d}}=(b-x\varDelta)_{\ 0}^{+\delta}=(40-0.75\times0.34)_{\ 0}^{+\delta}\text{mm}=39.75_{\ \ 0}^{+0.085}\text{mm}$$

$$c_{\mathrm{d}}=(c-x\varDelta)_{\ 0}^{+\delta}=(35-0.75\times0.34)_{\ 0}^{+\delta}\text{mm}=34.75_{\ \ 0}^{+0.085}\text{mm}$$

$$B\text{类尺寸}\quad d_{\mathrm{d}}=(d_{\min}+x\varDelta)_{-\delta}^{\ 0}=(22-0.14+0.75\times0.28)_{-\delta}^{\ 0}\text{mm}=22.07_{-0.070}^{\ \ 0}\text{mm}$$

C 类尺寸。当磨损后不变的 C 类尺寸标注为单向偏差时，分两种情况：$C_{-\varDelta}^{\ 0}$和$C_{\ 0}^{+\varDelta}$，此时以 C 的极限平均尺寸代入式（5-10），得

$$e_{\mathrm{d}}=\left(e+\frac{e_{\max}+e_{\min}}{2}\right)\pm\delta=(14.94\pm0.015)\text{mm}$$

落料凸模的基本尺寸与凹模基本尺寸相同，依次分别为：79.79mm、39.75mm、34.75mm、26.07mm、14.94mm，不必标注尺寸偏差，但应在模具图中注明“凸模实际刃口尺寸与落料凹模配制，保证双面间隙为 0.10～0.13mm”。落料凹模、凸模的尺寸如图 5-7 所示。

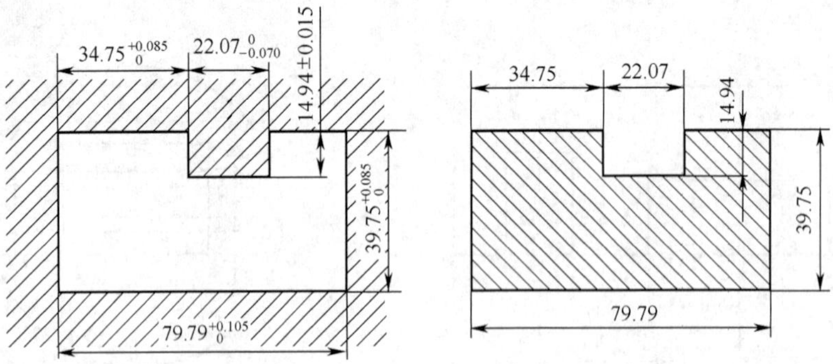

（a）落料凹模尺寸　　（b）落料凸模尺寸

图 5-7　落料凸、凹模尺寸

5.4　冲裁工艺的计算

5.4.1　冲裁力的计算

冲裁力是冲裁过程中凸模对板料施加的压力，它是选用压力机和设计模具的重要依据之一。在整个冲裁过程中，冲裁力的大小是不断变化的，如图 5-8 所示。图中 *OA* 段为弹性变形阶段，板料上的冲裁力随凸模的下压直线增加，*AB* 段为塑性变形阶段，*C* 点为冲裁力的最大值。凸模再下压，材料内部产生裂纹并迅速扩张，冲裁力下降，所以 *BC* 段是断裂阶段。到达 *C* 点，上下裂纹重合，板料已经分离。*CD* 段所用的压力仅是克服摩擦阻力，推出已分离的料。通常说的冲裁力是指板料作用在凸模上的最大抗力。板料作用在凸模上产生最大抗力时出现裂纹（即图中的 *B* 点），此时，板料内剪切变形区的切应力为材料的抗剪强度。

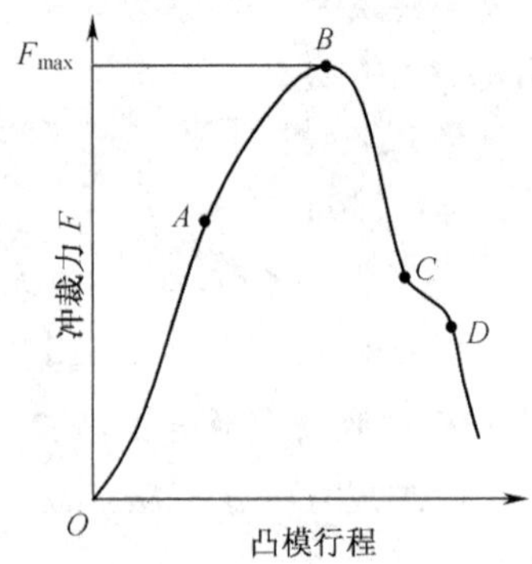

图 5-8　冲裁力变化曲线

对于普通平刃刀口的冲裁，其冲裁力 *F* 可按下式计算

$$F = KLt\tau_b \tag{5-11}$$

式中：*F*——冲裁力；

L——冲裁周边长度；

t——材料厚度；

τ_b——材料抗剪强度；

K——系数。

系数 *K* 是考虑到在实际生产中模具间隙值的波动和不均匀、刃口的磨损、板料力学性能和厚度波动等因素的影响而给出的修正系数，一般取 *K*＝1.3。

在一般情况下，材料的抗拉强度 $\sigma_b = 1.3\tau_b$，为计算方便，也可按下式计算冲裁力。

$$F = Lt\sigma_b \tag{5-12}$$

5.4.2　降低冲裁力的方法

冲裁高强度材料、厚料和外形尺寸较大的工件时，需要的冲裁力较大。为实现小设备冲裁大工件，或使冲裁过程平稳以减少压力机震动，常用下列方法来降低冲裁力。

（1）阶梯凸模冲裁。在多凸模的模具中，可根据凸模的尺寸大小，做成不同的高度，使工作端面呈阶梯形布置。阶梯凸模冲裁的降力原理是，它使几个冲头不同时发生冲裁，避免了多个凸模冲裁力的最大值同时发生，因此降低了总的冲裁力。

阶梯凸模冲裁能降低冲裁力，减小震动，保证了工件精度，并可避免与大凸模相距很近的小凸模的倾斜和折断；缺点是长凸模插入凹模较深，易磨损，修磨刃口较麻烦。阶梯凸模冲裁主要用于有多个凸模且位置较对称的模具。

（2）斜刃冲裁。平刃冲裁是沿刃口整个周边同时冲切材料，故冲裁力较大。若将凸模（或凹模）刃口平面做成不垂直于运动方向的斜面，则冲裁时刃口不是与冲裁件周边同时接触，而是逐步地将材料切离，因而能显着降低冲裁力。

采用斜刃口冲裁，为了获得平整的零件，落料时凸模应为平刃，将凹模做成斜刃；冲孔时则凹模应为平刃，凸模为斜刃。斜刃还应当对称布置，以免冲裁时模具承受单向侧压力而发生偏移，啃伤刃口。

斜刃冲裁的优点是压力机可以在柔和条件下工作，冲裁件很大时，降力显着；缺点是模具制造复杂，刃口易磨损，修磨困难，冲裁件不够平整，且不适于冲裁外形复杂的冲裁件，因此，在一般情况下尽量不用，只用于大型冲件或厚板的冲裁。

（3）加热冲裁。加热冲裁又称为红冲。金属在常温时其抗剪强度是一定的，但是，当金属材料加热到一定的温度之后，其抗剪强度显着降低，所以加热冲裁能降低冲裁力。将金属材料加热到 700℃～900℃，冲裁力只及常温的 1/3，甚至更小。加热冲裁的优点是降力显着，缺点是加热易产生氧化皮，破坏工件表面质量，且因加热，劳动条件差。加热冲裁一般用于厚料冲裁及公差等级要求不高的工件冲裁。

5.4.3　卸料力、推件力和顶件力的计算

冲裁时，材料分离前存在着弹性变形。在冲裁结束时，由于材料的弹性回复及摩擦的存在，落料件或冲孔废料梗塞在凹模内，而冲裁剩下的材料则紧箍在凸模上。为使冲裁工作继续进行，必须将箍在凸模上的料卸下，将梗塞在凹模内的料推出。从凸模上卸下箍着的料所需要的力称卸料力 $F_{卸}$，从凹模内将工件或废料顺着冲裁方向推出的力称为推件力 $F_{推}$，从凹模内将工件或废料逆着冲裁方向顶出所需要的力称为顶件力 $F_{顶}$。

要准确地计算这些力是困难的，生产中常用下列经验公式计算

$$F_{卸} = K_{卸}F \tag{5-13}$$

$$F_{推} = nK_{推}F \tag{5-14}$$

$$F_{顶} = K_{顶}F \tag{5-15}$$

式中：F——冲裁力；

$K_{卸}$、$K_{推}$、$K_{顶}$ ——卸料力、推件力、顶件力系数，见表 5-5；

n ——同时卡在凹模内的冲裁件（或废料）数。

式（5-14）中，n 可用下式计算。

$$n=\frac{h}{t} \tag{5-16}$$

式中：h ——凹模洞口的直刃壁高度；

t ——板料厚度。

表 5-5　　卸料力、推件力、顶件力系数

料厚（mm）		$K_{卸}$	$K_{推}$	$K_{顶}$
钢	≤0.1	0.06～0.09	0.1	0.14
	＞0.1～0.5	0.04～0.07	0.065	0.08
	＞0.5～2.5	0.025～0.06	0.05	0.06
	＞2.5～6.5	0.02～0.05	0.045	0.05
	＞6.5	0.015～0.04	0.025	0.03
紫铜、黄铜		0.02～0.06	0.03～0.09	
铝、铝合金		0.03～0.08	0.03～0.07	

注：卸料力系数 $K_{卸}$ 在冲孔、大搭边和轮廓复杂时取上限值。

5.4.4　压力机公称压力的确定

卸料力、推件力和顶件力是由压力机和模具卸料装置或顶件装置传递的，所以在选择设备的公称压力或设计冲模时，应分别予以考虑。

冲裁时，压力机的公称压力必须大于或等于各种冲压工艺力的总和 $F_{总}$。$F_{总}$ 的计算应根据不同的模具结构分别对待。

采用弹压卸料装置和下出料方式的模具时

$$F_{总}=F+F_{卸}+F_{推} \tag{5-17}$$

采用弹压卸料装置和上出料方式的模具时

$$F_{总}=F+F_{卸}+F_{推} \tag{5-18}$$

采用刚性卸料装置和下出料方式的模具时

$$F_{总}=F+F_{推} \tag{5-19}$$

5.4.5　冲裁压力中心的计算

冲裁压力中心就是冲裁力的合力作用点。在冲压生产中，为保证压力机和模具正常工作，模具的冲裁压力中心必须与压力机滑块中心线重合，否则，在冲裁过程中，会使滑块、模柄及导柱承受附加弯矩，模具与压力机滑块产生偏斜，凸、凹模之间的间隙分布不均，从而造成导向零件加速磨损，模具刃口及其他零件损坏，甚至会引起压力机导轨磨损，影响压力机精度。因此，在设计模具时，必须确定冲裁的压力中心，并使之与模柄轴线重合，从而保证模具的冲裁压力中心与压力机滑块中心重合。冲裁压力中心计算方法如下。

（1）直线段的压力中心位于直线段的中心。

（2）形状对称的冲裁件，其冲裁压力中心位于冲裁轮廓的几何中心上。

（3）圆弧的冲裁压力中心在其重心上，$x_0=(r\sin\alpha)/\alpha$，α 以弧度计算，如图 5-9 所示。

（4）复杂形状工件或多凸模冲裁件的冲裁压力中心，可按力矩平衡原理进行解析计算。

① 按比例将冲裁工件的冲裁轮廓画出，如图 5-10 所示。

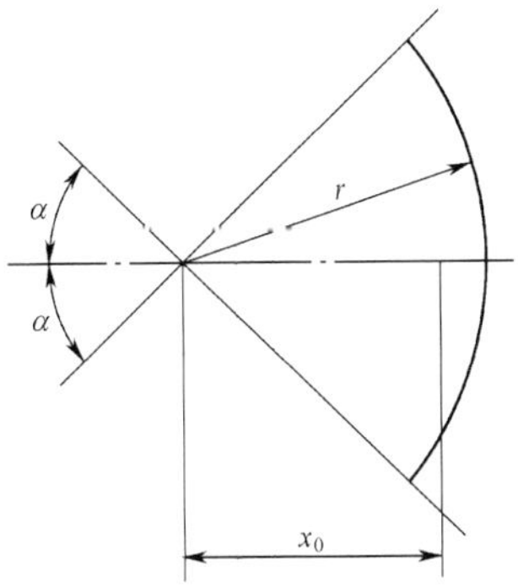

图 5-9　圆弧中心

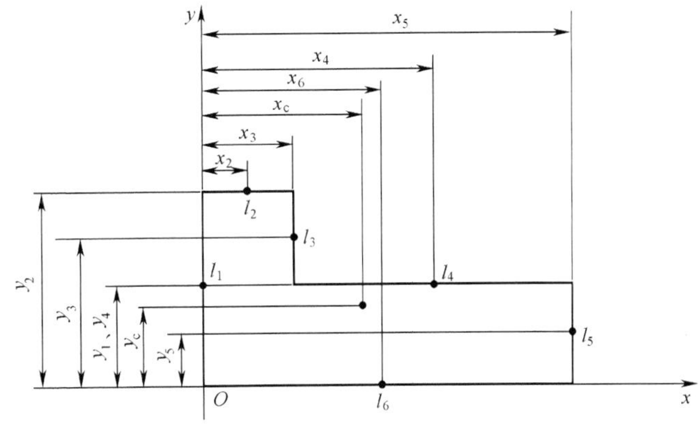

图 5-10　冲裁压力中心

② 建立直角坐标系 xOy。

③ 将冲裁件的冲裁轮廓分解为若干直线段和圆弧段 L_1、L_2、L_3、…、L_n 等基本线段。因为冲裁力与轮廓线长度成正比关系，故可用线段长度代替冲裁力进行压力中心计算。

④ 计算各基本线段的长度及其重心到坐标轴 x 轴、y 轴的距离 y_1、y_2、y_3、…、y_n 和 x_1、x_2、x_3、…、x_n。

⑤ 计算压力中心坐标 x_c、y_c。

$$x_c=\frac{L_1x_1+L_2x_2+\cdots+L_nx_n}{L_1+L_2+\cdots+L_n} \tag{5-20}$$

$$y_c=\frac{L_1y_1+L_2y_2+\cdots+L_ny_n}{L_1+L_2+\cdots+L_n} \tag{5-21}$$

5.5　工件的排样与搭边

冲裁件在条料、带料或板料上的布置方式称为冲裁件的排样，简称排样。合理的排样应是在保证制件质量、有利于简化模具结构的前提下，以最少的材料消耗，冲出数量最多的合格工件。

5.5.1　排样原则

（1）提高材料利用率。冲裁件生产批量大，生产效率高，材料费用占总成本的 60%以上，利用排样提高材料利用率是很有经济意义的。为了提高材料利用率，在不影响冲裁件使用性能的前提下，还可适当改变冲裁件的形状，提高材料利用率。

（2）改善操作性。排样要便于工人操作，减轻工人劳动强度。条料在冲裁过程中翻动要少，在材料利用率相同或相近时，应尽可能选条料宽、进距小的排样方法，尽量减少翻动，进料有规则，便于自动送料。

（3）简化模具结构，模具寿命提高。

（4）保证冲裁件质量。排样应保证冲裁件质量，不能只考虑利用材料而不顾冲裁件性能。对于弯曲件的落料，在排样时还应考虑板料的纤维方向。

排样设计的工作内容包括选择排样方法、确定搭边的数值、计算条料宽度及送料步距、画出排样图等，有必要时还应计算出材料的利用率。

5.5.2 排样方法

按照材料的利用程度，排样可分为有废料排样、少废料排样和无废料排样 3 种方法，如图 5-11 所示。废料是指冲裁中除零件以外的其他板料，包括工艺废料和结构废料。

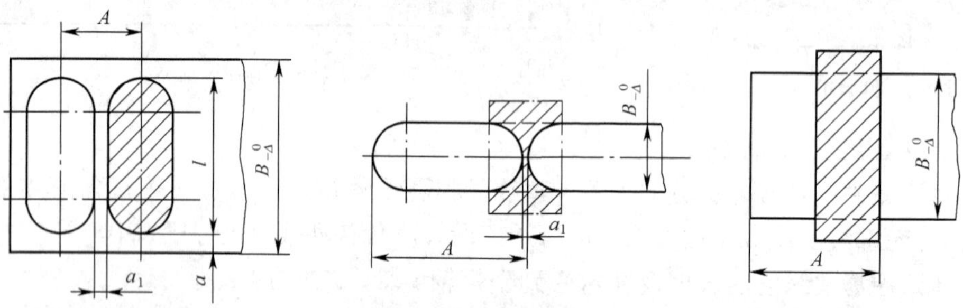

（a）有废料排样　　（b）少废料排样　　（c）无废料排样

图 5-11　排样方式

（1）有废料排样。如图 5-11（a）所示，沿工件全部外形轮廓线冲裁，工件与工件之间、工件与条料之间都存在工艺余料（称搭边）。因为此方式是沿着冲裁件的封闭轮廓冲切，所以冲裁件质量和模具寿命都较高，但材料利用率低。

（2）少废料排样。如图 5-11（b）所示，沿工件部分外形轮廓线切断或冲裁，只在工件与工件之间或工件与条料侧边之间留有搭边。这种排样方法的冲裁只沿工件的部分轮廓冲裁，受剪裁条料质量和定位误差的影响，其冲裁件质量稍差，但材料利用率可达到 70%～90%。

（3）无废料排样。如图 5-11（c）所示，无废料排样是指在冲裁件与冲裁件之间、冲裁件与条料侧边之间均无搭边存在，冲裁件实际上是直接由切断条料获得的，材料利用率可高达 85%～90%。

采用少废料、无废料排样时，材料利用率高，不但有利于一次行程获得多个冲裁件，还可以简化模具结构，降低冲裁力，但受条料宽度误差及条料导向误差的影响，冲裁件尺寸及精度不易保证。另外，在有些无废料排样中，冲裁时模具会单面受力，影响模具使用寿命。有废料排样时，冲裁件质量和模具寿命较高，但材料利用率较低，所以在排样设计中，应全面权衡利弊。

对有废料排样、少废料排样、无废料排样还可以进一步按冲裁件在条料上的布置方法加以分类，其主要形式列于表 5-6。

表 5-6 有废料排样、少废料排样、无废料排样主要形式的分类

排样形式	有废料排样		少、无废料排样	
	简 图	应 用	简 图	应 用
直排	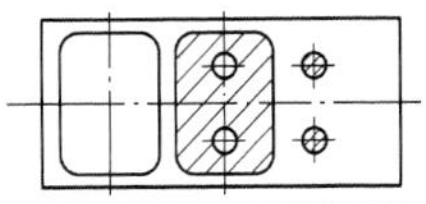	用于简单几何形状（方形、圆形、矩形）的冲件	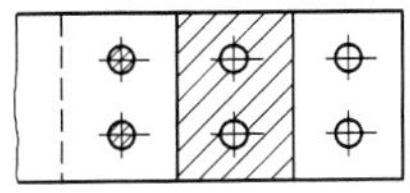	用于矩形或方形冲件
斜排	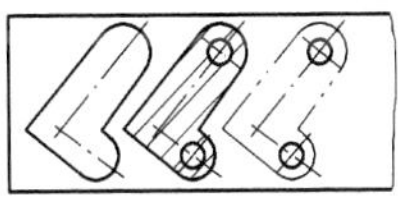	用于 T 形、L 形、S 形、十字形、椭圆形冲件	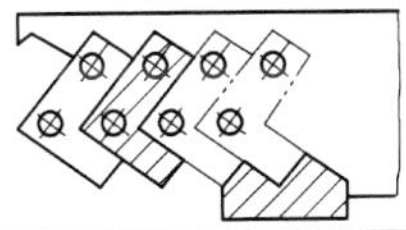	用于 L 形或其他形状的冲件，在外形上允许有少量的缺陷
直对排	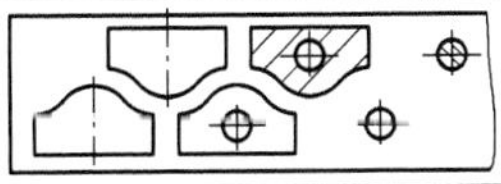	用于 T 形、Π形、山形、梯形、三角形、半圆形的冲件	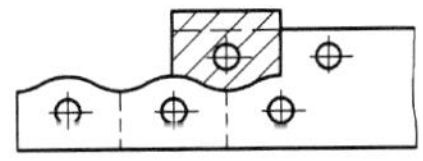	用于 T 形、Π形、山形、梯形、三角形冲件，在外形上允许有少量的缺陷
斜对排	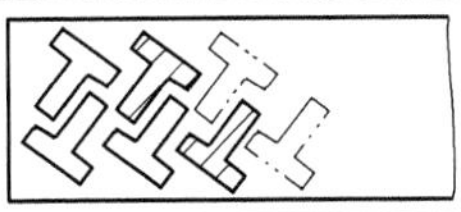	用于材料利用率比直对排高时的情况	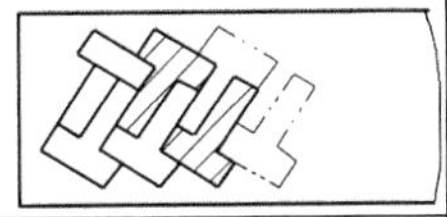	多用于 T 形冲件
混合排	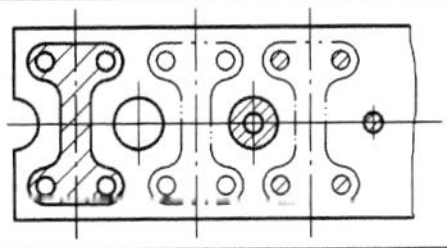	用于材料和厚度都相同的两种以上的冲件	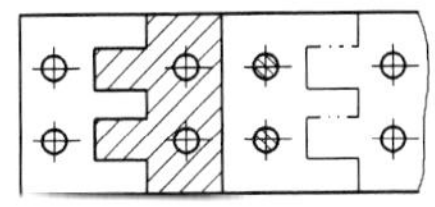	用于两个外形互相嵌入的不同冲件（铰链等）
多排	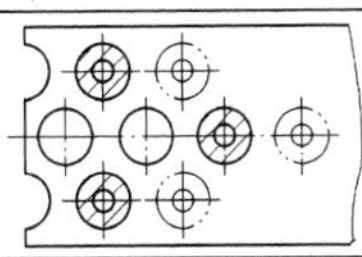	用于大批量生产中尺寸不大的圆形、六角形、方形、矩形冲件	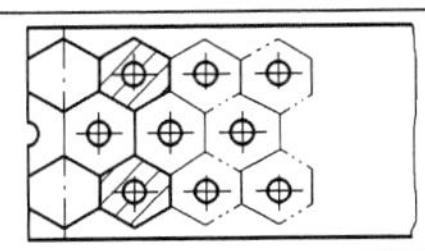	用于大批量生产中尺寸不大的方形、矩形或六角形冲件
冲裁搭边		大批量生产中用于小的窄冲件（表针及类似的冲件）或带料的连续拉深	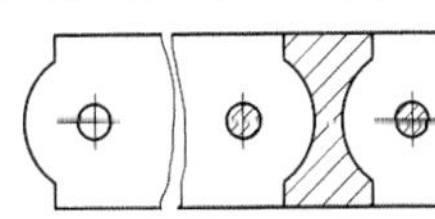	用于以宽度均匀的条料或带料冲裁长形件

对于形状复杂的冲件，通常用纸片剪成 3～5 个样件，然后摆出各种不同的排样形式，经过分析和计算，选出合理的排样方案。

5.5.3 搭边

冲裁件与冲裁件之间，冲裁件与条料侧边之间留下的工艺余料称为搭边。搭边的作用是避免因送料误差发生零件缺角、缺边或尺寸超差，使凸、凹模刃口受力均衡，提高模具使用寿命及冲裁件断面质量。此外，利用搭边还可以实现模具的自动送料。

冲裁时，搭边过大，会造成材料浪费；搭边太小，则起不到搭边应有的作用，过小的搭边还会导致板料被拉进凸、凹模间隙，加剧模具的磨损，甚至会损坏模具刃口。

搭边的合理数值主要取决于冲裁件的板料厚度、材料性质、外廓形状及尺寸大小等。一般说来，材料硬时，搭边值可取得小些；材料软或为脆性材料时，搭边值应取得大些；板料厚度大，需要的搭边值就大；冲裁件的形状复杂，尺寸大，过渡圆角半径小，需要的搭边值就大；手工送料或有侧压板导料时，搭边值可取小些。

搭边值通常由经验确定，表 5-7 列出了低碳钢冲裁时常用的最小搭边值。

排样方式和搭边值确定之后，条料的步距、宽度和导料板的宽度也就可以设计出来。

表 5-7　　　　最小搭边经验值　　　　单位：mm

材料厚度 t	圆形或圆角 $r>2t$ 的工件		矩形件边长 $L<50$		矩形件边长 $L\geqslant 50$ 或圆角 $r\leqslant 2t$	
	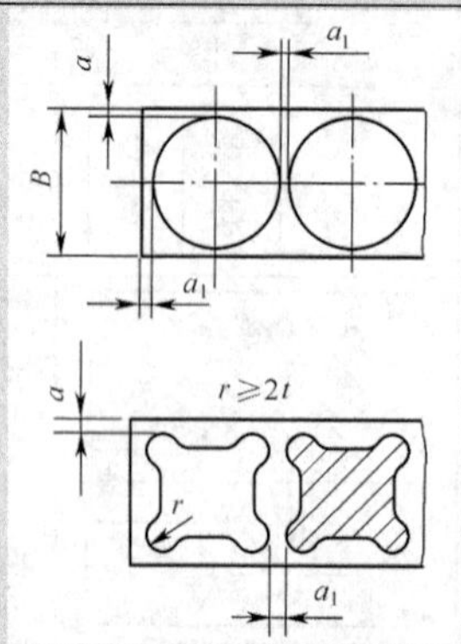		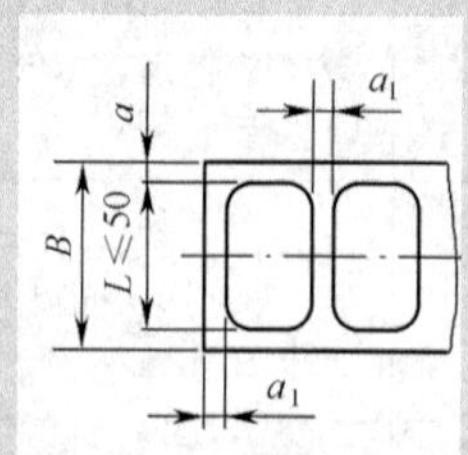		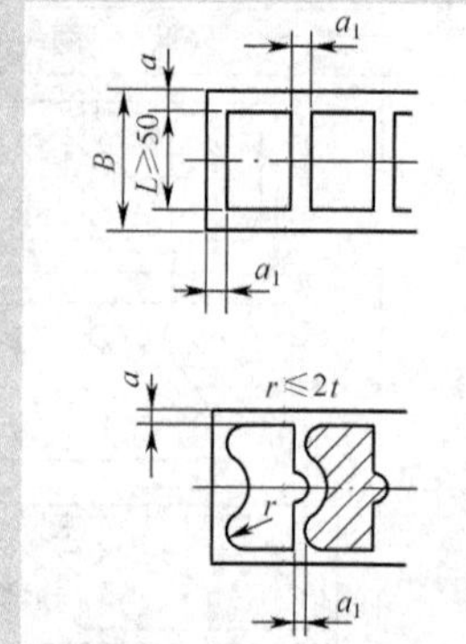	
	工件间 a_1	侧面 a	工件间 a_1	侧面 a	工件间 a_1	侧面 a
0.25 以下	1.8	2.0	2.2	2.5	2.8	3.0
0.25～0.5	1.2	1.5	1.8	2.0	2.2	2.5
0.5～0.8	1.0	1.2	1.5	1.8	1.8	2.0
0.8～1.2	0.8	1.0	1.2	1.5	1.5	1.8
1.2～1.6	1.0	1.2	1.5	1.8	1.8	2.0
1.6～2.0	1.2	1.5	1.8	2.5	2.0	2.2
2.0～2.5	1.5	1.8	2.0	2.2	2.2	2.5
2.5～3.0	1.8	2.2	2.2	2.5	2.5	2.8
3.0～3.5	2.2	2.5	2.5	2.8	2.8	3.2
3.5～4.0	2.5	2.8	2.5	3.2	3.2	3.5
4.0～5.0	3.0	3.5	3.5	4.0	4.0	4.5
5.0～12	$0.6t$	$0.7t$	$0.7t$	$0.8t$	$0.8t$	$0.9t$

1．送料步距

条料在模具上每次送进的距离称为送料步距或进距。送料步距的大小应为条料上两个对应冲裁件的对应点之间的距离，如图 5-11（a）、（b）所示。每次只冲一个零件的步距 A 的计算公式为

$$A=D+a \tag{5-22}$$

式中：D ——平行于送料方向的冲裁件宽度；

a ——冲裁件之间的搭边值。

2．条料宽度和导料板间距离的计算

条料是由板料裁剪下料而得，为保证送料顺利，裁剪时的公差带分布规定为上偏差是 0，下偏差为负值，即$-\Delta$。

（1）有侧压装置时，条料宽度和导料板间距离的计算。图 5-12 所示的有侧压装置的模具，能使条料始终沿着导料板送进，因此，条料宽度和导料板间距离按下式计算。

条料宽度　$$B_{-\Delta}^{\ 0}=(D_{\max}+2a)_{-\Delta}^{\ 0} \tag{5-23}$$

导料板间距离　$$A=B+C=D_{\max}+2a+C \tag{5-24}$$

当用手将条料紧贴导料板或两个导料销送进时，条料宽度和导料板间距离计算公式同式（5-24）。

（2）无侧压装置时，条料宽度和导料板间距离的计算。条料在无侧压装置的导料板之间送料时，如图 5-13 所示，条料宽度和导料板间距离按下式计算。

条料宽度　$B_{-\Delta}^{\ 0} = [D_{max} + 2a + C]_{-\Delta}^{\ 0}$　（5-25）

导料板间距离　$A = B + C = D_{max} + 2a + 2C$　（5-26）

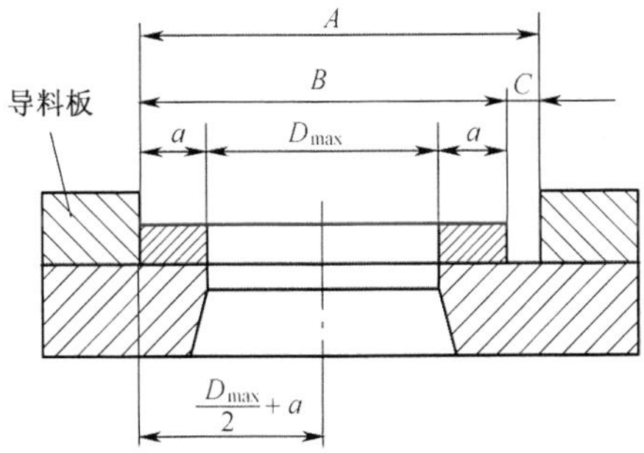

图 5-12　有侧压装置时的冲裁

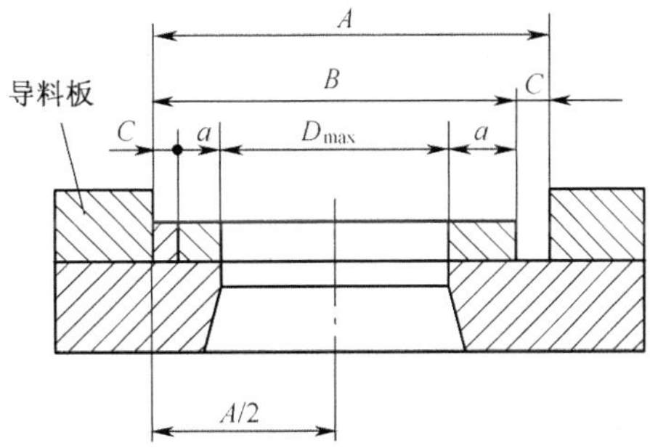

图 5-13　无侧压装置时的冲裁

式中：B——条料的宽度；

D_{max}——冲裁件垂直于送料方向的最大尺寸；

a——侧搭边的最小值，见表 5-7；

Δ——条料宽度的单向（负向）偏差，见表 5-8、表 5-9；

C——导料板与最宽条料之间的单面小间隙，其最小值见表 5-10。

表 5-8　条料宽度偏差　单位：mm

条料宽度 B	材料厚度 t		
	0～0.5	＞0.5～1	＞1～2
0～20	0.05	0.08	0.10
＞20～30	0.08	0.10	0.15
＞30～50	0.10	0.15	0.20

表 5-9　条料宽度偏差　单位：mm

条料宽度 B	材料厚度 t			
	0～1	1～2	2～3	3～5
0～50	0.4	0.5	0.7	0.9
50～100	0.5	0.6	0.8	1.0
100～150	0.6	0.7	0.9	1.1
150～220	0.7	0.8	1.0	1.2
220～300	0.8	0.9	1.1	1.3

表 5-10　送料最小间隙 C_{min}　单位：mm

材料厚度 t	无侧压装置			有侧压装置	
	条料宽度 B			条料宽度 B	
	100 以下	100～200	200～300	100 以下	100 以上
0～0.5	0.5	0.5	1	5	8
0.5～1	0.5	0.5	1	5	8
1～2	0.5	1	1	5	8
2～3	0.5	1	1	5	8
3～4	0.5	1	1	5	8
4～5	0.5	1	1	5	8

5.5.4 材料利用率的计算

材料利用率是衡量合理利用材料的指标。材料的利用率通常是以一个步距内零件的实际面积与所用毛坯面积的百分比来表示，即

$$\eta=\frac{S_1}{S_0}\times 100\%=\frac{S_1}{AB}\times 100\% \tag{5-27}$$

式中：S_1——一个步距内零件的实际面积；

S_0——一个步距内所需毛坯面积；

A——送料步距；

B——条料宽度。

若考虑到料头、料尾和边余料的材料消耗，则一张板料（或带料、条料）上总的材料利用率$\eta_{总}$为

$$\eta_{总}=\frac{nS_2}{LB}\times 100\% \tag{5-28}$$

式中：n——条料上实际冲裁的零件数；

S_2——一个零件的实际面积；

L——条料长度；

B——条料宽度。

5.5.5 排样图

排样图是排样设计的最终表达形式，是编制冲压工艺与设计模具的重要工艺文件。它应绘在冲压工艺规程卡片上和冲裁模总装图的右上角。一张完整的排样图应标注条料宽度尺寸B、条料长度L、板料厚度t、端距l、步距S、工件间搭边a_1和侧搭边a，并习惯以剖面线表示冲压位置，如图 5-14 所示。

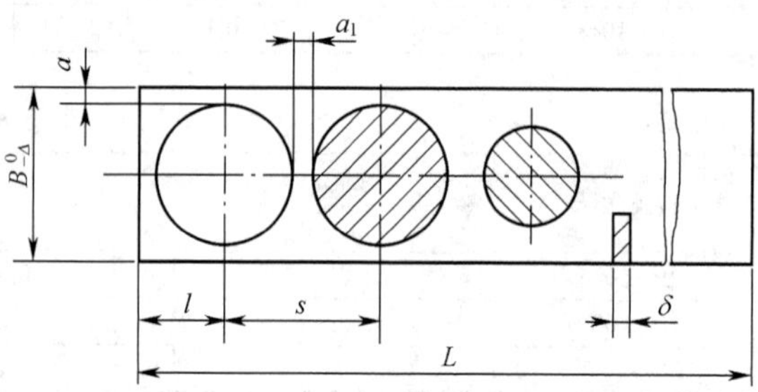

图 5-14 排样图

5.6 冲裁工艺设计

冲裁工艺设计包括冲裁件的工艺性分析和冲裁工艺方案确定。良好的工艺性和合理的工艺方案，可以用最少的材料、最少的工序数和工时，使得模具结构简单、寿命长，且能稳定地获得合格冲件。

5.6.1 冲裁件的工艺性分析

冲裁件的工艺性是指冲裁件的结构、形状、尺寸等对冲裁工艺的适应性。在设计冲裁模

之前，首先要对冲裁件的工艺性进行分析。所谓冲裁件的工艺性能好就是指能用一般的冲裁方法，在满足模具寿命较高、生产率较高、成本较低的要求下，得到质量合格的冲裁件。

冲裁件工艺性主要包括以下几个方面。

（1）冲裁件的精度等级。冲裁获得的工件精度一般可达 IT12～10 级，较高精度可达 IT10～8 级，见表 5-11。冲孔的精度比落料约高一级。如果工件精度高于上述要求，则在冲裁后须整修或采用精密冲裁。

表 5-11　　冲裁件内、外形可达到的经济精度　　单位：mm

材料厚度 t \ 基本尺寸	≤3	3～6	6～10	10～18	18～500
≤1	IT12～IT13			IT11	
1～2	IT14	IT12～IT13			IT11
2～3	IT14			IT12～IT13	
3～5		IT14			IT12～IT13

（2）冲裁件的形状。冲裁件的形状应力求简单、对称，尽量使用圆角过渡，以便于模具加工，减少热处理或冲压时在尖角处开裂的现象，同时，也能防止尖角部位刃口的过快磨损。冲裁件的形状还应尽可能避免过长的悬臂和切口，同时，冲裁件的形状还应有利于排样时材料的经济性。

冲裁件的外形或内孔应避免尖角，各直线或曲线的连接处应有适当的圆角转接，转接圆角半径 r 的最小值见表 5-12。

表 5-12　　冲裁件转接圆角 r_{min}　　单位：mm

转 接 圆 角	外转接圆角		内转接圆角	
	$\alpha \geqslant 90°$	$\alpha < 90°$	$\alpha \geqslant 90°$	$\alpha < 90°$
高碳钢、合金钢	$0.45t$	$0.70t$	$0.50t$	$0.90t$
低碳钢	$0.3t$	$0.50t$	$0.35t$	$0.60t$
黄铜、铝	$0.24t$	$0.35t$	$0.20t$	$0.45t$

注：其中 t 为材料厚度。

（3）冲裁件的尺寸。冲裁时，由于受到凸、凹模强度与模具结构的限制，冲裁件的最小尺寸有一定的限制。如冲孔的最小尺寸、孔距的最小尺寸、孔与边缘的最小孔边距、工件悬臂与窄槽的最小宽度等，都有一定的限制，如图 5-15 所示。

5.6.2　冲裁工艺方案的确定

确定工艺方案就是确定冲压件的工艺路线，主要包括冲压工序数、工序的组合和顺序等。在工艺性分析的基础上，根据冲裁件的生产批量、尺寸精度，尺寸、形状复杂程度、材料的厚度、冲模制造条件与冲压设备条件等多方面的因素，拟定出多种可能的不同工艺方案，并进行全面分析与研究，比较其综合的经济技术效果，选择一个合理的冲压工艺方案。

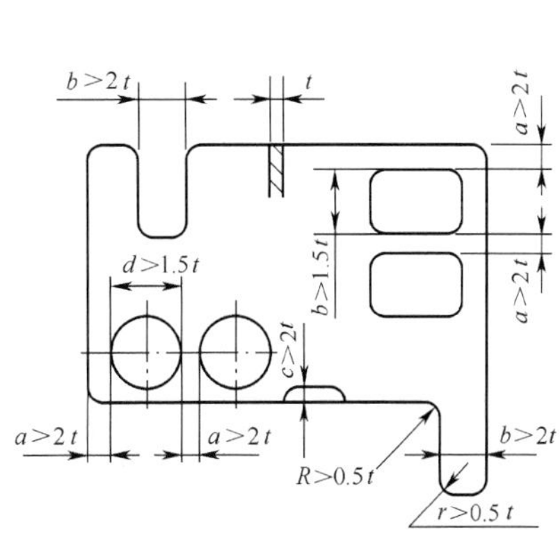

图 5-15　冲裁件有关尺寸的限制

确定工艺方案主要就是要确定用单工序冲裁

模、复合冲裁模还是级进冲裁模。对模具设计来说，这是首先要确定的重要一步。表 5-13 列出了生产批量与模具类型的关系。

表 5-13　　生产批量与模具类型的关系　　单位：千件

项　目	生产批量				
	单　件	小　批	中　批	大　批	大　量
大型件	<1	1～2	2～20	20～300	>300
中型件		1～5	5～50	50～100	>1 000
小型件		1～10	10～100	100～500	>5 000
模具类型	单工序模、组合模、简易模	单工序模、组合模、简易模	单工序模、级进模、复合模、半自动模	单工序模、级进模、复合模、自动模	硬质合金级进模、复合模、自动模

注：表内数字为每年产量数值。

确定模具类型时，还要考虑冲裁件尺寸形状的适应性。当冲裁件的尺寸较小时，考虑到单工序送料不方便和生产效率低，常采用复合冲裁或级进冲裁。对于尺寸中等的冲裁件，由于制造多副单工序模具的费用比复合模昂贵，则采用复合冲裁；当冲裁件上的孔与孔之间或孔与边缘之间的距离过小时，不宜采用复合冲裁或单工序冲裁，宜采用级进冲裁。级进冲裁可以加工形状复杂、宽度很小的异形冲裁件，且可冲裁的材料厚度比复合冲裁的要大，但级进冲裁受压力机工作台面尺寸与工序数的限制，冲裁件尺寸不宜太大。各种冲裁模的对比关系见表 5-14。

表 5-14　　各种冲裁模的对比关系

模具种类 / 比较项目	单工序模		级进模	复合模
	无导向	有导向		
零件公差等级	低	一般	可达 IT13～IT10 级	可达 IT10～IT8 级
零件特点	尺寸不受限制厚度不限	中小型尺寸厚度较厚	小型件，t=0.2～6mm，可加工复杂零件，如宽度极小的异形件、特殊形状零件	形状与尺寸受模具结构与强度的限制，尺寸可以较大，厚度可达 3mm
零件平面度	差	一般	中、小型件不平直，高质量工件需校平	由于压料冲裁的同时得到了校平，冲件平直且有较好的剪切断面
生产效率	低	较低	工序间自动送料，可以自动排除冲件，生产效率高	冲件被顶到模具工作面上必须用手工或机械排除，生产效率较低
使用高速自动冲床的可能性	不能使用	可以使用	可以在行程次数为 400 次/min 或更多的高速压力机上工作	操作时出件困难，可能损坏弹簧缓冲机构，不作推荐
安全性	不安全，需采取安全措施		比较安全	不安全，需采取安全措施
多排冲压法的应用			广泛用于尺寸较小的冲件	很少采用
模具制造工作量和成本	低	比无导向的稍高	冲裁较简单的零件时，比复合模低	冲裁复杂零件时，比级进模低

【例 5-3】　图 5-16 所示零件，材料为 10 钢，厚度为 6.5mm，大批量生产，试制定冲压工艺方案。

解：分析零件的冲压工艺性。

（1）材料。10 钢是优质碳素结构钢，具有良好的冲压性能。

（2）工件结构。该零件形状简单、结构对称，孔边距大于凸凹模允许的最小壁厚，故可以考虑采用复合冲压工序。

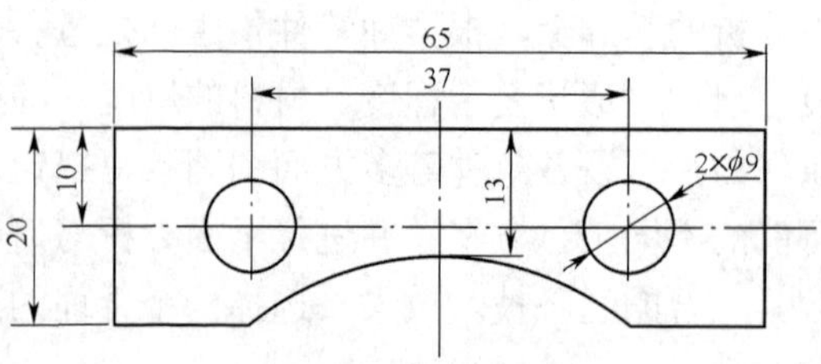

图 5-16　零件简图

（3）尺寸精度。冲裁零件内、外形所能达到的经济精度为 IT13 ~ IT12 级，采用一般普通冲压方法能够满足尺寸精度要求。

（4）确定冲压工艺方案。该零件包括落料、冲孔两个基本工序，可有以下 3 种工艺方案。

方案 1：先落料，后冲孔，采用单工序模生产。

方案 2：落料—冲孔复合冲压，采用复合模生产。

方案 3：冲孔—落料连续冲压，采用级进模生产。

方案 1 模具结构简单，但需两道工序和两副模具，生产率较低，难以满足该零件的产量要求。方案 2 只需一副模具，冲压件的精度容易保证，且生产率也高，尽管模具结构比方案 1 复杂，但由于零件的几何形状简单对称，模具制造并不困难。方案 3 也只需要一副模具，生产率也很高，但零件的冲压精度稍差，欲保证冲压件的形位精度，需要在模具上设置导正销导正，故模具制造、安装比复合模复杂。通过对上述 3 种方案的分析比较，该件的冲压生产采用方案 2 为宜。

5.6.3　模具结构的设计

冲裁工艺方案确定之后，就要确定模具的各个部分的具体结构，包括上、下模的导向方式及其模架的确定，毛坯定位方式的确定，卸料、压料与出件方式的确定，主要零部件的定位与固定方式以及其他特殊结构的设计等。

在进行上述模具结构设计时，还应考虑凸、凹模刃口磨损后修磨是否方便，易损坏的与易磨损的零件拆换是否方便，重量较大的模具是否有方便的起运孔或钩环，模具结构在各个细小的环节是否考虑到操作者的安全等。

5.7　冲裁模的典型结构

冲裁是冲压最基本的工艺方法之一，其模具的种类有很多。按照不同的工序组合方式，冲裁模可分为单工序冲裁模、级进冲裁模和复合冲裁模。

5.7.1　冲裁模的结构组成

冲裁模结构一般由以下 5 部分组成，如图 5-17 所示。

（1）工作零件。工作零件是指实现冲裁变形，使材料正确分离，保证冲裁件形状的零件，包括凸模 10、凹模 12 等。工作零件直接影响冲裁件的质量，并且影响冲裁力、卸料力和模具寿命。

（2）定位零件。定位零件是指保证条料或毛坯在模具中的位置正确的零件，包括导料板（或导料销）、挡料销 21 等。导料板对条料送进起导向作用，挡料销限制条料送进的位置。

（3）卸料及推件零件。卸料及推件零件是指将冲裁后，由于弹性恢复而卡在凹模孔内或箍在凸模上的工件或废料脱卸下来的零件，卡在凹模孔内的工件是利用凸模在冲裁时一个接一个地从凹模孔推落或由顶件装置顶出凹模（图 5-17 中的 13、15、16、17、18、19），箍在凸模上的废料或工件由卸料板卸下（图 5-17 中的 11、2、3）。

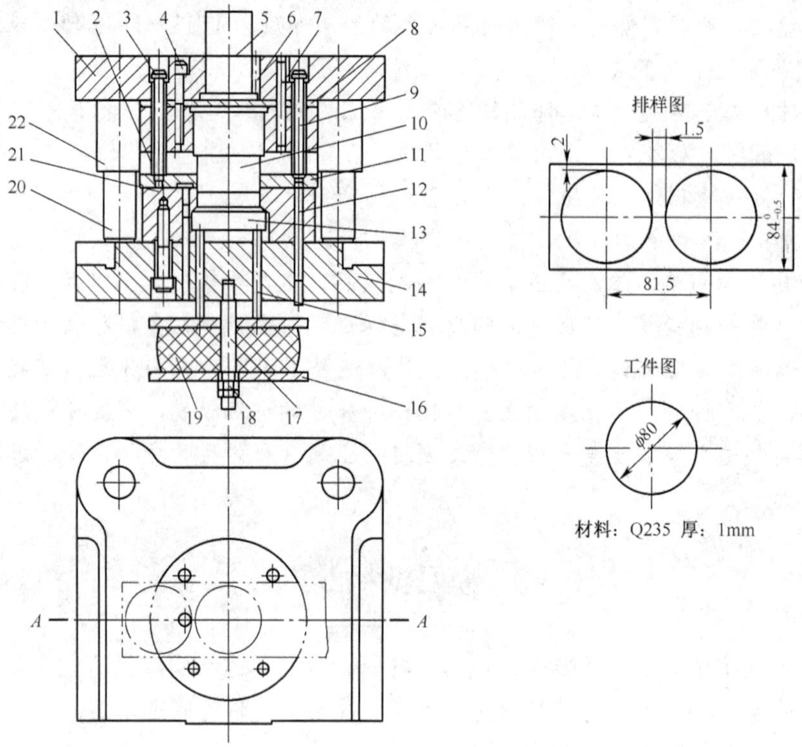

图 5-17　导柱式单工序弹顶冲裁模

1—上模座　2—弹簧　3—卸料螺钉　4—螺钉　5—模柄　6—止转销　7—圆柱销　8—垫板
9—凸模固定板　10—凸模　11—卸料板　12—凹模　13—顶件块　14—下模座　15—顶杆
16—托板　17—螺柱　18—螺母　19—橡皮　20—导柱　21—挡料销　22—导套

（4）导向零件。导向零件是保证上模对下模位置和运动方向正确的零件，一般由导套 22 和导柱 20 组成。采用导向装置可以保证冲裁时，凸模和凹模之间的间隙均匀，有利于提高冲裁件质量和模具寿命。

（5）连接固定零件。连接固定零件是指将凸、凹模固定于上、下模座，以及将上、下模固定在压力机上的零件，包括凸模固定板 9、垫板 8、上模座 1 和下模座 14 等。

冲裁模的典型结构一般由上述 5 部分零件组成，但不是所有的冲裁模都包含这 5 部分零件，如结构比较简单的开式冲模，上、下模就没有导向零件。冲模的结构取决于工件的要求、生产批量、生产条件和模具制造技术水平等多种因素，因此，冲模结构是多种多样的，作用相同的零件的形式也不尽相同。

根据上述 5 部分零部件在模具中的不同作用，又可以将它们分成工艺零件和结构零件两大类。

① 工艺零件。直接完成冲压工艺过程，并和坯料直接发生作用的零件，包括工作零件、定位零件以及压料、卸料和顶件零件。

② 结构零件。不直接参与完成工艺过程，也不和坯料直接发生作用，只对模具完成工艺过程起保证作用或对模具的功能起完善作用的零件，包括导向零件、支撑零件和连接件。

5.7.2　冲裁模的典型结构

1．单工序冲裁模

单工序冲裁模是指在压力机的一次行程中，只完成一道工序的冲裁模，如落料模、冲孔模、切边模、切口模等。根据模具导向装置的不同，常用的单工序冲裁模又可分为导板模与导柱模两种。

（1）导板式单工序冲裁模。图 5-18 所示为导板式落料模，模具的上模部分由模柄 1、上模座 3、垫板 6、凸模固定板 7、凸模 5 及止动销 2 组成，模具的下模部分由导板 9、导料板 10、固定挡料销 16、凹模 13、下模座 15、承料板 11 及始用挡料装置 18、19、20 组成。其中，导板 9 与凸模 5 为滑动配合，冲裁时对上模起导向作用，保证凸、凹模间隙均匀，同时，导板 9 还起卸料作用。

导板与凸模的配合间隙必须小于凸、凹模间隙。一般来说，对于薄料（t<0.8mm），导板与凸模的配合为 H6/h5；对于厚料（t>3mm），其配合为 H8/h7。

导板式冲裁模结构简单，但由于导板与凸模的配合精度要求高，特别是模具间隙小时，导板的加工非常困难，导向精度也不容易保证，所以此类模具主要用于材料较厚，工件精度不太高的场合，冲裁时，要求凸模与导板不脱开。

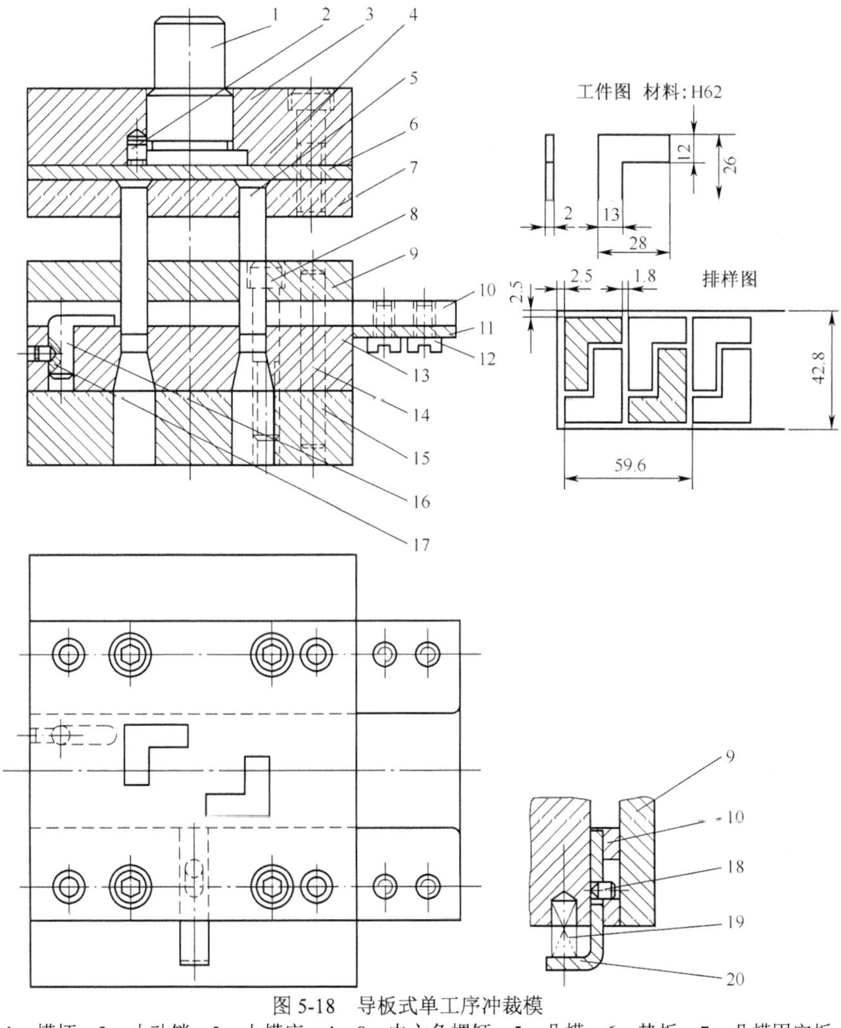

图 5-18　导板式单工序冲裁模

1—模柄　2—止动销　3—上模座　4、8—内六角螺钉　5—凸模　6—垫板　7—凸模固定板　9—导板　10—导料板　11—承料板　12—螺钉　13—凹模　14—圆柱销　15—下模座　16—固定挡料销　17—止动销　18—限位销　19—弹簧　20—始用挡料销

5-1　认识导板式单工序落料模

（2）导柱式单工序冲裁模。图 5-17 所示为导柱式单工序弹顶冲裁模的结构形式。该模具有两个导柱，模具工作时，导柱 20 首先进入导套 22，从而导正凸模 10 进入凹模 12，保证凸、

凹模间隙均匀。冲裁结束后，上模回复，凸模随之回复，装于上模部分的卸料板 11 将箍紧于凸模 10 上的条料卸下，工件则由装于下模部分的顶件块 13 顶出。

导柱模导向精度高，凸模与凹模的间隙容易保证，模具磨损小、安装方便。大多数冲裁模都采用这种形式。

5-2 认识导柱式单工序冲裁模

2．级进冲裁模

在压力机的一次行程中，在模具的不同部位上同时完成数道冲压工序的模具称为级进模，它是一种工位多、效率高的冲模。整个冲件的成形是在连续过程中逐步完成的。连续成形是工序集中的工艺方法，可使切边、切口、切槽、冲孔、塑性成形、落料等多种工序在一副模具上完成。根据冲压件的实际需要，按一定顺序安排了多个冲压工序（在级进模中称为工位）进行连续冲压，它不但可以完成冲裁工序，还可以完成成形工序，甚至装配工序，许多需要多任务序冲压的复杂冲压件可以在一副模具上完全成形，为高速自动冲压提供了有利条件。

级进冲裁模则是指在压力机的一次行程中，在模具的不同部位上完成两个或两个以上冲裁工序的模具。

图 5-19 是一个冲孔、落料级进模，上、下模用导板导向，导板兼起刚性卸料的作用。冲

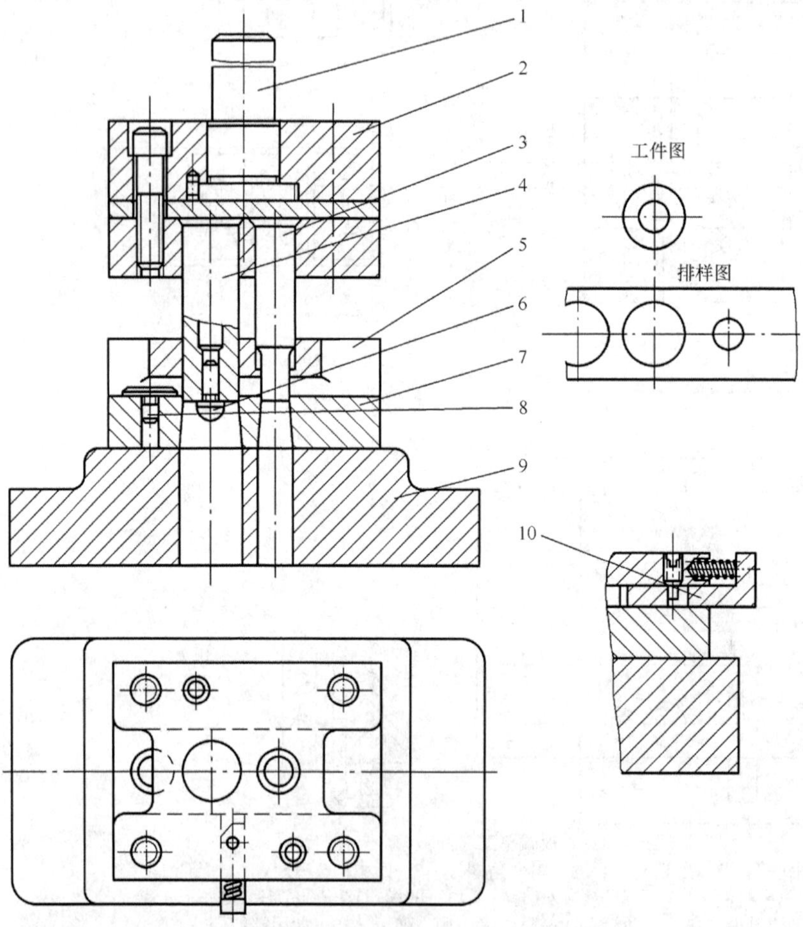

图 5-19　用导正销定距的冲孔落料级进模

1—模柄　2—上模座　3—冲孔凸模　4—落料凸模　5—导板兼卸料板
6—导正销　7—凹模　8—固定挡料销　9—下模座　10—始用挡料销

孔凸模 3 与落料凸模 4 之间的距离就是送料步距 A。该模具的定位零件包括卸料板 5（与导板为一整体）、始用挡料销 10、固定挡料销 8 和导正销 6。送料时，由固定挡料销 8 进行初定位，由装在落料凸模上的导正销 6 进行精定位。导正销与落料凸模的配合为 H7/r6，其连接应保证在修磨凸模时的装拆方便，因此，落料凸模安装导正销的孔是个通孔，导正销头部与孔的配合应略有间隙。在条料上冲制首个工件时，用手推始用挡料销 10，使它从导料板中伸出来抵住条料的前端即可冲第一件上的孔，始用挡料销在弹簧的作用下复位，以后各次冲裁就都由固定挡料销 8 控制送料步距作粗定位。

5-3　认识导正销定位的级进模

3. 复合冲裁模

在压力机的一次行程中，在模具的同一位置完成两道以上工序的模具称为复合模，复合冲裁模则是指在一个位置上同时完成落料与冲孔等多个冲裁工序的模具。复合冲裁模在结构上有一个既为落料凸模又为冲孔凹模的凸凹模。

图 5-20 所示为冲制垫片的复合冲裁模。工作时，板料以导料销 13 和挡料销 12 定位，上模下压，凸凹模外形和落料凹模 8 进行落料，落下的料卡在凹模中，同时，冲孔凸模与凸凹模内孔进行冲孔，冲孔废料卡在凸凹模孔内，卡在凹模中的冲件由顶件装置顶出凹模面。顶件装置

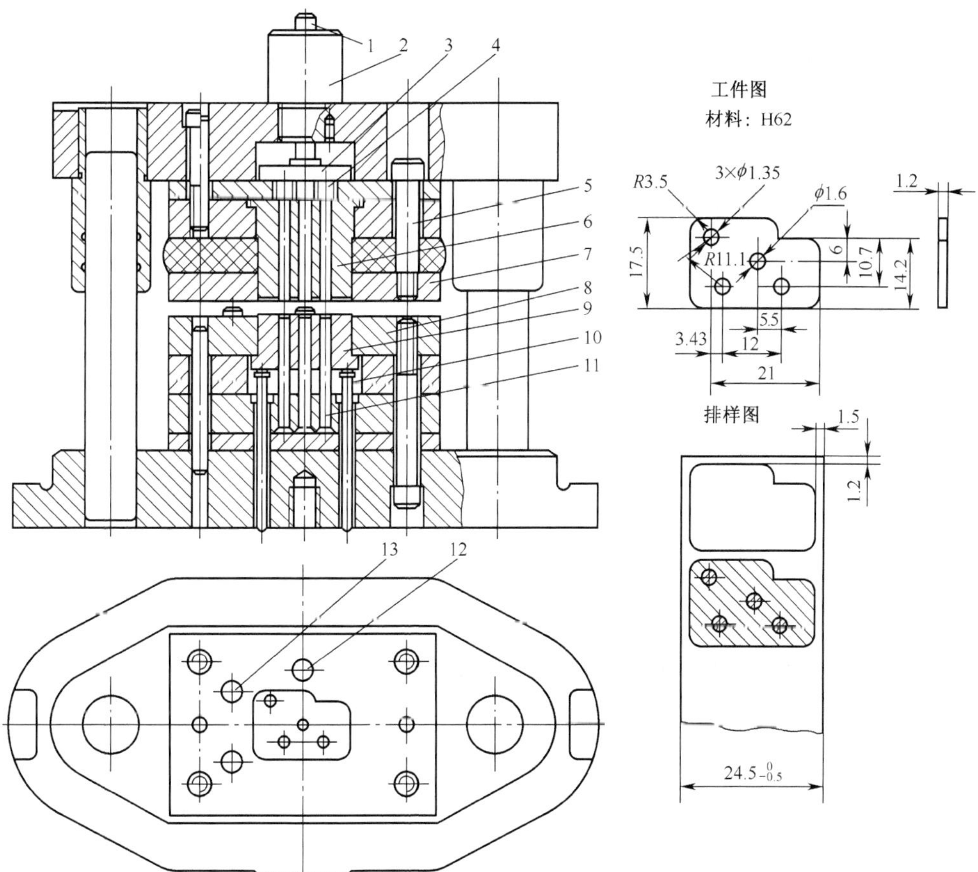

图 5-20　垫片复合冲裁模

1—打杆　2—模柄　3—推板　4—推杆　5—卸料螺钉　6—凸凹模　7—卸料板
8—落料凹模　9—顶件块　10—带肩顶杆　11—冲孔凸模　12—挡料销　13—导料销

由带肩顶杆 10、顶件块 9 和装在下模座底下的弹顶器组成。该模具采用装在下模座底下的弹顶器推动顶杆和顶件块，弹性组件高度不受模具有关空间的限制，顶件力大小容易调节，可获得较大的顶件力。卡在凸凹模内的冲孔废料由推件装置推出，推件装置由打杆 1、推板 3 和推杆 4 组成，当上模上行至上止点时，把废料推出。

按照凹模位置的不同，复合冲裁模有倒装式与正装式两种。正装式复合冲裁模如图 5-21（a）所示，冲裁时，冲孔的废料落在下模或条料上，不易清除，一般很少采用。倒装式复合冲裁模结构如图 5-21（b）所示，冲孔废料由凸凹模孔直接漏下，零件被凸凹模顶入凹模孔内，待冲压结束时由推件板推出。

复合冲裁模结构紧凑，生产效率高，工件精度高，特别是工件内孔对外形的位置精度容易保证，而且这类模具对条料的要求低，边角余料也可以进行冲压。但复合模结构复杂，制造精度要求高，成本高，故主要用于生产批量大、精度要求高的冲裁件。

5-4 认识倒装复合模

5-5 认识正装复合模

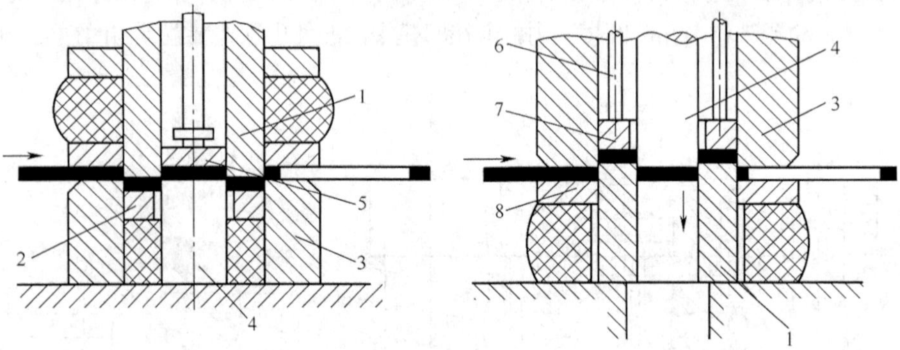

（a）正装式复合模　　（b）倒装式复合模

图 5-21　复合模的结构

1—凸凹模　2—顶料板　3—落料凹模　4—冲孔凸模　5—推件板　6—打料杆　7—推件板　8—卸料板

5.8　冲裁模零部件设计

在冲压模的 6 大类零部件中，很多已经完成了标准化工作。冲模设计的标准化、典型化是缩短模具制造周期、简化模具设计的有效方法，是应用模具 CAD/CAM 的前提，是模具工业化和现代化的基础。国家标准总局对冲压模具先后制定了冲模基础标准、冲模产品（零件）标准和冲模工艺质量标准等标准，如表 5-15 所示。

表 5-15　冲模技术标准

标准类型	标准名称	标准号	简要内容
冲模基础标准	冲模术语	GB/T 8845—1988	对常用冲模类型、组成零件及零件的结构要素、功能等进行了定义性的阐述，每个术语都有中英文对照
	冲压件尺寸公差	GB/T 13914—1992	给出了技术经济性较合理的冲压件尺寸公差、形状位置公差
	冲压件角度公差	GB/T 13915—1992	
	冲裁间隙	GB/T 16743—1997	给出了合理冲裁间隙范围

续表

标准类型	标准名称	标准号	简要内容
冲模产品（零件）标准	冲模零件	GB/T 2855.1～14—1990	冲模滑动导向对角，中间，后侧，四角导柱上、下模座
		GB/T 2856.1～8—1990	冲模滚动导向对角，中间，后侧，四角导柱上、下模座
		GB/T 2861.1～16—1990	各种导柱、导套等
		JB/T 8057.1～5—1995	模柄，圆凸、凹模，快换圆凸模等
		JB/T 5825～5830—1991 JB/T 6499.1～2—1992 JB/T 7643～7653—1994 JB/T 7185～7187—1995	通用固定板、垫板，小导柱，各式模柄，导正销，侧刃，导料板，始用挡料装置；钢板滑动与滚动导向对角，中间，后侧，四角导柱上、下模座和导柱，导套等
	冲模模架	GB/T 2851～2852—1990	滑动与滚动导向对角、中间、后侧、四角导柱模架（铸铁模座）
		JB/T 7181～7182—1995	滑动与滚动导向对角、中间、后侧、四角导柱钢板模架
冲模工艺质量标准	冲模技术条件	GB/T 14662—1993	各种模具零件制造和装配技术要求，以及模具验收的技术要求等
	冲模钢板模架技术条件	JB/T 7183—1995	钢板模架零件制造和装配技术要求，以及模架验收的技术要求等

5.8.1　工作零部件设计

1．凸模

（1）圆形凸模的结构形式。圆形凸模的结构如图 5-22 所示。其中，图 5-22（a）所示的凸模用于冲制直径为 1～8mm 的工件；图 5-22（b）所示的凸模用于冲制直径为 8～30mm 的工件；图 5-22（c）所示的凸模用于冲制直径较大的工件。国家标准的圆形凸模型式如图 5-22（d）、（e）、（f）所示。根据国标 JB/T 8057.1～2—1995 规定，凸模材料可用 T10A、Cr6WV、9Mn2V、Cr12 或 Cr12MoV，刃口部分热处理硬度前两种材料为 58～60HRC，后三种材料为 58～62HRC，尾部回火至 40～50HRC。

（2）非圆形凸模的结构形式。冲裁非圆形孔及非圆形落料工件时，其凸模结构形式如图 5-23 所示。图 5-23（a）所示为整体式，图 5-23（b）所示为组合式，图 5-23（c）所示为镶拼式。为节约优质材料，降低模具成本，组合式及镶拼式凸模的基体部分可采用普通钢，如 45 钢制造，仅在工作刃口部分采用模具钢，如 Cr12、T10A 制造。

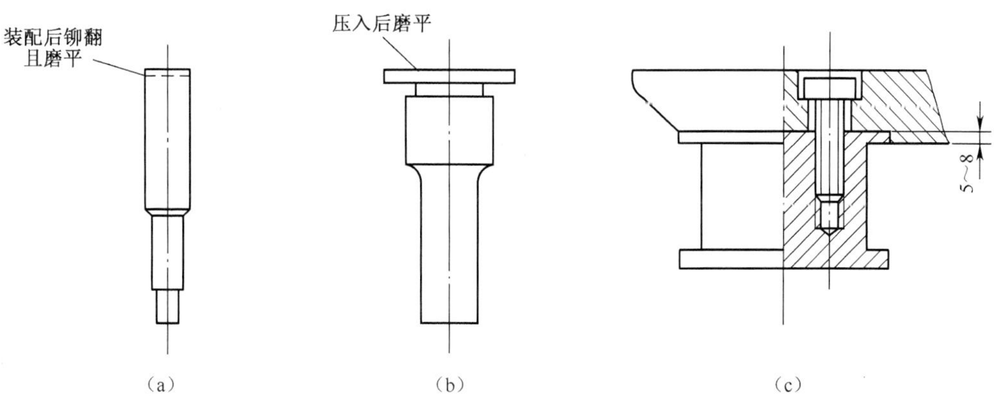

图 5-22　圆形凸模结构

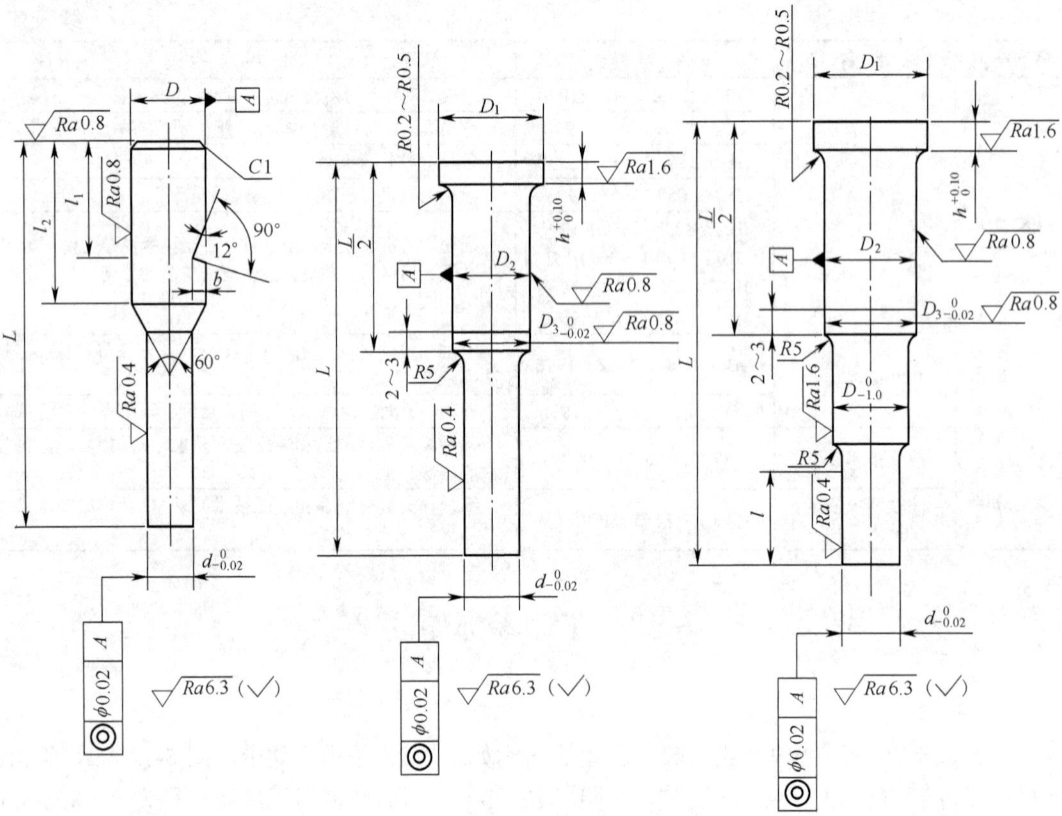

（d）　　　　（e）　　　　（f）

图 5-22　圆形凸模结构（续）

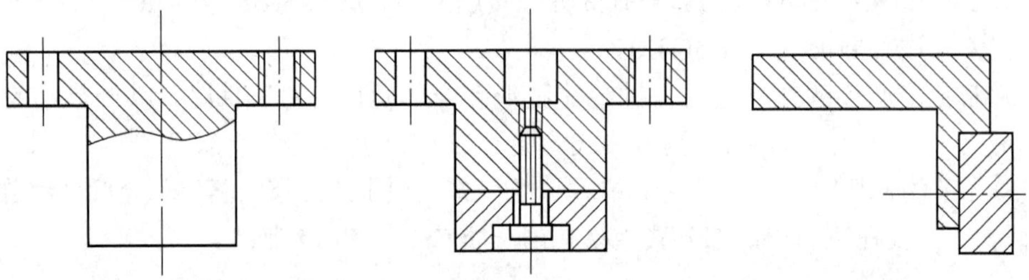

（a）整体式凸模　　（b）组合式凸模　　（c）镶拼式凸模

图 5-23　非圆形凸模结构

（3）凸模的固定。凸模结构可以分为工作部分与安装部分，凸模的工作部分直接用来完成冲裁加工，其形状、尺寸应根据冲裁件的形状和尺寸，以及冲裁工序性质、特点进行设计。而凸模的安装部分多数是与固定板结合后，安装于模座上。凸模的安装形式主要取决于凸模的受力状态、安装空间的限制、有关的特殊要求、自身的形状及工艺特性等因素，其主要安装方式如图 5-24 所示。

图 5-24（a）所示是应用较普遍的台阶式固定法，多用于圆形凸模及凸模形状规则的场合，凸模安装部分设有大于安装尺寸的台阶，以防止凸模从固定板中脱落，凸模与固定板多采用 H7/m6 配合，装配稳定性好。图 5-24（b）所示是铆接式固定法，凸模装入固定板后，将凸模上端铆出（1.5～6.5）mm×45°的斜面，以防止凸模脱落，多用于断面形状不规则的

小凸模安装。图 5-24（c）所示是螺钉及销钉固定法，适用于大型或中型凸模，用螺钉及销钉将凸模直接固定在凸模固定板上，这种固定方法安装与拆卸简便，稳定性好。图 5-24（d）所示是浇注粘接固定法，适用于冲裁件厚度小于 2mm 的冲裁模，采用低熔点合金、环氧树脂、无机粘结剂浇注粘接固定，其固定板与凸模间有明显的间隙，固定板只需粗略加工，在凸模安装部位，不须精密加工，可以简化装配。

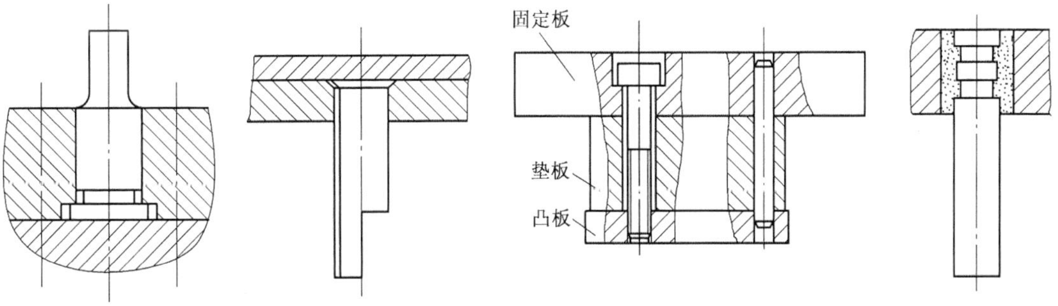

（a）台阶式固定法　（b）铆接式固定法　（c）螺钉及销钉固定法　（d）浇注粘接固定法

图 5-24　凸模的固定形式

（4）凸模长度的计算。凸模长度尺寸应根据模具的具体结构，并考虑修磨、固定板与卸料板之间的安全距离、装配等因素的需要来确定。

当采用固定卸料板和导料板时，如图 5-25（a）所示，凸模长度按下式计算。

$$L=h_1+h_2+h_3+h \quad (5\text{-}29)$$

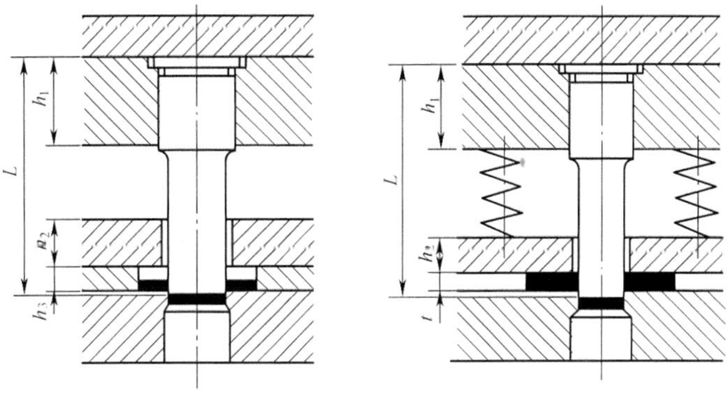

（a）固定卸料板　（b）弹压卸料板

图 5-25　凸模长度尺寸

当采用弹压卸料板时，如图 5-25（b）所示，凸模长度按下式计算。

$$L=h_1+h_2+t+h \quad (5\text{-}30)$$

式中：L——凸模长度，mm；

h_1——凸模固定板厚度，mm；

h_2——卸料板厚度，mm；

h_3——导料板厚度，mm；

t——材料厚度，mm；

h——增加长度，它包括凸模的修磨量、凸模进入凹模的深度（0.5～1mm）、凸模固定板与卸料板之间的安全距离（一般取 10～20mm）等。

按照上述方法计算出凸模长度后，参考标准得出凸模实际长度。

2．凹模

（1）凹模的结构形式。如图 5-26 所示为冲裁模常用凹模的主要结构形式。如图 5-26（a）所示为整体式凹模，模具结构简单，强度好，适用于中小型冲压件及尺寸精度要求比较高的模具。在使用中，凹模刃口局部磨损、损坏就必须整体更换，同时，由于凹模的非工作部分也采用模具钢材，故制造成本较高。

如图 5-26（b）所示为组合式凹模，其工作部分和非工作部分是分别制造的，工作部分采用模具钢制造，非工作部分则由普通材料制造，故模具制造成本低，维修方便，适合于大、中型精度要求不太高的冲压件使用。如图 5-26（c）所示为镶拼式凹模，其优点是加工方便，易损部分更换容易，降低了复杂模具的加工难度，适于冲制窄臂、形状复杂的冲压件。

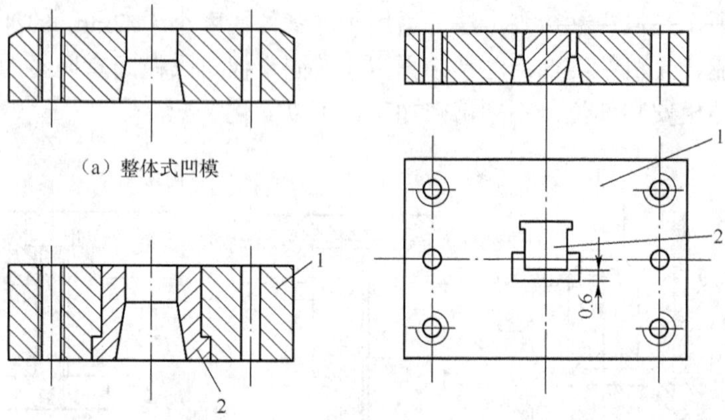

（a）整体式凹模　（b）组合式凹模　（c）镶拼式凹模

图 5-26　凹模结构形式
1—固定板　2—凹模

（2）凹模刃口形式。如图 5-27 所示为冲裁模凹模直筒式刃口的主要形式。该种形式的模具刃口强度高，加工方便，并且冲压时刃口的尺寸和间隙不会因修磨而变化，冲压件的质量稳定，其缺点是冲裁件或冲裁废料不易排除，主要应用在冲裁形状复杂或精度较高，直径小于 5mm 的工件。图 5-27（a）、（c）所示的凹模刃口常用于带有顶出装置的复合模。图 5-27（b）所示的凹模刃口常用于单工序冲模及连续模中，凹模下部锥度主要为了便于卸件，在设计时，β 一般可取 2°～3°。图 5-27（d）、（e）、（f）、（g）所示为国家标准 JB/T8057.3～4—1995 所列出的圆形凹模型式，凹模推荐材料为 T10A、Cr6WV、9Mn2V 和 Cr12，热处理硬度为 58～62HRC。

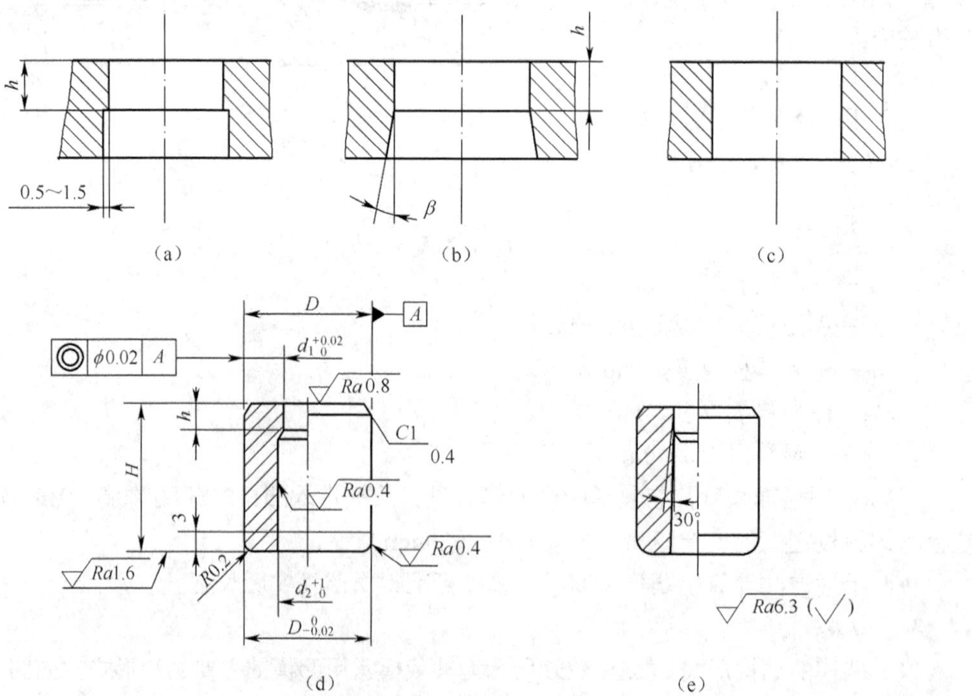

图 5-27　直筒式凹模刃口

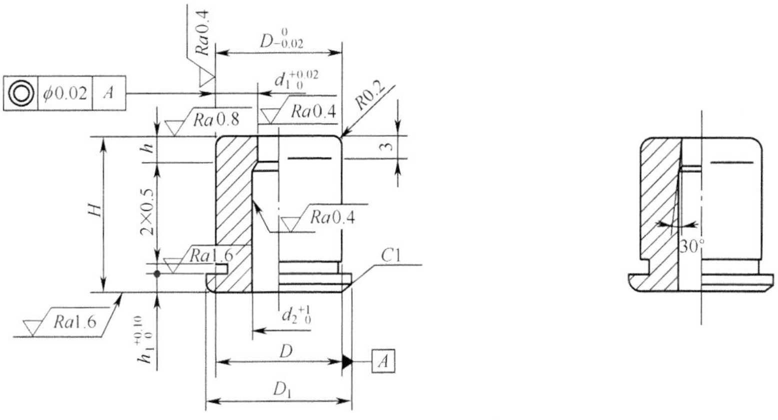

（f）　　　　（g）

图 5-27　直筒式凹模刃口（续）

如图 5-28 所示为冲裁模凹模的锥形刃口形式。这种凹模强度较差，使用中由于刃口磨损会使间隙增大，但由于刃口成锥形，故工件或废料易于排出，并且凸模对孔壁的摩擦及压力也较小，从而可以使凹模寿命增加。这种凹模刃口多用于冲裁形状简单、精度要求不高的零件，刃口斜度 α 与材料厚度有关。

如图 5-29 所示为冲裁模凹模的凸台式刃口形式，适用于冲裁料厚在 0.3mm 以下的工件。凹模淬火硬度一般为 35～40HRC，装配时，可以通过锤打凸台斜面来调整间隙，直到冲出合格的工件为止。

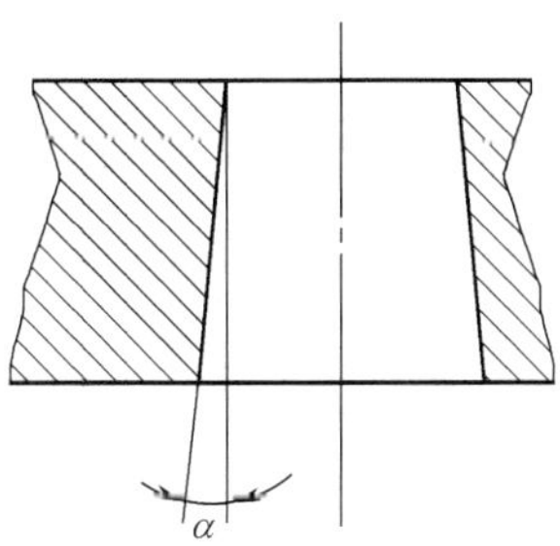

图 5-28　锥形刃口

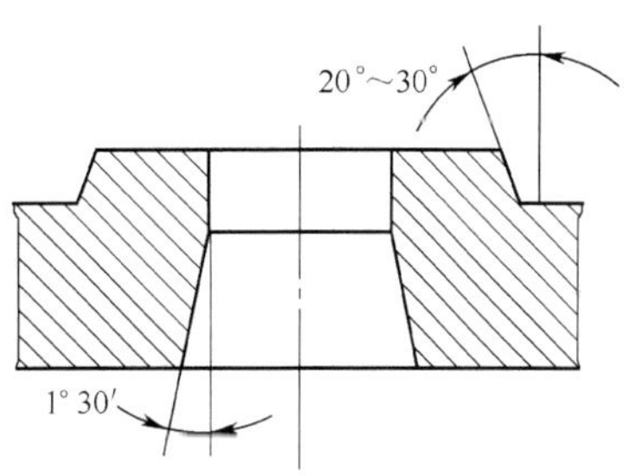

图 5-29　凸台式刃口

（3）凹模外形尺寸的设计。冲裁凹模的外形尺寸可按经验计算。

$$h_a=Kb\quad(h_a>15\text{mm}) \tag{5-31}$$

式中：h_a—— 凹模厚度，mm；

K—— 修正系数，见表 5-16；

b—— 最大孔口尺寸，mm。

$$c=(1.5\sim6.0)\,h_a \tag{5-32}$$

式中：c —— 凹模壁厚，且 $c\geqslant30\sim40$mm。

表 5-16　　凹模厚度修正系数 K　　单位：mm

料厚 t / 孔口尺寸 b	0.5	1.0	2.0	3.0	>3.0
<50	0.30	0.35	0.42	0.50	0.60
50～100	0.20	0.22	0.28	0.35	0.42
100～200	0.15	0.18	0.20	0.24	0.30
>200	0.10	0.12	0.15	0.18	0.22

（4）凸凹模。凸凹模是复合模中同时具有落料凸模和冲孔凹模作用的工作零件。它的内、外缘均为刃口，内外缘之间的壁厚取决于冲裁件的尺寸。从强度方面考虑，应限制壁厚的最小值，而且凸凹模的最小壁厚受冲裁模结构的影响。对于正装复合冲裁模，由于凸凹模装于上模，内孔不会积存废料，胀力较小，故最小壁厚可以小一些；对于倒装复合冲裁模，因孔内积存废料，所以最小壁厚应该大一些。

凸凹模的最小壁厚值目前一般按经验数据确定。倒装复合模的凸凹模最小壁厚见表 5-17，正装复合模的凸凹模最小壁厚可比倒装的小些。

表 5-17　倒装复合模的凸凹模最小壁厚 δ　单位：mm

简　图	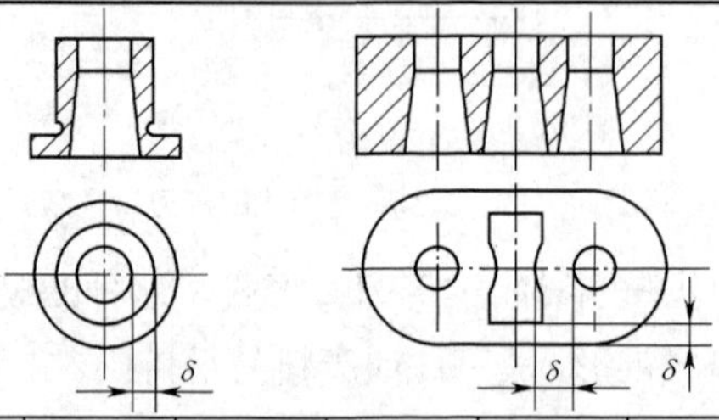										
材料厚度 t	0.4	0.6	0.8	1.0	1.2	1.4	1.6	1.8	2.0	2.2	2.5
最小壁厚 δ	1.4	1.8	2.3	2.7	3.2	3.6	4.0	4.4	4.9	5.2	5.8
材料厚度 t	2.8	3.0	3.2	3.5	3.8	4.0	4.2	4.4	4.6	4.8	5.0
最小壁厚 δ	6.4	6.7	7.1	7.6	8.1	8.5	8.8	9.1	9.4	9.7	10

5.8.2　定位零件设计

冲模的定位零件是用来保证条料的正确送进及在模具中的正确位置的。条料在模具中的定位有两方面的内容：一是在与条料送料方向垂直的方向上的限位，保证条料沿正确的方向送进，称为送进导向，或称导料；二是在送料方向上的限位，控制条料一次送进的距离（步距），称为送料定距或称挡料。对于块料或工序件的定位，基本也是在这两个方向上的限位，只是定位零件的结构形式与条料的有所不同而已。

冲模的定位装置按其工作方式及作用不同，可分为挡料销、定位板（钉、块）、导正销、定距侧刃等。

（1）挡料销。挡料销的作用是保证条料或带料有准确的送料进距。它可分为固定挡料销、活动挡料销、自动挡料销和始用挡料销等，如图 5-30 所示。图 5-30（a）所示为固定挡料销，结构简单，但操作不便；图 5-30（b）所示为钩形固定挡料销，钩形挡料销设置距凹模刃口较远，凹模强度好；图 5-30（c）所示为可调式挡料销，使用中可根据材料进距调整位置，多用于通用切断模；图 5-30（d）所示为活动式弹簧挡料销，多用于带固定卸料板的冲裁模，其料厚不宜小于 0.8mm，操作时须将条料略向后拉，因此生产效率较低；图 5-30（e）所示为自动挡料销结构，冲裁时随凹模下降而压入孔内，操作方便，多用于弹压卸料板的复合模中；图 5-30（f）所示为始用挡料销，多用于连续模中第一步冲压时的定位。

挡料销一般用 45 钢制造，淬火硬度为 43～48HRC。设计时，挡料销高度应稍大于冲压件的材料厚度。

（2）定位板与定位钉。定位板与定位钉是对单个毛坯或半成品按其外形或内孔进行定位的零件。由于坯料形状不同，定位形式也很多，如图 5-31 所示，其中图 5-31（a）所示为外形定位，图 5-31（b）所示为内孔定位。

定位板与定位钉一般采用 45 钢制成，淬火硬度为 43～48HRC。

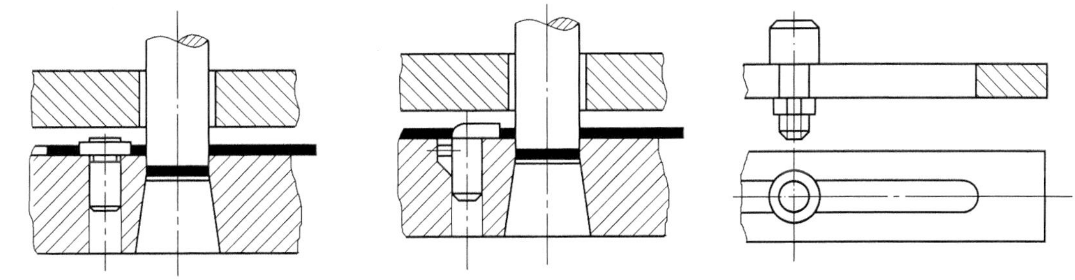

（a）固定挡料销　（b）钩形固定挡料销　（c）可调式挡料销

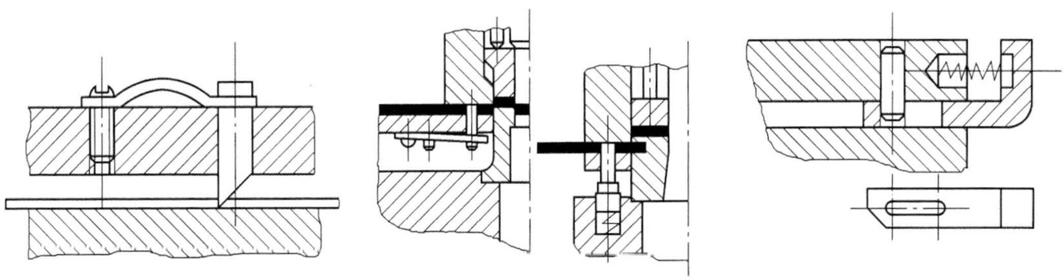

（d）活动式弹簧挡料销　（e）自动挡料销　（f）始用挡料销

图 5-30　挡料销

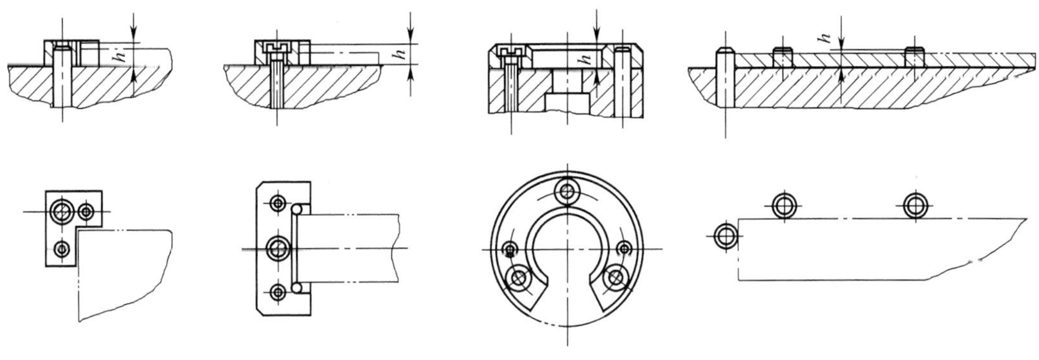

（a）外形定位

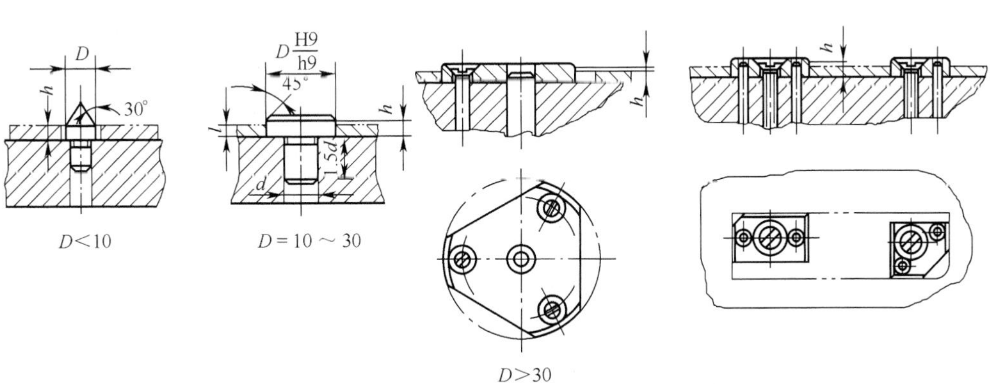

（b）内孔定位

图 5-31　定位板与定位钉

（3）导正销。导正销多用于连续模中冲裁件的精确定位。冲裁时，为减少条料的送进误差，保证工件内孔与外形的相对位置精度，导正销先插入已冲好的孔（或工艺孔）中，将坯料精确定位。图 5-32 所示为几种导正销的结构形式，其中，图 5-32（a）适用于直径小于ϕ6mm 的孔，图 5-32（b）适用于直径小于ϕ10mm 的孔，图 5-32（c）适用于直径为ϕ10～ϕ30mm 的孔，图 5-32（d）适用于直径为ϕ20～ϕ50mm 的孔。图 5-32（e）～（f）所示为活动导正销结构形式，采用这种导正销，便于修理，又可避免发生模具损坏和危及人身安全等冲压事故，定位精度较固定式导正销差些。导正销可装在落料凸模上，也可装在固定板上。导正销与导孔之间要有一定的间隙，导正销高度应大于模具中最长凸模的高度。

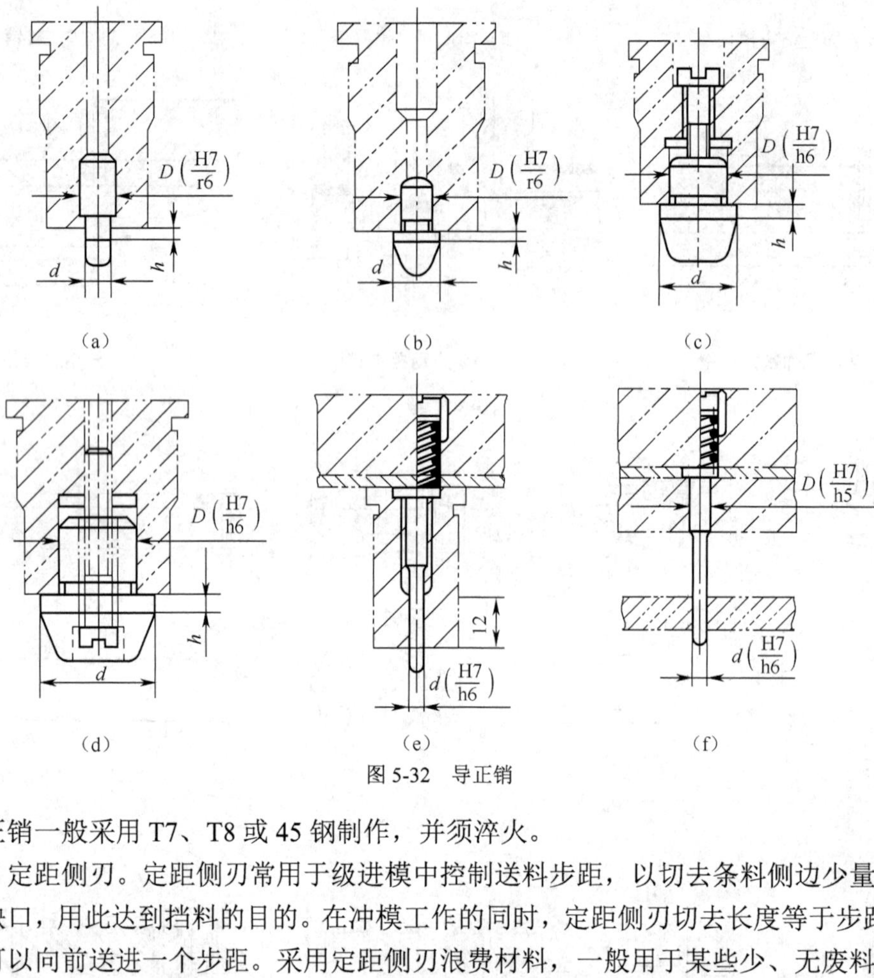

图 5-32　导正销

导正销一般采用 T7、T8 或 45 钢制作，并须淬火。

（4）定距侧刃。定距侧刃常用于级进模中控制送料步距，以切去条料侧边少量材料得到一定位缺口，用此达到挡料的目的。在冲模工作的同时，定距侧刃切去长度等于步距的料边，条料就可以向前送进一个步距。采用定距侧刃浪费材料，一般用于某些少、无废料排样以及冲制进料距小于 6mm 的窄长制件。级进模冲裁较薄试样时，经常使用定距侧刃。

常用侧刃的形式如图 5-33 所示，按侧刃的断面形状分为矩形侧刃、成形侧刃和尖角形侧刃。图 5-33（a）为矩形侧刃，制造简单，但刃尖磨损后，在条料侧边形成毛刺，影响送料精度；图 5-33（b）为成形侧刃，条料侧边形成的毛刺离开了导料板和侧刃挡板的定位面，送料精度高，但制造难度加大；图 5-33（c）为尖角形侧刃，侧刃先在料边冲一缺口，条料送进时，当缺口直边滑过挡销后再向后拉，使挡销直边挡住缺口定位，这种侧刃材料消耗少，但操作不便。

侧刃厚度一般为 6～10mm，其长度为条料送进步距长度，材料可用 T10、T10A、Crl2 钢制造，淬火硬度为 62～64HRC。

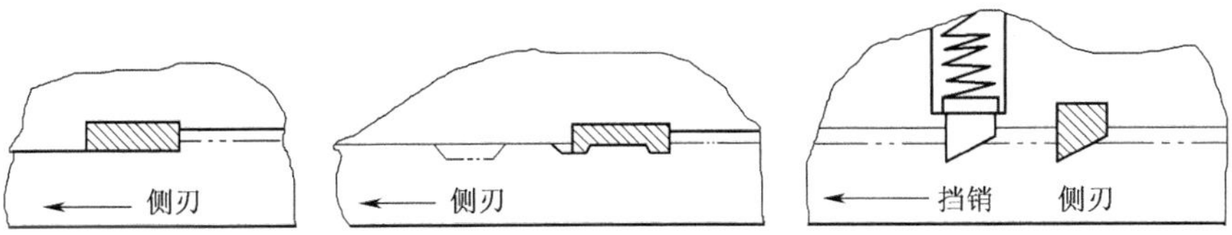

（a）矩形侧刃　　（b）成形侧刃　　（c）尖角形侧刃

图 5-33　定距侧刃

（5）送料方向的控制。条料送料方向的控制是靠导料板或导料销实现的。标准导料板（导尺）可按国标 JB/T 7648.5—1995 选取。长度尺寸应等于凹模长度，如果凹模带有承料板，导料板的长度应等于凹模长度与承料板长度之和。当采用导料销控制送料方向时，应在同侧设置两个导料销，导料销的结构与挡料销类似。

5.8.3　卸料装置设计

冲裁模的卸料装置是用来对条料、坯料、工件、废料进行推、卸、顶出动作的机构，以便下次冲压正常进行。

（1）卸料装置。卸料装置分为刚性卸料装置和弹性卸料装置两大类。刚性卸料装置如图 5-34 所示，卸料力大，常用于材料较硬、厚度较大、精度要求不太高的工件冲裁。弹性卸料装置如图 5-35 所示，这种卸料装置靠弹簧或橡胶的弹性压力，推动卸料板运动而将材料卸下。具有弹性卸料装置的模具冲出的工件平整，精度较高，常用于材料较薄、较软工件的冲裁。

5-6　刚性卸料装置种类和特点

5-7　弹性卸料装置种类和特点

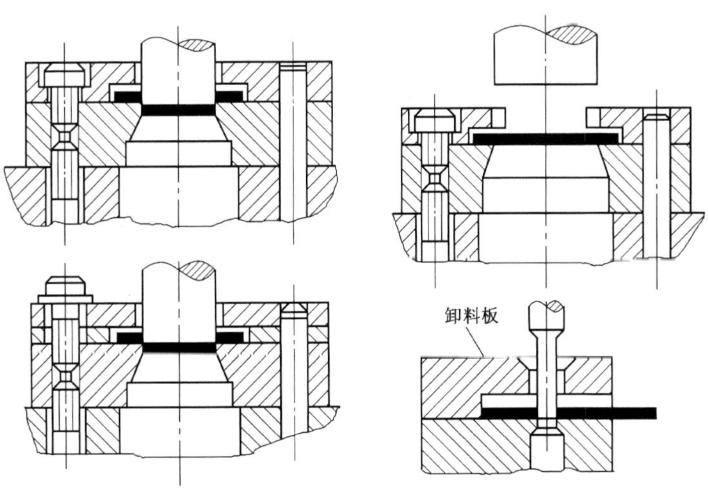

图 5-34　刚性卸料装置

（2）废料切刀卸料。对于大、中型零件冲裁或成形件切边，还常采用废料切刀的形式，将废边切断分开，达到卸料目的，如图 5-36 所示。

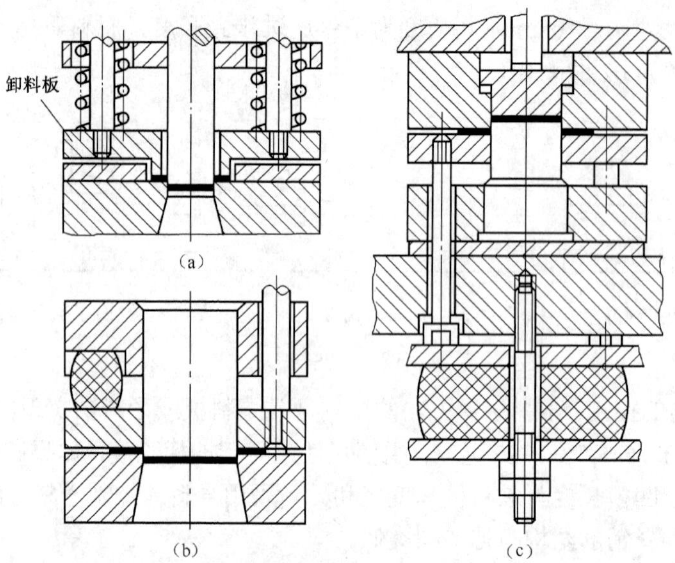

图 5-35　弹性卸料装置

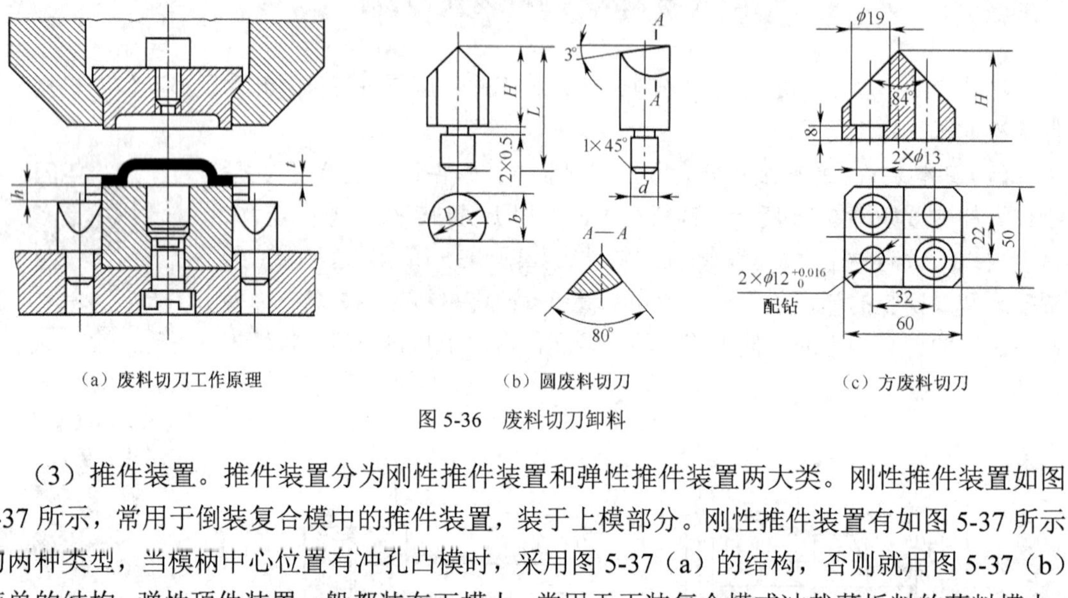

（a）废料切刀工作原理　　（b）圆废料切刀　　（c）方废料切刀

图 5-36　废料切刀卸料

（3）推件装置。推件装置分为刚性推件装置和弹性推件装置两大类。刚性推件装置如图 5-37 所示，常用于倒装复合模中的推件装置，装于上模部分。刚性推件装置有如图 5-37 所示的两种类型，当模柄中心位置有冲孔凸模时，采用图 5-37（a）的结构，否则就用图 5-37（b）简单的结构。弹性顶件装置一般都装在下模上，常用于正装复合模或冲裁薄板料的落料模中，如图 5-38 所示，它不仅起弹顶作用，对冲裁件还有压平作用，可使冲裁件质量提高。

（4）卸料装置有关尺寸计算。卸料板的形状一般与凹模形状相同，卸料板的厚度可按下式确定。

$$H_x=(0.8\sim1.0)H_a \tag{5-33}$$

式中：H_x——卸料板厚度，mm；

H_a——凹模厚度，mm。

卸料板型孔形状基本上与凹模孔（细小凹模孔及特殊型孔除外）形状相同，因此，在加工时一般与凹模配合加工。在设计时，当卸料板型孔对凸模兼起导向作用时，凸模与卸料板的配合精度为 H7/f6；对于不兼导向作用的弹性卸料板，卸料板型孔与凸模单面间隙一般为 0.05～0.1mm；而刚性卸料板凸模与卸料板单面间隙为 0.2～0.5mm，并保证在卸料力的作用下，不使工件或废料拉进间隙内为准。

卸料板一般选用 45 钢制造，不需要热处理。

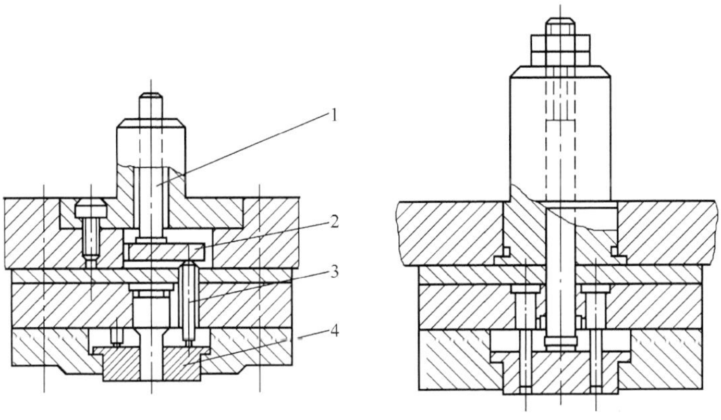

（a）　　　　（b）

图 5-37　刚性推件装置

1—推杆　2—推板　3—小推杆　4—推件块

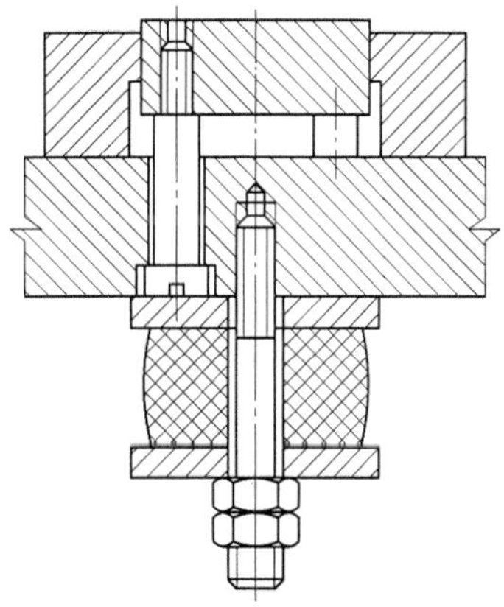

图 5-38　弹性顶件装置

5.8.4　固定零件设计

1．模架

模架由上模座、下模座、模柄及导向装置（最常用的是导柱、导套）组成。模架是整副模具的支持，承担冲裁中的全部载荷，模具的全部零件均以不同的方式直接或间接地固定于模架上。模架的上模座通过模柄与压力机滑块相连，下模座通常以螺钉压板固定在压力机工作台上。上下模座之间靠导向装置保持精确定位，引导凸模运动，保证冲裁间隙均匀。模架按国标 JB/T2851.1～7—1990 和 JB/T 2856.1～4—1990 由专业生产厂家生产。在设计模具时，可根据凹模的周界尺寸选择标准模架。

（1）对模架的基本要求。

① 应有足够的强度与刚度。

② 应有足够的精度（如上、下模座应平行，导柱、导套中心应与上、下模座垂直，模柄应与上模座垂直等）。

③ 上、下模之间的导向应精确（导向件之间的间隙应很小，上、下模之间的移动应平稳和无滞住现象）。

（2）模架形式。标准模架中，应用最广的是用导柱、导套作为导向装置的模架。根据导柱、导套位置的不同，模架有以下 4 种基本形式，如图 5-39 所示。

① 后侧导柱模架。如图 5-39（a）所示，后侧导柱模架的两个导柱、导套处于模架后侧，可实现纵向、横向送料，送料方便。但由于导柱、导套偏置，易引起单边磨损，不宜用于浮动模柄的模具。

② 中间导柱模架。如图 5-39（b）所示，中间导柱模架的两个导柱、导套位于模具左右对称线上，受力均衡，但只能沿前后单方向送料。

③ 对角导柱模架。如图 5-39（c）所示，对角导柱模架的两个导柱、导套布置于模具的对角线上，不但受力均衡，且能实现纵、横两个方向送料。

④ 四导柱模架。如图 5-39（d）所示，四导柱模架具有 4 个沿四角分布的导柱、导套，不但受力均衡，导向功能强，且刚度大，适合用于大型模具。

（3）导柱与导套。导柱的长度应保证冲模在最低工作位置（即闭合位置）时，导柱上端面与上模座顶面的距离应为 10～15 mm，下模座底面与导柱底面的距离应为 0.5～1 mm，H 为模具的闭合高度，如图 5-40 所示。导柱导套的配合精度可根据冲裁模的精度、模具寿命、间隙大小来选择。当冲裁的板料较薄，而模具精度、寿命都较高时，选 H6/h5 配合的Ⅰ级精度模架；当冲裁的板料较厚时，选 H7/h6 配合的Ⅱ级精度模架。

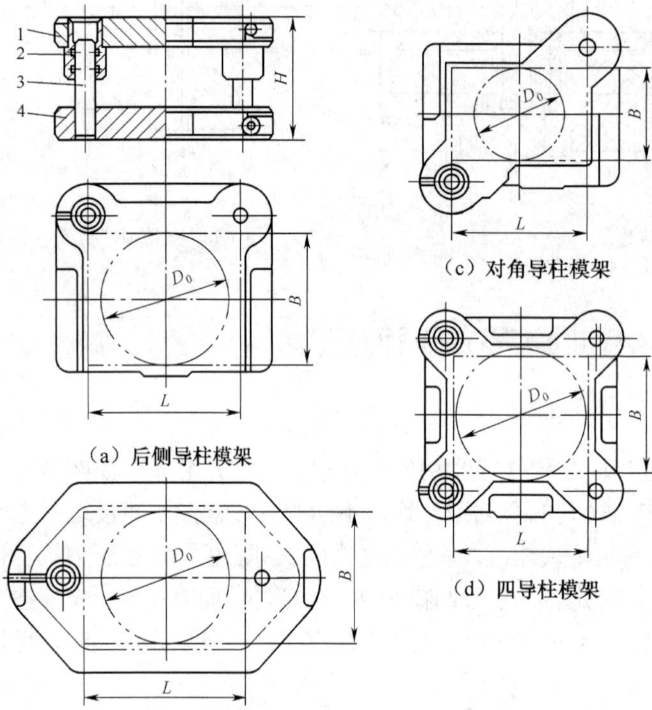

（a）后侧导柱模架 （b）中间导柱模架 （c）对角导柱模架 （d）四导柱模架

图 5-39 模架的基本形式

1—上模座 2—导套 3—导柱 4—下模座

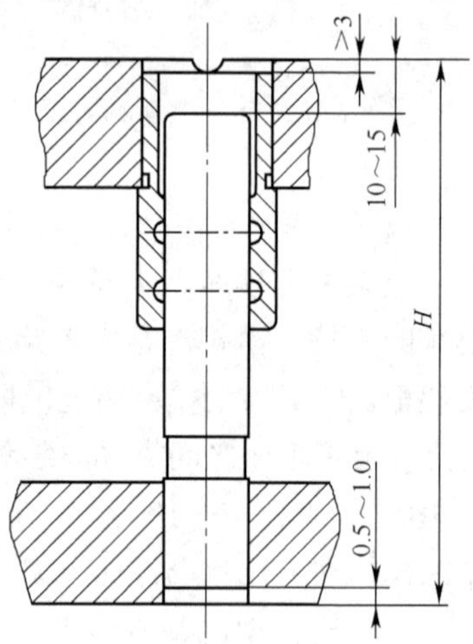

图 5-40 导柱长度与上、下模座的关系

（4）模柄。冲模的上模是通过模柄安装在冲床滑块上的。模柄的形式很多，常用的有整体式模柄、压入式模柄、旋入式模柄、螺钉固定式模柄、浮动式模柄等结构形式，如图 5-41 所示。浮动式模柄结构常用于冲裁精度较高的薄板工件及滚动导柱导向的模具，此类模柄在冲裁时，能消除压力机导轨对冲模导向精度的影响，提高了冲裁精度，但加工制造复杂。

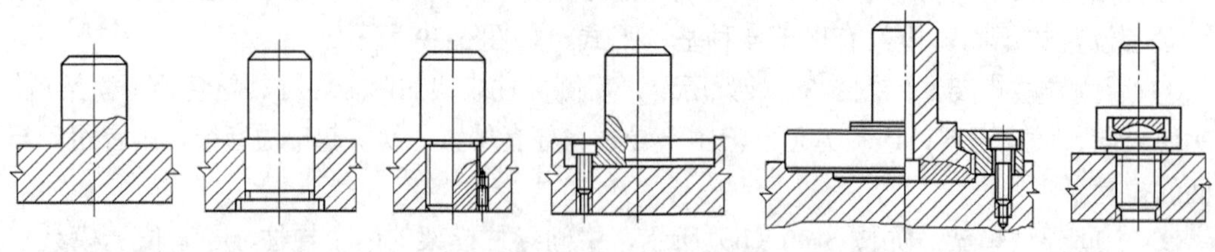

（a）整体式模柄 （b）压入式模柄 （c）旋入式模柄（d）螺钉固定式模柄 （e）浮动式模柄 （f）推入式模柄

图 5-41 各种形式的模柄

模柄一般用 Q235 或 45 钢制成，直径大小必须根据所选压力机的安装孔直径相应确定。

2．垫板

垫板的作用是直接承受和扩散凸模传递的压力，以降低模座所受的单位压力，防止模座被压出凹坑，影响凸模的正常工作。垫板外形尺寸多与凹模周界一致，其厚度一般取 3～10 mm。为了便于模具装配，垫板上销钉通过孔直径可比销钉直径增大 0.3～0.5 mm。垫板材料一般选 T7、T8 或 45 钢制成，T7、T8 淬火硬度为 52～56 HRC，45 钢淬火硬度为 43～48 HRC。

在设计复合模时，凸凹模与模座之间同样应加装垫板。

3．固定板

在冲裁模中，凸模、凸凹模、镶块凸模与凹模都是通过与固定板结合后安装在模座上的。固定板的周界尺寸与凹模相同，其厚度应为凹模厚度的 0.8～0.9 倍。凸模固定板上的各型孔位置均与凹模孔相对应，与凸模采用过渡配合 H7/m6、H7/n6，压装后将凸模端面与固定板一起磨平。固定板一般选用 Q235 制作，有时也可用 45 钢。

4．紧固件

模具中的紧固零件主要包括螺钉、销钉等。螺钉主要连接冲模中的各零件，使其成为整体，而销钉则起定位作用。螺钉最好选用内六角螺钉，这种螺钉的优点是紧固牢靠，由于螺钉头埋入模板内，故模具的外形比较美观，装拆空间小。销钉常采用圆柱销，设计时，圆柱销不能少于两个。

销钉与螺钉的距离不应太小，以防强度降低。模具中螺钉、销钉的规格、数量、距离尺寸等在选用时，可参考国标中冷冲模典型组合进行设计。

5.8.5 模具的闭合高度

模具的闭合高度是指模具在最低工作位置时，上模座上表面与下模座下表面之间的距离。

为使模具正常工作，模具闭合高度 H 必须与压力机的装模高度相适应，使之介于压力机最大装模高度 H_{max} 与最小装模高度 H_{min} 之间，一般可按下式确定。

$$H_{max}-5 \geqslant H \geqslant H_{min}+10 \quad (5\text{-}34)$$

当模具闭合高度小于压力机最小闭合高度时，可以加装垫板。

5.9 冲裁模具设计实例

本章以图 5-42 所示的紫铜板的冲孔模设计为例，综合训练学生确定冲裁工艺和设计冲裁模具的初步能力。

零件名称：紫铜板

生产批量：6 200 件/年

材料：紫铜（硬）

料厚：5 mm

通过本实例，将使学生掌握冲裁模工作零件尺寸的计算方法，并正确确定冲裁的合理间隙；能够正确地进行冲裁工艺的计算；能够根据不同的制件进行冲裁件的排样，并在不同的排样方案中选择最优方案，计算出材料利用率；学习冲裁件的工艺性分析，判断冲裁件的工艺性，并进行优化改进；学习冲裁模的结构选定以及各组成零部件的设计。

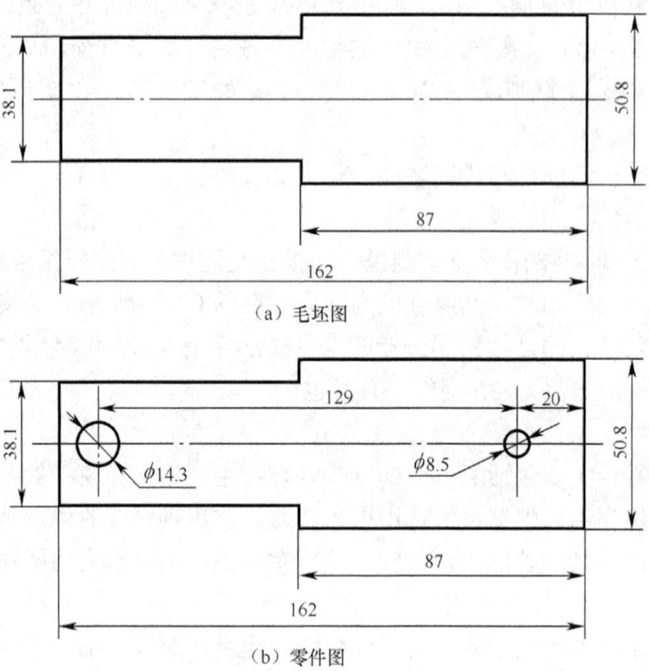

图 5-42　紫铜板冲孔

5.9.1　冲裁件工艺分析

此紫铜板是一个轴对称的简单冲孔件，内孔为圆孔，无尖锐的清角，无细长的悬臂和狭槽，小孔ϕ8.5 mm 与边缘之间的距离为 20 mm，大孔ϕ14.3 mm 与边缘之间的距离为 5.85 mm，其两孔之间的距离为 129 mm，均满足最小壁厚要求；其中最大尺寸为 162 mm，属于中小型零件；最小尺寸ϕ8.5 mm 不小于最小冲孔的最小孔径（1.0t=5 mm），所以紫铜板尺寸设计合理，满足工艺要求。

零件图中两冲孔尺寸均未标注尺寸精度和位置精度，粗糙度也无要求，设计时一般按 IT14 级选取公差值。普通冲裁的冲孔精度一般在 IT12～IT14 级以下，所以精度能够保证。

紫铜（硬）具有良好的导电性，满足紫铜板的使用要求，利用设计手册查出其抗剪强度τ为 240MPa，抗拉强度σ_b为 300MPa，具有良好的冲压性能，满足冲压工艺要求。

紫铜板年产量 6200 件/年，属于小批量生产，所以采用无导向简单冲裁模进行冲压生产，就能保证产品的质量，满足生产率要求，还能降低模具制造难度，降低生产成本。

5.9.2　模具总体方案的确定

在调查研究、收集资料及工艺性分析的基础上，开始进行总体方案的拟定，此阶段是设计的关键，是创造性的工作。确定工艺方案，主要是确定模具类型，包括确定冲压工序数、工序的组合和顺序等。应在工艺分析的基础上，根据冲裁件的生产批量、尺寸精度的高低、尺寸大小、形状复杂程度、材料的厚薄、冲压制造条件与冲压设备条件的多方面因素，拟定多种冲压工艺，然后选取一种最佳方案。

1．紫铜板冲孔模类型的确定

一般冲裁模可以采取以下三种方案。

方案一：采用无导向简单冲裁模；

方案二：采用导板导向简单冲裁模；

方案三：采用导柱导向简单冲裁模。

由于紫铜板批量小、精度低，故采用无导向简单冲裁模就能满足工艺要求，并能缩短模具的制造周期，降低模具的生产成本，所以本项目采用一模两件的无导向简单冲裁模。

2．紫铜板冲孔模结构形式的确定

（1）操作方式选择。

选择手工送料（单个毛坯）操作方式。

（2）定位方式选择。

工件在模具中的定位主要考虑定位基准、上料方式、操作安全可靠等因素。

选择定位基准时，应尽可能与设计基准重合，如果不重合就需要根据尺寸链计算，重新分配公差，把设计尺寸换算成工艺尺寸，但是这样会使零件的加工精度要求提高。当零件采用多任务序分别在不同模具上冲压时，应尽量使各工序采用同一基准。为使定位可靠，应选择精度高、冲压时不发生变形和移动的表面作为定位表面。冲压件上能够用作定位的表面随零件的形状不同而不同。本项目选择定位板定位方式更能与所拟定的方案相适应，如图 5-43 所示。

（3）卸料方式的选择。

由于本项目采用单个毛坯，手动操作送进和定位，并且材料不是太硬，所以选择弹性卸料方式比较方便、合理，如图 5-44 所示。

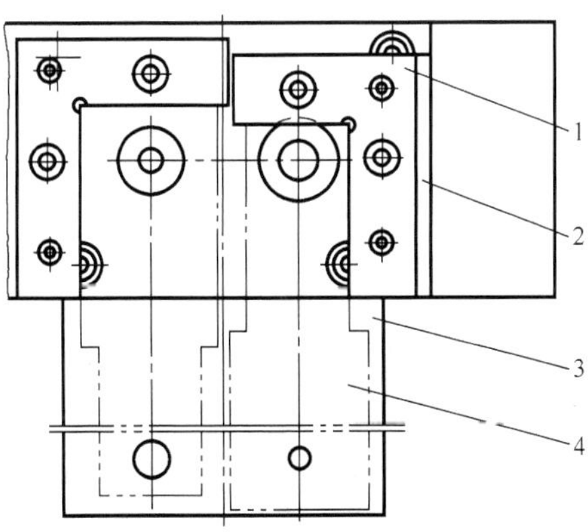

图 5-43　定位板定位方式

1—定位板　2—凹模　3—托料板　4—毛坯

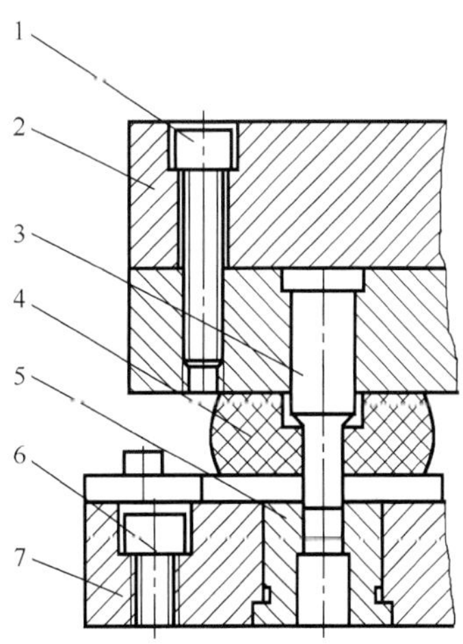

图 5-44　卸料方式

1—螺钉　2—上模板　3—凸模　4—橡胶

5—凹模　6—螺钉　7—凹模固定板

以上只做粗略的选择，待工艺计算后和在模具装配草图设计时，边修改边做具体的、最后的确定。

5.9.3 模具设计的工艺计算

1．凸、凹模刃口尺寸的计算

（1）检验。

① 在紫铜板中按 IT14 取孔ϕ8.5mm 的偏差为+0.36mm，公差Δ为 0.36mm；孔ϕ14.3mm 的偏差为+0.43mm，公差Δ为 0.43mm；孔边距 20mm 的偏差为±0.31mm，公差Δ为 0.62mm。按 IT6～IT7 取刃口尺寸制造偏差值δ_d=+0.020mm，δ_p=−0.020mm，磨损系数 x=0.5。

根据紫铜板料厚度 5 mm，取 Z_{max}=0.55mm、Z_{min}=0.45mm，代入式（5-7）可得

$$|+0.020|+|-0.020|\leqslant 0.55-0.45$$

结果 0.040＜0.10，满足条件。

② 孔心距 129mm 的偏差为±0.575mm，公差Δ为 1.15mm；刃口尺寸制造偏差值δ_d 和δ_p分别取+1/8Δ和−1/8Δ，则δ_d=+0.109mm，δ_p=−0.109mm；磨损系数 x=0.5，代入式（5-7）可得

$$|+0.109|+|-0.109|\leqslant 0.55-0.45$$

结果，0.218＞0.10，不满足条件。

如不满足式（5-7），则应缩小制造公差，可直接取下式来进行调整。

$$\delta_d=0.6\times(Z_{max}-Z_{min})=0.6\times(0.55-0.45)\text{mm}=0.060\text{mm}$$

$$\delta_p=0.4\times(Z_{max}-Z_{min})=0.4\times(0.55-0.45)\text{mm}=0.040\text{mm}$$

来满足

$$|\delta_d|+|\delta_p|=Z_{max}-Z_{min}$$

$$|+0.060|+|-0.040|\leqslant 0.55-0.45$$

结果，0.10=0.10，满足条件。

以上各式中：δ_d——凹模的制造偏差值，mm；

δ_p——凸模的制造偏差值，mm；

Z_{min}——最小合理间隙，mm；

Z_{max}——最大合理间隙，mm；

Δ——制件的公差，mm。

（2）计算。将已知数据代入式（5-2）、式（5-4）和式（5-6）中。

① 冲ϕ8.5mm 孔：凸模 $d=(8.5+0.5\times0.36)_{-0.02}^{0}\text{mm}=8.68_{-0.02}^{0}\text{mm}$

凹模 $D=(8.68+0.45)_{0}^{+0.020}\text{mm}=9.13_{0}^{+0.020}\text{mm}$

② 冲ϕ14.3mm 孔：凸模 $d=(14.3+0.5\times0.43)_{-0.02}^{0}\text{mm}=14.515_{-0.02}^{0}\text{mm}$

凹模 $D=(14.515+0.45)_{0}^{+0.020}\text{mm}=14.965_{0}^{+0.020}\text{mm}$

③ 孔边距 20mm：凸模 $L_t=(20+0.5\times0.62)\text{mm}\pm\frac{1}{8}\times0.62\text{mm}=(20.31\pm0.078)\text{mm}$

凹模 $L_t=\left(20.31+\frac{1}{2}\times0.45\right)\text{mm}\pm\frac{1}{8}\times0.62\text{mm}=(20.535\pm0.078)\text{mm}$

因该尺寸属于半边磨损，故取$\frac{1}{2}\delta_p$、$\frac{1}{2}\delta_d$、$\frac{1}{2}Z_{min}$。

④ 孔心距 129mm：$L=(129+0.5\times1.15)\text{ mm}\pm\dfrac{1}{8}\times1.15\text{mm}=(129.575\pm0.144)\text{ mm}$

式中：D——凹模的基本尺寸，mm；

d——凸模的基本尺寸，mm。

（3）尺寸标注。在模具零件图纸上分别标注凸模和凹模的刃口尺寸及制造偏差。

2．冲压力的计算

（1）计算冲裁力。

$$P=KLt\tau=1.3\times(8.5+14.3)\ \pi\times5\times240\text{N}=111\,736.872\text{N}\approx111.7\text{kN}$$

式中：P——冲裁力，N；

L——冲裁周边长度，mm；

t——冲裁件材料厚度，mm；

τ——材料抗剪强度，MPa；

K——系数，通常取 1.3。

（2）计算卸料力、推件力。

① 卸料力

$$P_x=K_xP=0.04\times111.7\text{kN}=4.468\text{kN}$$

② 推件力

$$P_t=nK_tP=2\times0.06\times111.7\text{kN}=13.404\text{kN}$$

式中：n——卡在下模洞口内的工件数，$n=\dfrac{h}{t}=\dfrac{10}{5}=2$；

h——凹模孔口高度；

K_x——卸料系数，查表得 K_x=0.02～0.06；

K_t——推件系数，查表得 K_t=0.03～0.09。

（3）计算冲压力总和。该模具采用的是弹性卸料、下出件方式，因此冲压力的总和为

$$P_{总}=P+P_x+P_t=111.7\text{kN}+4.468\text{kN}+13.404\text{kN}=129.572\text{kN}$$

3．压力中心的计算

（1）设坐标。所设坐标尽可能使计算简便，如图 5-45 所示。

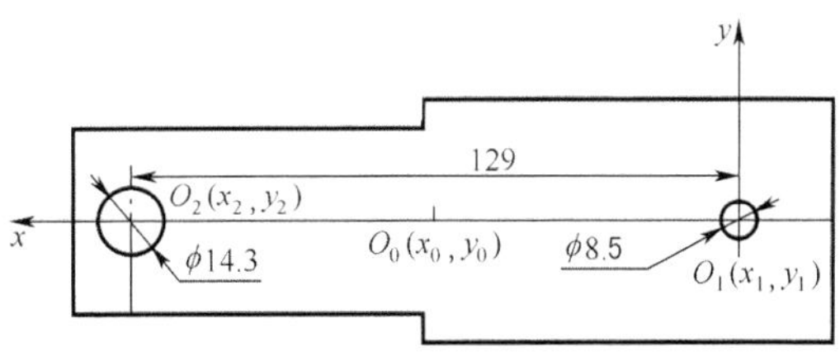

图 5-45　求多凸模压力中心

（2）计算各凸模压力中心的坐标位置 x_1、x_2 和 y_1、y_2。

x_1=0，x_2=129；y_1=0，y_2=0。

（3）计算各凸模刃口轮廓的周长 l_1、l_2。

l_1=8.5πmm≈26.69mm，l_2=14.3πmm≈44.90mm。

（4）计算总的压力中心。由关系式（5-20）、式（5-21）可得

$$X_0=\frac{l_1x_1+l_2x_2+\cdots+l_nx_n}{l_1+l_2+l_3+\cdots+l_n}=\frac{26.69\times0+44.90\times129}{26.69+44.90}=80.91$$

$$Y_0=\frac{l_1y_1+l_2y_2+\cdots+l_ny_n}{l_1+l_2+\cdots+l_n}=\frac{26.16\times0+44.90\times0}{26.69+44.90}=0$$

最后，求得总压力中心的坐标位置为 O_0（80.91，0）。

5.9.4 模具装配图的绘制

1．装配图视图的画法

（1）按已确定的模具形式及参数，在冷冲模标准中选取标准模架。根据模具结构简图绘制装配图。

（2）装配图应能清楚地表达各零件之间的关系，应有足够说明模具结构的投影图及必要的剖面、剖视图，还应画出工件图、排样图，填写零件明细表和技术要求等。

（3）装配图的绘制除遵守机械制图的一般规定外，还有一些习惯或特殊固定的绘制方法，绘制模具总装配图的具体要求如下。

① 模具图。一般情况下，用主视图和俯视图表示模具结构。应尽可能在主视图中将模具的所有零件剖视出来，可采用阶梯剖视、旋转剖视或两者混合用，也可采用全剖视、半剖视、局部剖视、向视图等方法。绘制出的试图要处于闭合状态或接近闭合状态，也可一半处于工作状态，另一半处于非工作状态。俯视图只绘出下模或上、下模各半的试图。有必要时再绘制一个侧视图以及其他剖视图和部分视图。

在剖视图中所剖切到的凸模和顶件块等旋转体，其剖面不画剖面线；有时为了图面结构清晰，非旋转形的凸模也可不画剖面线。

② 工件图。工件图是经模具冲压后所得到的冲压件图形。有落料工序的模具，还应画出排样图。工件图和排样图一般画在总图的右上角，并注明材料名称、厚度及必要的技术要求。若图面位置不够，或工件较大时，可另立一页。工件图的比例一般与模具图一致，特殊情况可以缩小或放大。工件的方向应与冲压方向一致（即与工件在模具中的位置一致），若特殊情况下不一致时，必须用箭头注明冲压方向。

③ 排样图。排样图应包括排样方法、定距方式（用侧刃定距时侧刃的形状和位置）、材料利用率、步距、搭边、料款及其公差，对有弯曲、卷边工序的零件要考虑材料的纤维方向。通常从排样图的剖切线上可以看出是单工序模还是连续模或复合模。

2．装配图的尺寸标注

（1）主视图上标注的尺寸。

① 注明轮廓尺寸、安装尺寸及配合尺寸，如长、宽等。

② 注明封闭高度尺寸，要写上“闭合高度×××”字样。

③ 带斜楔的模具应标出滑块行程尺寸。

（2）俯视图上应注明的尺寸。

① 注明下模外轮廓尺寸。

② 在图上用双点画线画出毛坯的外形。

③ 与本模具有相配的附件（如打料杆、推件器等）时，应标出装配位置尺寸。

3．冲裁模装配的技术要求

在模具总装配图中，只需要注明对该模具的要求和注意事项，在右下方适当位置注明技术要求。技术要求包括冲压力、所选设备型号、模具闭合高度以及模具打印，冲裁模要注明模具间隙等。

紫铜板冲孔模装配图主视图和俯视图如图 5-46 所示。

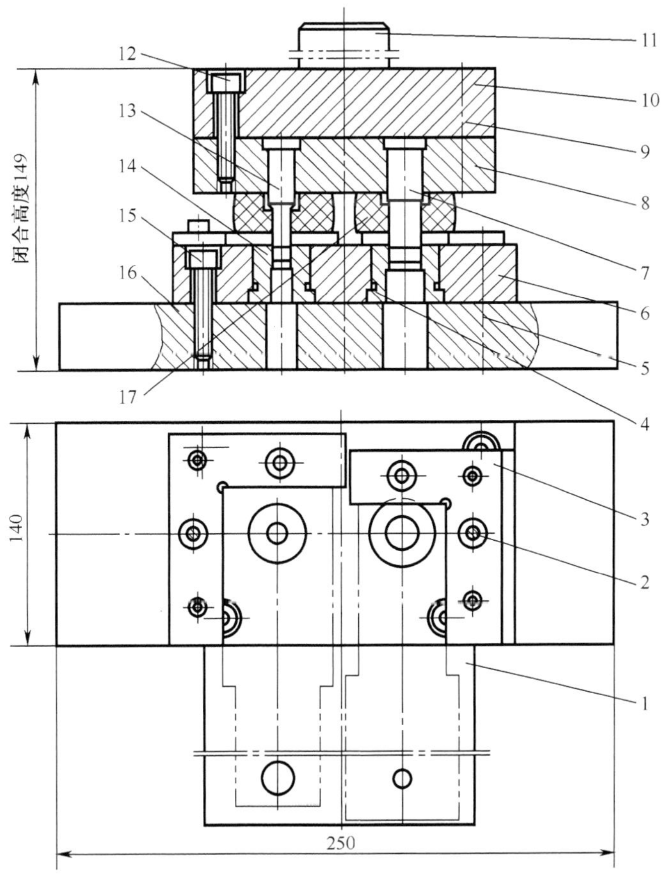

图 5-46 紫铜板冲孔模装配图

1—托料板 2、12、15—螺钉 3—定位板 4—大孔凹模 5、9—销钉 6—凹模固定板 7—大孔凸模 8—凸模固定板 10—上模座 11—模柄 13—小孔凸模 14—小孔凹模 16—下模座 17—橡胶

5.9.5 模具零件图的绘制

模具零件图是冲模零件加工的唯一依据，包括制造和检验零件的全部内容。

1. 冲模零件图视图的画法

（1）模具零件图既要反映出设计意图，又要考虑到制造的可能性及合理性，零件图设计的质量直接影响冲模的制造周期及造价，因此，好的零件图可以减少废品、方便制造、降低模具成本、提高模具使用寿命。

（2）目前大部分模具零件已标准化，可供设计时选用，这样大大简化了模具设计，缩短了设计及制造周期。一般标准件不须绘制，模具总装配图中的非标准零件均须绘制零件图。有些标准零件（如上、下模座）需要在其上进行加工，也要求画出零件图，并标注加工部位的尺寸公差。

（3）视图的数量力求最少，充分利用所选的视图准确地表示零件内部和外部的结构形状和尺寸大小，并具备制造和检验零件的数据。

（4）尽量按总装配图的位置画，与总装配图的同一零件剖面线一致。设计基准与工艺基准最好重合且选择合理，尽量以一个基准标注。

2．冲模零件图的尺寸标注

（1）零件图中的尺寸是制造和检验零件的依据，故应慎重、细致地标注。尺寸既要完备，同时又不重复。在标注尺寸前，应研究零件的工艺过程，正确选定尺寸的基准面，以利于加工和检验。

（2）零件图的方位应尽量按其在总装配图中的方位画出，不要任意旋转和颠倒，以防画错，影响装配。

（3）所有的配合尺寸或精度要求较高的尺寸都应标公差（包括表面形状及位置公差），未注尺寸公差按 IT14 级制造。

（4）模具工作零件（如凸模、凹模和凸凹模）的工作部分尺寸按计算结果标注。

（5）所有的加工表面都应注明粗糙度等级。正确确定表面粗糙度等级是一项重要的技术经济工作，一般来说，零件表面粗糙度等级可根据对各个表面的工作要求及精度等级来确定。

3．冲模零件图的技术要求

凡是图样或符号不便于表示，而制造时又必须保证的条件和要求都应在技术条件中注明。技术条件的内容随零件的不同、要求的不同及加工方法的不同而不同，其中主要应注明以下内容。

（1）如热处理方法及热处理表面所应达到的硬度等。

（2）表面处理、表面涂层以及表面修饰（如锐边倒钝、清砂）等要求。

（3）未注倒角半径的说明，个别部位的修饰加工要求。

（4）其他特殊要求。

本项目的零件图如图 5-47～图 5-50 所示。

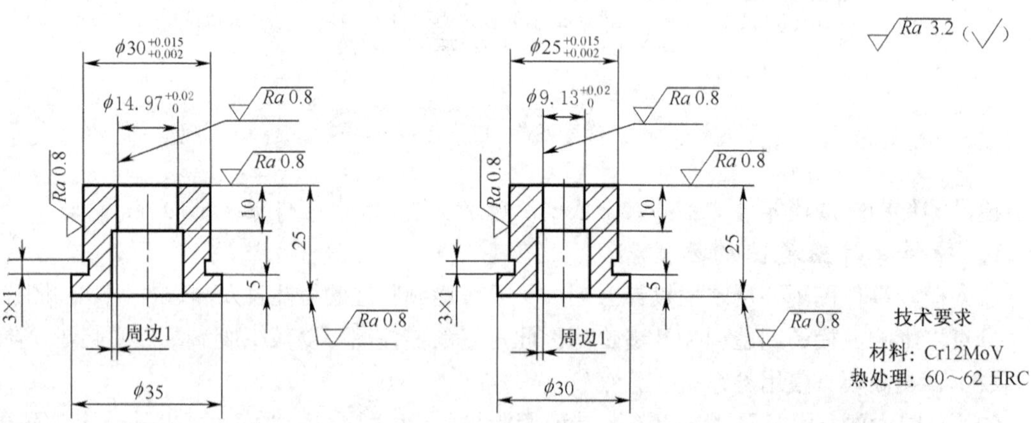

（a）大孔凹模　　（b）小孔凹模

图 5-47　凹模

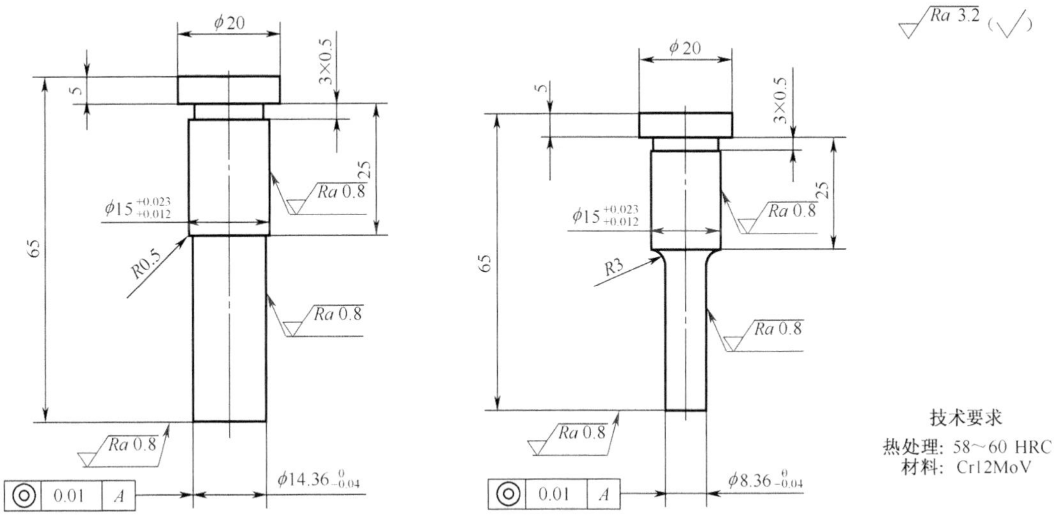

（a）大孔凸模　　（b）小孔凸模

图 5-48　凸模

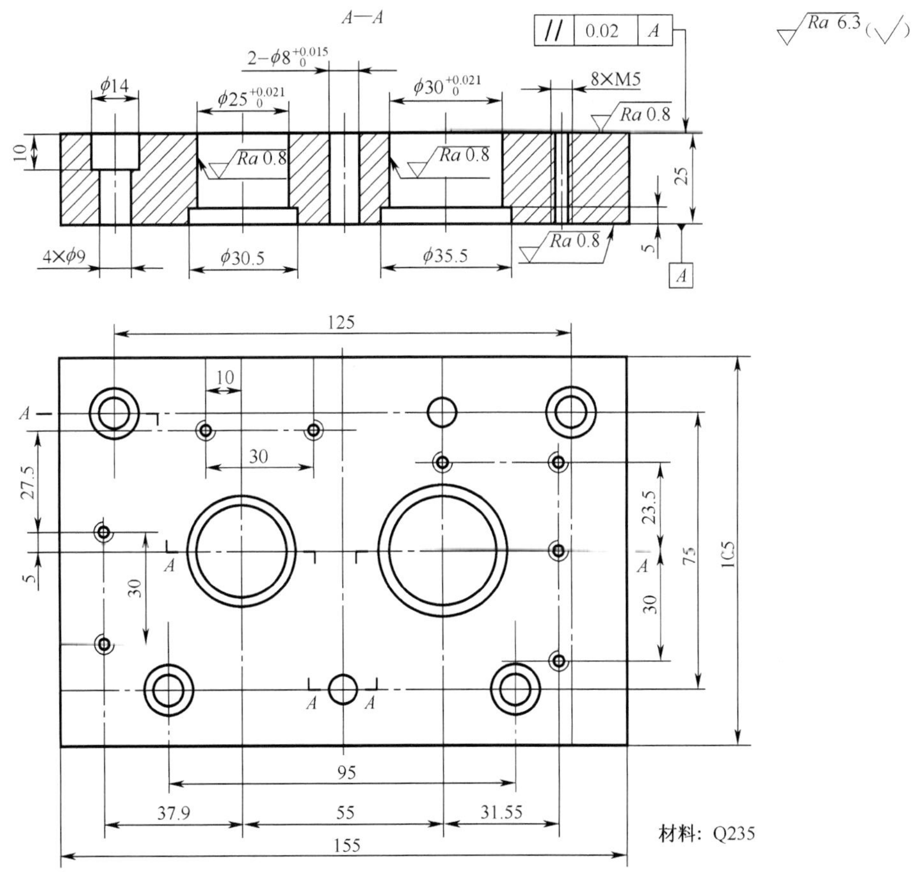

图 5-49　凹模固定板

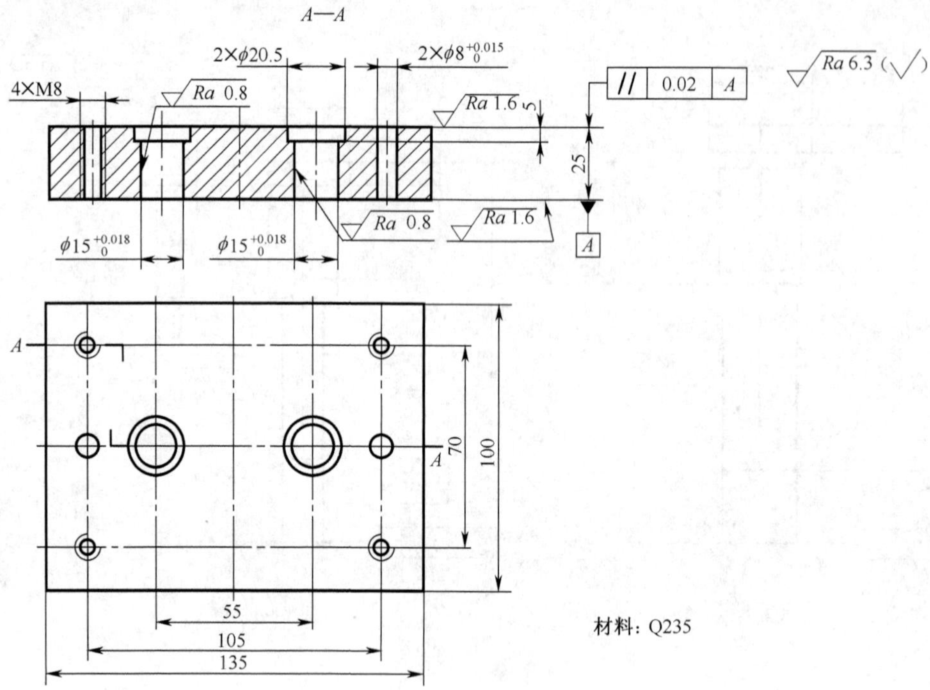

图 5-50 凸模固定板

实训与练习

1. 实训

（1）内容：冲裁模具拆装实训。

（2）时间：3 天。

（3）实训内容：参观模具制造工厂或模具拆装实训室，挑选不同结构的冲裁模若干，分成 3 人一组，每组学生拆装一副冲裁模，了解模具的结构及动作过程，测绘并画出模具装配图。

（4）要求：了解冲裁模的结构组成、各部分的作用、零件间的装配形式、相互关系；熟悉冲裁模拆装的基本要求、方法、步骤、常用拆装工具；掌握一般冲裁模的工作原理；熟悉冲裁模结构参数的测量；测绘各个模具零件并绘制模具装配图。

2. 练习

（1）冲裁工艺的含义是什么？有哪些主要用途？

（2）冲裁件的断面特征是什么？

（3）什么是冲裁合理间隙？对于 t=2mm，08 钢板的落料，试查其合理间隙值。

（4）冲模刃口的制造方法有哪几种？它们是什么含义？

（5）降低冲裁力的措施有哪些？其原理是什么？

（6）什么是排样？排样的方法有哪几种？

（7）什么叫搭边？搭边的作用有哪些？

（8）如何判定冲裁件的工艺性？

（9）条料在模具中如何定位？

第 6 章 弯曲工艺与模具设计

学习目标

1. 熟悉弯曲变形的过程及特点
2. 掌握控制弯曲回弹的方法与措施
3. 了解控制偏移的方法与措施
4. 熟悉弯曲中性层位置的确定方法
5. 能够正确判定弯曲件的工艺性
6. 掌握弯曲模工作部分设计
7. 熟悉弯曲模的典型结构

课程思政元素

6.1 概述

弯曲是将金属材料（包括板材、线材、管材、型材及毛坯料等）沿弯曲线弯成一定的角度和形状的工艺方法。它是冲压基本工序之一，广泛应用于制造大型结构零件，如飞机机翼、汽车大梁等；也可用于生产中、小型机器及电子仪器仪表零件，如铰链、电子元器件等。如图 6-1 所示是用弯曲方法加工的典型零件示例。

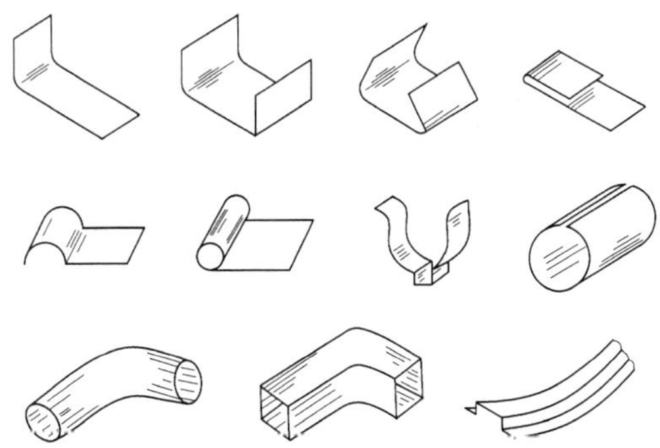

图 6-1　弯曲件示意图

根据所使用的工具与设备的不同，弯曲方法可分为在压力机上利用模具进行的压弯以及在专用弯曲设备上进行的折弯、滚弯、拉弯等，如图 6-2 所示。尽管各种弯曲方法所用的设备与工具不同，但其变形过程及特点有共同规律。本章将主要介绍在生产中应用最多的压弯工艺与弯曲模设计。

弯曲所使用的模具叫弯曲模，它是弯曲过程必不可少的工艺装备。与冲裁模相比较，弯曲模准确工艺计算难，模具动作复杂、结构设计规律性不强。

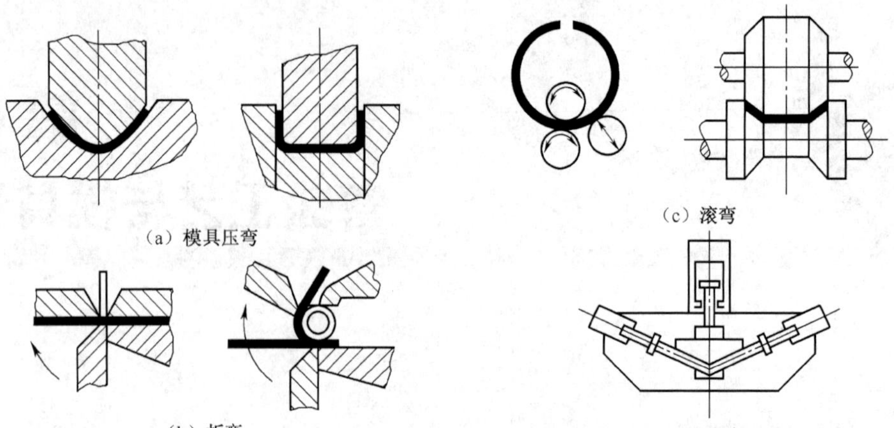

（a）模具压弯　（b）折弯　（c）滚弯　（d）拉弯

图 6-2　弯曲件的弯曲方法

6.2　弯曲变形过程及特点

6.2.1　弯曲变形过程

本书以 V 形件弯曲为例说明弯曲变形过程，如图 6-3 所示。开始弯曲时，毛坯的弯曲内侧半径大于凸模的圆角半径，随着凸模的下压，毛坯的直边与凹模 V 形表面逐渐靠近，弯曲内侧半径逐渐减小，即

$$r_0>r_1>r_2>r$$

同时，弯曲力臂也逐渐减小，即

$$l_0>l_1>l_2>l_k$$

当凸模、毛坯与凹模三者完全压合，毛坯的内侧弯曲半径及弯曲力臂达到最小时，弯曲过程结束。

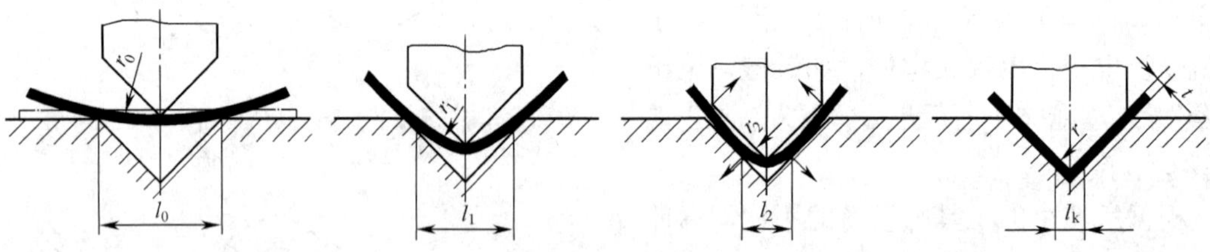

（a）　（b）　（c）　（d）

图 6-3　弯曲变形过程

弯曲分自由弯曲和校正弯曲。自由弯曲是指当弯曲终了时，凸模、凹模和毛坯三者吻合后，凸模不再下压。校正弯曲是指在凸模、凹模和毛坯三者吻合后，凸模继续下压，使毛坯产生进一步塑性变形，从而对弯曲件进行校正。

6-1　弯曲变形过程

6.2.2　弯曲变形特点

为观察板料弯曲时的金属流动情况，便于分析材料的变形特点，可以采用在弯曲前的板料侧表面设置正方形网格的方法。通常用机械刻线或照相腐蚀制作网格，然后用工具显微镜观察测量弯曲前后网格的尺寸和形状变化情况，如图 6-4 所示。

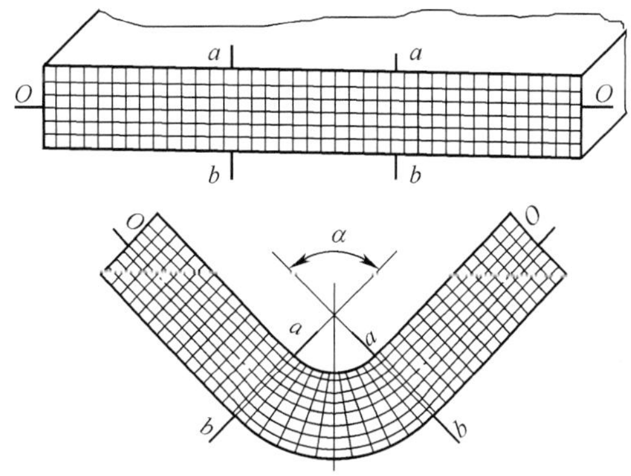

图 6-4　弯曲前后坐标网格的变化

弯曲前，材料侧面线条均为直线，组成大小一致的正方形小格，纵向网格线长度 $\overline{aa}=\overline{bb}$ 。弯曲后，通过观察网格形状的变化，可以看出弯曲变形具有以下特点。

6-2　弯曲变形特点

（1）弯曲圆角部分是弯曲变形的主要区域。弯曲后，弯曲件分成了圆角和直边两部分，变形主要发生在弯曲中心角 α 范围内，中心角以外基本上不变形。

（2）在变形区内，毛坯在长、宽、厚 3 个方向都产生了变形，但变形不均匀。

① 长度方向。网格由正方形变成了扇形，靠近凹模一侧（外区）的长度伸长，靠近凸模一侧（内区）的长度缩短，即弧 $\widehat{bb}>$ 线段 $\overline{bb}$ ，弧 $\widehat{aa}<$ 线段 $\overline{aa}$ 。由内、外表面至毛坯中心，其缩短和伸长的程度逐渐变小。在缩短和伸长的两个变形区之间，必然有一个层面，其长度在变形前后没有变化，这一层面称为应变中性层。

② 厚度方向。内区厚度增加，外区厚度减小，但由于内区凸模紧压毛坯，厚度方向变形较困难，所以内侧厚度的增加量小于外侧厚度的变薄量，材料厚度在弯曲变形区内会变薄，使毛坯的中性层发生内移。

③ 宽度方向。分为两种情况，一种是窄板（毛坯宽度与厚度之比 $b/t\leqslant 3$）弯曲，宽度方向变形不受约束，断面变成了内宽外窄的扇形；另一种是宽板（$b/t>3$）弯曲，材料在宽度方向的变形会受到相邻金属的限制，横断面几乎不变，基本保持为矩形，图 6-5（a）、图 6-5（b）所示为两种情况下的断面变化情况。由于窄板弯曲时变形区断面发生畸变，因此，当弯曲件的侧面尺寸有一定要求或和其他零件有配合要求时，需要增加后续辅助工序。实际生产中的弯曲大部分属于宽板弯曲。

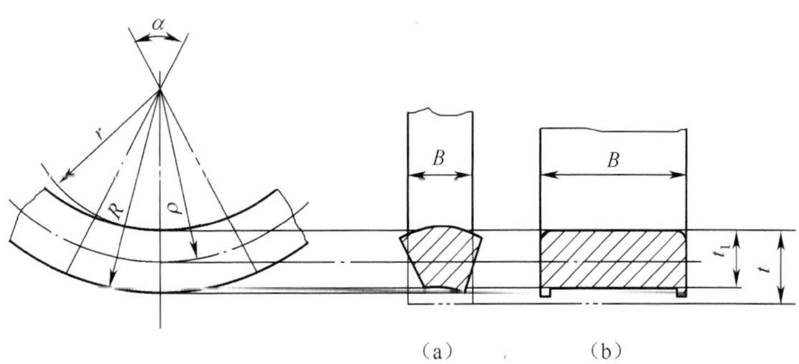

图 6-5　弯曲变形区的横截面变化情况

6.3 弯曲件质量分析

6.3.1 弯裂

1. 最小弯曲半径

弯曲半径是指弯曲件内侧的曲率半径（图 6-5 中的 r）。由弯曲变形可知，弯曲时板料的外侧受拉伸，当外侧的拉伸应力超过材料的抗拉强度时，在板料的外侧将产生裂纹，这种现象称为弯裂。弯曲件是否弯裂，在相同板料厚度的条件下，主要与弯曲半径 r 有关，r 越小，弯曲变形程度越大，因此，存在一保证外层纤维不产生弯裂时所允许的最小弯曲半径 r_{min}，即在板料不发生破坏的条件下，所能弯成零件内表面的最小圆角半径称为最小弯曲半径 r_{min}，并用它来表示弯曲时的成形极限。

最小弯曲半径 r_{min} 受材料的力学性能、板料表面质量和断面质量、板料的厚度、板料的宽度、弯曲中心角、弯曲线方向等因素的影响。由于上述各种因素的影响十分复杂，所以最小弯曲半径的数值一般用试验方法确定。各种金属材料在不同状态下的最小弯曲半径的数值参见表 6-1。

表 6-1　　最小弯曲半径 r_{min}

<table>
<tr><th rowspan="3">材　料</th><th colspan="2">正火或退火</th><th colspan="2">冷 作 硬 化</th></tr>
<tr><th colspan="4">弯曲线方向</th></tr>
<tr><th>平行纤维方向</th><th>垂直纤维方向</th><th>平行纤维方向</th><th>垂直纤维方向</th></tr>
<tr><td>软黄铜</td><td rowspan="4">0.35t</td><td rowspan="4">0.1t</td><td>0.8t</td><td>0.35t</td></tr>
<tr><td>铝</td><td>1.0t</td><td>0.5t</td></tr>
<tr><td>半硬黄铜</td><td>1.2t</td><td>0.5t</td></tr>
<tr><td>纯铜</td><td>2.0t</td><td>1.0t</td></tr>
<tr><td>08、10、Q195、Q215</td><td>0.4t</td><td>0.1t</td><td>0.8t</td><td>0.4t</td></tr>
<tr><td>15、20、Q235</td><td>0.5t</td><td>0.1t</td><td>1.0t</td><td>0.5t</td></tr>
<tr><td>25、30、Q255</td><td>0.6t</td><td>0.2t</td><td>1.2t</td><td>0.6t</td></tr>
<tr><td>35、40、Q275</td><td>0.8t</td><td>0.3t</td><td>1.5t</td><td>0.8t</td></tr>
<tr><td>45、50</td><td>1.0t</td><td>0.5t</td><td>1.7t</td><td>1.0t</td></tr>
<tr><td>55、60</td><td>1.3t</td><td>0.7t</td><td>2.0t</td><td>1.3t</td></tr>
<tr><td>磷铜</td><td>—</td><td>—</td><td>7.0t</td><td>1.0t</td></tr>
</table>

注：1．本表用于板厚小于 10mm，弯曲角大于 90°，剪切断面良好的情况；
2．在弯曲经冲裁或剪切后却没有退火的毛坯时，应作为硬化的金属选用；
3．当弯曲线与纤维方向成一定角度时，可采用垂直和平行纤维方向二者的中间值；
4．表中 t 为板料厚度。

2. 控制弯裂的措施

（1）要选用表面质量好、无缺陷的材料做毛坯。若毛坯有缺陷，应在弯曲前清除掉，否则弯曲时会在缺陷处开裂。

（2）对于比较脆的材料、厚料及冷作硬化的材料，可采用加热弯曲的方法，或者采用先退火增加材料塑性再进行弯曲的方法。

（3）弯曲半径小的工件时，应预先去掉毛刺，并采用退火方法消除毛坯的硬化层。如果毛刺较小，也可把有毛刺的一边朝向弯曲凸模面，以避免应力集中而使工件开裂。

（4）一般情况下，在设计时不宜采用最小弯曲半径。如果工件的弯曲半径小于如表 6-1 所示数值，则应分两次或多次弯曲，即先弯成较大的圆角半径（大于 r_{min}），经中间退火后，然后再以校正工序弯成所要求的弯曲半径。这样可以使变形区域扩大，减小外层材料的伸长率。

（5）对于较厚材料的弯曲，若结构允许，可先在弯曲圆角内侧开槽，再进行弯曲，如图 6-6 所示。

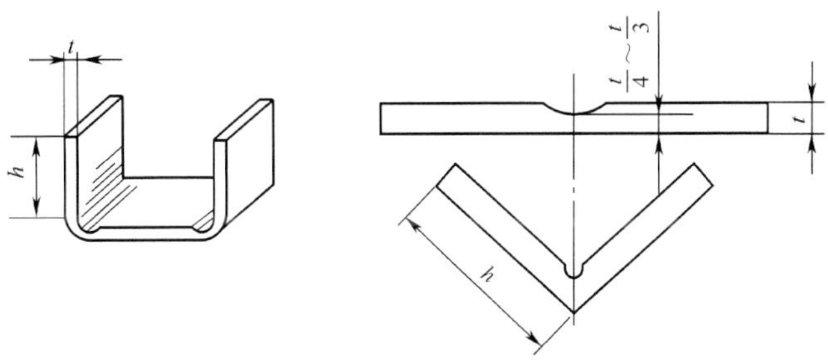

（a）U 形件　　（b）V 形件

图 6-6　开槽后弯曲

6.3.2 弯曲回弹

1. 弯曲回弹现象

常温下的塑性弯曲与其他塑性变形一样，总是伴随有弹性变形。当弯曲结束，外力去除后，塑性变形保留了下来，而弹性变形则完全消失，使得弯曲件的形状和尺寸发生变化而与模具尺寸不一致，这种现象称为弯曲回弹，简称回弹。

由于弯曲变形区内、外侧的切向应力应变性质相反，因而卸载时，外侧因弹性恢复而缩短，内侧因弹性恢复而伸长，并且回弹的方向都是与弯曲变形方向相反的。另外，对于整个坯料来说，不变形区占的比例比变形区大得多，大面积不变形区的惯性作用也会加大变形区的回弹，这是弯曲回弹比其他成形工艺回弹严重的另一个原因。

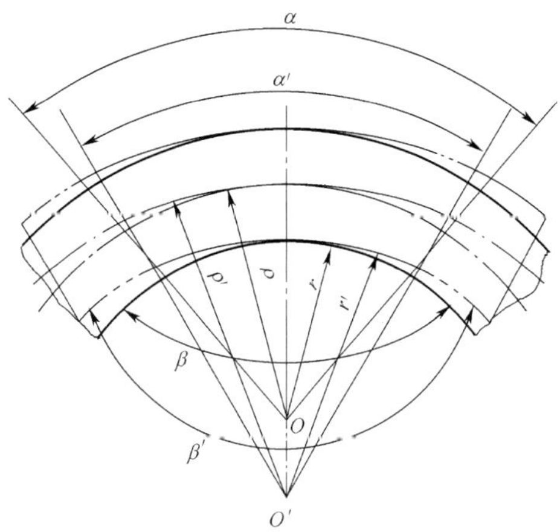

图 6-7　弯曲变形的回弹

弯曲件的回弹现象通常表现为两种形式，如图 6-7 所示。

（1）曲率减小。卸载前，弯曲中性层的半径为 ρ；卸载后，弯曲中性层的半径增至 ρ'。曲率则由卸载前的 $1/\rho$ 减小至卸载后的 $1/\rho'$。若以 ΔK 表示曲率的减小量，则

$$\Delta K=\frac{1}{\rho}-\frac{1}{\rho'} \tag{6-1}$$

（2）弯曲中心角减小。卸载前，弯曲变形区的中心角为 α；卸载后，弯曲变形区的中心角减小至 α'。若以 $\Delta\alpha$ 表示弯曲中心角的减小量，则

$$\Delta\alpha=\alpha-\alpha' \tag{6-2}$$

弯曲角 β（弯曲件两直边间的夹角，它与弯曲中心角度 α 间的关系为：$\beta=180^\circ-\alpha$）的增大量为

$$\Delta\beta=\beta'-\beta \tag{6-3}$$

计算出的ΔK、$\Delta\alpha$（$\Delta\beta$）即为弯曲件的回弹量，但其与实际冲压生产中的回弹量相比，有一定的差别，原因是影响弯曲回弹有多种因素。

2．影响回弹的因素

（1）材料的力学性能。材料的屈服强度σ_s越大，弹性模量E越小，弯曲变形的回弹就越大。因为材料的屈服点σ_s越高，材料在一定的变形程度下，其变形区断面内的应力也越大，因而可以引起更大的弹性变形，所以回弹值也越大；而弹性模量E越小，则材料抵抗弹性变形的能力越弱，所以回弹值越大。

（2）相对弯曲半径r/t。相对弯曲半径r/t越小，则回弹值越小。因为相对弯曲半径r/t减小，弯曲变形程度增大，变形区总的切向变形程度增大，塑性变形在总变形中占的比例增大，而相应弹性变形的比例则减小，从而回弹值减小，反之，相对弯曲半径r/t越大，则回弹值越大。这也是r/t很大的工件不易弯曲成形的原因。

（3）弯曲中心角α。弯曲中心角α越大，回弹角也越大。因为随着α的增大，变形区段长度增大，回弹累积值也增大，回弹角也就增大，但对曲率半径的回弹没有影响。

（4）弯曲方式。自由弯曲时，回弹值大；校正弯曲时，回弹值小。在无底凹模内作自由弯曲时，回弹最大；在有底凹模内作校正弯曲时，回弹最小。

（5）弯曲件形状。一般弯曲件形状越复杂，一次弯曲成形角的数量越多，则弯曲时各部分相互牵制作用越大，弯曲中拉伸变形的成分越大，则回弹量就越小，因此，一次弯曲成形时，ᒣᒥ形件的回弹量较U形件小，U形件的回弹量又较V形件小。

（6）模具间隙。在弯曲U形件时，凸、凹模间隙对回弹角有较大的影响。间隙越大，回弹角也越大，如图6-8所示。当采用负间隙时，由于模具对材料的挤压作用，可使回弹角减小至最小值，甚至出现0或负值。

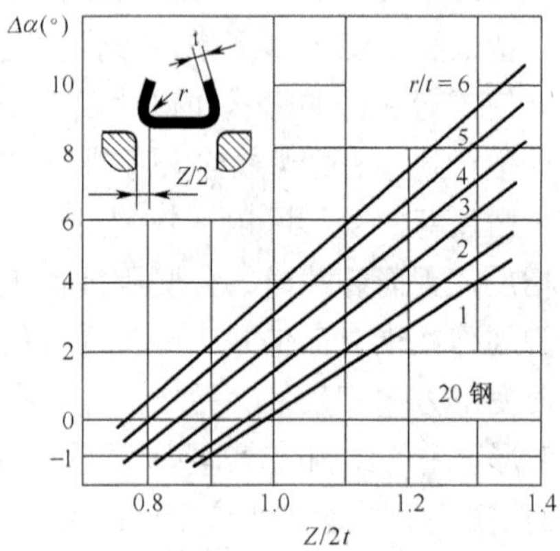

图6-8 间隙对回弹的影响

3．回弹值的确定

由于回弹直接影响了弯曲件的形状和尺寸，因此，在模具设计和制造时，必须预先考虑材料的回弹。通常是先根据经验数值和简单的计算，初步确定模具工作部分尺寸，然后再试模，并修正模具相应部分的形状和尺寸。

回弹值的确定方法有理论公式计算法和经验值查表法。

（1）自由弯曲时的回弹，可以分为以下几种情况。

① 相对弯曲半径较大时自由弯曲的回弹值。当相对弯曲半径$r/t \geqslant 10$时，回弹比较大，如图6-9所示。卸载后，弯曲件的弯曲圆角半径和角度都发生了较大变化，此时可以不考虑材料厚度的变化以及应力应变中性层的移动，以简化计算。在这种情况下，凸模圆角半径$r_凸$和凸模圆角部分中心角$\alpha_凸$可按下式进行计算。

$$r_凸 = \frac{r}{1 + 3\frac{\sigma_s r}{Et}} \tag{6-4}$$

$$\alpha_{凸} = \frac{r}{r_{凸}}\alpha \tag{6-5}$$

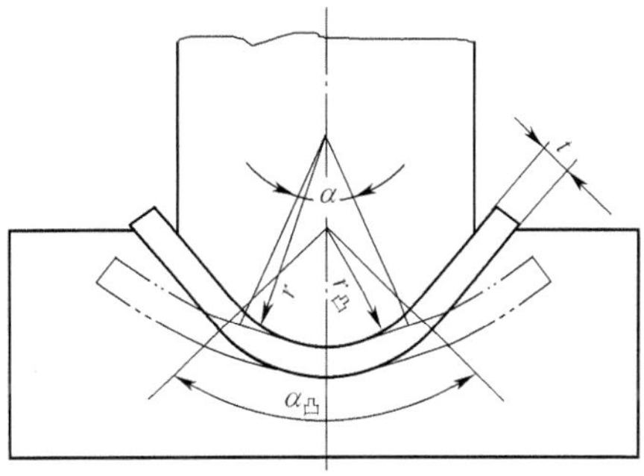

图 6-9　r/t 较大时的回弹现象

式中：$r_{凸}$——凸模圆角半径，mm；

$\alpha_{凸}$——凸模圆角部分中心角；

r——弯曲件圆角半径，mm；

α——弯曲件圆角部分中心角；

σ_s——弯曲件材料的屈服极限，MPa；

E——弯曲件材料的弹性模量，MPa；

t——弯曲件材料厚度，mm。

② 相对弯曲半径较小时自由弯曲的回弹值。当弯曲件的相对弯曲半径 $r/t<5$ 时，由于变形程度大，卸载后，弯曲圆角半径的变化很小，可以不予考虑，而仅考虑弯曲中心角的变化。

当弯曲件弯曲中心角不为 90°时，其回弹角可按下式计算。

$$\Delta\alpha = \frac{\alpha}{90}\Delta\alpha_{90} \tag{6-6}$$

式中：$\Delta\alpha$——弯曲件的弯曲中心角为 α 时的回弹角；

$\Delta\alpha_{90}$——弯曲中心角为 90°时的回弹角（见表 6-2）；

α——弯曲件的弯曲中心角。

表 6-2　　90°单角自由弯曲时的回弹角

材　料	$\frac{r}{t}$	材料厚度 t（mm）		
		<0.8	0.8～2	>2
软钢（σ_b=350MPa） 黄铜（σ_b=350MPa） 铝和锌（σ_b=350MPa）	<1	4°	2°	0°
	1～5	5°	3°	1°
	>5	6°	4°	2°
中硬钢（σ_b=400～500MPa） 硬黄铜（σ_b=350～400MPa） 硬青铜（σ_b=350～400MPa）	<1	5°	2°	0°
	1～5	6°	3°	1°
	>5	8°	5°	3°
硬钢（σ_b>550MPa）	<1	7°	4°	2°
	1～5	9°	5°	3°
	>5	12°	7°	6°
AlT 钢 电工钢 XH78T（CrNi78Ti）	<1	1°	1°	1°
	1～5	4°	4°	4°
	>5	5°	5°	5°
硬铝 LY12	<2	2°	3°	4°30′
	2～5	4°	6°	8°30′
	>5	6°30′	10°	14°
超硬铝 LC4	<2	2°30′	5°	8°
	2～5	4°	8°	11°30′
	>5	7°	12°	19°

（2）校正弯曲时的回弹。校正弯曲的回弹值，可用试验所得的公式计算，符号如图 6-10 所示，公式见表 6-3 所示。

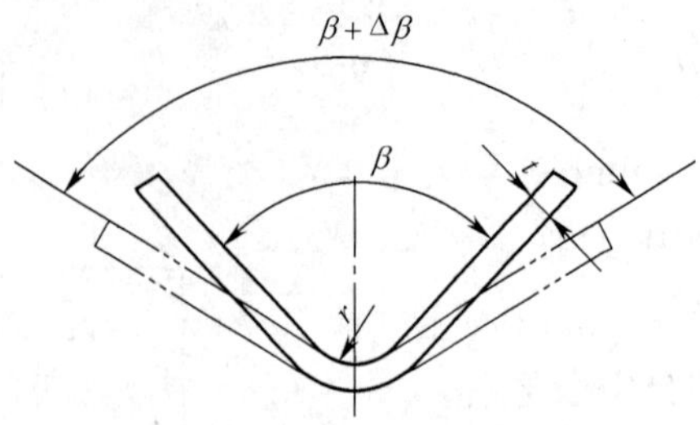

图 6-10　V 形件校正弯曲的回弹

表 6-3　　V 形件校正弯曲时的回弹角 $\Delta\beta$

材　　料	弯曲角 β			
	30°	60°	90°	120°
08、10、Q195	$\Delta\beta=0.75\frac{r}{t}-0.39$	$\Delta\beta=0.58\frac{r}{t}-0.80$	$\Delta\beta=0.43\frac{r}{t}-0.61$	$\Delta\beta=0.36\frac{r}{t}-1.26$
15、20、Q215、Q235	$\Delta\beta=0.69\frac{r}{t}-0.23$	$\Delta\beta=0.64\frac{r}{t}-0.65$	$\Delta\beta=0.43\frac{r}{t}-0.36$	$\Delta\beta=0.37\frac{r}{t}-0.58$
25、30、Q255	$\Delta\beta=1.59\frac{r}{t}-1.03$	$\Delta\beta=0.95\frac{r}{t}-0.94$	$\Delta\beta=0.78\frac{r}{t}-0.79$	$\Delta\beta=0.46\frac{r}{t}-1.36$
35、Q275	$\Delta\beta=1.51\frac{r}{t}-1.48$	$\Delta\beta=0.84\frac{r}{t}-0.76$	$\Delta\beta=0.79\frac{r}{t}-1.62$	$\Delta\beta=0.51\frac{r}{t}-1.71$

4．控制回弹的措施

模具设计时，要尽可能减小回弹，常用的方法有补偿法和校正法。

（1）补偿法。补偿法即预先估算或试验出工件弯曲后的回弹量，在设计模具时，使弯曲工件的变形超过原设计的变形，工件回弹后得到所需要的形状。图 6-11（a）所示为单角回弹的补偿，根据已确定出的回弹角，在设计凸模和凹模时，减小模具的角度，做出补偿。图 6-11（b）所示的情况可采取两种措施：其一是使凸模向内侧倾斜，形成补偿角 $\Delta\theta$；其二是使凸、凹模单边间隙小于材料厚度，凸模将毛坯压入凹模后，利用毛坯外侧与凹模的摩擦力，使毛坯的两侧都向内贴紧凸模，从而实现回弹的补偿。图 6-11（c）所示的补偿法是在工件底部形成一个圆弧状弯曲，凸、凹模分离后，工件圆弧部分有回弹为直线的趋势，带动其两侧板向内侧倾斜，使回弹得到补偿。

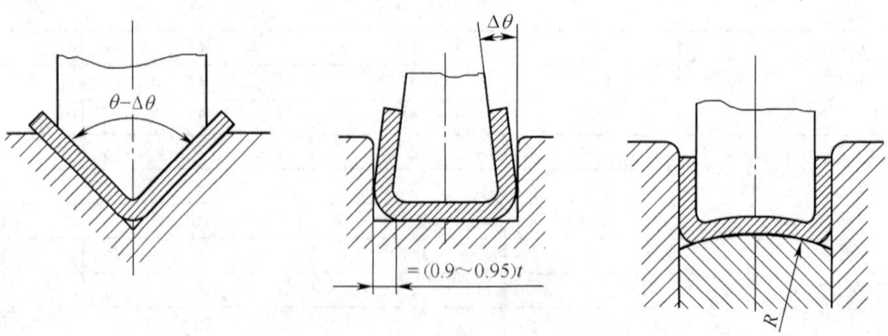

图 6-11　补偿法

（2）校正法。校正法是在模具结构上采取措施，让校正压力集中在弯角处，使其产生一定塑性变形，克服回弹。如图 6-12（a）、（b）所示为弯曲校正力集中作用于弯曲圆角处。

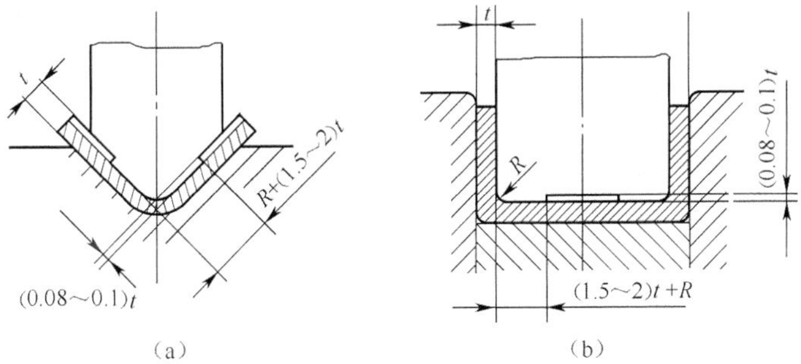

图 6-12　校正法

6.3.3　偏移

板料在弯曲过程中，各边受到凹模圆角处不相等的阻力的作用而沿工件长度产生移动，致使工件直边高度不符合图样要求，这种现象称为偏移。

1．偏移产生的原因

（1）制件毛坯形状不对称，如图 6-13（a）、（b）所示。

（2）工件结构不对称，如图 6-13（c）所示。

（3）凹模两边角度不对称，如图 6-13（d）所示。

（4）凸凹模圆角间隙不对称，使阻力不相等。

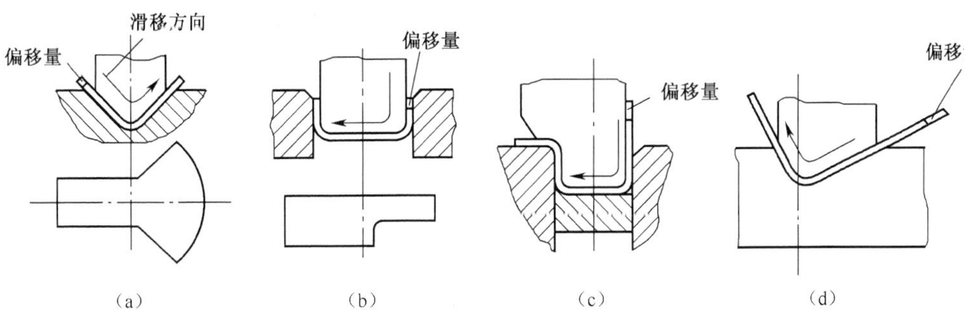

图 6-13　弯曲时的偏移现象

2．控制偏移的措施

（1）采用压料装置。使毛坯在压紧状态下逐渐弯曲成形，从而防止毛坯的滑动，以得到较平整的工件，如图 6-14 所示。

（2）定位后再弯曲。设计合理的定位板进行外形定位，如图 6-15（a）所示，也可以利用毛坯上的孔或设计工艺孔，用定位销插入孔中进行定位。对于某些弯曲件，工艺孔与压料板可兼用，如图 6-15（b）所示，由于有顶板和定位销定位，可防止弯曲时坯料的偏移，反侧压块的作用是平衡左边弯曲时产生的水平侧向力。

（3）成对弯曲。将不对称弯曲件组合成对称弯曲件弯曲，然后再切开，使板料在弯曲时受力均匀，防止产生偏移。

（4）模具制造准确，间隙调整对称，使阻力对称分布，从而防止产生偏移。

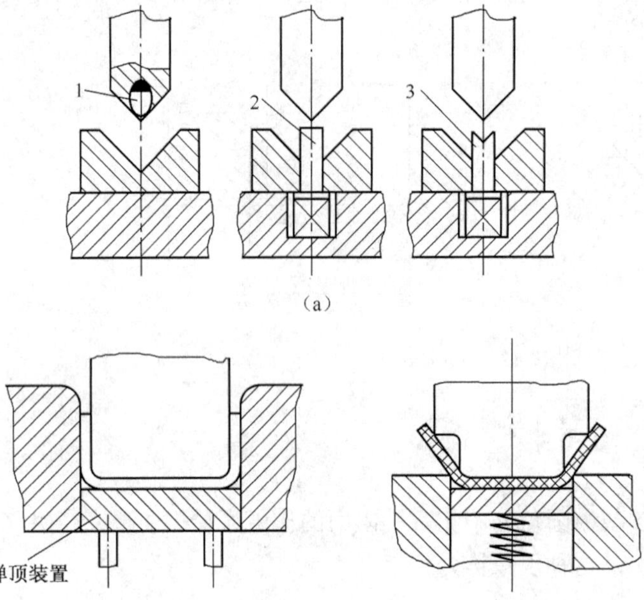

（a）

（b）　　（c）

图6-14　采用压料装置控制偏移
1—定位尖　2—顶杆　3—V形顶板

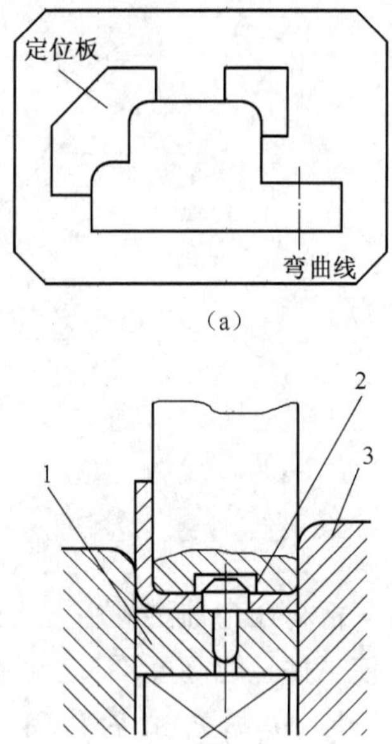

（a）

（b）

图6-15　定位后再弯曲控制偏移
1—顶板　2—定料销　3—反侧压块

6.4　弯曲件的工艺计算

6.4.1　弯曲中性层位置的确定

弯曲中性层是指弯曲变形前后长度保持不变的金属层。弯曲中性层的展开长度即是弯曲件的毛坯尺寸，而为了计算弯曲中性层的展开尺寸，必须首先确定中性层的位置，中性层位置可用其弯曲半径 ρ 确定，如图6-16所示。ρ 可按经验公式（6-7）计算。

$$\rho=r+xt \tag{6-7}$$

式中：ρ——中性层弯曲半径，mm；

r——内弯曲半径，mm；

t——材料厚度，mm；

x——中性层位移系数，见表6-4。

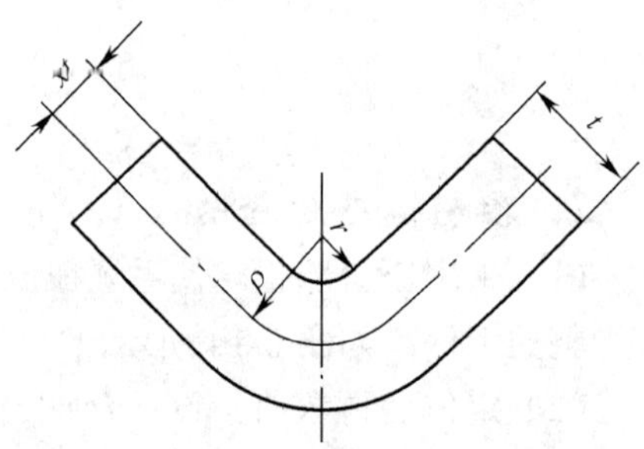

图6-16　中性层位置

表6-4　中性层位移系数

r/t	0.1	0.2	0.3	0.4	0.5	0.6	0.7	0.8	1.0	1.2
x	0.21	0.22	0.23	0.23	0.25	0.26	0.28	0.30	0.32	0.33
r/t	1.3	1.5	2.0	2.5	7.0	4.0	5.0	6.0	7.0	≥8.0
x	0.34	0.36	0.38	0.39	0.40	0.42	0.44	0.46	0.48	0.50

6.4.2　弯曲件展开长度的计算

中性层位置确定后，对于形状比较简单、尺寸精度要求不高的弯曲件，可直接采用下面介绍的方法计算坯料长度。而对于形状比较复杂或精度要求高的弯曲件，在利用下述公式初步计算坯料长度后，还须反复试弯不断修正，才能最后确定坯料的形状及尺寸。

1．圆角半径 $r>0.5t$ 的弯曲件展开长度

如上所述，此类弯曲件的展开长度是根据弯曲前后毛坯中性层尺寸不变的原则进行计算的，其展开长度等于所有直线段及弯曲部分中性层展开长度之和，如图 6-17 所示，计算步骤如下。

（1）计算直线段 a、b、c…的长度。

（2）计算 r/t，根据表 6-4 查出中性层位移系数 x 值。

（3）按式（6-7）计算各圆弧段中性层弯曲半径 ρ。

$$\rho=r+xt$$

（4）根据各中性层弯曲半径 ρ_1、ρ_2…与对应弯曲中心角 α_1、α_2…计算各圆弧段展开长度 l_1、l_2…

$$l=\pi\rho\alpha/180°$$

（5）计算总展开长度 L。

$$L=a+b+c+\cdots+l_1+l_2+l_3+\cdots$$

当弯曲件的弯曲角度为 90° 时（见图 6-18），弯曲件展开长度计算可简化为

$$L=a+b+1.57(r+xt) \qquad (6\text{-}8)$$

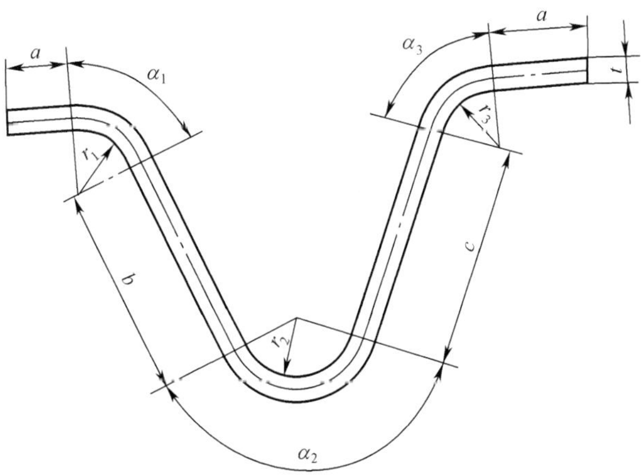

图 6-17　圆角半径 $r>0.5t$ 的展开长度

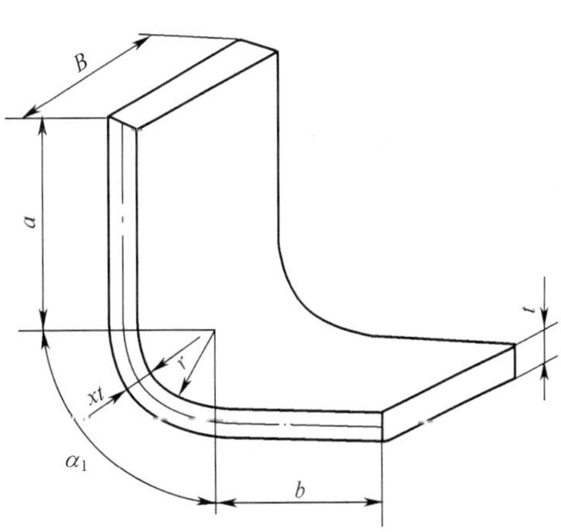

图 6-18　90°角弯曲件

2．圆角半径 $r<0.5t$ 弯曲件展开长度

对于 $r<0.5t$ 的弯曲件，由于弯曲变形时，不仅制件的圆角变形区严重变薄，而且与其相邻的直边部分也变薄，故应按变形前后体积不变条件确定坯料长度，通常采用表 6-5 所列经验公式计算。

表 6-5 $r<0.5t$ 的弯曲件坯料长度计算公式

简　图	计算公式	简　图	计算公式
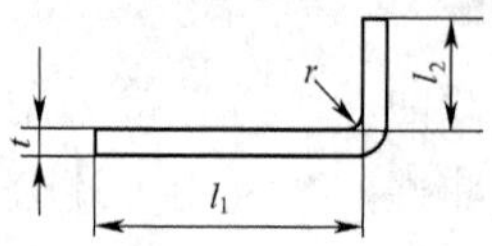	$L_z=l_1+l_2+0.4$	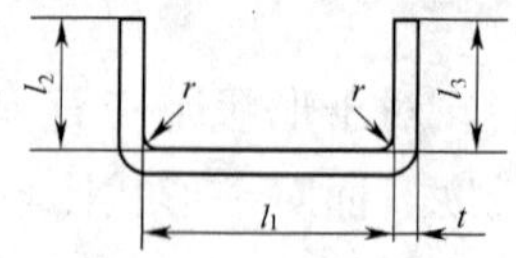	$L_t=l_1+l_2+l_3+0.6t$ （一次同时弯曲 2 个角）
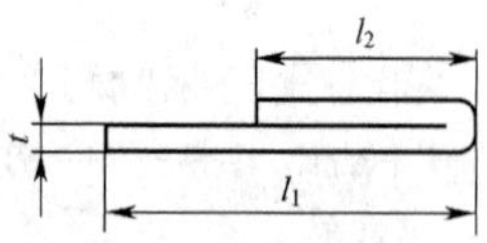	$L_z=l_1+l_2-0.4$	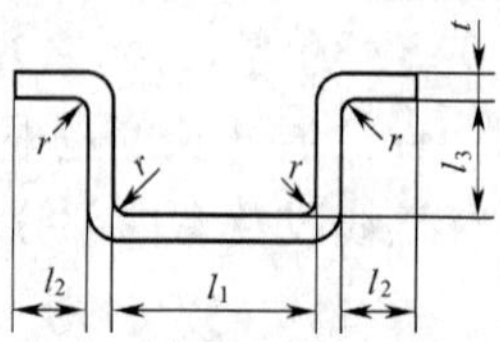	$L_z=l_1+2l_2+2l_3+t$ （一次同时弯曲 4 个角） $L_z=l_1+2l_2+2l_3+1.2t$ （分为再次弯曲 4 个角）

3．铰链式弯曲件

对于 $r=(0.6\sim7.5)t$ 的铰链件，如图 6-19 所示，通常采用推卷的方法成形，在卷圆过程中板料增厚，中性层外移，其坯料长度 L_z 可按下式近似计算。

$$L_z=l+1.5\pi(r+x_1t)+r\approx l+5.7r+4.7x_1t \quad (6\text{-}9)$$

式中：l ——直线段长度；

r ——铰链内半径；

x_1 ——中性层位移系数，查表 6-6。

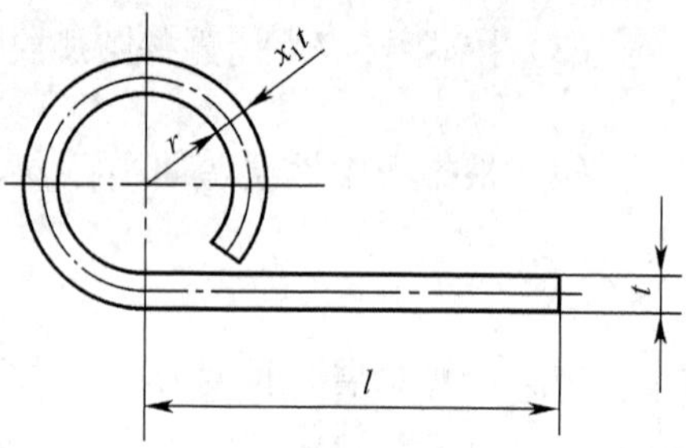

图 6-19　铰链式弯曲件

表 6-6 卷边时中性层位移 x_1 值

r/t	0.5～0.6	0.6～0.8	0.8～1	1～1.2	1.2～1.5	1.5～1.8	1.8～2	2～2.2	2.2
x_1（mm）	0.76	0.73	0.7	0.67	0.64	0.61	0.58	0.54	0.5

6.4.3　弯曲力计算

弯曲力是选择压力机和设计模具的重要依据之一。弯曲力的大小不仅与毛坯尺寸、材料力学性能、凹模支点间的间距、弯曲半径及凸凹模间隙等因素有关，而且与弯曲方法也有很大的关系，很难用理论分析的方法进行准确计算，所以在生产中常采用经验公式计算。

（1）自由弯曲的弯曲力。自由弯曲按弯曲件形状可分为 V 形件自由弯曲和 U 形件自由弯曲两种。对于 V 形件，弯曲力 F_z 按下式计算。

$$F_z=0.6Kbt^2\sigma_b/(r+t) \quad (6\text{-}10)$$

对于 U 形件，弯曲力 F_z 按下式计算。

$$F_z=0.7Kbt^2\sigma_b/(r+t) \quad (6\text{-}11)$$

式中：F_z——材料在冲压行程结束时的弯曲力，N；

b——弯曲件宽度，mm；

t——弯曲件厚度，mm；

r——弯曲件内弯曲半径，mm；

σ_b——材料强度极限，MPa；

K——安全系数，一般可取 $K=1.3$。

（2）校正弯曲的弯曲力。当弯曲件在冲压结束时受到模具的压力校正，则弯曲校正力 F_j

可按下式近似计算。

$$F_j=qA \tag{6-12}$$

式中：F_j——弯曲校正力，N；

q——单位校正力，MPa，其值见表 6-7；

A——工件被校正部分投影面积，mm^2。

表 6-7　　单位校正力 q（MPa）

材　料	材料厚度 t（mm）			
	≤1	1～2	2～5	5～10
铝	15～20	20～30	30～40	40～50
黄铜	20～30	30～40	40～60	60～80
10～20 钢	30～40	40～50	60～80	80～100
25～30 钢	40～50	50～60	70～100	100～120

6.4.4　顶件力或压料力

对于设置顶件装置或压料装置的弯曲模，其顶件力 F_d 或压料力 F_y 可近似取自由弯曲力的 30%～80%，即

$$F_d（F_y）=（0.3～0.8）F_z \tag{6-13}$$

6.4.5　压力机吨位的确定

对于有弹性顶件装置的自由弯曲压力机吨位可按下式计算。

$$F_{压机}=（1.1～1.2）（F_z+F_d） \tag{6-14}$$

对于有弹性压料装置的自由弯曲压力机吨位可按下式计算。

$$F_{压机}=（1.1～1.2）（F_z+F_y） \tag{6-15}$$

对于校正弯曲压力机吨位可按下式计算。

$$F_{压机}\geqslant（1.1～1.2）F_j \tag{6-16}$$

式中：$F_{压机}$——压力机工称压力，N。

6.5　弯曲模的设计

6.5.1　弯曲件的工艺性

弯曲件的工艺性是指弯曲件对弯曲加工的适应性，这是从弯曲加工的角度对弯曲产品设计提出的工艺要求。具有良好工艺性的弯曲零件，不仅能简化弯曲工序和弯曲模的设计，而且能提高弯曲件精度，节约材料，提高生产效率。

（1）弯曲半径。弯曲件的弯曲半径不宜小于最小弯曲半径，否则要多次弯曲，增加工序数；也不宜过大，因为过大时受到回弹的影响，弯曲角度与弯曲半径的精度都不易保证。

（2）弯曲件的形状。弯曲件的形状应尽可能简单并左右对称，以保证弯曲时毛坯不产生

滑动，造成偏移，以免影响弯曲件的精度。如图 6-20（a）所示为防毛坯弯曲时产生滑动，添加工艺孔定位；如图 6-20（b）、图 6-20（c）所示的小型非对称弯曲件采用成对弯曲再切断的工艺。

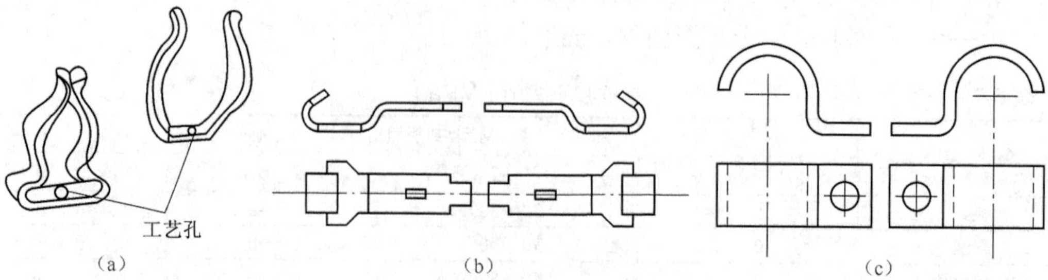

图 6-20　弯曲件的形状

（3）弯曲件直边高度。当弯曲 90° 角时，为保证弯曲件质量，必须使其直边高度 h 大于厚度 t 的两倍（即 $h>2t$）。当 $h<2t$ 时，则应预先压槽弯曲或加大直边高度，待弯曲后将直边高出部分切除，如图 6-21（a）所示。当弯曲边带有斜角时，应使 $h=(2\sim4)t>3$mm，如图 6-21（b）所示。

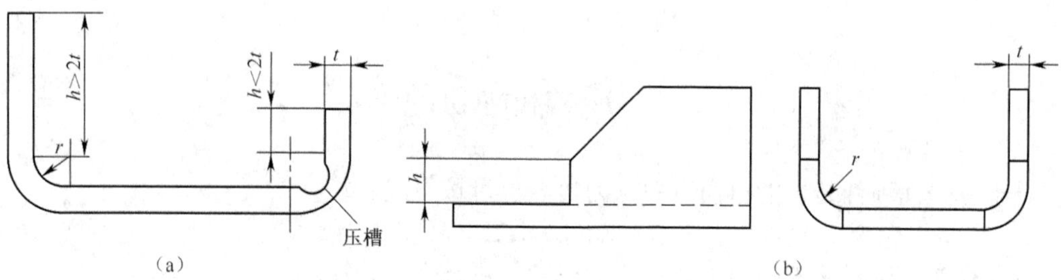

图 6-21　弯曲件直边高度

（4）弯曲件孔边距。当弯曲带孔的工件时，如果孔位于弯曲区附近，则弯曲后孔的形状会发生变形。为了避免这种缺陷的出现，必须使孔处于变形区之外，如图 6-22（a）所示。孔边到弯曲半径 r 中心的距离 l 为：当 $t<2$mm，$l\geqslant t$；当 $t\geqslant2$mm 时，$l\geqslant2t$。

如果孔边至弯曲半径 r 中心的距离过小，而不能满足上述条件时，须弯曲成形后再冲孔。如工件结构允许，可在弯曲处预先冲出工艺孔或工艺槽，如图 6-22（b）、图 6-22（c）所示，由工艺孔或工艺槽来吸收弯曲变形应力，防止孔在弯曲时变形。

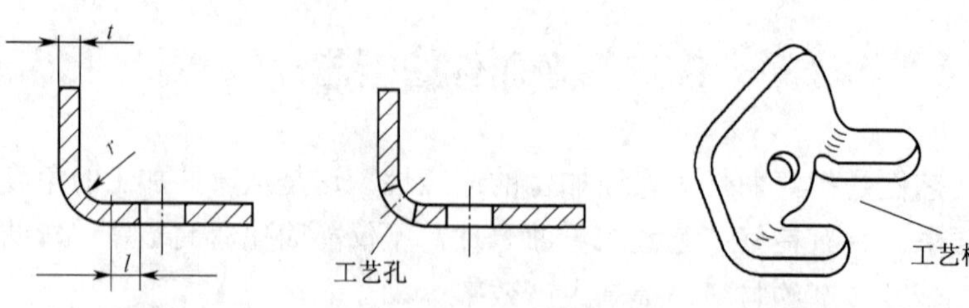

图 6-22　弯曲件的孔边距

（5）止裂孔、止裂槽。如图 6-23 所示的情况，对于局部弯曲某一段边缘时，为了防止尖角处由于应力集中而产生撕裂，可增添工艺孔、工艺槽或将弯曲线移动一段距离，以避开尺寸突变处，并使 $s \geqslant r$，$b \geqslant t$，$d \geqslant t$，$h=t+r+b/2$。

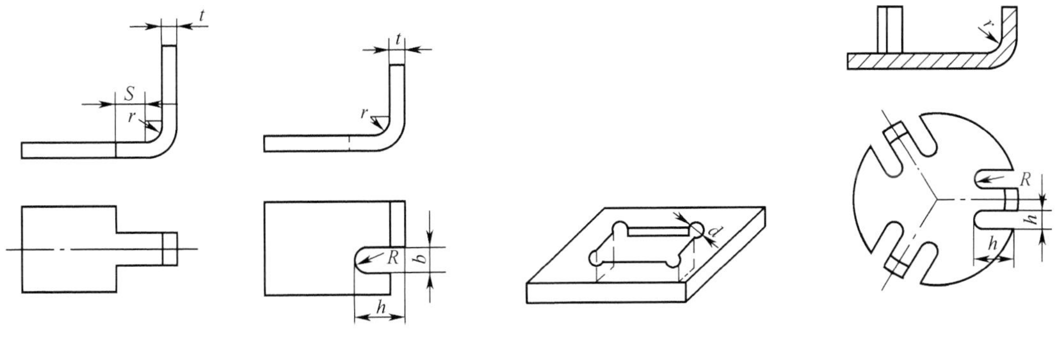

（a）　（b）　（c）　（d）

图 6-23　止裂孔、止裂槽

（6）弯曲件尺寸标注。弯曲件尺寸标注的不同会导致不同的加工方案，图 6-24 所示的弯曲件有三种尺寸标注方法。图 6-24（a）所示的尺寸可以采用先落料冲孔，然后弯曲成形，工艺比较简单；而图 6-24（b）、（c）所示的尺寸标注方法，冲孔只能在弯曲成形后进行，增加了工序，因此，当孔无装配要求时，应采用图 6-24（a）所示的标注方法，以减少加工工序。

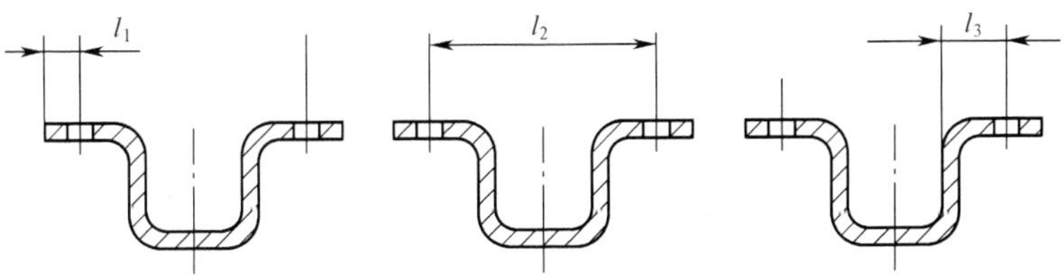

（a）　（b）　（c）

图 6-24　尺寸标注对弯曲工艺的影响

（7）弯曲件的精度。弯曲件的精度主要是指其形状和尺寸的准确性与稳定性。弯曲件的精度受板料的力学性能、厚度、模具结构、模具精度、工序数量、工序顺序以及工件本身的形状尺寸等因素的影响。一般而言，弯曲件的经济公差等级在 IT13 级以下。表 6-8 和表 6-9 所示分别为弯曲件长度的自由公差和角度公差所能达到的精度。

表 6-8　弯曲件长度的自由公差　单位：mm

长度尺寸		3～6	6～18	18～50	50～120	120～260	260～500
材料厚度	≤2	±0.3	±0.4	±0.6	±0.8	±1.0	±1.5
	2～4	±0.4	±0.6	±0.8	±1.2	±1.5	±2.0
	>4	—	±0.8	±1.0	±1.5	±2.0	±2.5

表 6-9　弯曲件角度的自由公差

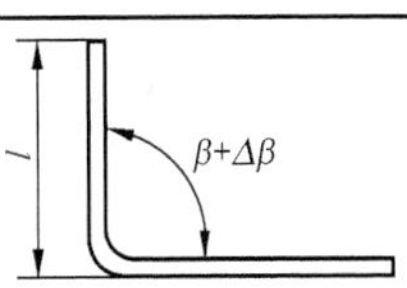	l（mm）	≤6	6～10	10～18	18～30	30～50
	$\Delta\beta$	±3°	±2°30′	±2°	±1°30′	±1°15′
	l（mm）	50～80	80～120	120～180	180～260	260～360
	$\Delta\beta$	±1°	±50′	±40′	±30′	±25′

（8）弯曲件的材料。弯曲件的材料要具有足够的塑性，屈强比（σ_s/σ_b）小，屈服点与

弹性模量的比值（σ_s/E）小，有利于弯曲成形和工件质量的提高。

例如，软钢、黄铜和铝等材料的弯曲成形性能好；而脆性较大的材料，如磷青铜、铍青铜等，所需最小相对弯曲半径 r_{min}/t 大，回弹大，不利于成形。

6.5.2 弯曲模的结构设计

弯曲模就是将毛坯或半成品制件沿弯曲线弯成一定角度和形状的冲压模具。

1．坯料制备与工序安排

（1）弯曲毛坯应使弯曲工序的弯曲线与材料纤维方向垂直成一定的夹角。

（2）弯曲时坯料的弯裂应常处于弯曲件的内侧。

（3）弯曲工序一般应先弯外端弯角，后弯内角，且前次弯曲必须为下道工序留有合适的定位基准，后次弯曲不应损伤前次弯曲的精度。

2．防止弯曲过程中坯料偏移

（1）弯曲前坯料应有一部分处于弹性压紧状态，然后再进行弯曲。

（2）尽量采用工件的内孔定位。

3．防止弯曲过程中工件变形

（1）模具结构设计应防止出现材料局部较明显的变薄与划伤，对多角弯曲时，模具设计力求使多角弯曲不同时进行，应有一定的时间差。

（2）模具弯曲到下止点时应尽量有校正弯曲的效果。

（3）应考虑消除零件回弹的结构设计。

（4）应充分考虑抵消不对称零件侧向力的结构设计。

（5）应充分考虑模具的刚度和使用寿命。

4．注意事项

进行弯曲模的结构设计时，应注意以下几点。

（1）毛坯放置在模具上必须保证有正确可靠的定位。当工件上有孔并且允许其作为定位孔时，应尽量利用工件上的孔定位。若工件上无孔但允许在毛坯上冲制工艺孔时，可以考虑在毛坯上设计出定位工艺孔。当工件上不允许有工艺孔时，应考虑用定位板对毛坯外形定位，同时应设置压料装置压紧毛坯，以防止弯曲过程中毛坯的偏移。

（2）当采用多道工序弯曲时，各工序尽可能采用同一定位基准。

（3）设计模具结构应注意放入和取出工件的操作要安全、迅速和方便。

（4）确定弹性材料的准确回弹值时，需要通过试模对凸、凹模进行修正，因此，模具结构设计要便于拆卸。

6.5.3 弯曲模的工作部分设计

弯曲模工作部分主要是指凸模、凹模的圆角半径和凹模的深度。对于U形件的弯曲模还应有凸、凹模间隙和模具横向尺寸等。

1．凸、凹模圆角半径及凹模深度

（1）凸模圆角半径。当弯曲件的相对弯曲半径 r/t 较小时，取凸模圆角半径 $r_凸$ 等于或略小于弯曲件内侧的圆角半径 r，但不能小于表 6-1 所列的最小弯曲半径 r_{min}。若弯曲件的 r/t 小于最小相对弯曲半径 r_{min}/t，则弯曲时应取 $r_凸>r_{min}$，然后增加一道整形工序，使整形模的凸模圆角半径 $r_凸=r$。

当弯曲件的相对弯曲半径 r/t 较大（$r/t>10$），精度要求较高时，必须考虑回弹的影响，根据回弹值的大小对凸模圆角半径 $r_凸$ 进行修正。

（2）凹模圆角半径。凹模圆角半径 $r_凹$ 的大小对弯曲力以及弯曲件的质量均有影响。$r_凹$ 过小会使弯矩的弯曲力臂减小，毛坯沿凹模圆角滑入时的阻力增大，弯曲力增加，并易使工件表面擦伤甚至出现压痕。凹模两边的圆角半径应一致，否则在弯曲时毛坯会发生偏移。实际生产中，$r_凹$ 通常根据材料的厚度 t 选取。

$$当\ t\leqslant 2\text{ mm},\quad r_凹=(3\sim 6)\ t\ ;$$

$$当\ t=(2\sim 4)\text{ mm},\quad r_凹=(2\sim 3)\ t\ ;$$

$$当\ t>4\text{mm},\quad r_凹=2t\ 。$$

对于 V 形弯曲模的凹模底部圆角半径 $r'_凹$，可依据弯曲变形区坯料变薄的特点取 $r'_凹=(0.6\sim 0.8)(r_凸+t)$ 或者开退刀槽。

（3）凹模深度。凹模深度要适当，若过小，则弯曲件两端自由部分太长，工件回弹大，不平直；若深度过大，则凹模增高，多耗模具材料，并需要较大的压力机工作行程。对于 V 形件弯曲模，凹模深度 l_0 及底部最小厚度 h 如图 6-25（a）所示，数值见表 6-10，但应保证凹模开口宽度 $L_凹$ 不大于弯曲坯料展开长度的 0.8 倍。

表 6-10　　弯曲 V 形件的凹模深度及底部最小厚度　　单位：mm

弯曲件的边长 l	材料厚度					
	≤2		2～4		>4	
	l_0	h	l_0	h	l_0	h
10～25	10～15	20	15	22	—	—
25～50	15～20	22	25	27	30	32
50～75	20～25	27	30	32	35	37
75～100	25～30	32	35	37	40	42
100～150	30～35	37	40	42	50	47

对于 U 形件弯曲模，若直边高度不大或要求两边平直，则凹模深度应大于工件的深度，如图 6-25（b）所示，图中 h_0 见表 6-11；若弯曲件直边较长，且平直度要求不高，则凹模深度可以小于工件的高度，如图 6-25（c）所示，凹模深度 l_0 见表 6-12。

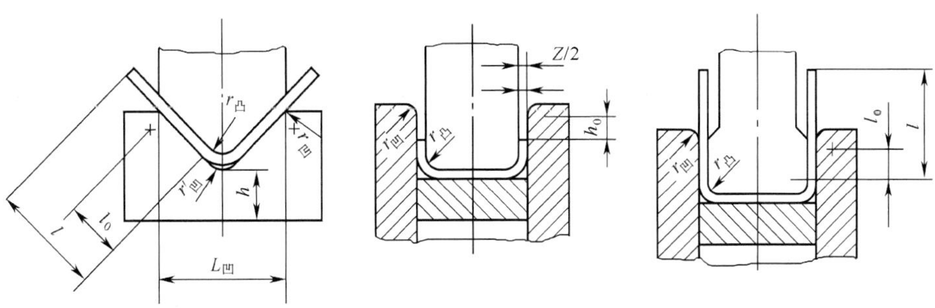

（a）　（b）　（c）

图 6-25　弯曲模工作部分尺寸

表 6-11　弯曲 U 形件凹模的底部最小厚度　单位：mm

材料厚度 t	≤1	1～2	2～3	3～4	4～5	5～6	6～7	7～8	8～10
h_0	3	4	5	6	8	10	15	20	25

表 6-12　弯曲 U 形件的凹模深度　单位：mm

弯曲件的边长 l	材料厚度				
	<1	1～2	2～4	4～6	6～10
<50	15	20	25	30	35
50～75	20	25	30	35	40
75～100	25	30	35	40	40
100～150	30	35	40	50	50
150～200	40	45	55	65	65

2．凸、凹模间隙

V 形件弯曲时，凸、凹模的间隙是靠调整压力机的闭合高度来控制的，不需要在设计、制造模具时确定。但在模具设计中，必须考虑到模具闭合时，使模具工作部分与工件能紧密贴合，以保证弯曲质量。

对于 U 形件弯曲，必须合理确定凸、凹模之间的间隙。间隙过大，则回弹大，工件的形状和尺寸不易保证。间隙过小，会加大弯曲力，使工件厚度减薄，增加摩擦，擦伤工件并降低模具寿命。U 形件凸、凹模的单面间隙值一般可按下式计算。

弯曲有色金属　$$Z/2 = t_{\min} + C \cdot t \tag{6-17}$$

弯曲黑色金属　$$Z/2 = t_{\max} + C \cdot t \tag{6-18}$$

式中：$Z/2$——凸、凹模单面间隙，mm，如图 6-26（a）所示；

$t_{\min}$、$t_{\max}$——板料的最小厚度和最大厚度，mm；

t——板料厚度的基本尺寸，mm；

C——间隙系数，其值按表 6-13 选取。

当工件精度要求较高时，间隙值应适当减小，可以取 $Z/2 = (0.95 \sim 1)\ t$ 。

表 6-13　U 形件弯曲模凸、凹模的间隙系数

弯曲件高度 h（mm）	b/h≤2				b/h>2				
	材料厚度 t（mm）								
	<0.5	0.6～2	2.1～4	4.1～5	<0.5	0.6～2	2.1～4	4.1～7.6	7.6～12
10	0.05	0.05	0.04	—	0.10	0.10	0.08	—	—
20	0.05	0.05	0.04	0.03	0.10	0.10	0.08	0.06	0.06
35	0.07	0.05	0.04	0.03	0.15	0.10	0.08	0.06	0.06
50	0.10	0.07	0.05	0.04	0.20	0.15	0.10	0.06	0.06
70	0.10	0.07	0.05	0.05	0.20	0.15	0.10	0.10	0.08
100	—	0.07	0.05	0.05	—	0.15	0.10	0.10	0.08
150	—	0.10	0.07	0.05	—	0.20	0.15	0.10	0.10
200	—	0.10	0.07	0.07	—	0.20	0.15	0.15	0.10

注：1．b 为弯曲件宽度；

2．当工件要求较高时，其间隙值应适当减小，取 $Z=（0.95～1）t$。

3．U 形件弯曲凸、凹模横向尺寸及公差

（1）弯曲件外形尺寸的标注。弯曲件标注外形尺寸时，如图 6-26（b）、（c）所示，应以凹模为基准件，先确定凹模尺寸，然后再减去间隙值确定凸模尺寸。

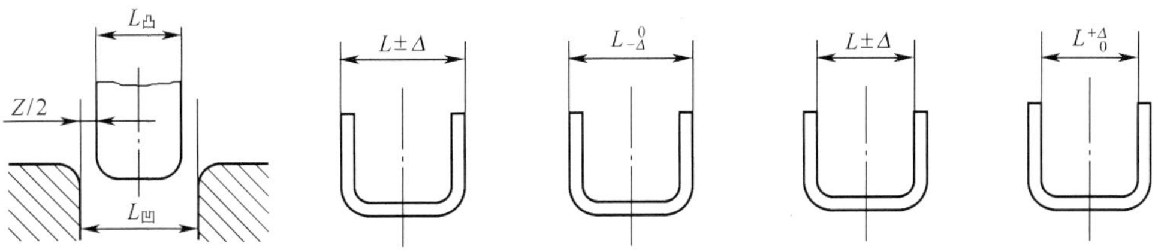

图 6-26　弯曲模及工件的尺寸标注

当弯曲件为双向对称偏差时，如图 6-26（b）所示，凹模尺寸为

$$L_{凹}=(L-0.5\Delta)^{+\delta_{凹}}_{\ 0} \tag{6-19}$$

当弯曲件为单向偏差时，如图 6-26（c）所示，凹模尺寸为

$$L_{凹}=(L-0.75\Delta)^{+\delta_{凹}}_{\ 0} \tag{6-20}$$

凸模尺寸为

$$L_{凸}=(L_{凹}-Z)^{\ 0}_{-\delta_{凸}} \tag{6-21}$$

或者凸模尺寸按凹模实际尺寸配置，保证单面间隙值 Z/2。

（2）弯曲件内形尺寸的标注。弯曲件标注内形尺寸时，如图 6-26（d）、（e）所示，应以凸模为基准件，先确定凸模尺寸，然后再增加间隙值确定凹模尺寸。

当弯曲件为双向对称偏差时，如图 6-26（d）所示，凸模尺寸为

$$L_{凸}=(L+0.5\Delta)^{\ 0}_{-\delta_{凸}} \tag{6-22}$$

当弯曲件为单向偏差时，如图 6-26（e）所示，凸模尺寸为

$$L_{凸}=(L+0.75\Delta)^{\ 0}_{-\delta_{凸}} \tag{6-23}$$

凹模尺寸为

$$L_{凹}=(L_{凸}+Z)^{+\delta_{凹}}_{\ 0} \tag{6-24}$$

或者凹模尺寸按凸模实际尺寸配置，保证单面间隙值 Z/2。

式中：L——弯曲件的基本尺寸，mm；

$L_{凸}$、$L_{凹}$——凸模、凹模工作部分尺寸，mm；

Δ——弯曲件尺寸公差，mm；

$\delta_{凸}$、$\delta_{凹}$——凸、凹模制造公差，选用 IT7～IT9 级精度，一般取凸模的精度比凹模精度高一级；

$Z/2$——凸、凹模单面间隙，mm。

6.6　弯曲模的典型结构

6.6.1　V 形件弯曲模

图 6-27（a）所示为简单的 V 形件弯曲模，其特点是结构简单、通用性好，但弯曲时坯料容易偏移，影响工件精度。图 6-27（b）～（d）所示分别为带有定位尖、顶杆、V 形顶板的模具结

构，可以防止坯料滑动，提高工件精度。图 6-27（e）所示的 V 形弯曲模，由于有顶板及定料销，可以有效防止弯曲时坯料的偏移，得到边长偏差为±0.1mm 的工件。反侧压块的作用是平衡左边弯曲时产生的水平侧向力。

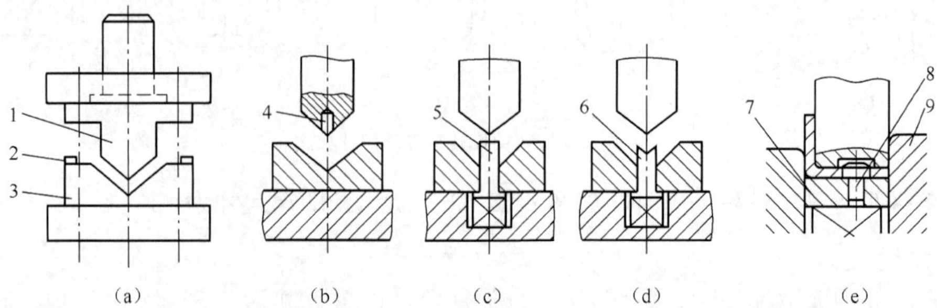

图 6-27　V 形弯曲模的一般结构形式

1—凸模　2—定位板　3—凹模　4—定位尖　5—顶杆　6—V 形顶板　7—顶板　8—定料销　9—反侧压块

图 6-28 所示为 V 形件弯曲模的基本结构。该模具的优点是结构简单，在压力机上安装及调整方便，对材料厚度的公差要求不严，工件在冲程结束时得到不同程度的校正，因而回弹较小，工件的平面度较好。顶杆 7 既起顶料作用，又起压料作用，可防止材料偏移。

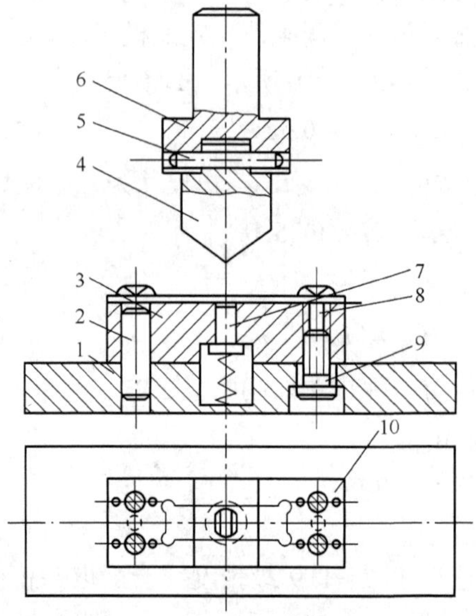

6-3　认识 V 形件弯曲模

图 6-28　V 形件弯曲

1—下模板　2、5—圆柱销　3—弯曲凹模　4—弯曲凸模　6—模柄　7—顶杆　8、9—螺钉　10—定位板

6.6.2　U 形件弯曲模

根据弯曲件的要求，常用的 U 形弯曲模有图 6-29 所示的几种结构形式。图 6-29（a）所示为开底凹模，用于底部不要求平整的制件；图 6-29（b）所示弯曲模用于底部要求平整的弯曲件；图 6-29（c）所示弯曲模用于料厚公差较大而外侧尺寸要求较高的弯曲件，其凸模为活动结构，可随料厚自动调整凸模横向尺寸；图 6-29（d）所示弯曲模用于料厚公差较大而内侧尺寸要求较高的弯曲件，凹模两侧为活动结构，可随料厚自动调整凹模横向尺寸；图 6-29（e）所示为 U 形精弯模，两侧的凹模活动镶块用转轴分别与顶板铰接，弯曲前顶杆将顶板顶

出凹模面，同时顶板与凹模活动镶块成一平面，镶块上有定位销供工序件定位之用，弯曲时工序件与凹模活动镶块一起运动，这样就保证了两侧孔的同轴；图 6-29（f）所示为弯曲件两侧壁厚变薄的弯曲模。

6-4 认识 U 形件弯曲模

如图 6-30 所示为一般 U 形件弯曲模的基本结构。材料沿着凹模圆角滑动进入凸、凹模的间隙，并弯曲成形，凸模回升时，顶料板将工件顶出。由于材料的弹性，工件一般不会包在凸模上。

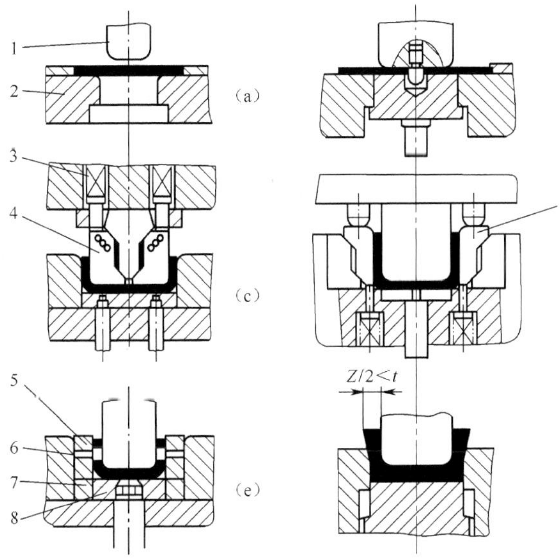

图 6-29 U 形件弯曲模

1—凸模 2—凹模 3—弹簧 4 凸模活动镶块
5、9—凹模活动镶块 6—定位销 7—转轴 8—顶板

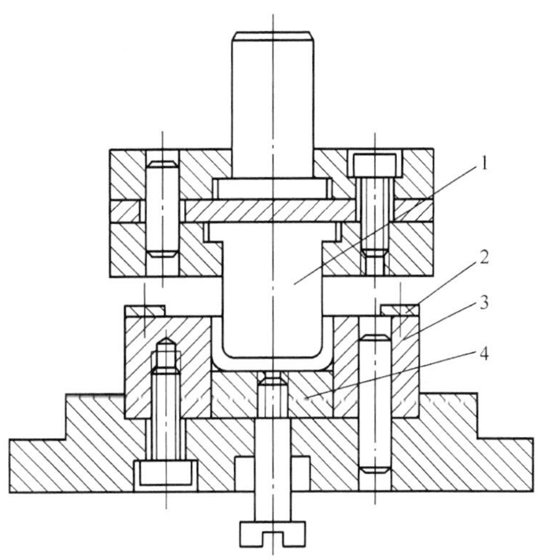

图 6-30 一般 U 形件弯曲模

1—凸模 2—定位板 3—凹模 4—顶料板

6.6.3 Z 形件弯曲模

Z 形件可 次弯曲成形。如图 6-31 所示，Z 形件弯曲模在弯曲 Z 形件时，先弯曲 Z 形件的左端还是右端，取决于托板 2 上橡皮的弹力与顶板上弹顶装置的弹力的大小。若托板 2 上橡皮的弹力大于顶板上弹顶装置的弹力，则先弯 Z 形件左端，再弯右端；若托板 2 上橡皮的弹力小于顶板上弹顶装置的弹力，则先弯 Z 形件右端，再弯左端。本图以先弯左端再弯右端为例，叙述动作过程。弯曲前，由于橡皮 3 作用，凸模 6 与活动凸模 7 的端面平齐；弯曲时，活动凸模 7 与顶板 1 将坯料夹

6-5 认识 Z 形件弯曲模

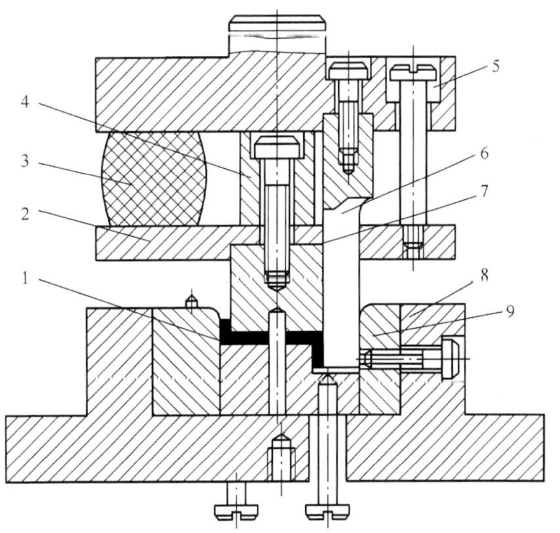

图 6-31 Z 形弯曲模

1—顶板 2—托板 3—橡皮 4—压块 5—上模座 6—凸模
7—活动凸模 8—下模座 9—反侧压块

紧，由于托板 2 上橡皮的弹力大于作用在顶板上弹顶装置的弹力，迫使坯料向下运动，先完成左端弯曲。当顶板 1 接触下模座 8 后，活动凸模 7 停止下行，而上模的继续下行，迫使橡皮 3 压缩，凸模 6 和顶板 1 完成右端的弯曲。当压块 4 与上模座 5 相碰时，整个工件得到校正。

6.6.4 铰链件弯曲模

铰链弯曲成形一般分两道工序进行，先将平直的坯料端部预弯成圆弧，然后再进行卷圆。铰链的卷圆成形通常采用推圆的方法。由于铰链件的回弹随相对弯曲半径比值的增大而增加，所以卷圆成形时的凹模尺寸应比铰链的外径小 0.2～0.5mm。如图 6-32 所示为铰链弯曲卷圆模，如图 6-32（b）所示为直立式铰链弯曲卷圆模的结构，适用于材料较厚而且长度较短的铰链，结构较简单，制造容易；如图 6-32（c）所示为卧式铰链弯曲卷圆模的结构，利用斜楔 3 推动卷圆凹模 4 在水平方向进行弯曲卷圆，凸模 1 同时兼作压料部件，这种模具结构较复杂，但工件的质量较好。

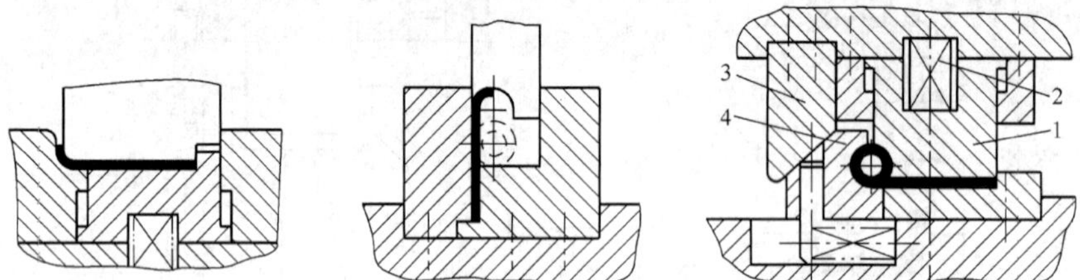

6-6 认识铰链立式弯曲模

（a）预弯模　（b）直立式卷圆模　（c）卧式卷圆模

图 6-32 铰链件弯曲模

1—凸模 2—弹簧 3—斜楔 4—凹模

6.6.5 复合弯曲模

对于尺寸不大的弯曲件，还可以采用复合模，即在压力机一次行程内，在模具同一位置上完成落料、弯曲、冲孔等几种不同工序。图 6-33（a）、图 6-33（b）所示是切断、弯曲复合模结构简图，图 6-33（c）所示是落料、弯曲、冲孔复合模，模具结构紧凑，工件精度高，但凸、凹模修磨困难。

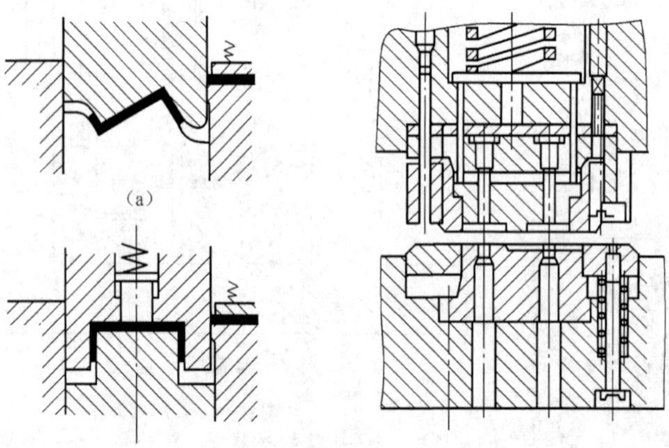

6-7 认识复合弯曲模

（a）　（b）　（c）

图 6-33 复合弯曲模

实训与练习

1．实训

（1）内容：弯曲模具拆装实训。

（2）时间：3 天。

（3）实训内容：参观模具制造工厂或模具拆装实训室，挑选不同结构的弯曲模若干，分成两人一组，每组学生拆装一副弯曲模，了解模具的结构及动作过程，测绘并画出模具装配图。

（4）要求：了解弯曲模的结构组成、各部分的作用和零件间的装配形式及相互关系；熟悉弯曲模拆装的基本要求、方法、步骤和常用拆装工具；掌握一般弯曲模的工作原理；熟悉弯曲模结构参数的测量；测绘各个模具零件并绘制模具装配图。

2．练习

（1）什么是金属材料的弯曲工艺方法？

（2）什么是金属材料的最小弯曲半径？

（3）弯曲变形产生回弹的原因是什么？

（4）如何减小弯曲回弹？

（5）弯曲时的变形程度用什么表示？弯曲时的极限变形程度受哪些因素影响？

（6）弯曲过程中坯料可能产生偏移的原因有哪些？如何减小和克服偏移？

（7）如何判定弯曲件的工艺性？

（8）计算如图 6-34 所示弯曲件的坯料长度。

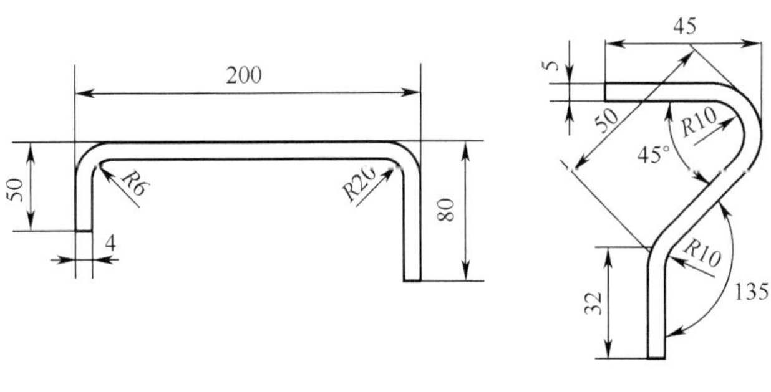

（a）　　　　（b）

图 6-34　弯曲件图

第 7 章 拉深工艺与模具设计

学习目标

1. 了解拉深变形过程及特点
2. 熟悉拉深过程的起皱与破裂现象
3. 熟悉拉深件的工艺性
4. 了解圆筒形件拉深的工艺计算及用途
5. 掌握拉深模工作部分的设计
6. 掌握拉深模的典型结构

课程思政元素

7.1 概述

拉深是指利用模具将平板毛坯冲压成开口空心零件，或将开口空心零件进一步改变形状和尺寸的一种冲压加工方法。拉深工艺广泛应用于汽车、拖拉机、仪表、电子、航空航天等各个工业部门和日常生活用品的生产中，是冷冲压的基本工序之一，不仅可以加工旋转体零件，还可加工盒形零件及其他形状复杂的薄壁零件，如图 7-1 所示。

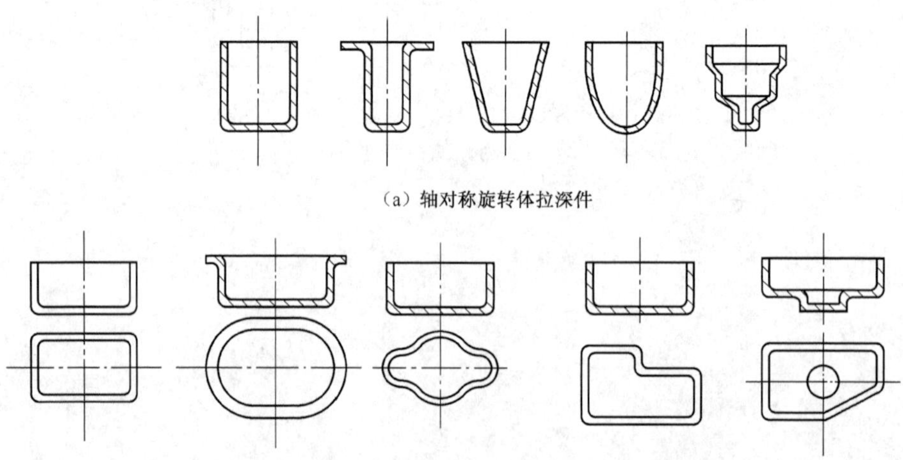

（a）轴对称旋转体拉深件

（b）盒形件　　（c）不对称拉深件

图 7-1　拉深件的类型

依据毛坯形状划分拉深工艺：由平板毛坯塑变成带底的开口空心件的成形方法称为平板（首道）拉深，由大口径空心件塑变成为小口径空心件的成形方法称为以后各次拉深。依据壁厚变化划分拉深工艺：拉深后制件的壁厚与毛坯厚度相比，变化不大的拉深工艺称为不变薄拉深；拉深后制件的壁厚与毛坯厚度相比，明显变薄的拉深工艺称为变薄拉深。不变薄拉深工艺在生产上广泛应用，本章节就其工艺分析与模具设计进行重点阐述。

7.2　圆筒形件拉深工艺分析

7.2.1　拉深变形过程及特点

如图 7-2 所示是圆筒形件的拉深过程。直径为 D、厚度为 t 的圆形平板毛坯经过拉深模具的拉深，得到具有内径为 d、高度为 h 的开口直壁圆筒型件，并且 $h>(D-d)/2$。

那么圆形平板毛坯在模具的作用下到底产生了怎样的塑性流动而得到开口的空心件？如图 7-3 所示表明了平板毛坯在拉深时的材料转移情况。如果不用模具，则只要去掉图 7-3 所示的三角形阴影部分，再将剩余部分狭条沿直径 d 的圆周弯折起来，并加以焊接就可以得到直径为 d，高度为 $h=(D-d)/2$，周边带有焊缝，口部呈波浪的开口筒形件。这说明圆形平板毛坯在成为筒形件的过程中必须去除“多余材料”。但圆形平板毛坯在拉深成形过程中并没有去除“多余材料”，而拉深获得的工件高度大于了 h，工件的壁厚增加了，因此，只能认为三角形阴影部分材料是“多余材料”，在模具的作用下产生了流动，发生了转移。

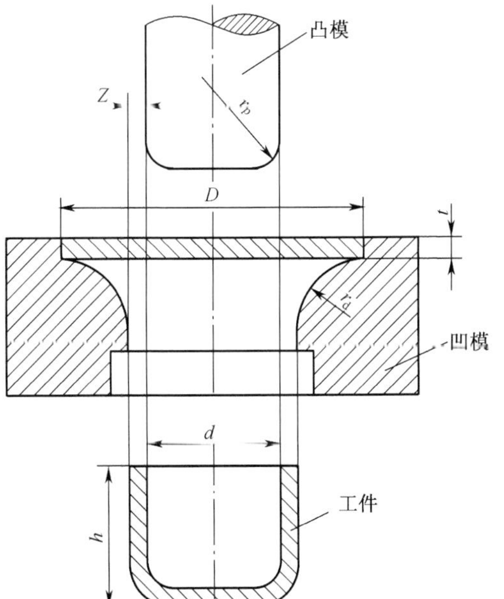

图 7-2　圆筒形件拉深

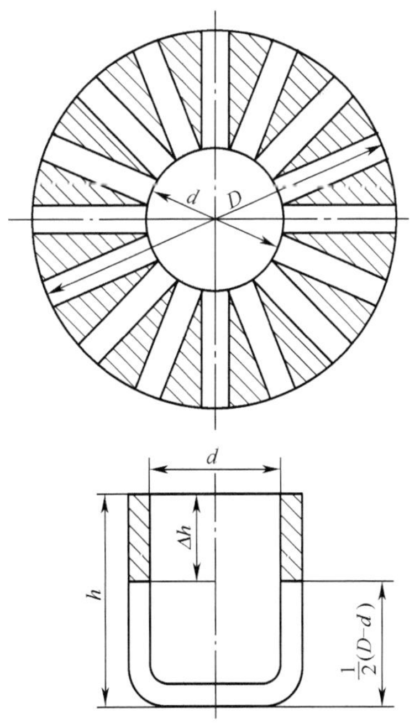

图 7-3　拉深时材料转移

通过网格试验分析拉深时材料的转移，可进一步说明拉深时金属的流动情况，如图 7-4 所示。

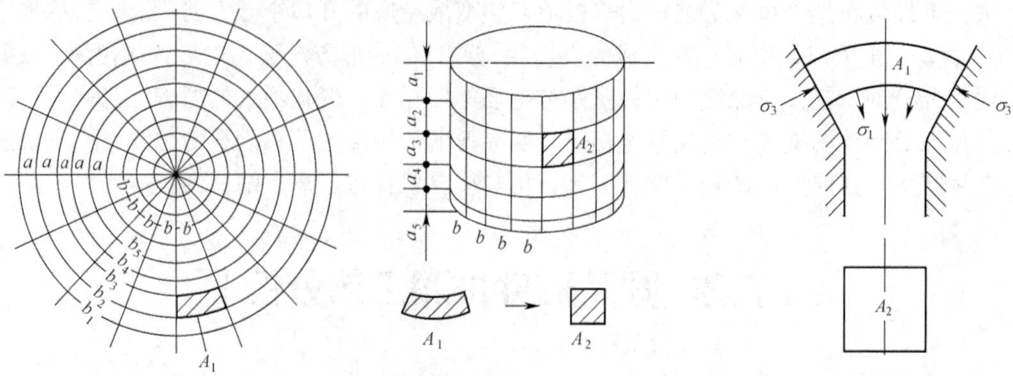

（a）网格的变化　　（b）扇形小单元的变形

图 7-4　拉深件的网格试验

拉深前，在圆形平板毛坯上画出由等间距为 a 的同心圆和等分度的辐射线组成的网格。拉深后，可以看到不同区域的网格发生了不同程度的变化，以下通过网格的变化分析金属在拉深过程中流动情况。

（1）筒形件底部的网格基本上保持原来的形状，说明凸模底部的金属没有明显的流动。

（2）切向不等径的同心圆转变为筒壁上平行的同周长圆，间距 a 增大，越靠近筒的上部增加越多，$a_1 > a_2 > a_3 > \cdots > a$，说明金属径向应变为拉应变，越靠近外圆的金属径向流动越大。

（3）径向等分度的同心辐射线转变为筒壁上平行的竖直线，且竖直线间距相等均为 b，说明切向应变为压应变，越靠近外圆的金属切向流动越大。

（4）如图 7-4（b）所示，若从网格取一单元体，在拉深前是扇形网格，面积为 A_1；拉深后变为矩形网格，面积为 A_2，相当于在一个楔形槽中拉着扇形网格通过一样，受到切向压应力和径向拉应力的作用，金属产生径向伸长变形和切向压缩变形形成矩形网格。

（5）经测量获知，底部厚度略有变小（一般忽略不计），筒壁厚度由底部向口部逐渐增厚，如图 7-5 所示，说明筒壁口部变形程度大，转移金属量多。但因为获得拉深件的厚度平均值与毛坯厚度几乎相等，忽略微小的厚度变化可近似认为拉深前后小单元的面积不变，即 $A_1 = A_2$，说明拉深前后毛坯与工件的表面积相等。

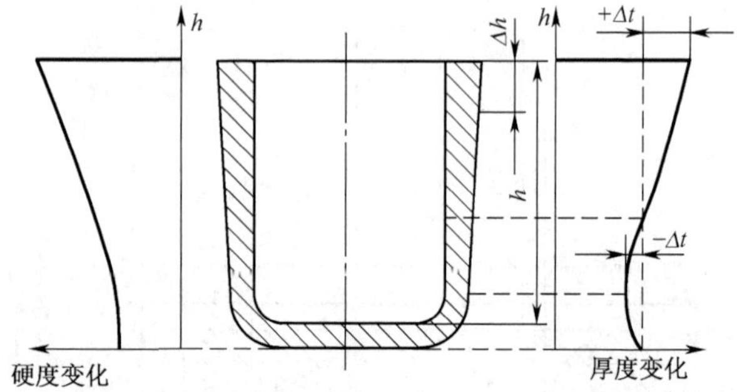

图 7-5　拉深件材料厚度与硬度的变化

此外，由于毛坯各处的变形程度不同，加工硬化程度也不同，则沿高度方向筒壁各部分的硬度也不同，越到零件口部硬度越高，如图 7-5 所示。

综上所述，拉深变形时有以下变形特点。

① 位于凸模下面的材料基本不变形，拉深后成为筒底，变形主要集中在位于凹模表面的平面凸缘区（即 D—d 的环形部分），该区是拉深变形的主要变形区。

② 变形区的变形不均匀，沿切向受压而缩短，沿径向受拉而伸长，越往口部，压缩和伸

长得越多。在口部，板料的厚度增加。

7.2.2 拉深过程中的应力与应变

通过分析板料在拉深过程中的应力与应变，将有助于拉深工作中工艺问题的解决和保证产品质量。在拉深过程中，材料在不同的部位具有不同的应力状态和应变状态。筒形件是最简单、最典型的拉深件。如图 7-6 所示是筒形件在有压边圈的首次拉深中某一阶段的应力与应变情况。图中：

σ_1， ε_1——径向的应力与应变；

σ_2， ε_2——厚度方向的应力与应变；

σ_3， ε_3——切向的应力与应变。

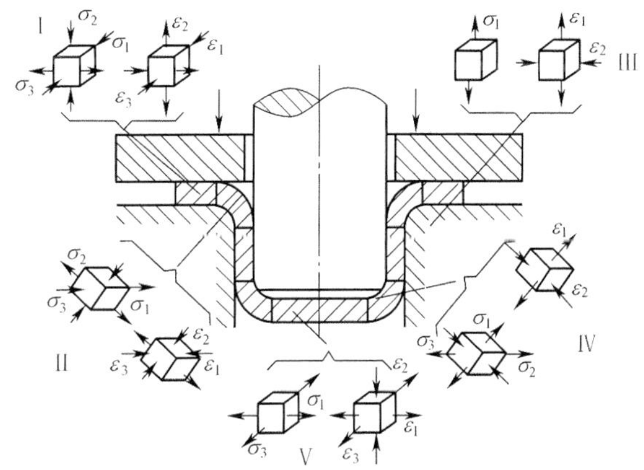

图 7-6 拉深过程中的应力与应变状态

根据应力与应变状态的不同，可将拉深毛坯划分为五个区域：Ⅰ区为凸缘部分，是拉深工艺的主要变形区；Ⅱ区为凹模圆角部分，是一个过渡区域；Ⅲ区为筒壁部分，起传递力的作用；Ⅳ区为凸模圆角部分，也是一个过渡区域；Ⅴ区是筒形件的底部，可认为没有塑性变形。

在筒壁与底部转角处稍上的地方，由于传递拉深力的截面积较小，因此产生的拉应力 σ_1 较大。同时，在该处所需要转移的材料较少，故该处材料的变形程度很小，加工硬化较低，材料的强度也就较低，而与凸模圆角部分相比，该处又不像凸模圆角处那样存在较大的摩擦阻力，因此，在拉深过程中，筒壁与底部转角处稍上的地方变薄的情况最为严重，成为整个零件强度最薄弱的地方，通常称此断面为危险断面。若危险断面上的应力 σ_1 超过材料的强度极限，则拉深件将在该处拉裂，或者即使没有拉裂，但由于应力过大，材料在该处变薄过于严重，以致超差而使工件报废。

从上述分析可知，拉深时的主要质量问题是平面凸缘区的起皱和危险断面的拉裂。

7.2.3 拉深过程中的起皱与破裂

（1）起皱。在拉深时，由于凸缘材料存在着切向压缩应力 σ_3，当这个压应力大到一定程度时，板料切向将因失稳而被拱起，这种在凸缘四周沿切向产生波浪形的连续弯曲称为起皱，如图 7-7（a）所示。当拉深件产生起皱后，轻者凸缘变形区材料仍能被拉进凹模，但会使工件口部产生波纹，影响工件的质量，如图 7-7（b）所示。起皱严重时，由于起皱后的凸缘材料不能通过凸、凹模间隙而使拉深件拉裂，如图 7-7（c）所示。起皱是拉深中产生废品的主要原因之一。

拉深时是否起皱与 σ_3 大小有关，也与毛坯的相对厚度 t/D 有关，而 σ_3 与拉深的变形程度有关。当每次拉深的变形程度较大，而毛坯的相对厚度 t/D 较小时，就会起皱。防止起皱最有效的措施（也是生产中最常用的）是采用压边圈。当然减小拉深变形程度，加大毛坯厚度也可以降低起皱倾向。

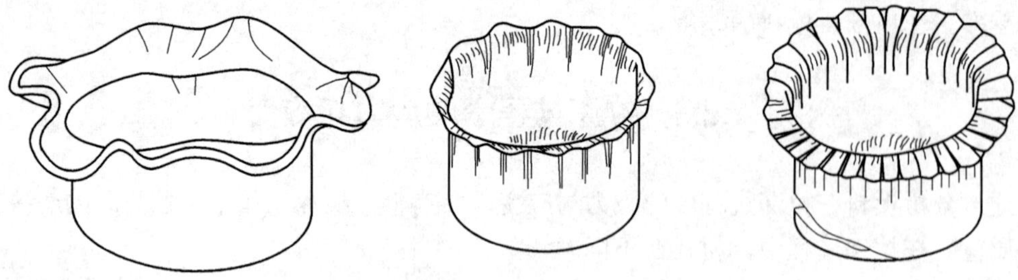

（a）　（b）　（c）

图 7-7　拉深件的起皱破坏

（2）破裂。起皱并不表示板料变形到达了极限，因为通过加压边圈等措施后，变形程度仍然可以提高。随着变形程度的提高，变形力也相应地增大，当变形力大于危险断面的承载能力时，拉深件则被拉破，如图 7-8 所示，因此，危险断面的承载能力是决定拉深能否顺利进行的关键。

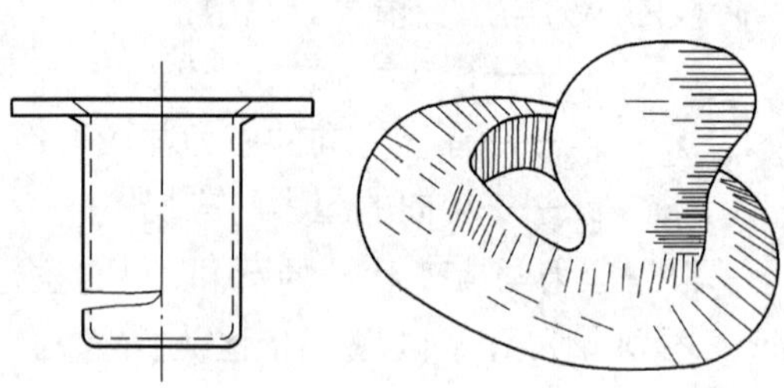

图 7-8　拉深件的破裂

拉深时，危险断面是否被拉破，取决于材料的性能、变形程度的大小、模具的圆角半径、润滑条件等。生产实际中，通常选用硬化指数大、屈强比小的材料进行拉深，采用适当增大拉深凸、凹模圆角半径，增加拉深次数，改善润滑等措施来避免拉裂的产生。

7.2.4　拉深件的工艺性

拉深件的工艺性是指拉深件对拉深工艺的适应性，这是从拉深加工的角度对拉深产品设计提出的工艺要求。具有良好工艺性的拉深件，能简化拉深模的结构，减少拉深的次数，提高生产效率。拉深件的工艺性主要从拉深件的结构形状、尺寸、精度及材料选用等方面提出。

（1）拉深件的公差等级。一般拉深件的尺寸精度不宜要求过高，应在 IT13 级以下，不宜高于 IT11 级。如果公差等级要求高，可增加整形工序达到尺寸要求。拉深件由于各处变形不均匀，上下壁厚变化可达 $(1.2\sim0.75)t$，t 为板料厚度。对于不变薄拉深，壁厚公差要求一般不应超出拉深工艺壁厚变化规律。

（2）拉深件的形状与尺寸。

① 拉深件的结构形状应简单、对称，尽量避免急剧的外形变化。

② 标注尺寸时，不能同时标注内、外形尺寸，产品图上的尺寸应注明必须保证外形尺寸或内形尺寸；带台阶的拉深件，其高度方向的尺寸标注一般应以底部为基准，若以上部为基准，高度尺寸不容易保证；筒壁和底面连接处的圆角半径只能标注在内圆弧上。

③ 拉深件的底部或凸缘上有孔时，孔边到侧壁的距离应满足：$a\geqslant r_d+0.5t$ 或 $a\geqslant r_p+0.5t$，如图 7-9 所示。

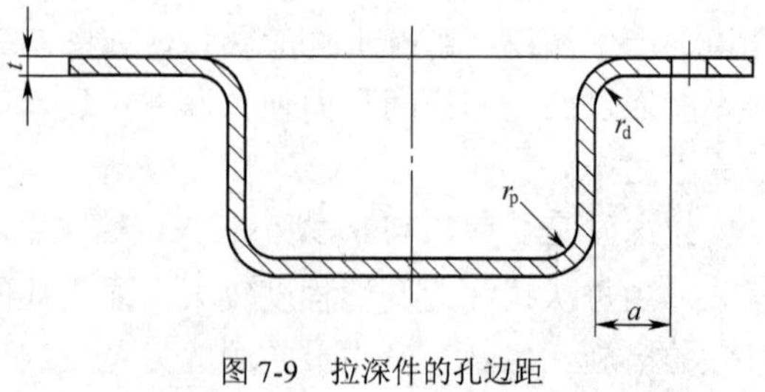

图 7-9　拉深件的孔边距

④ 多次拉深件的筒壁和凸缘的内、外表面应允许出现压痕。

⑤ 非对称的空心件应组合成对进行拉深，然后将其切成两个或多个零件。

（3）拉深件的高度。拉深件的高度 h 对拉深成形的次数和成形质量均有重要的影响，常见零件一次成形的拉深高度可以下式计算。

无凸缘筒形件　$h \leqslant (0.5 \sim 0.7)\ d$（$d$ 为拉深件壁厚中径）；

带凸缘筒形件　0 当 $d_t / d \leqslant 1.5$ 时，$h \leqslant (0.4 \sim 0.6)\ d$（$d_t$ 为拉深件凸缘直径）。

（4）拉深件的圆角半径。拉深件凸缘与筒壁间的圆角半径应取 $r_d \geqslant 2t$，为便于拉深顺利进行，通常取 $r_d \geqslant (4 \sim 8)\ t$；当 $r_d \leqslant 2t$ 时，须增加整形工序。

拉深件底与筒壁间的圆角半径应取 $r_p \geqslant 2t$，为便于拉深顺利进行，通常取 $r_p \geqslant (3 \sim 5)\ t$；当零件要求 $r_p < t$ 时，须增加整形工序。

（5）拉深件的材料选用。用于拉深的材料一般要求具有较好的塑性、较低的屈强比、较大的板厚方向性系数和较小的板平面方向性。

7.3 圆筒形件拉深的工艺计算

拉深工艺计算包括毛坯尺寸的确定、拉深次数的确定、半成品尺寸的计算以及拉深工艺力的计算等。

7.3.1 毛坯尺寸的计算

（1）确定修边余量。由于板料存在着各向异性，实际生产中毛坯和凸、凹模的中心也不可能完全重合，因此，拉深件口部不可能很整齐，通常都要有修边工序，以切去不整齐部分。为此，在计算毛坯尺寸时，应预先留有修边余量，筒形件和凸缘件的修边余量可分别查表 7-1 和表 7-2，表中符号如图 7-10 所示。

表 7-1　无凸缘拉深件的修边余量 Δh　单位：mm

拉深高度 h	拉深相对高度 h/d 或 h/B			
	0.5～0.8	0.8～1.6	1.6～2.5	2.5～4
≤10	1.0	1.2	1.5	2
10～20	1.2	1.6	2	2.5
20～50	2	2.5	3.3	4
50～100	3	3.8	5	6
100～150	4	5	6.5	8
150～200	5	6.3	8	10
200～250	6	7.5	9	11
>250	7	8.5	10	12

注：1．B 为正方形的边宽或长方形的短边宽度；

2．对于高深件必须规定中间修边工序；

3．对于材料厚度小于 0.5mm 的薄材料多次拉深时，应按表值增加 30%。

表 7-2　　带凸缘拉深件的修边余量Δh　　单位：mm

拉深高度 h	相对凸缘直径 dt/d 或 Bt/B			
	＜1.5	1.5～2	2～2.5	2.5～3
≤25	1.8	1.6	1.4	1.2
25～50	2.5	2.0	1.8	1.6
50～100	3.5	3.0	2.5	2.2
100～150	4.3	3.6	3.0	2.5
150～200	5.0	4.2	3.5	2.7
200～250	5.5	4.6	3.8	2.8
＞250	6.0	5.0	4.0	3.0

注：1. B 为正方形的边宽或长方形的短边宽度；
2. 对于高深件必须规定中间修边工序；
3. 对于材料厚度小于 0.5mm 的薄材料多次拉深时，应按表值增加 30%。

（2）计算工件表面积。为了便于计算，把零件分解成若干个简单几何体，分别求出其表面积后相加。如图 7-10 所示的零件可看成由圆筒直壁部分 1，圆弧旋转而成的球台部分 2 以及底部圆形平板 3 三部分组成。

工件的总面积为圆筒直壁部分表面积 A_1，球台部分表面积 A_2 和底部圆形平板表面积 A_3 三部分之和，即

$$A_1 = \pi d(H - r) \tag{7-1}$$

$$A_2 = \frac{\pi}{4}[2\pi r(d - 2r) + 8r^2] \tag{7-2}$$

$$A_3 = \frac{\pi}{4}(d - 2r)^2 \tag{7-3}$$

$$\frac{\pi}{4}D^2 = A_1 + A_2 + A_3 = \sum A_i \tag{7-4}$$

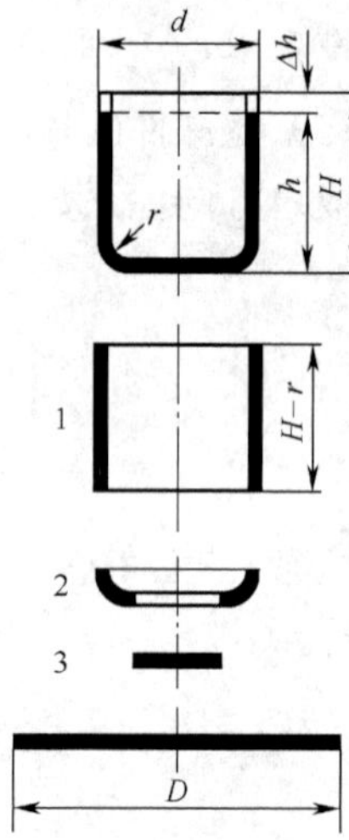

图 7-10　圆筒形件毛坯尺寸计算
1—圆筒直壁部分　2—球台部分
3—底部圆形平板

式中：d——拉深件圆筒部分中径；
H——拉深件高度；
r——工件中线在圆角处的圆角半径；
D——毛坯直径。

（3）求出毛坯尺寸。毛坯的直径 D 可按以下公式计算。

$$D = \sqrt{(d-2r)^2 + 4d(H-r) + 2\pi r(d-2r) + 8r^2}$$
$$= \sqrt{d^2 + 4dH - 1.72dr - 0.56r^2} \tag{7-5}$$

对于上式，若毛坯的厚度 t＜1mm，则以外径和外高或内部尺寸来计算；若毛坯的厚度 t ≥1mm，则各个尺寸应以零件厚度的中线尺寸代入进行计算。对于常用的旋转体拉深件，可选用相关手册获取其坯料直径的计算公式。

其他复杂形状零件的毛坯计算可查有关资料。

7.3.2　拉深次数的确定

1．拉深系数的概念和意义

拉深的变形程度大小可以用拉深件的高度和直径的比值来表示，比值小的变形程度小，

可以一次拉深成形，而比值大的，需要两次或两次以上拉深才能成形。但在设计拉深工艺过程与确定必要的拉深工序数目时，通常用拉深系数作为计算的依据。

拉深系数是指拉深后圆筒形件的直径与拉深前毛坯（或半成品）的直径之比，如图 7-11 所示，即

第一次拉深系数　$m_1 = \dfrac{d_1}{D}$

第二次拉深系数　$m_2 = \dfrac{d_2}{d_1}$

$\vdots$

第 n 次拉深系数　$m_n = \dfrac{d_n}{d_{n-1}}$

式中：D——毛坯直径；

d_1、d_2、d、…、d_n——各次拉深后圆筒部分的中径。

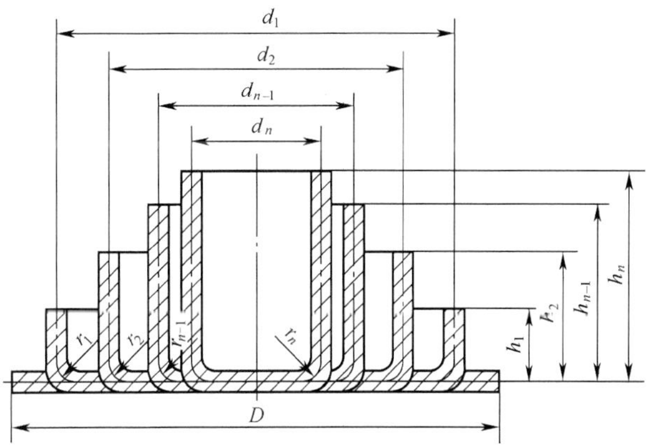

图 7-11　圆筒形件的多次拉深

拉深件的中径 d_n 与毛坯直径 D 之比称为总拉深系数，即拉深件所需要的拉深系数，用 m 表示。

$$m = \frac{d_n}{D} = \frac{d_1}{D}\frac{d_2}{d_1}\frac{d_3}{d_2}\cdots\frac{d_{n-1}}{d_{n-2}}\frac{d_n}{d_{n-1}} = m_1 m_2 m_3 \cdots m_{n-1} m_n \tag{7-6}$$

从以上各式可以看出，总拉深系数 m 表示了拉深前后坯料直径的变化率，其数值永远小于 1。它反映了坯料外缘在拉深时的切向压缩变形的大小，拉深系数越小，说明拉深前后直径差别越大，需要转移的“多余三角形”面积越大，拉深变形程度越大，相反，变形程度越小，因此，可用它作为衡量拉深变形程度的指标。但如果在制定拉深工艺时，m 取得过小，就会使拉深件起皱、断裂或严重变薄超差，因此，m 的减小有一个客观的界限，这个界限就是筒壁传力区所承受的最大拉应力和危险断面的有效抗拉强度相等时的拉深系数，称为极限拉深系数。极限拉深系数值一般是在一定的拉深条件下，用实验方法得出的，如表 7-3 和表 7-4 所示。

为了防止在拉深过程中产生起皱与拉裂的缺陷，应减小拉深变形程度，增大拉深系数，减小起皱和拉裂的可能性。拉深系数表达了拉深工艺的难易程度。知道了每次拉深允许的极限拉深系数，就可以确定拉深次数了。

表 7-3　圆筒形件带压边圈的极限拉深系数

极限拉深系数	毛坯相对厚度（t/D）×100					
	2.0～1.5	1.5～1.0	1.0～0.6	0.6～0.3	0.3～0.15	0.15～0.08
m_1	0.48～0.50	0.50～0.53	0.53～0.55	0.55～0.58	0.58～0.60	0.60～0.63
m_2	0.73～0.75	0.75～0.76	0.76～0.78	0.78～0.79	0.79～0.80	0.80～0.82
m_3	0.76～0.78	0.78～0.79	0.79～0.80	0.80～0.81	0.81～0.82	0.82～0.84
m_4	0.78～0.80	0.80～0.81	0.81～0.82	0.82～0.83	0.83～0.85	0.85～0.86
m_5	0.80～0.82	0.82～0.84	0.84～0.85	0.85～0.86	0.86～0.87	0.87～0.88

注：1．表中数据适用于未经中间退火的拉深，若采用中间退火工序时，则取值应比表中数值小 2%～3%；

2．表中拉深数据适用于 08、10 和 15Mn 等普通拉深碳钢及黄铜 H62。对拉深性能较差的材料，如 20、25、Q215、Q235、硬铝等应比表中数值大 1.5%～2.0%；而对塑性较好的材料，如 05、08、10 及软铝等应比表中数值小 1.5%～2.0%；

3．表中较小值适用于大的凹模圆角半径［$r_凹$ =（8～15）t］，较大值适用于小的凹模圆角半径［$r_凹$ =（4～8）t］。

表 7-4　圆筒形件不带压边圈的极限拉深系数

极限拉深系数	毛坯相对厚度（t/D）×100				
	1.5	2.0	2.5	3.0	>3.0
m_1	0.65	0.60	0.55	0.53	0.50
m_2	0.80	0.75	0.75	0.75	0.70
m_3	0.84	0.80	0.80	0.80	0.75
m_4	0.87	0.84	0.84	0.84	0.78
m_5	0.90	0.87	0.87	0.87	0.82
m_6	—	0.90	0.90	0.90	0.85

注：此表适用于 08、10 和 15Mn 等材料，其余各项同表 7-3 之注。

2．拉深次数的确定

拉深次数通常只能概略进行估计，最后需通过工艺计算来确定。初步确定无凸缘圆筒件拉深次数的方法有以下几种。

（1）推算法。若已知筒形件的毛坯的相对高度 t/D，其拉深次数可由表 7-3 或表 7-4 直接查出各次拉深的极限拉深系数 m_1、m_2、m_3、…、m_n，然后计算出第一次拉深直径 d_1，再从第一次拉深直径 d_1 向第 n 次拉深直径 d_n 推算。

$$d_1 = m_1 D；\quad d_2 = m_2 d_1；\quad \cdots；\quad d_n = m_n d_{n-1} \tag{7-7}$$

直到得到的 d_n 不大于拉深件所要求的直径为止，此时的 n 即为所求的拉深次数。这样不仅可以求出拉深次数，还可知道中间工序获得的半成品的直径。

（2）计算法。如果要将一个直径为 D 的平板毛坯最后拉深成直径为 d_n 的拉深件，也可通过以下经验公式近似求出拉深次数 n。

$$\lg d_n = (n-1)\lg m_n + \lg(m_1 D)$$

$$n = 1 + \frac{\lg d_n - \lg(m_1 D)}{\lg m_n} \tag{7-8}$$

式中：m_n——从第 2 次开始以后各次拉深系数的平均值。

由公式（7-8）计算得到的 n 通常不会是整数，此时，为了使拉深工艺容易进行以及避免拉裂发生，不得按照四舍五入取较小的整数值，而应取较大的整数值，使实际选用的各次拉深系数比初步估计的数值略大些。

（3）查表法。无凸缘筒形件的拉深次数还可通过已知拉深件的相对高度 h/d 和毛坯的相对高度 t/D，查表 7-5 直接查出拉深次数。

表 7-5　无凸缘筒形拉深件的最大相对高度 h/d

拉深次数 n	毛坯相对厚度（t/D）×100					
	2～1.5	1.5～1	1～0.6	0.6～0.3	0.3～0.15	0.15～0.08
1	0.94～0.77	0.84～0.65	0.70～0.57	0.62～0.5	0.52～0.45	0.46～0.38
2	1.88～1.54	1.60～1.32	1.36～1.1	1.13～0.94	0.96～0.83	0.9～0.7
3	3.5～2.7	2.8～2.2	2.3～1.8	1.9～1.5	1.6～1.3	1.3～1.1
4	5.6～4.3	4.3～3.5	3.6～2.9	2.9～2.4	2.4～2.0	2.0～1.5
5	8.9～6.6	6.6～5.1	5.2～4.1	4.1～3.3	3.3～2.7	2.7～2.0

注：1．大的 h/d 比值适用于在第一道工序内大的凹模圆角半径（由 t/D×100=2～1.5 时的 $r_{凹}=8t$ 到 t/D×100=0.15～0.08 时的 $r_{凹}=15t$）；小的比值适用于小的凹模圆角半径（$r_{凹}=4～8t$）；

2．表中拉深次数适用于 08 及 10 钢的拉深件。

7.3.3　工序件尺寸的计算

工序件尺寸包括半成品的直径 d_n 、筒底圆角半径 r_n 和筒壁高度 h_n 。在拉深次数确定后，为使在允许的条件下产生更大程度的拉深变形，须调整拉深系数后，确定工序件直径和工序件高度。

（1）工序件直径的确定。拉深次数确定后，为达到拉深安全而不破裂的要求，根据计算直径 d_n 应等于拉深件直径 d ，在 $m_1 - m_1' \approx m_2 - m_2' \approx \cdots \approx m_n - m_n'$ 的前提下，对各次拉深系数进行调整，使实际采用的拉深系数 m_1、m_2、…、m_n 大于推算拉深次数时所用的极限拉深系数 m_1'、m_2'、…、m_n' 。调整好后，根据实际采用的拉深系数，重新计算各次拉深的圆筒直径，即得工序件的直径。

（2）工序件高度的确定。根据拉深后工序件表面积与坯料表面积相等的原则，可得到如下工序件高度计算公式。计算各次拉深后工序件的高度前，应先定出各工序件底部的圆角半径，计算各次工序件的高度可由求毛坯直径的公式推出，即

$$h_1 = (D^2 - d_{10}^2 - 2\pi r_1 d_{10} - 8r_1^2)/4d_1$$

$$h_2 = (D^2 - d_{20}^2 - 2\pi r_2 d_{20} - 8r_2^2)/4d_2$$

$$\vdots$$

$$h_n = (D^2 - d_{n0}^2 - 2\pi r_n d_{n0} - 8r_n^2)/4d_n \tag{7-9}$$

式中：$d_1, d_2, \cdots, d_n$——各次工序件的筒壁中径；

$r_1, r_2, \cdots, r_n$——各次工序件底部的圆角半径（中线值）；

$d_{10}, d_{20}, \cdots, d_{n0}$——各次工序件底部平板部分的直径；

$h_1, h_2, \cdots, h_n$——各次工序件的高度；

D——毛坯直径。

7.3.4　拉深力与压边力的确定

1. 拉深力的计算

从理论上计算拉深力在前面已推导过，但它在实际应用上并不方便，而且因为影响因素比较复杂，计算结果与实际拉深力往往有出入，所以生产中常用经验公式计算拉深力。圆筒形工件可用以下经验公式计算拉深力。

采用压边圈拉深时：

第一次拉深　$$F = \pi d_1 t \sigma_b k_1 \tag{7-10}$$

第二次拉深以后　$$F_n = \pi d_n t \sigma_b k_n \quad (n=2,3,\ \cdots,\ i) \tag{7-11}$$

不采用压料圈拉深时：

第一次拉深　$$F = 1.25\pi (D - d_1) t\sigma_b \tag{7-12}$$

第二次拉深以后　$$F = 1.3\pi (d_{i-1} - d_i) t\sigma_b \quad (n=2,3,\ \ldots,i) \tag{7-13}$$

式中：F——拉深力，N；

σ_b——材料的抗拉强度，MPa；

t——材料厚度，mm；

D——毛坯直径，mm；

$d_1,\cdots,d_n$——各次拉深后工序件中径，mm；

k_1，k_2——修正系数，如表 7-6 所示。

表 7-6　修正系数

拉深系数 m_1	0.55	0.57	0.60	0.62	0.65	0.77	0.70	0.72	0.75	0.75	0.80	—	—	—
修正系数 k_1	1.00	0.93	0.86	0.79	0.72	0.66	0.60	0.55	0.50	0.45	0.40	—	—	—
拉深系数 m_2	—	—	—	—	—	—	0.70	0.72	0.75	0.77	0.80	0.85	0.90	0.95
修正系数 k_2	—	—	—	—	—	—	1.00	0.95	0.90	0.85	0.80	0.70	0.60	0.50

2．压边力的计算

（1）压边条件。解决拉深工作中的起皱问题的主要方法是采用防皱压边圈，并且压边力要适当。必须指出，如果拉深的变形程度比较小，毛坯的相对厚度比较大，则不需要采用压边圈，因为不会产生起皱。拉深中是否需要采用压边圈，可按表 7-7 的条件决定。

表 7-7　采用或不采用压边圈的条件

拉深方法	第一次拉深		后续各次拉深	
	$(t/D)\times100$	m_1	$(t/D)\times100$	m_2
用压边圈	<1.5	<0.6	<1.0	<0.8
不用压边圈	>2.0	>0.6	>1.5	>0.8
可用可不用	1.5～2.0	0.6	1.0～1.5	0.8

当确定需要采用压边装置后，压边力的大小必须适当。压边力过大，会增加坯料拉入凹模的拉力，容易拉裂工件；如果过小，则不能防止凸缘起皱，不起压边作用，所以压边力的大小应在不起皱的条件下尽可能小。

（2）确定压边力。在模具设计时，通常是使压边力 $F_{压}$ 稍大于防皱作用所需的最低值，即在保证毛坯凸缘变形区不起皱的前提下，尽量选用小的压边力，并按下列经验公式进行计算。

$$F_{压}=Ap \tag{7-14}$$

筒形件第一次拉深时

$$F_{压}=\frac{\pi}{4}\left[D^2-(d_1+2r_{凹1})^2\right]p \tag{7-15}$$

筒形件后续各次拉深时

$$F_{压}=\frac{\pi}{4}\left[d_{n-1}^2-(d_n+2r_{凹n-1})^2\right]p \tag{7-16}$$

式中：A——压料圈下坯料的投影面积，mm^2；

p——单位压边力，MPa，可按表 7-8 选用；

D——毛坯直径，mm；

d_1，d_2，…，d_n——第一次及以后各次工件的直径，mm；

$r_{凹1}$，$r_{凹2}$，…，$r_{凹n}$——各次拉深凹模圆角半径，mm。

表 7-8　单位压边力 P　单位：MPa

材料名称		单位压边力 P	材料名称	单位压边力 P
铝		0.8～1.2	镀锡钢板	2.5～3.0
硬铝（已退火）、紫铜		1.2～1.8	高温合金	2.8～3.5
黄铜		1.5～2.0	高合金钢 不锈钢	3.0～8.5
软钢	t<0.5mm	2.5～3.0		
	t>0.5mm	2.0～2.5		

在生产中，一次拉深时的压边力 $F_{压}$ 也可按拉深力的 1/4 选取，即

$$F_{压} = 0.25F_1 \tag{7-17}$$

理论上，合理的压边力应随起皱趋势的变化而变化。当起皱严重时，压边力变大；起皱不严重时，压边力就随着减少，但要实现这种变化是很困难的。

3．压力机公称压力的选择

对于单动压力机，其公称压力应大于工艺总压力。工艺总压力为拉深力 $F_{拉}$ 与压边力 $F_{压}$ 之和。

$$F_{压机} > F_{拉} + F_{压} \tag{7-18}$$

对于双动压力机，应分别考虑内外滑块的公称压力与对应的拉深力 $F_{拉}$ 与压边力 $F_{压}$ 的关系。

$$F_1 > F_{拉}，\quad F_2 > F_{压} \tag{7-19}$$

式中：$F_{压机}$——压力机的公称压力；

F_1——内滑块公称压力；

F_2——外滑块公称压力；

$F_{拉}$——拉深力；

$F_{压}$——压边力。

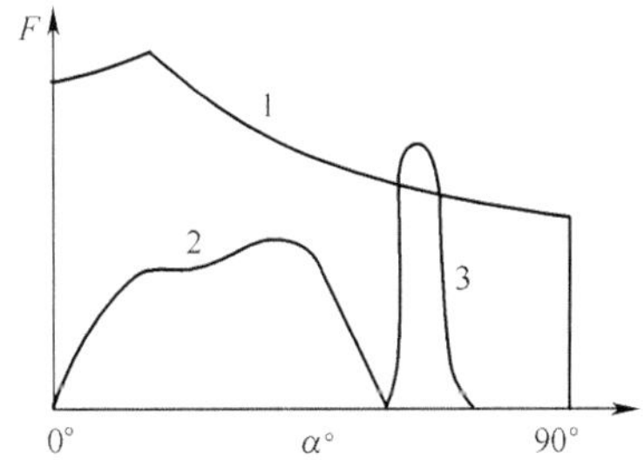

图 7-12　拉深力与压力机的压力曲线
1—压力机的压力曲线　2—拉深力　3—落料力

选择压力机公称压力时必须注意，当拉深行程较大，尤其是采用落料、拉深复合模时，应使工艺力曲线位于压力机滑块的许用压力曲线之下，不能简单地根据落料力与拉深力叠加之和小于压力机公称压力去确定压力机的规格，否则很可能由于过早地出现最大冲压力而使压力机超载损坏，如图 7-12 所示。而应该考虑压力机在落料、拉深的复合冲压成形中所做的功，考虑压力机电机能否负荷。

7.4　拉深模工作部分设计

7.4.1　凸、凹模结构设计

拉深凸模与凹模的结构形式取决于工件的形状、尺寸以及拉深方法、拉深次数等工艺要求，不同的结构形式对拉深的变形情况、变形程度的大小及产品的质量均有不同的影响。常见的凸凹模结构形式如下。

（1）无压料的拉深模结构形式。如图 7-13 所示为不带压边圈的一次拉深时所用的凸、凹模结构，其中图 7-13（a）所示的圆弧形凹模结构简单，加工方便，是常用的拉深凹模结构形式；图 7-13（b）和图 7-13（c）所示的锥形凹模和渐开线形凹模对抗失稳起皱有利，但加工复杂，主要用于拉深系数较小的拉深件；图 7-13（d）为等切面形结构。

（2）有压料的拉深模结构形式。图 7-14 是带压边圈的凸、凹模结构，其中图 7-14（a）所示的凸、凹模具有圆角结构，用于拉深直径 $d \leqslant 100$ mm 的拉深件；图 7-14（b）所示的凸、凹模具有锥角结构，用于拉深直径 $d \geqslant 100$ mm 的拉深件，采用这种有锥角的凸模和凹模，除具有改善金属的流动，减少变形抗力，使材料不易变薄等一般锥形凹模的特点外，还可减轻毛

坯反复弯曲变形的程度，提高零件侧壁质量，使毛坯在下次工序中容易定位等。

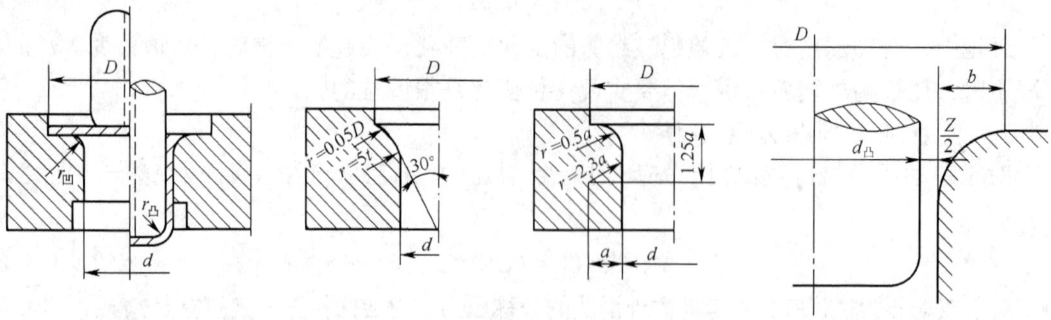

（a）圆弧形凹模　（b）锥形凹模　（c）渐开线型凹模　（d）等切面形凹模

图 7-13　无压料拉深模的凹模结构形式

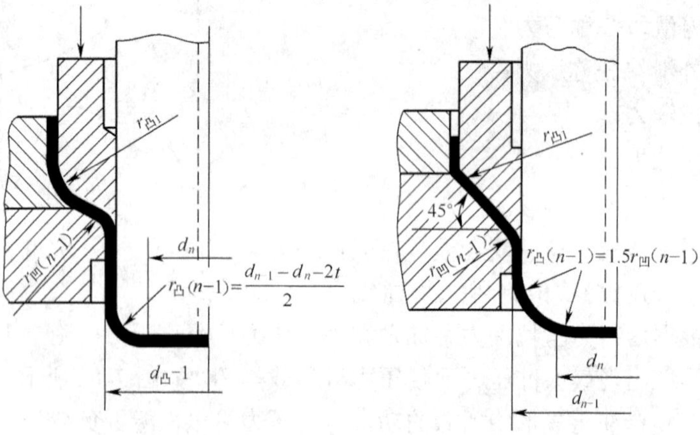

（a）　（b）

图 7-14　有压料的拉深模工作部分的结构

不论采用哪种结构，均须注意前后两道工序的冲模在形状上和尺寸上的协调，前道工序得到的半成品形状应有利于后道工序的成形。比如压边圈的形状和尺寸应与前道工序凸模的相应部分相同，拉深凹模的锥面角度 α 也要与前道工序凸模的锥角一致。

为了使最后一道拉深后零件的底部平整，如果是圆角结构的冲模，其最后一次拉深凸模圆角半径的圆心应与倒数第二道拉深凸模圆角半径的圆心位于同一条中心线上；如果是斜角的冲模结构，则倒数第二道工序凸模底部的斜线应与最后一道的凸模圆角半径相切。

无论对于有无采用压料装置的拉深模，为了便于取出工件，拉深凸模都应钻通气孔，其尺寸如表 7-9 所示。

表 7-9　通气孔尺寸　单位：mm

凸模直径	＞50	50～100	100～200	＞200
出气孔直径	5	6.5	8	9.5

7.4.2　拉深模具间隙

拉深模间隙指的是凸、凹模之间的双面间隙。间隙的大小对拉深力、拉深件的质量以及模具寿命都有很大的影响。间隙小时，拉深件回弹小，侧壁平直而光滑，质量较好，精度较高；若间隙值太小，拉深力增加，导致工件变薄严重，甚至拉裂，模具表面间的摩擦、磨损严重，模具寿命降低；间隙过大时，拉深力降低，模具的寿命提高，但毛坯容易起皱，拉深件锥度大，精度较差，因此，拉深模的间隙值应合理，确定时要考虑压边状况、拉深次数和工件精度等。其原则是既要考虑板料本身的公差，又要考虑板料的增厚现象，间隙取值一般都比毛坯厚度略大一些。

（1）无压料装置拉深。无压料装置的拉深模，其凸、凹模的间隙可按下式计算。

$$Z/2=(1\sim1.1)\,t_{max} \tag{7-20}$$

式中：$Z/2$——拉深凸、凹模单边间隙；

t_{max}——板料厚度的最大极限尺寸。

对于首次和中间各次拉深或尺寸精度要求不高的拉深件取（7-20）式中（1～1.1）中的较大值，对于末次拉深或尺寸精度要求较高的拉深件取较小值。

（2）有压料装置拉深。有压料装置的拉深模，其凸、凹模间隙可按表 7-10 查取。

表 7-10　　有压料装置拉深时单边间隙值　　单位：mm

总拉深次数	拉深工序	单边间隙 $Z/2$	总拉深次数	拉深工序	单边间隙 $Z/2$
1	一次拉深	（1～1.1）t	4	第一、二次拉深	$1.2t$
				第三次拉深	$1.1t$
2	第一次拉深	$1.1t$		第四次拉深	（1～1.05）t
	第二次拉深	（1～1.05）t	5	第一、二、三次拉深	$1.2t$
3	第一次拉深	$1.2t$		第四次拉深	$1.1t$
	第二次拉深	$1.1t$		第五次拉深	（1～1.05）t
	第三次拉深	（1～1.05）t			

注：1．t 为材料厚度，取材料允许偏差的中间值，单位为 mm；

2．当拉深精密工件时，对最末一次拉深间隙取 $Z/2=t$。

对于精度要求高的零件，为使拉深后的回弹小，表面光洁，常采用负间隙拉深模。其单边间隙值

$$Z/2=(0.9\sim0.95)\,t \tag{7-21}$$

采用较小间隙时，拉深力比一般情况要增加 20%，拉深系数也相应地加大。

7.4.3　凸、凹模工作部分的尺寸和公差

零件的尺寸精度由最后一次拉深的凸、凹模的尺寸及公差决定，而最后一次拉深中凹模及凸模的尺寸和公差又应按零件的要求来确定。一般除最后一道拉深模的尺寸公差需要考虑外，首次及中间各道次的模具尺寸公差和拉深半成品的尺寸公差没有必要作严格限制，这时模具的尺寸只要取等于毛坯的过渡尺寸即可。

1．凹模圆角半径

凹模圆角半径的大小对拉深工作影响很大，影响到拉深件的质量、拉深力的大小和拉深模的寿命，因此，合理选择凹模圆角半径是极为重要的。

首次拉深凹模圆角半径可按经验公式计算，即

$$r_{d1}=0.80\sqrt{(D-d)\,t} \tag{7-22}$$

式中：r_{d1}——首次拉深凹模圆角半径，mm；

D——毛坯直径，mm；

d——凹模内径，mm。

首次拉深凹模圆角半径也可以参考表7-11的值选取。

以后各次拉深的凹模圆角半径，应比首次拉深时的半径小，并逐渐减小，可按式7-23确定。

$$r_{dn}=(0.6\sim0.8)\ r_{dn-1} \quad (7\text{-}23)$$

表7-11　首次拉深凹模的圆角半径 r_{d1}

拉深方式	毛坯的相对厚度（t/D）×100		
	2.0～1.0	1.0～0.3	0.3～0.1
无凸缘	（4～6）t	（6～8）t	（8～12）t
有凸缘	（6～12）t	（10～15）t	（15～20）t

注：材料性能好且润滑好时取小值。

2．凸模圆角半径

凸模圆角半径的大小对拉深影响没有凹模圆角半径的影响大，但其值也必须合适，过小的r_p会使危险断面受拉力大，工件易产生局部变薄；而r_p过大，则使凸模与毛坯接触面小，易产生底部变薄和内皱。

首次拉深凸模圆角半径按式7-24确定。

$$r_{p1}=(0.7\sim1.0)\ r_{d1} \quad (7\text{-}24)$$

除最后一次外，中间各次拉深凸模圆角半径为

$$r_{pn-1}=\frac{d_{n-1}-d_n-2t}{2} \quad (7\text{-}25)$$

式中：d_{n-1}、d_n——各工序的外径，mm。

在最后一次拉深中，凸模圆角半径应与工件的圆角半径相等。但对于厚度小于6mm的材料，其数值不得小于$2t$；对于厚度大于6mm的材料，其值不得小于$1.5t$。

3．凸、凹模工作部分的尺寸和公差

零件对外形、内形的要求涉及拉深模的设计基准，所以应该严格分析，如图7-15所示。

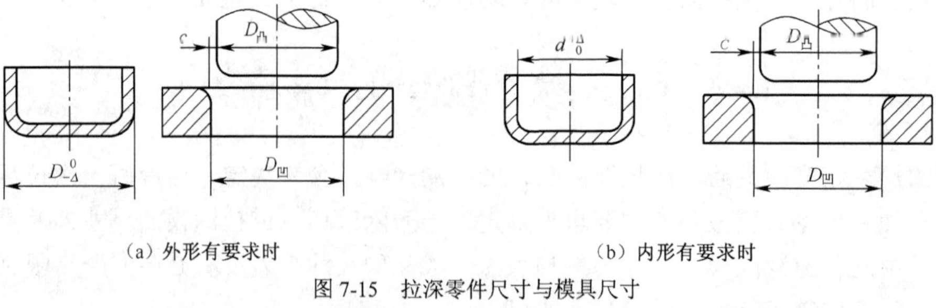

（a）外形有要求时　　（b）内形有要求时

图7-15　拉深零件尺寸与模具尺寸

（1）当零件的外形尺寸及公差有要求时，如图7-15（a）所示，以凹模为基准，根据磨损规律，凹模的基本尺寸为

$$D_凹=(D-0.75\Delta)^{+\delta_凹}_{\ 0} \quad (7\text{-}26)$$

凸模的基本尺寸为

$$D_凸=(D-0.75\Delta-Z)^{\ 0}_{-\delta_凸} \quad (7\text{-}27)$$

（2）当零件的内形尺寸及公差有要求时，如图 7-15（b）所示，以凸模为基准，根据磨损规律，凸模的基本尺寸为

$$D_{凸}=(d+0.4\Delta)_{-\delta_{凸}}^{\ 0} \tag{7-28}$$

凹模的基本尺寸为

$$D_{凹}=(d+0.4\Delta+Z)_{\ 0}^{+\delta_{凹}} \tag{7-29}$$

式中：D——零件外径的最大极限尺寸；

d——零件内径的最小极限尺寸；

Δ——零件的公差；

Z——拉深模具的双面间隙；

$\delta_{凸}$、$\delta_{凹}$　凸、凹模的制造公差，根据工件的公差来选定，工件公差为 IT13 级以上时，$\delta_{凸}$和$\delta_{凹}$可按 IT6～8 级取；工件公差在 IT14 级以下时，$\delta_{凸}$和$\delta_{凹}$按 IT10 级取。

7.4.4　压边装置

目前，在生产实际中常用的压边装置有以下两大类。

（1）弹性压边装置。这种装置多用于普通冲床，通常有 3 种：橡皮压边装置、弹簧压边装置和气垫式压边装置，如图 7-16 所示，这 3 种压边装置压边力的变化曲线如图 7-17 所示。另外，氮气弹簧技术也逐渐在模具中使用。

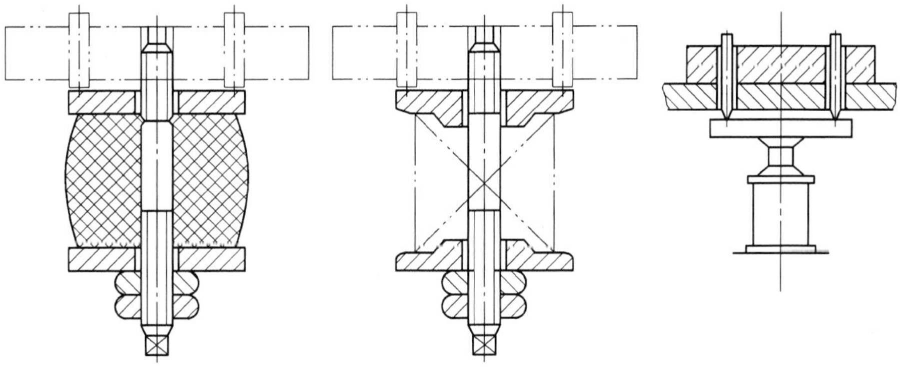

（a）橡皮压边装置　　（b）弹簧压力装置　　（c）气垫式压力装置

图 7-16　弹性压边装置

随着拉深深度的增加，需要压边的凸缘部分不断减少，故需要的压边力也就逐渐减小。如图 7-17 所示，可以看出橡皮及弹簧压边装置的压边力却恰好与需要的压边力相反，随拉深深度的增加而增加，尤其以橡皮压边圈更为严重。这种情况会使拉深力增加，从而导致零件断裂，因此，橡皮及弹簧结构通常只用于浅拉深。但是，这两种压边装置结构简单，在中小型压力机上使用较为方便。只要正确地选择弹簧的规格和橡胶的牌号及尺寸，就能减少它的不利影响。弹簧应选用总压缩量大、压力随压缩量缓慢增加的规格；橡胶应选用软橡胶，并应保证相对压缩量不过大。橡皮的压边力随压缩量增加得很快，因此，橡皮的总厚度应选大些，建议橡胶总厚度不小于拉深工作行程的 5 倍。气垫式压边装置的压边效果较好，压边力基本上不随工作行程的变化而变化，但它结构复杂，制造、使用及维修都比较困难。

（2）刚性压边装置。刚性压边装置如图 7-18 所示，这种结构用于双动压力机，凸模装在压力机的内滑块上，压边装置装在外滑块上。在拉深过程中，外滑块保持不动，所以其刚性压边力不随行程变化，拉深效果好，模具结构简单。

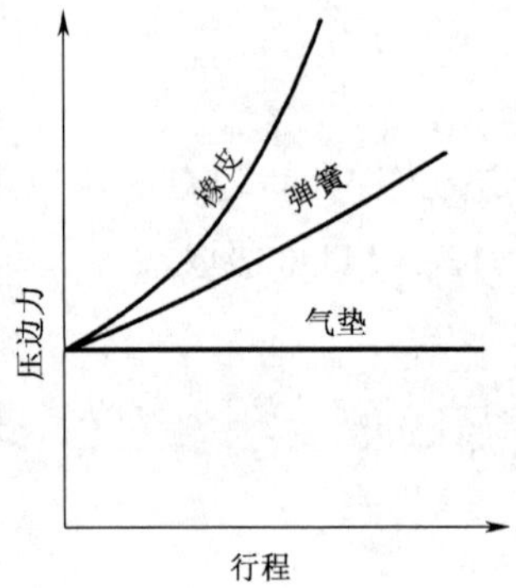

图 7-17　3 种压边装置压边力的变化曲线

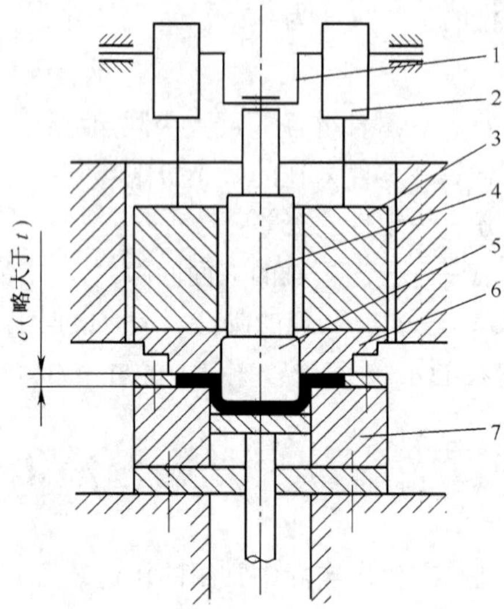

图 7-18　刚性压边装置
1—曲轴　2—凸轮　3—外滑块
4—内滑块　5—凸模　6—压边圈　7—凹模

7.5　拉深模的典型结构

拉深模具的结构是拉深模具设计中最基本的内容之一。拉深模具按工艺顺序可分为首次拉深模和以后各次拉深模；按其使用的设备又可分为单动压力机用拉深模、双动压力机用拉深模和三动压力机用拉深模；按工序的组合又可分为单工序拉深模、复合模和连续拉深模。此外，还可按有无压边装置分为带压边装置和不带压边装置的拉深模等。下面介绍一些典型的拉深模结构。

7.5.1　首次拉深模

如图 7-19 所示为无压边圈的首次拉深模具。半成品工件以定位板 5 定位，拉深凸模 2 向下运行，直至拉深凸模将板料压入到拉深凹模 3 下面拉成工件，拉深结束。拉深凸模 2 向上运行，靠拉深凹模下部的卸件环 4 脱下拉深件。因为拉深凸模 2 要深入到拉深凹模 3 下面，所以该模具只适合于浅拉深。为使工件在拉深后不紧贴在凸模上难以取下，在拉深凸模 2 上开有通气小孔。这种类型的模具结构简单，常用于板料塑性好、相对厚度较大时的拉深。

7-1　无压边装置首次拉深模

7-2　带压边装置首次拉深模

图 7-20 所示为带上压边装置的首次拉深模。拉深前，半成品工件以定位板 6 定位。拉深时，凸模 10 向下运行，半成品工件因受压弹簧 4 的作用，首先被压边圈 5 平整地压在拉深凹模 7 表

面，凸模 10 继续向下运行，弹簧 4 继续受压，直至拉深成形出工件。拉深结束，凸模向上运行，压边圈在弹簧的作用下回复，并将包在拉深凸模上的工件刮下来。这种具有弹性压边装置的首次拉深模是最广泛采用的首次拉深模结构形式，压边力由弹性元件的压缩产生。该种模具结构的凸模比较长，只适宜于拉深深度不大的工件。同时，由于上模空间位置受到限制，不可能使用很大的弹簧或橡皮，因此，上压边装置的压边力小，这种装置主要用于压边力不大的场合。

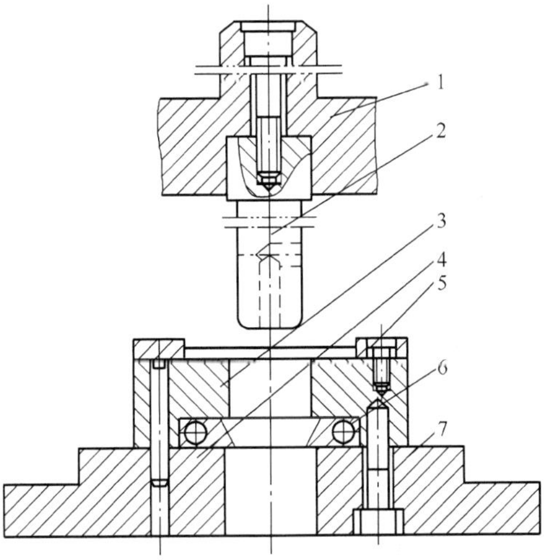

图 7-19　无压边圈的首次拉深模具

1—模柄　2—凸模　3—凹模　4—卸件环　6—定位板　7—凹模　8—下模座

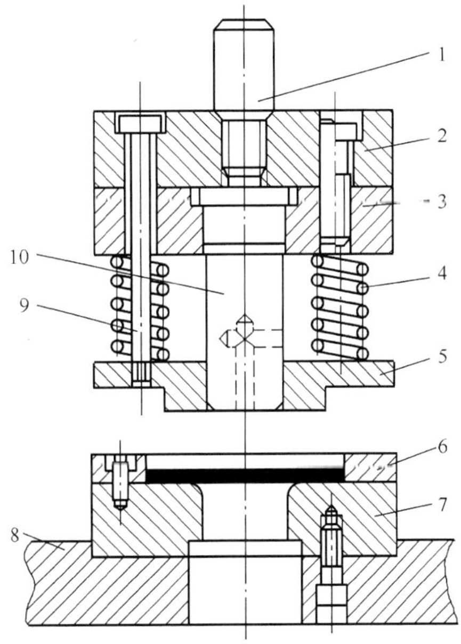

图 7-20　带上压边装置的首次拉深模

1—模柄　2—上模座　3—凸模固定板　4—弹簧　5—压边圈　6—定位板　7—凹模　8—下模座　9—卸料螺钉　10—凸模

7.5.2　以后各次拉深模

由于首次拉深的拉深系数有限，因此许多零件经首次拉深后，其尺寸和高度不能达到要求，还需要经第 2 次、第 3 次甚至更多次拉深，这里统称为以后各次拉深。以后各次拉深用的毛坯是已经过首次拉深的半成品筒形件或锥形件，而不再是平板毛坯，因此，其定位装置、压边装置与首次拉深模是完全不同的。

以后各次各工序拉深模的定位方法常用的有 3 种：第 1 种采用特定的定位板；第 2 种是凹模上加工出供半成品定位的凹窝，如图 7-21 所示；第 3 种为利用半成品内孔，用凸模外形或压边圈的外形来定位，此时所用压边装置已不再是平板结构，而应是圆筒形

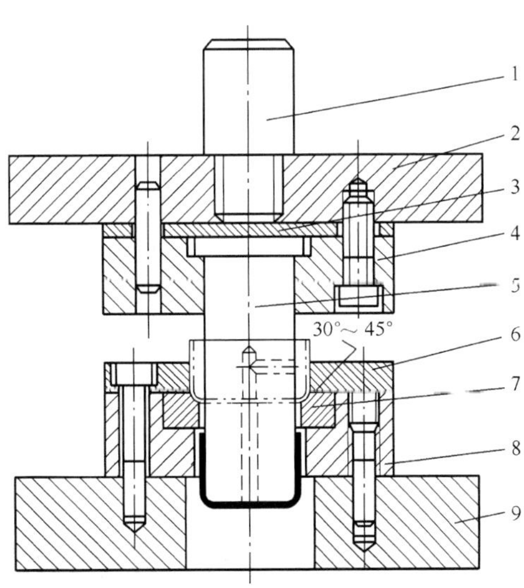

图 7-21　无压边装置的以后各次拉深模

1—模柄　2—上模座　3—垫板　4—凸模固定板　5—凸模　6—定位板　7—凹模　8—凹模固定板　9—下模座

或锥形结构。

图 7-21 中所示毛坯（双点划线）是经过前道工序拉深成为一定尺寸的半成品筒形件，置入模具的定位板 6 中定位后，拉深凸模 5 下行，接触毛坯进行拉深，直至拉深出工件，拉深结束后，拉深凸模向上运行，靠拉深凹模 7 下部的台阶（脱料颈）脱下拉深件。本模具适用于侧壁厚度一致，直径变化量不大，稍加整形即可达到尺寸精度要求的圆筒形件。

7-3 无压边以后工序拉深模

7.5.3 落料拉深复合模

图 7-22 为落料拉深复合模。在设计这类模具时要注意，必须保证冲压时要先落料再拉深，所以拉深凸模 12 低于落料凹模 6。此副模具的工作过程是：条形板材由前向后通过固定卸料板的定位槽送进定位，上模下行，拉深凸模 12 与落料凹模 6 首先完成落料工序；上模继续下行，拉深凸模开始接触压边圈 13 压住的落料毛坯，并将其压入落料拉深凸凹模 3 孔内，完成拉深工序；上模回程时，刚性卸料板从落料拉深凸凹模上卸下废料，压边圈在弹顶装置的作用下将工件从拉深凸模上刮掉；若工件卡在落料拉深凸凹模孔内，可通过推件块 10 在上模回程到一定距离后，在压力机打料横梁的阻止作用下，相对向上运行的上模向下运动，将工件推出。

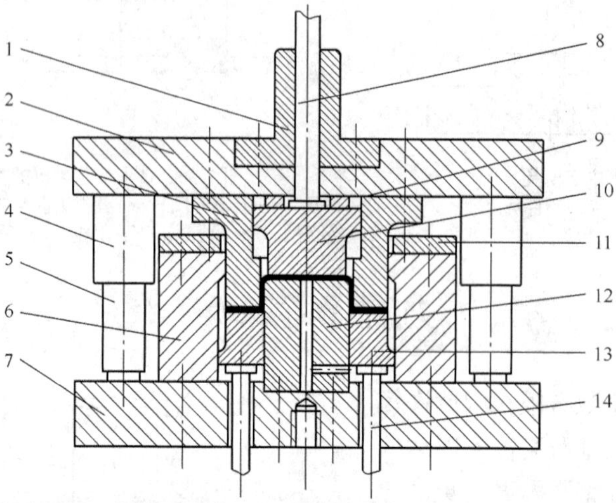

7-4 落料拉深复合模

图 7-22 筒形件落料拉深复合模

1—模柄 2—上模座 3—落料拉深凸凹模 4—导套 5—导柱 6—落料凹模 7—下模座 8—打杆 9—定距块 10—推件块 11—刚性卸料板 12—拉深凸模 13—压边圈 14—顶杆

落料拉深复合模与落料冲孔复合模的原则区别在于：冲孔凸模换为拉深凸模；冲孔凹模变为拉深凹模；凸凹模均具有一定圆角半径，两者之间有拉深所需要的间隙；工作行程较冲裁模大得多，压料圈既起压料作用又起顶件作用；由于有顶件装置，上模回程时，冲压件可能留在拉深凹模内，所以一般设有推件装置。

7.6 带凸缘筒形件的拉深简介

冲压生产中，带凸缘筒形件是经常加工的，其拉深过程中各变形区的应力状态和变形特点与无凸缘筒形件的是相同的。带凸缘筒形件的拉深是无凸缘筒形件拉深的某一中间状态，坯料凸缘部分没有被全部拉入凹模，当拉深进行到凸缘外径等于零件凸缘直径（包括修边余量）时，拉深工作就可以结束，所以带凸缘筒形件的拉深方法及计算方法与一般无凸缘的筒形件有一定的差别。

凸缘件有小凸缘和宽凸缘之分，把 $d_p/d \leqslant 1.4$ 的凸缘件称为小凸缘件，$d_p/d>1.4$ 的凸缘件称为宽凸缘件，如图 7-23 所示。

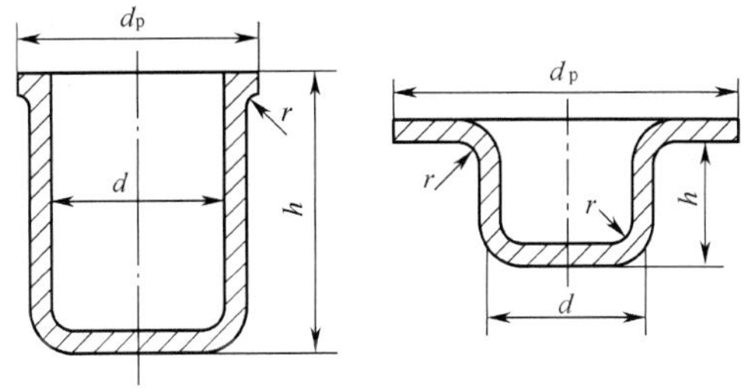

（a）小凸缘件　（b）宽凸缘件

图 7-23　两种带凸缘筒形件

7.6.1　窄凸缘筒形件的拉深

（1）窄凸缘筒形件的拉深方法。若 h/d 大于一次拉深的许用值时，只在倒数第二道才拉出凸缘或者拉成锥形凸缘，最后校正成水平凸缘，如图 7-24 所示；若 h/d 较小，则第一次可拉成锥形凸缘，后校正成水平凸缘。

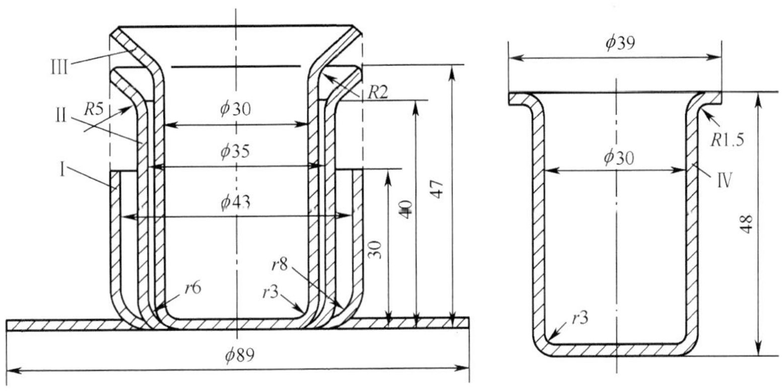

图 7-24　窄凸缘件拉深

（2）窄凸缘筒形件拉深的工艺计算。窄凸缘筒形件拉深时的工艺计算流程，完全按一般无凸缘筒形件的工艺计算方法。

7.6.2　宽凸缘筒形件的拉深

1．宽凸缘圆筒件的拉深方法

宽凸缘圆筒件的拉深方法可分为以下两种。

（1）中小型（$d_f<200$ mm）、料薄的拉深件。通常靠减小筒形直径，增加高度来达到尺寸要求，即圆角半径 $r_凸$ 及 $r_凹$ 在第一次拉深中就拉出所需要的 d_f，在后续的拉深过程中，d_f 基本上保持不变，制件靠圆筒部分的材料转移来获得，如图 7-25（a）所示。这种方法拉深时不易起皱，但制成的零件表面质量较差，容易在直壁部分和凸缘上残留中间工序形成的圆角部分弯曲和厚度局部变化的痕迹，所以最后应加一道压力较大的整形工序。

（2）大型（$d_f>200$ mm）的拉深件。零件的高度在第一次拉深时就基本形成，在以后的整个拉深过程中基本保持不变，通过减小圆角半径$r_{凹}$及$r_{凸}$，逐渐缩小筒形部分的直径来拉成零件，如图 7-25（b）所示。这种方法对厚料更为合适，用本法制成的零件表面光滑平整，厚度均匀，不存在中间工序中圆角部分的弯曲与局部变薄的痕迹。但在第一次拉深时，因圆角半径较大，容易发生起皱，当零件底部圆角半径较小，或者对凸缘有不平度要求时，也需要在最后加一道整形工序。在实际生产中，往往将上述两种方法综合起来使用。

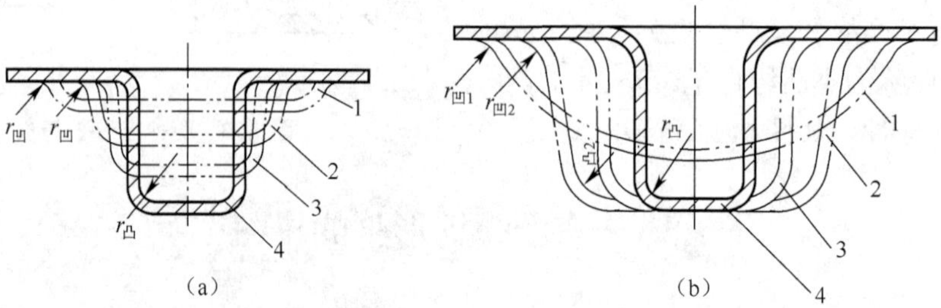

图 7-25　宽凸缘件的拉深方法
1—一次拉深　2—二次拉深　3—三次拉深　4—四次拉深

带凸缘筒形件可以看成是一般筒形件在拉深未结束时的半成品，如果带凸缘筒形件能一次拉出，只要直接将毛坯外径拉深到工件要求的法兰边（即凸缘）直径 d_f 即可，不必再专门讨论它们的拉深方法。

2．带凸缘筒形件的工艺计算

宽凸缘筒形件拉深时的工艺计算流程基本与无凸缘筒形件的工艺计算方法相同，只需要注意以下工艺计算要点即可。

（1）毛坯尺寸计算。当 $r_{凸}=r_{凹}=r$ 时，宽凸缘筒形件毛坯直径的计算公式为

$$D=\sqrt{d_f^2+4dh-3.44dr} \tag{7-30}$$

（2）判断能否一次拉深成形。判断带凸缘筒形件的拉深次数，可通过将拉深件实际的总拉深系数和 h/d 与带凸缘筒形件的首次极限拉深系数 m_1（见表 7-12）和首次极限拉深高度 h_1/d_1（见表 7-13）比较获得。

当 $m_{总}<m_1$，$h/d<h_1/d_1$ 时，一次拉深成形；

当 $m_{总}>m_1$，$h/d>h_1/d_1$ 时，多次拉深成形。

表 7-12　　带凸缘筒形件的首次极限拉深系数 m_1（适用于 08 钢，10 钢）

凸缘相对直径 d_f/d	毛坯相对厚度 $t/D\times100$				
	0.06～0.2	0.2～0.5	0.5～1	1～1.5	>1.5
<1.1	0.59	0.57	0.55	0.53	0.50
1.1～1.3	0.55	0.54	0.53	0.51	0.49
1.3～1.5	0.52	0.51	0.50	0.49	0.47
1.5～1.8	0.48	0.48	0.47	0.46	0.45
1.8～2.0	0.45	0.45	0.44	0.43	0.42
2.0～2.2	0.42	0.42	0.42	0.41	0.40
2.2～2.5	0.38	0.38	0.38	0.38	0.37
2.5～2.8	0.35	0.35	0.34	0.34	0.33
2.8～3.0	0.33	0.33	0.32	0.32	0.31

表 7-13　　带凸缘筒形件的首次极限拉深高度 h_1/d_1（适用于 08 钢，10 钢）

凸缘相对直径 d_f/d	毛坯相对厚度 $t/D\times100$				
	0.06～0.2	0.2～0.5	0.5～1	1～1.5	>1.5
<1.1	0.45～0.52	0.50～0.62	0.57～0.70	0.60～0.80	0.75～0.90
1.1～1.3	0.40～0.47	0.45～0.53	0.50～0.60	0.56～0.72	0.65～0.80
1.3～1.5	0.35～0.42	0.40～0.48	0.45～0.53	0.50～0.63	0.58～0.70
1.5～1.8	0.29～0.35	0.34～0.39	0.37～0.44	0.42～0.53	0.48～0.58
1.8～2.0	0.25～0.30	0.29～0.34	0.32～0.38	0.36～0.46	0.42～0.51
2.0～2.2	0.22～0.26	0.25～0.29	0.27～0.33	0.31～0.40	0.35～0.45
2.2～2.5	0.17～0.21	0.20～0.23	0.22～0.27	0.25～0.32	0.28～0.35
2.5～2.8	0.16～0.18	0.15～0.18	0.17～0.21	0.19～0.24	0.22～0.27
2.8～3.0	0.10～0.13	0.12～0.15	0.14～0.17	0.16～0.20	0.18～0.22

多次拉深的步骤是：第一次拉深成带凸缘的中间毛坯，凸缘的直径等于拉深件凸缘直径 d_f 加上修边余量；以后的各次拉深中，d_f 一经形成，在后续的拉深中就不能变动，仅仅使中间毛坯的圆筒部分变形，即逐次减小其直径和增加其高度。因为 d_f 的微量缩小也会使中间圆筒部分的拉应力过大，而使危险断面破裂，因此，工艺设计时，第一次拉深时，拉入凹模的毛坯的面积比实际所需加大 3%～5%（有时可增加到 10%），即筒形部的深度比实际的要大些。这部分多拉进的材料在第 2 次及以后的拉深中，逐步分次返回到凸缘上来。这样做既可以防止筒部被拉破，也能补偿计算上的误差和板材在拉深中的毛坯厚度变化，同时方便试模时的调整。

（3）拉深次数和半成品尺寸的确定。宽凸缘筒形件的拉深次数仍可用推算法求出。根据表 7-12，查出首次极限拉深系数 m_1，依据 m_1 拉深出凸缘直径等于拉深件凸缘直径的过渡形状，以后各次拉深中均保持凸缘直径不变，根据以后各次的工序件直径可以按一般筒形件多次拉深的方法，通过表 7-14 查出以后各次的拉深系数值进行计算，预算各工序件的直径，直到计算到工序件的筒部中径小于拉深件的筒部中径时，总的拉深次数就确定了。

表 7-14　　带凸缘筒形件的以后各次拉深系数（适用于 08 钢，10 钢）

拉深系数 m	毛坯相对厚度 $t/D\times100$				
	0.15～0.3	0.3～0.6	0.6～1.0	1.0～1.5	1.5～2.0
m_2	0.80	0.78	0.76	0.75	0.73
m_3	0.82	0.80	0.79	0.78	0.75
m_4	0.84	0.83	0.82	0.80	0.78
m_5	0.86	0.85	0.84	0.82	0.80

（4）各次拉深后的筒部高度计算。计算第一次拉深高度，并根据表 7-13 校核第一次拉深的相对高度是否安全。如果安全，则以后各次工序件的拉深高度为

$$h_n=\frac{0.25}{d_n}(D_n^2-d_f^2)+0.43(r_{pn}+r_{dn})+\frac{0.14}{d_n}(r_{pn}^2-r_{dn}^2) \qquad (7\text{-}31)$$

式中：D_n——考虑每次多拉入筒部的材料量后求得的假想毛坯直径；

d_f——拉深件凸缘直径（包括修边量）；

d_n——第 n 次拉深后的拉深件直径；

r_{pn}——第 n 次拉深后侧壁与底部的圆角半径；

r_{dn}——第 n 次拉深后凸缘与筒部的圆角半径。

实训与练习

1．实训

（1）内容：拉深模具拆装实训。

（2）时间：3天。

（3）实训内容：参观模具制造工厂或模具拆装实训室，挑选不同结构的拉深模若干，分成3人一组，每组学生拆装一副拉深模，了解模具的结构及动作过程，测绘并画出模具装配图。

（4）要求：了解拉深模的结构组成、各部分的作用、零件间的装配形式、相互关系；熟悉拉深模拆装的基本要求、方法、步骤、常用拆装工具；掌握一般拉深模的工作原理；熟悉拉深模结构参数的测量；测绘各个模具零件并绘制模具装配图。

2．练习

（1）什么是拉深工艺？什么是首次拉深工艺和再拉深工艺？

（2）通过对直壁旋转体拉深件的网格试验分析，得出金属在拉深过程中是如何变形的。

（3）拉深过程中常出现的质量问题有哪些？如何避免出现质量问题？

（4）什么是拉深系数？影响拉深系数的因素是什么？

（5）带凸缘筒形件拉深方法有哪几种？

（6）为适合拉深工艺，对拉深件的形状提出了哪些要求？

3．计算

如图7-26所示的圆筒形件，材料为08钢，料厚为2mm，计算其拉深过程中的工艺尺寸。

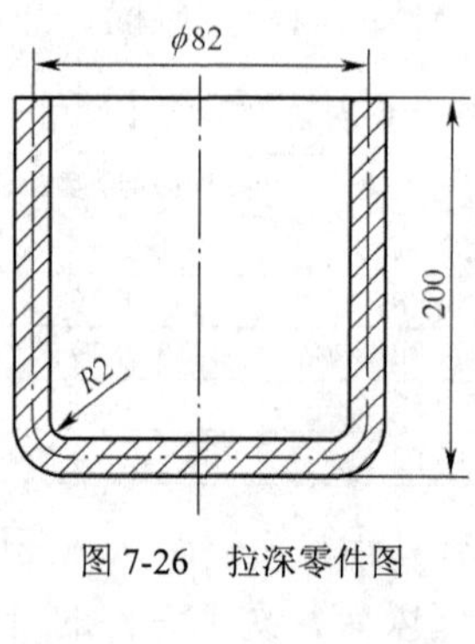

图7-26　拉深零件图

第 8 章 其他冲压工艺与模具

学习目标

1. 熟悉校形的目的与方法
2. 掌握圆孔翻边的计算方法
3. 掌握圆孔翻边的模具结构
4. 了解外缘翻边的工艺方法
5. 熟悉胀形的工艺计算与模具结构
6. 熟悉多工位级进模的用途与结构

课程思政元素

用各种不同性质的局部变形来改变毛坯（或由冲裁、弯曲、拉深等方法制得的半成品）的形状和尺寸的冲压工序称为成形，或者说除弯曲和拉深以外的使板料产生塑性变形的其他冲压工序都可称为成形，主要有校形、翻边、缩口、胀形和起伏成形等。

8.1 校形

校形包括校平与整形，属于修整性的成形工艺，大都是在冲裁、弯曲、拉深等冲压工序之后进行的，主要是为了把冲压件的不平度、圆角半径或某些形状尺寸修整到合格的要求。校平和整形工序具有以下特点。

（1）校形所用的模具精度高，这是因为校形后工件的精度要求较高。

（2）只在工序件的局部位置使其产生不大的塑性变形，以得到提高零件形状和尺寸精度的目的。

（3）由于校形属于精加工，同时回弹是其主要的问题，所以校形时，需要在压力机达到下止点时对工序件施加校正力，因此，所用设备最好为精压机或刚度较好，并装有过载保护装置的机械压力机。

8.1.1 校平

校平通常是在冲裁工序后进行的。由于冲裁后制件产生弯曲，特别是无压料装置的连续模冲裁所得的制件更不平，因此对于平直度要求比较高的零件便需要进行校平。

根据板料的厚度和对表面的要求，可以采用光面模校平或齿形模校平。

对于料薄质软而且表面不允许有压痕的制件，一般应采用光面模校平。光面模对改变材料内应力状态的作用不大，仍有较大回弹，特别是对于高强度材料的零件校平效果较差。在实际生产中，有时将工序件背靠背地（弯曲方向相反）叠起来校平，能起到一定的效果。为了使校平不受压力机滑块导向精度的影响，校平模最好采用浮动式结构，如图 8-1 所示为光面浮动校平模。应用光面浮动模进行校平时，由于回弹较大，特别是对于高强度材料的制件，校平效果比较差。

对于平直度要求比较高、材料比较厚的制件，或者强度极限比较高的硬材料的零件，通常采用齿形校平模进行校平。齿形模有细齿和粗齿两种，上齿与下齿相互交错，如图 8-2 所示。图 8-2（a）所示为细齿，图 8-2（b）所示为粗齿，图中有齿形尺寸。用细齿校平模校平后，制件表面残留有细齿痕。粗齿校平模适用于厚度较小的铝、青铜、黄铜等制件。齿形校平模使制件的校平面形成许多塑性变形的小网点，改变了制件原有应力状态，减少了回弹，校平效果较好。

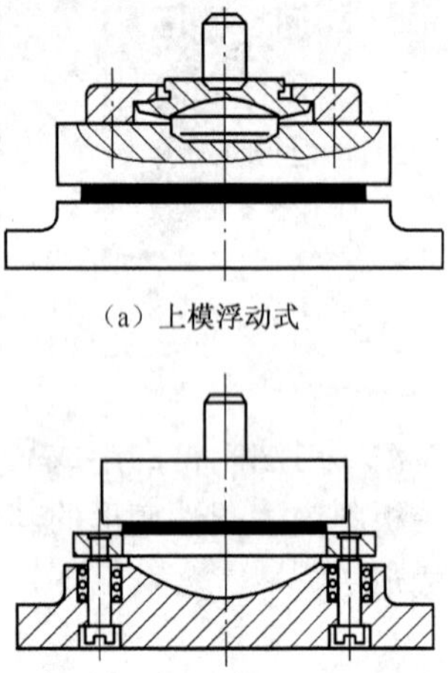

（a）上模浮动式

（b）下模浮动式

图 8-1　光面浮动校平模示意图

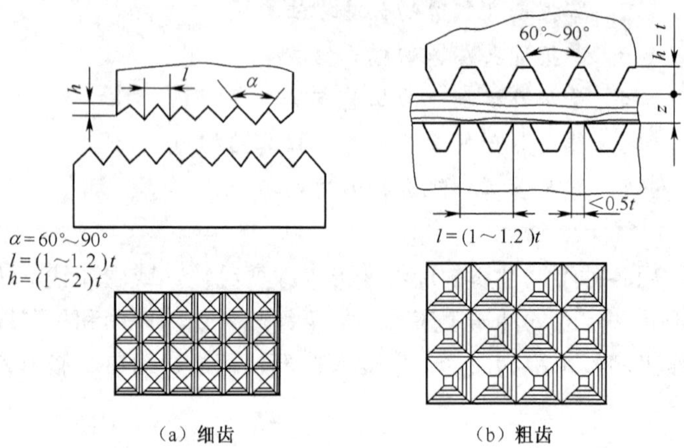

（a）细齿

（b）粗齿

图 8-2　齿形校平模示意图

校平力可按下式计算。

$$F=AP \tag{8-1}$$

式中：F——校平力，N；

A——校平零件面积，mm^2；

P——校平单位面积的压力，MPa，可查表 8-1。

表 8-1　校平和整形单位面积压力

方　法	P（MPa）	方　法	P（MPa）
光面校平模校平	50～80	敞开形制件整形	50～100
小齿校平模校平	80～120	拉深件减小圆角及对底面、侧面整形	150～200
大齿校平模校平	100～150		

8.1.2　整形

整形一般用于拉深、弯曲或其他成形工序之后，经过这些工序的加工，制件已基本成形，但可能圆角半径还太大，或是某些形状和尺寸还未达到产品的要求，这样可以借助于整形模使工序件产生局部的塑性变形，以达到提高精度的目的。整形模和前工序的成形模相似，但对模具工作部分的精度、粗糙度要求更高，圆角半径和间隙较小。

弯曲件的整形方法如图 8-3 所示。整形时，整个工序件处于三向受压的应力状态，改变了工序件的应力状态，故能达到较好的整形效果。整形前，半成品的长度略大于零件长度，以保证整形时材料处于三向应力状态。

带凸缘拉深件的整形如图 8-4 所示。小凸缘根部圆角半径的整形要求外部向圆角部分补充材料。如果圆角半径变化大，在工艺设计时，可以使半成品高度大于零件高度，整形时从直壁部分获得材料补充，如图 8-4（b）所示，h'为半成品高度，h 为成品高度；如果半成品高度与零件高度相等，也可以由凸缘处收缩来获得材料补充，但当凸缘直径过大时，整形过程中无法收缩，此时只能靠根部及附近材料变薄来补充材料，如图 8-4（a）所示，从变形特点看，相当于变形不大的胀形，因而整形精度高，但变形部位材料伸长量不得大于 2%，否则，过分伸长制件可能破裂。

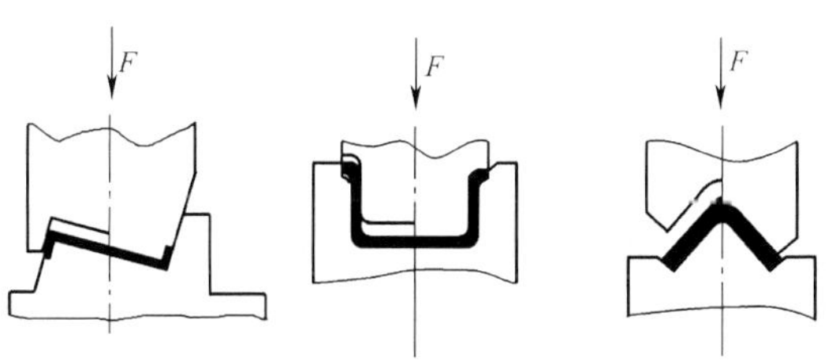

（a）Z形件　（b）U形件　（c）V形件

图 8-3　弯曲件的整形示意图

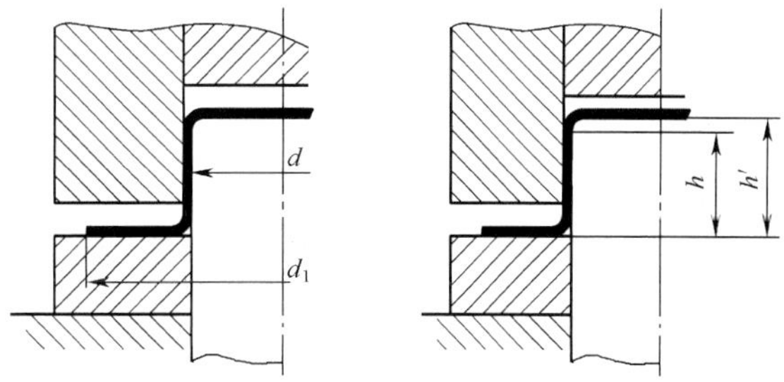

（a）根部变薄补充材料　（b）直壁补充材料

图 8-4　拉深件的整形示意图

直筒形拉深件整形可以使整形模间隙等于（0.9～0.95）t，整形时，制件直壁略有变薄。这种整形也可以和最后一道拉深工序结合在一起进行。

8.2　翻边

翻边是将制件的孔边缘或外边缘在模具的作用下，竖立或翻出一定角度的直边，如图 8-5 所示。按其工艺特点，翻边可分为内孔翻边和外缘翻边，外缘翻边又分为外凸的外缘翻边和内凹的外缘翻边两种。此外，根据竖边厚度的变化情况，可分为不变薄翻边和变薄翻边。

（a）内孔翻边　（b）外缘翻边　（c）内凹的外缘翻边　（d）外凸的外缘翻边

图 8-5　各种翻边示意图

8.2.1　内孔翻边

1．圆孔翻边

（1）圆孔翻边的变形特点和翻边系数。圆孔翻边同样可以采用网格法，通过观察网格在变形前后的变化来分析变形，如图 8-6 所示。由图中可以看出其变形区在直径 d 和 D_1 之间的环形部分。在翻边后，坐标网格由扇形变成了矩形，可见变形区材料沿切向伸长，愈靠近孔口伸长愈大，接近于单向拉伸应力状态，切向应变是三个主应变中最大的主应变。同心圆之间的距离变化不明显，可见径向变形很小，径向尺寸略有减少。竖边的壁厚有所减薄，尤其在孔口处，减薄较为严重。图中所示的应力、应变状态反映了上述分析的这些变形特点。圆孔翻边的主要危险在于孔口边缘被拉裂。破裂的条件取决于变形程度的大小。

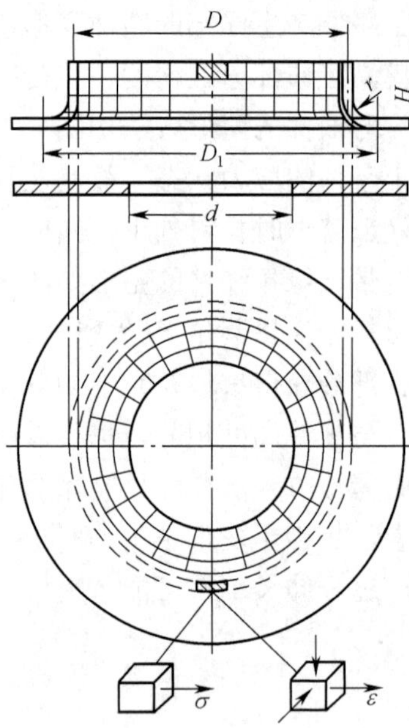

图 8-6　内孔翻边的变形情况

圆孔翻边的变形程度以翻边前预制孔直径 d 与翻边后孔径 D 的比值 K 来表示。

$$K=d/D \tag{8-2}$$

K 称为翻边系数。显然，K 值恒小于 1，K 值愈小，变形程度愈大。翻边时，在孔边不破裂的条件下所能达到的最小 K 值称为极限翻边系数，以 K_{min} 表示。影响极限翻孔系数的主要因素有材料的力学性能、翻孔凸模的形状、翻边前孔径与材料厚度的比值和预制孔的加工方法等。预制孔主要用冲孔或钻孔方法加工。低碳钢在各种情况下的极限翻孔系数及各种材料的翻孔系数可查表 8-2 确定。

表 8-2　低碳钢圆孔的极限翻边系数 K_{min}

凸模形式	孔的加工方法	预制孔相对直径 d/t										
		100	50	35	20	15	10	8	6.5	5	3	1
圆柱形凸模	钻孔	0.80	0.70	0.60	0.50	0.45	0.42	0.40	0.37	0.35	0.30	0.25
	冲孔	0.85	0.75	0.65	0.60	0.55	0.52	0.50	0.50	0.48	0.47	—
球形凸模	钻孔	0.70	0.60	0.52	0.45	0.40	0.36	0.33	0.31	0.30	0.25	0.20
	冲孔	0.75	0.65	0.57	0.52	0.48	0.45	0.44	0.43	0.42	0.42	—

注：采用表中 K_{min} 值时，实际翻边后口部边缘会出现小的裂纹，如果工件不允许开裂，则翻边系数须加大 10%～15%。

（2）圆孔翻边的工艺计算。在进行翻边工艺计算时，需要根据制件的尺寸 D 计算出预制孔直径 d，并核算其翻边高度 H。当采用平板毛坯不能直接翻出所要求的高度 H 时，就要先拉深，然后在拉深底部冲小孔，再进行翻边。现分别就平板类翻边和拉深后翻边两种情况进行讨论。

在进行翻边之前，需要在坯料上加工出预制孔，如图 8-7 所示，预制孔直径 d 的确定公式为

$$d=D-2(H-0.43r-0.72t) \tag{8-3}$$

上式可转化为竖边高度 H 的计算式

$$H=\frac{D-d}{2}+0.43r+0.72t=\frac{D}{2}(1\text{-}K)+0.43r+0.72t \tag{8-4}$$

若将 K_{min} 代入上式，则可以得到许可的最大翻边高度 H_{max}。

$$H_{max}=\frac{D}{2}(1\text{-}K_{min})+0.43r+0.72t \tag{8-5}$$

在工件要求高度 $H>H_{max}$ 时，一次翻孔成形可能导致零件孔口边缘破裂，这时可以采用先拉深，再在拉深底部冲孔翻边。在这种情况下，应先决定预拉深后翻边所能达到的最大高

度，然后根据翻边高度及零件高度来确定拉深高度及预冲孔直径。

先拉深后翻孔的高度 h 由图 8-8 可知（按中线计算）。

$$h=\frac{D-d}{2}-\left(r+\frac{t}{2}\right)+\frac{\pi}{2}\left(r+\frac{t}{2}\right)$$

整理后

$$h=\frac{D-d}{2}+0.75r=\frac{D}{2}(1-K)+0.75r \tag{8-6}$$

预制孔的直径 d

$$d=KD\text{或}d=\mathrm{D}+1.14r-2h \tag{8-7}$$

拉深高度 h'

$$h'=H-h+r \tag{8-8}$$

翻边时，竖边口部变薄现象较为严重，竖边口部料厚 t' 近似值按下式计算。

$$t'=t\sqrt{\frac{d}{D}}=t\sqrt{k} \tag{8-9}$$

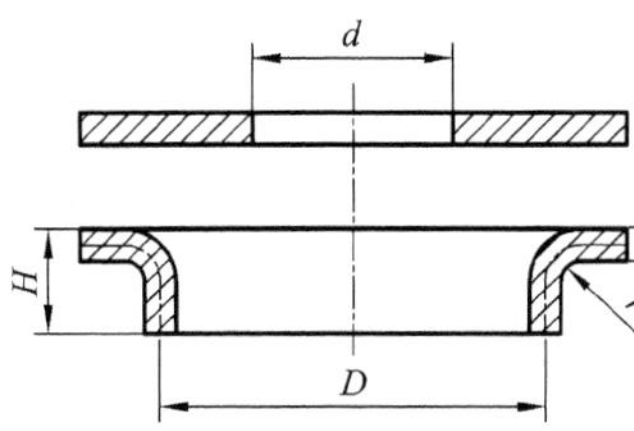

图 8-7　平板坯料翻孔尺寸计算

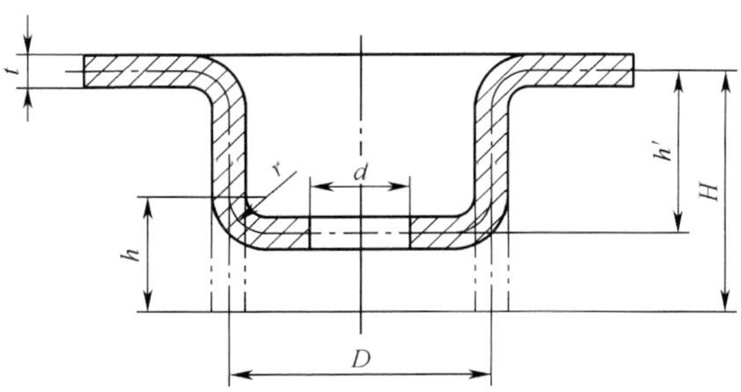

图 8-8　先拉深后翻孔

（3）翻边力的计算。翻边力 F 一般不大，当采用圆柱形平底凸模时，圆孔翻边力的计算式为

$$F=1.1\pi(D-d)t\sigma_s \tag{8-10}$$

式中：F——翻孔力，N；

D——翻边后竖边的中径，mm；

d——圆孔初始直径，mm；

t——毛坯厚度，mm；

σ_s——材料的屈服点，MPa。

8-1　认识内孔翻边模

（4）翻孔模设计。总体来看，翻孔模和拉深模有很多相似之处，也有压边和不压边、正装和倒装之分。同时，翻孔模一般不需要设置模架。如图 8-9 所示为几种常见圆孔翻孔凸模的尺寸及形状。图 8-9（a）～图 8-9（c）所示为较大孔的翻边凸模，从利于翻边变形看，以抛物线形凸模最好，如图 8-9（c）所示，球形凸模次之如图 8-9（b）所示，平底凸模再次之，而从凸模的加工难易看则相反。图 8-9（d）～图 8-9（e）所示的凸模端部带有较长的引导部分，图 8-9（d）所示用于圆孔直径为 10 mm 以上的翻边，图 8-9（e）所示用于圆孔直径为 10 mm 以下的翻边，图 8-9（f）所示用于无预孔的不精确翻边。凸模的圆角半径尽量取大值，这样有利于翻孔。

凸凹模之间的单面间隙取料厚的（0.75～0.85）即可。

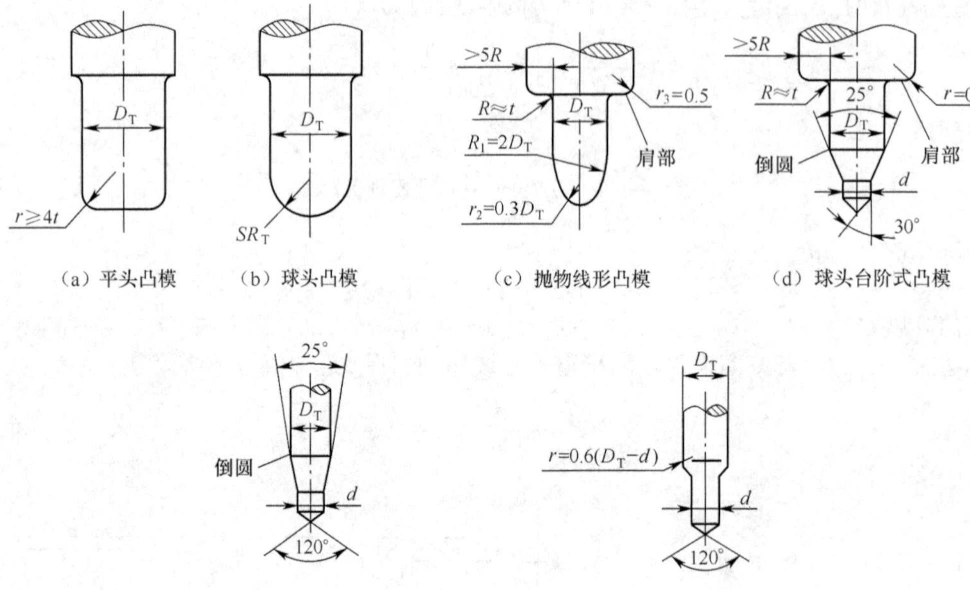

（a）平头凸模　（b）球头凸模　（c）抛物线形凸模　（d）球头台阶式凸模

（e）锥头台阶式凸模　（f）尖锥形凸模

图 8-9　圆孔翻边凸模和凹模结构和尺寸

2. 非圆孔翻边

非圆孔又称异形孔，是由不同曲率半径的凸弧、凹弧及直线组成，成形时由于各部分的受力状态与变形性质有所不同，直线部分Ⅱ区可视为弯曲变形，凸圆弧部分Ⅰ区可视为翻边变形，凹圆弧部分Ⅲ区可视为拉深变形，如图 8-10 所示。

预制孔的形状和展开尺寸分别按弯曲时、翻孔时及拉深时的展开方法计算，并以光滑圆弧连接。非圆孔的翻边系数 K_f（一般指小圆弧部分的翻孔系数）可小于圆孔翻孔系数 K，大致取

$$K_f=(0.85\sim0.90)K \tag{8-11}$$

非圆孔的极限翻边系数可根据各圆弧段的圆心角 α 大小查表 8-3。

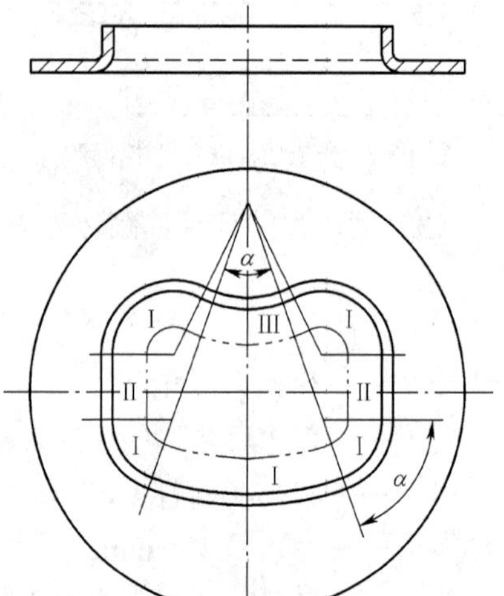

图 8-10　非圆孔翻边

表 8-3　低碳钢非圆孔的极限翻边系数

α（°）		180～360	165	15	130	120	105	90	75	60	45	30	15	0
比值 d/t	50	0.8	0.73	0.67	0.6	0.53	0.47	0.4	0.33	0.21	0.2	0.14	0.07	弯曲变形
	33	0.6	0.55	0.5	0.45	0.4	0.35	0.3	0.25	0.2	0.15	0.1	0.05	
	20	0.52	0.48	0.43	0.39	0.35	0.30	0.26	0.22	0.17	0.13	0.09	0.04	
	8.3～12	0.5	0.46	0.42	0.38	0.33	0.29	0.25	0.21	0.17	0.13	0.08	0.04	
	6.6	0.48	0.44	0.4	0.36	0.32	0.28	0.24	0.2	0.16	0.12	0.08	0.04	
	5	0.46	0.42	0.38	0.35	0.31	0.27	0.23	0.19	0.15	0.12	0.08	0.04	
	3.3	0.45	0.41	0.375	0.34	0.30	0.26	0.225	0.185	0.145	0.11	0.08	0.04	

8.2.2 外缘翻边

8-2 认识外缘翻边模

按变形性质，外缘翻边可分伸长类翻边和压缩类翻边两类。

（1）伸长类翻边。沿内凹且不封闭曲线进行的平面或曲面翻边均属这类翻边，如图 8-11 所示，其共同特点是坯料变形区主要在切向拉应力作用下产生切向伸长变形，因此，边缘容易拉裂，常以 $E_{伸}$ 来表示其变形程度。

$$E_{伸}=\frac{b}{R-b} \tag{8-12}$$

常用材料的允许变形程度见表 8-4。

表 8-4　外缘翻边时材料的允许变形程度

材料名称及牌号		$E_{伸}$×100%		$E_{压}$×100%		材料名称及牌号		$E_{伸}$×100%		$E_{压}$×100%	
		橡皮成形	模具成形	橡皮成形	模具成形			橡皮成形	模具成形	橡皮成形	模具成形
黄铜	H62 软	30	40	8	45	铝合金	L4 软	25	30	6	40
							L4 硬	5	8	3	12
	H62 硬	10	14	4	16		LF21 软	23	30	6	40
	H68 软	35	45	8	55		LF21 硬	5	8	3	12
	H68 半硬	10	14	4	16		LF2 软	20	25	6	35
钢	10	—	38	—	10		LF2 硬	5	8	3	12
	20	—	22	—	10		LY12 软	14	20	6	30
	1Cr18Ni9 软	—	15	—	10		LY12 硬	6	8	0.5	9
	1Cr18Ni9 硬	—	40	—	10		LY11 软	14	20	4	30
	2Crl8Ni9	—	40	—	10		LY11 硬	5	6	0	0

伸长类平面翻边变形类似于翻孔，翻边时，由于应力在变形的区域分布不均匀，而导致翻边后零件的竖立边高度两端高、中间低，要想得到平齐的翻边高度，翻边前应对坯料的两端轮廓线做一定修整，如图 8-11（a）中虚线所示形状为修整后的形状。在伸长类曲面翻边时，起皱现象容易发生在坯料底部中间位置，一般在模具设计时，应采用强力压料装置来防止，同时也可创造有利于翻边的条件，防止中间部位过早地翻边而引起竖立边过大的伸长变型，甚至开裂。

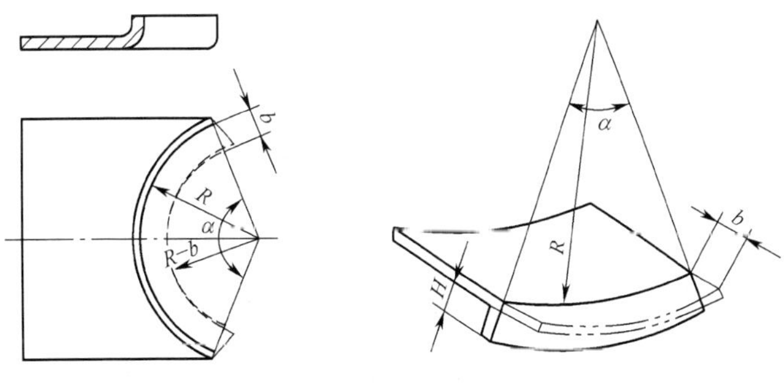

（a）伸长类平面翻边　　（b）伸长类曲面翻边

图 8-11　伸长类翻边

（2）压缩类翻边。沿外凸的不封闭的曲线进行的平面或曲面翻边均属压缩类翻边，如图 8-12 所示，其特点为坯料变形区内主要受切向压应力，故成形时，工件容易起皱，变形程度 $E_{压}$表示为

$$E_{压}=\frac{b}{R+b} \tag{8-13}$$

压缩类平面翻边变形类似于拉深，由于翻边时竖立边缘的应力分布不均，翻边后，零件的竖边高度出现中间高而两端低的现象，为得到齐平的竖立边，应对坯料的展开形状加以修正，修正后的形状为图 8-12（a）虚线所示，翻边高度不大时可不修正。另外，当翻边高度较大时，模具应设计防止起皱的压料装置。

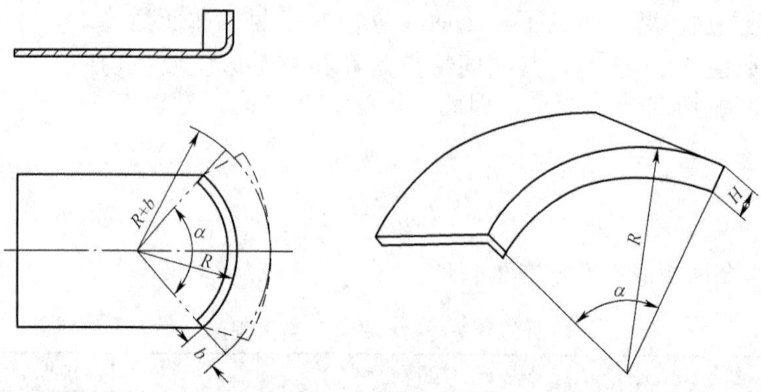

（a）压缩类平面翻边　（b）压缩类曲面翻边

图 8-12　压缩类翻边

8.3 胀形

在模具的作用下，迫使毛坯厚度减薄和表面积增大，以获得零件几何形状的冲压加工方法叫做胀形。胀形工序有它独特的特点：胀形时，变形区在板面方向呈双向拉应力状态，在板厚方向上是减薄变形，即厚度减薄而表面积增加。胀形主要用于加强筋、花纹图案、标记等平板毛坯的局部成形，波纹管、高压气瓶、球形容器等空心毛坯的胀形，飞机和汽车蒙皮等薄板的拉胀成形等。常用的胀形方法有刚模胀形和以液体、气体、橡胶等为施力介质的软模胀形。软模胀形由于模具结构简单，工件变形均匀，能成形复杂形状的工件，故其研究和应用越来越受到人们的重视，如液压胀形、橡胶胀形、爆炸胀形等。

8.3.1 胀形的变形特点

图 8-13 所示为球头凸模胀形平板毛坯时的胀形变形区及其主应力和主应变图，图中涂黑部分表示胀形变形区。胀形变形具有如下特点。

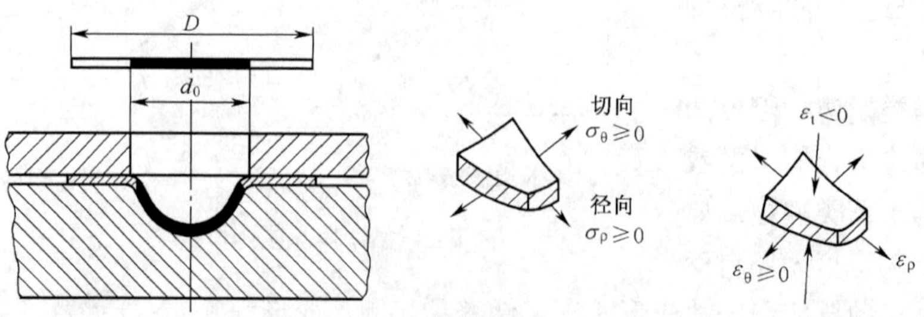

图 8-13　胀形的变形区及其应力应变示意图

（1）胀形变形时，由于毛坯受到较大压边力的作用，或由于毛坯的外径超过凹模孔直径的 3～4 倍，使塑性变形仅局限于一个固定的变形范围，故板料不向变形区外转移，也不从变形区外进入变形区。

（2）在胀形的变形区内，胀形变形在板面方向为双向拉伸应力状态，板厚方向的应力忽略不计，变形主要是由材料厚度方向的减薄量支持板面方向的伸长量而完成的，变形后，材料厚度减薄而表面积增大。

8-3　认识胀形模

（3）由于毛坯的厚度相对于毛坯的外形尺寸极小，胀形变形时，拉应力沿板厚方向的变化很小，因此，当胀形力卸除后，回弹小，工件的几何形状容易固定，尺寸精度容易保证。

（4）由于胀形变形时，材料在板面方向处于双向受拉的应力状态，成形极限主要受拉伸破裂的限制，所以变形不易产生失稳起皱现象，成品零件表面光滑，质量好。

8.3.2　平板坯料的起伏成形

起伏成形又称局部胀形，凸模冲压平板毛坯，当毛坯外形尺寸大于 3 倍变形尺寸时，变形只发生在与凸模接触的区域内，即为平板毛坯的局部胀形。生产中常见的起伏成形有压制加强筋、凸包、凹坑、花纹图案及标记等。图 8-14 是起伏成形的一些例子，都是采用这种方法成形。经过起伏成形后的冲压件，由于零件惯性矩的改变和材料加工硬化，能够有效地提高零件的刚度和强度。压制加强筋的工艺在生产中应用广泛。

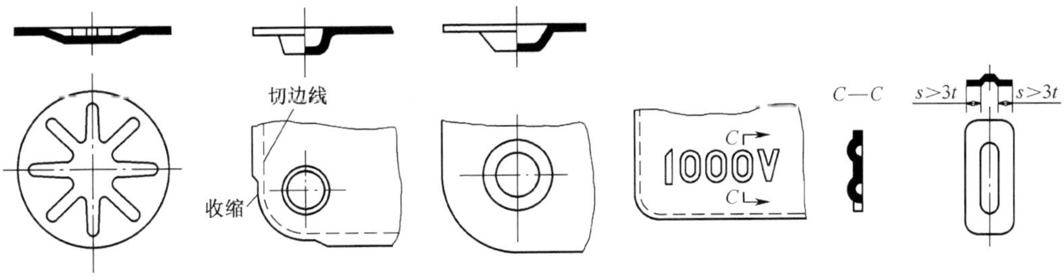

（a）压加强筋　（b）压凹坑　（c）压字　（d）压凸包

图 8-14　胀形件实例

加强筋的形式和尺寸如表 8-5 所示。当在坯料边缘局部胀形时，由于边缘材料要收缩，因此，应预先留出切边余量，成形后再切除。

起伏成形方法的极限变形程度通常有两种确定方法，即试验法和计算法。起伏成形的极限变形程度主要受到材料的性能、零件的几何形状、模具结构、胀形的方法以及润滑等因素的影响。特别是复杂形状的零件，应力应变的分布比较复杂，其危险部位和极限变形程度一般通过试验的方法确定。对于比较简单的起伏成形零件，如图 8-15 所示，可以按下式近似地确定其极限变形程度。

$$\varepsilon_{极}=\frac{l-l_0}{l_0}\times 100\% \leqslant K[\delta] \tag{8-14}$$

式中：$\varepsilon_{极}$——起伏成形的极限变形程度；

l、l_0——分别为材料变形前后的长度，mm；

$[\delta]$——材料的断面伸长率；

K——形状系数，加强筋 K =0.70～0.75（球形筋取大值，梯形筋取小值）。

表 8-5　　加强筋的形式和尺寸

名　称	简　图	R	h	D 或 B	r	α
压筋	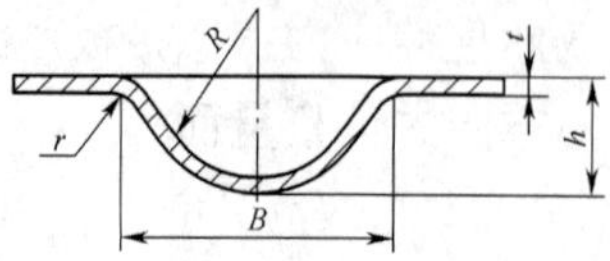	（3～4）t	（2～3）t	（7～10）t	（1～2）t	—
压凸	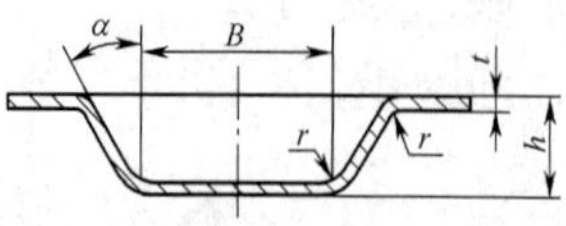	—	（1.5～2）t	≥3h	（0.5～1.5）t	15～30°

简　图	D（mm）	L（mm）	l（mm）
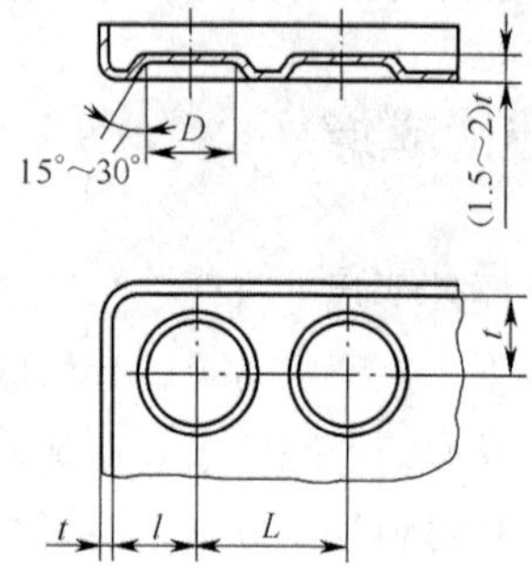	6.5	10	6
	8.5	13	7.5
	10.5	15	9
	13	18	11
	15	22	13
	18	26	16
	24	34	20
	31	44	26
	36	51	30
	43	60	35
	48	68	40
	55	78	45

如果零件要求的加强筋超过极限变形程度，可以采用如图 8-16 所示的方法。第一道工序用大直径的球形凸模胀形，得到一个如图 8-16（a）所示的工序件；用第二道工序成形得到零件所要求的形状和尺寸，如图 8-16（b）所示。如果采用这两道工序仍然不能满足要求，就必须降低工件的深度。

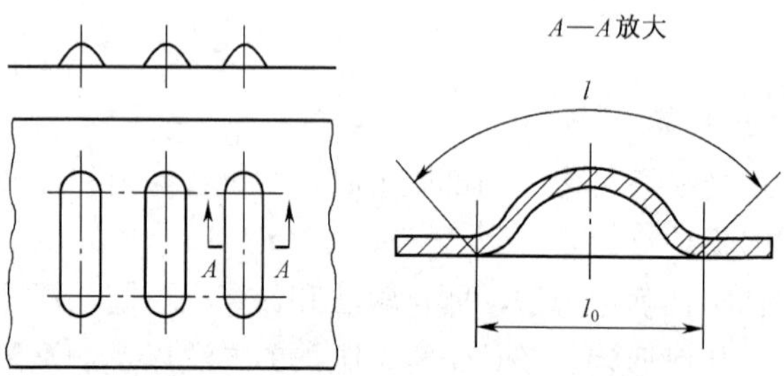

图 8-15　起伏成形前后材料的长度

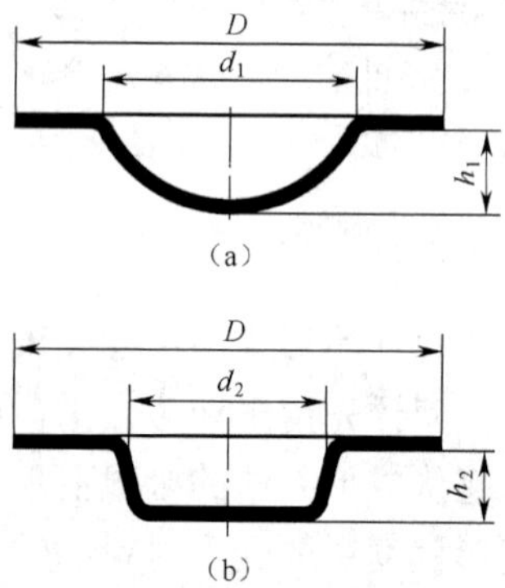

图 8-16　深度较大工件的胀形法

（1）采用刚性凸模在平板坯料压制加强筋时，所需冲压力可用下式计算。

$$F = t\sigma_b KL \tag{8-15}$$

式中：F——冲压力，N；

L——加强筋的周长，mm；

t——材料厚度，mm；

σ_b——材料的抗拉强度，MPa；

K——系数，一般 K 取 0.7～1.0，加强筋形状窄而深时取大值，宽而浅时取小值。

（2）若在曲柄压力机上对厚度小于 1.5mm，成形面积小于 2 000mm^2 的小零件进行局部胀形时，所需冲压力 F 可用下式近似计算。

$$F=Kt^2A \tag{8-16}$$

式中：F——胀形冲压力，N；

t——材料厚度，mm；

A——胀形面积，mm^2；

K——系数，对于钢为 200～300 N/mm^4，对铜、铝为 50～200 N/mm^4。

8.4　多工位级进模

多工位级进模是一种工位多、效率高的冲模。整个冲件的成形是在连续过程中逐步完成的。连续成形是工序集中的工艺方法，可使切边、切口、切槽、冲孔、塑性成形、落料等多种工序在一副模具上完成。根据冲压件的实际需要，按一定顺序安排了多个冲压工序（在级进模中称为工位）进行连续冲压。它不但可以完成冲裁工序，还可以完成成形工序，甚至装配工序，许多需要多工序冲压的复杂冲压件可以在一副模具上完全成形，为高速自动冲压提供了有利条件。

由于级进模工位数较多，因而用级进模冲制零件，必须解决条料或带料的准确定位问题，才有可能保证冲压件的质量。图 8-17 所示即为用导正销定距的冲孔落料连续模。

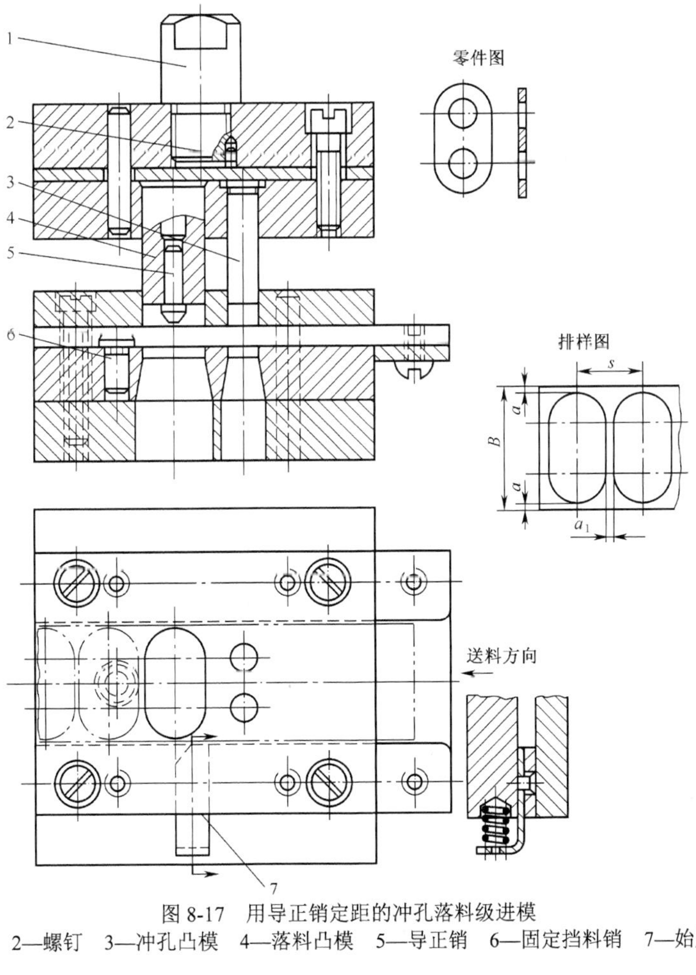

图 8-17　用导正销定距的冲孔落料级进模

1—模柄　2—螺钉　3—冲孔凸模　4—落料凸模　5—导正销　6—固定挡料销　7—始用挡料销

在图 8-17 所示的多工位级进模中，上、下模用导板导向。冲孔凸模 3 与落料凸模 4 之间的距离就是送料步距 *S*。送料时，由固定挡料销 6 进行初定位，由两个装在落料凸模上的导正销 5 进行精定位。导正销与落料凸模的配合为 H7 /r6 ，其连接应保证在修磨凸模时的装拆方便，因此，落料凹模安装导正销的孔是个通孔。导正销头部的形状应有利于在导正时插入已冲的孔，它与孔的配合应略有间隙。为了保证首件的正确定距，在带导正销的级进模中，常采用始用挡料装置，它安装在导板下的导料板中间。在条料上冲制首件时，用手推始用挡料销 7，使它从导料板中伸出来抵住条料的前端，即可冲第一件上的两个孔。以后各次冲裁时，就都由固定挡料销 6 控制送料步距作粗定位。

级进模比单工序模生产率高，减少了模具和设备的数量，工件精度较高，便于操作和实现生产自动化。对于特别复杂或孔边距较小的冲压件，用简单模或复合模冲制有困难时，可用级进模逐步冲出。但级进模轮廓尺寸较大，制造较复杂，成本较高，一般适用于大批量生产小型冲压件。

实训与练习

1．实训

（1）内容：成形模具拆装实训。

（2）时间：2 天。

（3）实训内容：参观模具制造工厂或模具拆装实训室，挑选不同结构的成形模若干，分成 3 人一组，每组学生拆装一副成形模，了解模具的结构及动作过程，测绘并画出模具装配图。

（4）要求：了解成形模的结构组成、各部分的作用、零件间的装配形式、相互关系；熟悉成形模拆装的基本要求、方法、步骤、常用拆装工具；掌握一般成形模的工作原理；熟悉成形模结构参数的测量；测绘各个模具零件并绘制模具装配图。

2．练习

（1）何为校形、翻边、胀形？在这些成形工序中，由于变形过度而出现的材料损坏形式分别是什么？

（2）翻边、胀形的变形程度分别是如何表示的？如果零件的变形超过了材料的极限变形程度，它们在工艺上分别可以采取哪些措施？

（3）哪些冲压件需要整形？

（4）如图 8-18 所示，试设计计算图示翻边件的预制孔直径及翻边系数，零件的材料为 Q235。

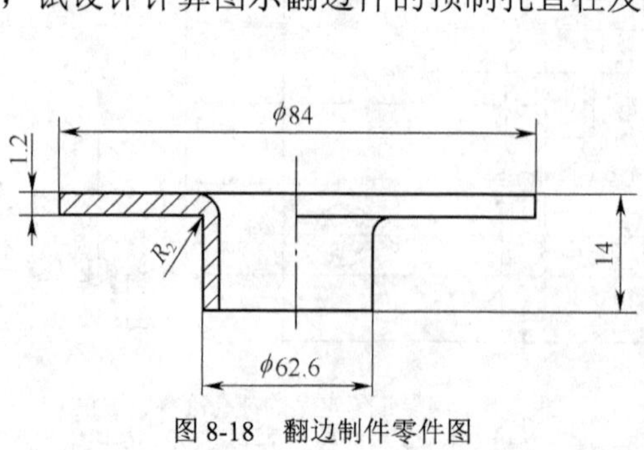

图 8-18　翻边制件零件图

下　　篇

模具制造技术

第 9 章
模具制造工艺及方法

学习目标

1. 熟悉模具制造的工艺规程等概念；
2. 掌握模具制造工艺规程编制的方法；
3. 掌握模具零件的加工方法；
4. 掌握模具零件特种加工的工艺方法。

课程思政元素

9.1 模具制造工艺规程的编制

9.1.1 模具制造的工艺过程

在模具的制造过程中，改变生产对象的形状、尺寸、相对位置和性质等，使其成为成品或半成品的过程，称为工艺过程，如毛坯制造、机械加工、热处理和装配等。用机械加工的方法，直接改变毛坯的形状、尺寸和表面质量，使之成为产品零件的那部分工艺过程，称为模具机械加工工艺过程。将合理的机械加工工艺过程确定后，以文字的形式形成施工的技术文件，即为模具的机械加工工艺规程。

1. 基本概念

模具机械加工工艺过程是由一个或若干个顺序排列的工序组成的。而工序又可以分为安装、工位、工步和行程。毛坯依次通过这些工序被加工为成品零件。

（1）工序。一个或一组工人，在一个工作地对同一个或同时对几个工件所连续完成的那一部分工艺过程，称为工序。划分工序主要以工作场地是否变动和工作是否连续为依据。如图 9-1 所示的导柱，当制造数量较少时，其工序划分如表 9-1 所示；当制造数量较大时，其工序划分如表 9-2 所示。

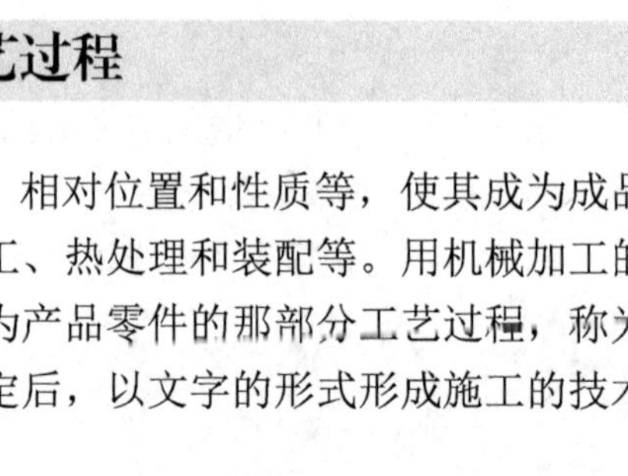

图 9-1　导柱

表 9-1　导柱的加工工序（一）

工　序　号	工 序 内 容	设　　备
1	车端面、打顶尖孔、车全部外圆、切槽、倒角	车床
2	铣平面	铣床
3	磨外圆	磨床
4	钻孔、攻丝、去毛刺	钳工

表 9-2　导柱的加工工序（二）

工　序　号	工 序 内 容	设　　备
1	车端面、打顶尖孔	专用车床
2	车外圆、加槽、倒角	车床
3	铣平面	铣床
4	磨外圆	外圆磨床
5	钻孔、攻丝、去毛刺	钳工

（2）安装。工件（或装配单元）经过一次装夹后所完成的那一部分工序称为安装。在一道工序中，工件可能被装夹一次或多次，才能完成加工。如表 9-2 所示的工序 1 要进行两次装夹：先装夹工件一端，车端面、钻中心孔，称为安装 1；再调头装夹，车另一端面、钻中心孔，称为安装 2。工件在加工中应尽量减少装夹次数，因为多一次装夹，不但增加装夹的时间，还会增加装夹误差。

（3）工位。为了减少工件的装夹次数，常采用各种回转的工作台、回转夹具或移动夹具，使工件在一次装夹中，先后处于几个不同的位置进行加工。

为了完成一定的工序，装夹工件后，工件（或装配单元）与夹具或设备的可动部分一起相对刀具或设备的固定部分所占据的每一个位置，称为工位。如图 9-2 所示的工序铣端面、钻中心孔，就是两个工位。工件装夹后，先铣端面，然后移动到另一个位置钻中心孔。

（4）工步。在加工表面或装配时的连接表面和加工（或装配）工具不变的情况下，所连续完成的那一部分工序称为工步。如表 9-1 所示的工序 1，前两次安装中每个都有车端面、钻中心孔两个工步。为简化工艺文件，对于那些连续进行的若干个相同的工步，通常都看作一个工步。例如，加工图 9-3 所示零件，在同一工序中，连续钻四个 ϕ15mm 的孔，就可看作一个工步。为了提高生产率，用几把刀具同时加工几个表面，这也可看作一个工步，称为复合工步。如图 9-2 所示铣端面、钻中心孔，每个工位都是用两把刀具同时铣两端面或钻两端中心孔，它们都是复合工步。

图 9-2　铣端面和钻孔

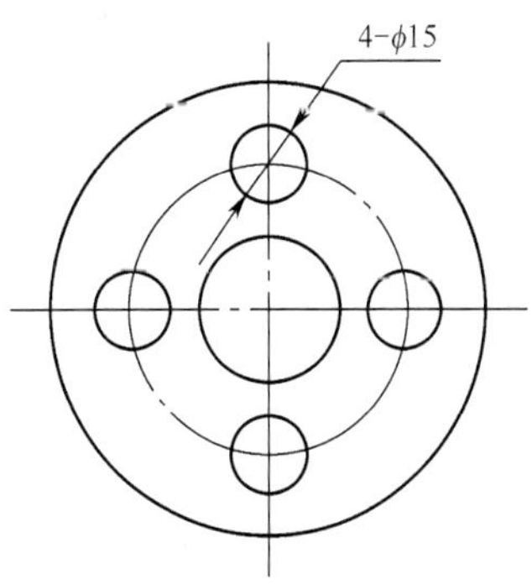

图 9-3　钻孔

除上述工步概念外，还有辅助工步，它是由人和（或）设备继续完成的一部分工序，该部分工序不改变工件的形状、尺寸和表面粗糙度，但它是完成工作所必需的，如更换工具等。引入辅助工步的概念，是为了能精确工步工时。

（5）行程（走刀）。行程（进给次数）有工作行程和空行程之分，工作行程是指刀具以加工进给速度相对工件所完成一次进给运动的工步部分；空行程是指刀具以非加工进给速度相对工件所完成一次进给运动的工步部分。行程反映工步中的进给次数和工序卡片中相吻合，并能精确计算工步工时，它比过去引用的走刀概念更科学。

2．工艺卡片

工艺卡片是将工艺规程的内容，填入一定格式的卡片，是生产准备和施工依据的技术文件。常见的工艺卡片有以下几种形式。

（1）工艺过程综合卡片。这种卡片主要列出了整个零件加工所经过的工艺路线（包括毛坯、机械加工和热处理等），其表格如表9-3所示。它是制订其他工艺文件的基础，也是生产技术设备、编制作业计划和组织生产的依据。在单件小批生产中，一般简单零件只编制工艺过程卡片，作为工艺指导文件。

表9-3　工艺过程综合卡片

<table>
<tr><td rowspan="4">工厂</td><td rowspan="4">工艺过程综合卡片</td><td colspan="2">名称型号</td><td></td><td colspan="2">零件名称</td><td colspan="2"></td><td colspan="3">零件图号</td><td colspan="2"></td></tr>
<tr><td rowspan="3">材料</td><td>名称</td><td></td><td rowspan="2">毛坯</td><td>种类</td><td colspan="2"></td><td rowspan="2" colspan="2">零件质量</td><td>毛重</td><td></td><td>第　页</td></tr>
<tr><td>牌号</td><td></td><td>尺寸</td><td colspan="2"></td><td>净重</td><td></td><td>共　页</td></tr>
<tr><td>性能</td><td colspan="3"></td><td colspan="4">每台件数</td><td></td><td>每批件数</td><td></td></tr>
<tr><td rowspan="2">工序号</td><td rowspan="2" colspan="4">工序内容</td><td rowspan="2">加工车间</td><td rowspan="2">设备名称</td><td colspan="4">工艺装备名称编号</td><td rowspan="2">技术等级</td><td colspan="2">时间定额（min）</td></tr>
<tr><td>夹具</td><td colspan="2">刀具</td><td>量具</td><td>单件</td><td>准备终结</td></tr>
<tr><td></td><td colspan="4"></td><td></td><td></td><td></td><td colspan="2"></td><td></td><td></td><td></td><td></td></tr>
<tr><td>更改内容</td><td colspan="13"></td></tr>
<tr><td>编制</td><td colspan="3"></td><td>校对</td><td colspan="2"></td><td>审核</td><td colspan="3"></td><td>会签</td><td colspan="2"></td></tr>
</table>

（2）机械加工工艺卡片。机械加工工艺卡片是以工序为单位，详细说明整个工艺过程的工艺文件。它不仅标出工序顺序、工序内容，同时对主要工序还表示出工步内容、工位及必要的加工简图或加工说明。此外，还包括零件的工艺特征（材料、质量、加工表面及其精度和表面粗糙度要求等）、毛坯性质和生产纲领。在成批生产中广泛采用这种卡片法。对单件小批生产中的某些重要零件也要制订工艺卡片。其格式如表9-4所示。

（3）工序卡片。工序卡片是在工艺卡片的基础上分别为每一个工序制订的，是用来具体指导工人进行操作的一种工艺文件。工序卡片中详细记载了该工序加工所必需的工艺资料，如定位基准、安装方法、机床、工艺准备、工序尺寸及公差、切削用量及工时定额等。在大批量生产中，广泛采用这种卡片。

表 9-4　　机械加工工艺卡片

<table>
<tr><td rowspan="4">工厂</td><td rowspan="4">机械加工工艺卡片</td><td colspan="2">名称型号</td><td></td><td colspan="2">零件名称</td><td></td><td colspan="2">零件图号</td><td colspan="2"></td></tr>
<tr><td rowspan="3">材料</td><td>名称</td><td></td><td rowspan="2">毛坯</td><td>种类</td><td></td><td rowspan="2">零件质量</td><td>毛重</td><td></td><td>第　页</td></tr>
<tr><td>牌号</td><td></td><td>尺寸</td><td></td><td>净重</td><td></td><td>共　页</td></tr>
<tr><td>性能</td><td></td><td colspan="3">每台件数</td><td></td><td>每批件数</td><td colspan="2"></td></tr>
</table>

<table>
<tr><td rowspan="2">工序</td><td rowspan="2">装夹</td><td rowspan="2">工步</td><td rowspan="2">工序内容</td><td rowspan="2">同时加工零件数</td><td colspan="4">切削用量</td><td rowspan="2">设备名称及编号</td><td colspan="3">工艺装备名称及编号</td><td rowspan="2">技术等级</td><td colspan="2">工时定额（min）</td></tr>
<tr><td>切削深度（mm）</td><td>切削速度（m/min）</td><td>每分钟转数或往复次数</td><td>进给量（mm/r 或 mm/双行程）</td><td>夹具</td><td>刀具</td><td>量具</td><td>单件</td><td>准备终结</td></tr>
<tr><td></td><td></td><td></td><td></td><td></td><td></td><td></td><td></td><td></td><td></td><td></td><td></td><td></td><td></td><td></td><td></td></tr>
</table>

<table>
<tr><td rowspan="2">更改内容</td><td colspan="7"></td></tr>
<tr><td colspan="7"></td></tr>
<tr><td>编制</td><td></td><td>校对</td><td></td><td>审核</td><td></td><td>会签</td><td></td></tr>
</table>

9.1.2　模具零件的工艺性分析

在制订工艺规程之前，首先应依据模具零件图、装配图及相关资料进行零件结构工艺性分析。零件结构工艺性是指所设计的零件在满足使用要求的前提下制造的可行性和经济性。它包括零件的各个制造过程中的工艺性，有零件结构的铸造、锻造、冲压、焊接、热处理、切削加工等工艺性。由此可见，零件结构工艺性涉及面很广，具有综合性，必须全面综合地分析。

1．模具零件的结构分析

模具零件结构工艺性好坏对其工艺过程的影响非常大，不同结构的两个零件尽管都能满足使用性能要求，但它们的加工方法和制造成本却可能有很大的差别。

（1）分析零件图纸数据是否完整，合理确定零件的尺寸、公差、粗糙度、定位基准。如零件图上标注的尺寸应便于测量，不要从轴线、中心线、假想平面等难以测量的基准标注尺寸；零件图上的尺寸不应标注成封闭式，以免产生矛盾；零件上非配合的自由尺寸，应按加工顺序尽量从工艺基准注出。

（2）合理确定零件结构要素，组成零件的各个加工面由于使用要求不同而具有各种形状和尺寸。在研究具体零件的结构特点时，首先要分析该零件是由哪些表面组成的，因为表面形状是选择加工方法的基本因素。例如外圆一般是由车削和磨削加工出来，内孔则多通过钻、扩、铰、镗和磨削等加工方法获得。除表面形状外，表面尺寸对工艺也有重要的影响。以内孔为例，大孔与小孔、深孔与浅孔在工艺上均有不同的特点。

（3）在分析零件的结构时，不但要注意零件的各个构成表面本身的特征，还要注意这些表面的不同组合。例如，以内、外圆为主的表面，既可组成盘、环类零件，也可构成套筒类零件。对于套筒类零件，既可是一般的轴套，也可以是形状复杂的薄壁套筒。虽然，上述不同结构的零件在工艺上往往有着较大的差异，但在模具制造中，通常按照零件结构和加工工艺过程的相似性，将各种零件大致分为轴类零件、套类零件、板类零件和腔类零件。

零件结构机械加工整体工艺性主要有以下要求。

① 设计结构要能够加工。如有足够的加工空间，刀具能够接近加工部位，留有必要的退刀槽和越程槽等。

② 便于保证加工质量。如孔端表面最好与钻头钻入钻出方向垂直，精加工孔表面在圆周方向上要连续无间断，加工部位刚性要好等。

③ 各要素的形状应尽量简单、面积应尽量小、规格应尽量标准和统一。尽量减少加工面积对大的安装平面或长孔加空刀，通过合理合并或分拆零件减少加工面积等。

④ 能提高生产效率。如结构中的几个加工面尽量安排在同一平面上或位于同一轴线，轴上作用相同的结构要素尺寸要尽量一致（如空刀槽）或加工方向要一致（如键槽），要便于多刀、多件加工或使用高生产率加工方法或刀具。

⑤ 零件结构要便于装夹，有便于装夹的基准。有位置要求或同方向的表面能在一次装夹中加工出来。

⑥ 尽量采用普通设备和标准刀具进行加工，且刀具易进入、退出和顺利通过加工表面。

⑦ 加工面与非加工表面应明显分开，加工面之间也应明显分开。

⑧ 零件要有足够的刚性，便于采用高速切削和多刀切削。

⑨ 节省材料减轻重量。

⑩ 尽量采用标准件、通用件和相似件。

2．零件的技术要求分析

零件的技术要求主要包括加工表面的尺寸精度、主要加工表面的形状精度、主要加工表面之间的相互位置精度、各加工表面的粗糙度，以及表面质量方面的要求、热处理要求等几个方面。

根据零件主要表面的精度和表面质量的要求，可初步确定为达到这些要求所需要的最终加工方法和相应的中间工序，及粗加工工序所需要的加工方法。例如，对于孔径不大的 IT7 级精度的内孔，最终加工方法取精铰时，则精铰孔之前，通常要经过钻孔、扩孔和粗铰孔等加工。加工表面之间的相对位置要求包括表面之间的距离尺寸联系和相对位置精度。认真分析零件图上尺寸的标注及主要表面的位置精度，即可初步确定各加工表面的加工顺序。

零件的热处理要求影响加工方法和加工余量的选择，而且对零件加工工艺路线的安排也有一定的影响。例如，要求渗碳淬火的零件，热处理后一般变形较大。对于零件上的精度较高的表面，工艺上要安排精加工工序，而且要适当加大精加工的工序加工余量。

9.1.3 定位基准的选择

制定模具零件加工工艺规程时，正确选择定位基准对保证模具零件表面间的位置要求（位置尺寸和位置精度）和安排加工顺序都有很大的影响。用夹具装夹时，定位基准的选择还会影响到夹具的结构。因此，定位基准的选择是一个非常重要的工艺问题。

1．基准的概念

基准是用来确定生产对象上几何要素间的几何关系所依据的那些点、线、面。根据基准作用的不同，可分为设计基准和工艺基准两大类。

（1）设计基准。在零件图上用以确定其他点、线、面的基准，称为设计基准。如图 9-4 所示的套筒零件，轴心线 O-O'是各外圆表面和内孔的设计基准；端面 A 是端面 B、C 的设计基准；内孔表面 D 的轴心线是 ϕ40h6 外圆表面径向圆跳动和端面 B 端面圆跳动的设计基准。

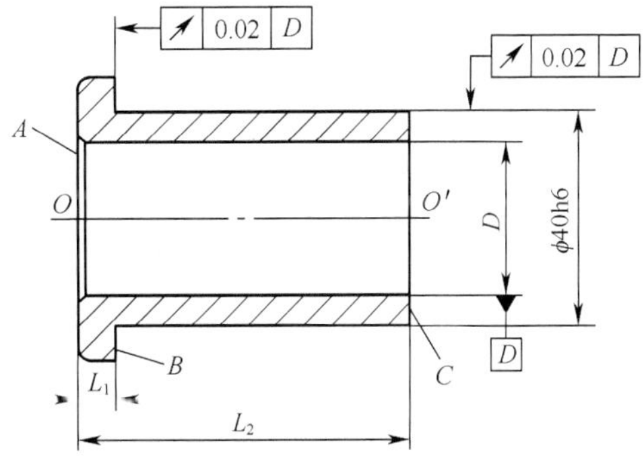

图 9-4 套筒零件

（2）工艺基准。零件在加工和装配过程中所使用的基准，称为工艺基准。工艺基准按用途不同，又分为定位基准、测量基准和装配基准。在加工中用作定位的基准，称为定位基准。测量时所采用的基准，称为测量基准。装配时用以确定零件在部件或产品中位置的基准，称为装配基准。

2．定位基准的选择

用未经加工的毛坯表面作定位基准，这种基准称为粗基准；用加工过的表面作定位基准，称为精基准。在选择定位基准时，是从保证工件精度要求出发的，因而分析定位基准选择的顺序就应从精基准到粗基准。

（1）精基准的选择。基准重合原则，如设计基准作为定位基准称为基准重合；在工件的加工过程中尽可能地采用统一的定位基准，称为基准统一原则（也称基准单一原则或基准不变原则）；自为基准原则是指某些精加工和光整加工工序以自身为基准；反复加工、互为基准的原则，为了使加工面间有较高的位置精度，又为了使其加工余量小而均匀，可采取互为基准加工。

（2）粗基准的选择。具有不加工表面的工件为保证不加工表面与加工表面之间的相对位置要求，一般应选择不加工表面为粗基准；具有较多加工表面的工件粗基准的选择，应合理分配各加工表面的加工余量。

9.1.4 工艺路线的拟定

模具加工工艺规程制订，除选择定位基准外，还应包括选择各加工表面的加工方法、安排工序的先后顺序、确定工序的集中与分散程度以及选择设备与工艺装备等。拟定工艺路线，除定位基准的合理选择外，还要考虑以下 4 个方面。

1．表面加工方法的选择

加工过程中，影响精度的因素很多。如精细操作、选择较低的切削用量进行加工就能得到较高的精度，但是这样会降低生产率，增加成本。反之，增加切削用量就会提高生产效率，降低成本，增加加工误差而使精度下降。各种加工方法所能达到的经济精度和经济表面粗糙度等级，以及各种典型表面的加工方法均已制成表格，在机械加工的各种手册中都能找到。

2．加工阶段的划分

模具零件的加工工艺路线中常要经过切削加工、热处理、特种加工和辅助工序，因此要考虑这几个方面的综合要求，并结合生产现场的加工条件拟定工艺路线。

划分加工阶段的原则。模具加工工艺过程一般可分为以下几个阶段。

（1）粗加工阶段，主要任务是切除各加工表面上的大部分加工余量，使毛坯在形状和尺寸上尽量接近成品。因此，在此阶段中应采取措施尽可能提高生产率。

（2）半精加工阶段，它的任务是使主要表面消除粗加工留下的误差，达到一定的精度及精加工余量，为精加工做好准备，并完成一些次要表面如钻孔、铣槽等的加工。

（3）精加工阶段，主要是去除半精加工所留下的加工余量，使工件各主要表面达到图纸要求的尺寸精度和表面粗糙度。

（4）光整加工阶段，对于精度和表面粗糙度的要求很高，如IT6级及IT7级以上的精度，表面粗糙度 *Ra* 值 0.4μm 的零件可采用光整加工。但光整加工一般不用于纠正几何形状和相互位置误差。

3．加工顺序的安排

机械加顺序的安排，应考虑以下几个原则。

（1）先粗后精，当零件需要分阶段进行加工时，先安排各表面的粗加工，中间安排半精加工，最后安排主要表面的精加工和光整加工。由于次要表面精度要求不高，故一般在粗、精加工即可完成。对于与主要表面相对位置关系密切的表面，通常多置于主要表面精加工之后加工。

（2）先主后次，零件上的装配基面和主要工作表面等先安排加工。而键槽、紧固用的光孔和螺孔等由于加工面小，又和主要表面有相互位置的要求，一般都应安排在主要表面达到一定精度之后，最后精加工之前进行加工。

（3）基面先行，每一加工阶段总是先安排基面加工工序，例如轴类零件加工中采用中心孔作为统一基准。因此，每个加工阶段开始总是打中心孔，作为精基准，应使之具有足够的精度和表面粗糙度要求，并常常高于原来图纸上的要求。如果精基面不止一个，则应按照基面转换的次序和逐步提高精度的原则安排。例如，精密轴套类零件，其外圆和内孔就要互为基准反复进行加工。

（4）先面后孔，对于模座、凸凹模固定板、型腔固定板、推板等一般模具零件，平面所占轮廓尺寸较大，用平面定位比较稳定可靠。因此，其工艺过程总是选择平面作为定位精基面，先加工平面，再加工孔。

4．热处理工序及辅助工序的安排

（1）热处理工序的安排。模具零件常采用的热处理工艺有：退火、正火、调质、时效、淬火、回火、渗碳和氮化等。按照热处理的目的，将上述热处理工艺可大致分为预先热处理和最终热处理。预先热处理包括退火、正火、时效和调质等。这类热处理的目的是改善加工性能，消除内应力和为最终热处理作组织准备，其工序位置多在粗加工前后。最终热处理包括各种淬火、回火、渗碳和氮化处理等。这类热处理的目的主要是提高零件材料的硬度和耐磨性，常安排在精加工前后。

（2）辅助工序的安排。辅助工序包括工件的检验、去毛刺、清洗和涂防锈油等。其中，检验工序是主要的辅助工序，它对保证零件质量有极重要的作用。

9.2 模具的机械加工方法

机械加工方法广泛地用于模具零件的制造。根据模具设计图样中的模具零件结构要素和技术要求，制造完成一副完整模具，其机械加工工艺过程一般可分为：毛坯外形的加工、工作型面的加工、模具零部件的再加工、模具装配等。即使采用其他工艺方法（如特种加工），仍然需要采用机械加工完成模具的粗加工、半精加工，为模具的进一步加工创造条件。

模具零件的机械加工方法有普通机床加工、精密机床加工和数控机床加工。普通精度零件用通用机床加工，如车削、铣削、刨削、钻削、磨削等。这些加工方法对工人的技术水平要求较高，加工完成后要进行必要的钳工修配后再装配。精度要求较高的模具零件用精密机床加工。常用的精密机床有坐标镗床、精密平面磨床、坐标磨床等。形状复杂的空间曲面，采用数控机床加工。常用的数控机床有数控铣床、加工中心、数控磨床等。由于数控加工对工人的操作技能要求低、成品率高、加工精度高、生产率高、节省工装、工程管理容易、对设计更改的适应性强、可以实现多机床管理等一系列优点，对实现机械加工自动化，使模具生产更加合理、省力、改变模具机械加工的传统方式具有十分重要的意义，因此这也是今后模具发展的方向。

9.2.1　模板类零件

目前，我国的模具工业已有了很大发展，在实现专业化、标准化方面已取得了很大成就，相继制定了一系列模架与模具标准件国家标准，引进了一些国际通用的标准，建立了许多专门生产标准模架与模具标准件的工厂，每年可生产几百万副至几千万副各种标准模架和大批量的模具标准件，供模具生产厂选用。标准模架主要由模板构成，而模板上常常有大量的各种作用孔。正确的选择、掌握模板类零件的制造技术、加工工艺方法是高速优质制造模具的重要途径。

模板类零件不论其尺寸和形状各有不同，但每一块板都是由平面和孔系组成的。工作时，若干块模板处于闭合和开启的运动状态。

1．模板上平面的加工

（1）模板的精度要求。

① 模板上下平面的平行度和垂直度。为了保证模具装配后各模板能够紧密配合，对于不同功能和不同尺寸的模板其平行度和垂直度均按 GB1184—80 执行。其中，冲压与挤压模架的模座平行度公差，对于滚动导向模架采用公差等级为 4 级，其他模座和模板的平行度公差采用公差等级为 5 级，塑料成形模具组装后模架上下平面的平行度公差等级为 6 级，模板上下平面的平行度公差等级为 5 级，模板两侧基准面的垂直度公差等级为 5 级。

② 模板平面的表面粗糙度和精度等级。对一般模板平面的表面精度要达到 IT7～IT8，粗糙度 *Ra*=0.63～2.5μm。对于平面为分型面的模板表面粗糙度要达到 IT6～IT7，*Ra*=0.32～1.25μm。

③ 模板上各孔的精度、垂直度和孔间距的要求。常用模板各孔径的配合精度一般为 IT6～IT7，*Ra*=0.32～1.25μm。孔轴线与上下模板平面的垂直度对安装滑动导柱的模板为 4 级精度。模板上各孔之间的孔间距应保持一致，一般要求在±0.02mm 以下，以保证各模板装配后达到装配要求，使各运动模板沿导柱移动平稳、无阻滞现象。

（2）模板的制造。模板的加工主要是面、孔或槽的加工。模板的上、下面要求平行，侧面要求与上、下面垂直，亦称为四面见光。模板加工时，首先加工出作为基准面的四面，然后将孔、槽、型腔等位置划线（或数控机床直接加工），并进行加工，且所有其他孔、槽加工与测量都要以此（基准面）为依据。基准面以刨、铣或磨削加工为主，上、下面一般先铣或刨后磨削，表面粗糙度应达到 *Ra*1.6μm～*Ra*0.8μm，动、定模板分型面的加工精度要高些。

各模板的基准面也是最终装配时模具的基准。

2．模板上孔的加工

模板上的导柱、导套孔和固定圆柱形型芯的孔，以及复位杆和推出杆孔等有配合精度要求，导致模板上孔的种类和大小不一，具体加工如下。

（1）一般孔的加工。孔的使用功能不同，其精度要求也不同，加工方法也不同。孔常用的机械加工方法有钻、扩、铰、镗、磨等。

① 钻孔，模具零件上的孔主要有螺纹孔、螺栓过孔、销钉孔、顶杆孔、电热管安装孔、冷却水孔等，它们都需要经过钻孔加工。钻孔时钻头容易偏斜，孔径容易扩大，孔的表面质量差，精度一般为 IT12～IT10，粗糙度为 *Ra*（50～12.5）μm。模板上的孔大部分都在划线后加工。如果多个模板孔距相同，为保证零件的孔距，可将多件用平行夹或螺钉组合成一体，以划线为准同时进行钻孔及铰孔。

② 铰孔，模具中常有一部分销钉孔、顶杆孔、型芯固定孔等需在划线或组装时加工，其加工精度一般为 IT6～IT8 级，粗糙度 *Ra* 值不大于 3.2μm。加工直径小于 10mm 的孔时，由钳工钻铰加工（粗钻及粗铰）；10～20mm 的孔采用钻、扩、铰等工序加工；大于 20mm 的孔则在铣床、镗床上预钻孔后镗孔。对淬火件的孔，铰孔时应留 0.02～0.03mm 的研磨量，热处理时还要加以保护，待组装时再研磨。不同材料的零件组合铰孔时，应从硬材料一方铰入。铰不通孔时，铰孔深度应增大，留出铰刀切削部分的长度，以保证有效直径部分的孔径。

③ 镗孔，由于模板的精度要求越来越高，故用传统的普通机床已不能达到某些模板类零件的加工要求，坐标镗床是模板类零件孔系精密加工应用最为广泛的精密机床之一。采用坐标镗床加工，不但加工精度高而且节省了大量的辅助时间，其经济效益显著。坐标镗既可进行系列孔的精镗加工，又可进行钻孔、扩孔、铰孔、锪沉孔；还可进行坐标测量、划线等。坐标镗的定位精度一般是（0.012～0.002）mm，坐标定位精度直接影响到模板上各系列孔中心距的尺寸精度，尤其是级进模的步距要求。数控坐标镗削加工的导柱导套孔，其同轴度可达（0.008～0.006）mm，孔的极限偏差可达到（0.012～0.002）mm。

④ 磨削，用座标镗床加工出的孔，位置与尺寸精度都比较高，但对模具来说，往往会因淬火变形而破坏了已加工的精度，故淬火后需要进行磨削。坐标磨削和坐标镗削加工相似，只是将镗刀改为砂轮，其是按准确的坐标位置来保证加工尺寸的精度，是一种高精度的加工工艺方法。坐标磨削主要用于淬火工件、高硬度工件的加工。对消除工件热处理变形、提高加工精度尤为重要。坐标磨削范围较大，可以加工直径小于 1mm 至直径达 200mm 的高精度孔。加工精度可达 0.005mm，加工表面粗糙度可达 *Ra*=0.32～0.08μm。

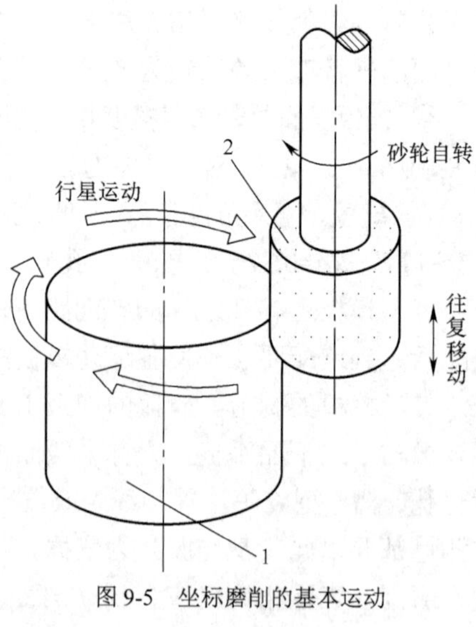

图 9-5　坐标磨削的基本运动

坐标磨削时，有 3 种基本运动，即砂轮的高速旋转运动、行星运动（砂轮回转轴线的圆周运动）及砂轮沿机床主轴方向的直线往复运动，如图 9-5 所示。

在坐标磨床上进行坐标磨削加工的基本方法有以下几种。

a. 内孔磨削。利用砂轮的高速自转、行星运动和轴向的直线往复运动，即可完成内孔的磨削，如图 9-6 所示。进行内孔磨削时，由于砂轮的直径受到孔径大小的限制，故磨小孔时多取砂轮直径为孔径的 3/4 左右。砂轮高速回转（主运动）的线速度一般不超过 35m/s，行星运动（圆周进给）的速度大约是主运动线速度的 0.15 倍。慢的行星运动速度将减小磨削量，但对加工表面的质量有好处。砂轮的轴向往复运动（轴向进给）的速度与磨削的精度有关；粗磨时行星运动每转 1 周，往复行程的移动距离略小于砂轮高度的 2 倍，精磨时应小于砂轮的高度。尤其在精加工结束时要用很低的行程速度。

b. 外圆磨削。外圆磨削也是利用砂轮的高速自转、行星运动和轴向直线往复运动实现的，其径向进给量是利用行星运动直径的缩小完成的。

c. 锥孔磨削。磨削锥孔是由机床上的专门机构使砂轮在轴向进给的同时连续改变行星运动的半径实现的。锥孔的锥顶角大小取决于两者的变化比值，一般磨削锥孔的最大锥顶角为 12°，如图 9-7 所示。磨削锥孔的砂轮应当修正出相应的锥角。

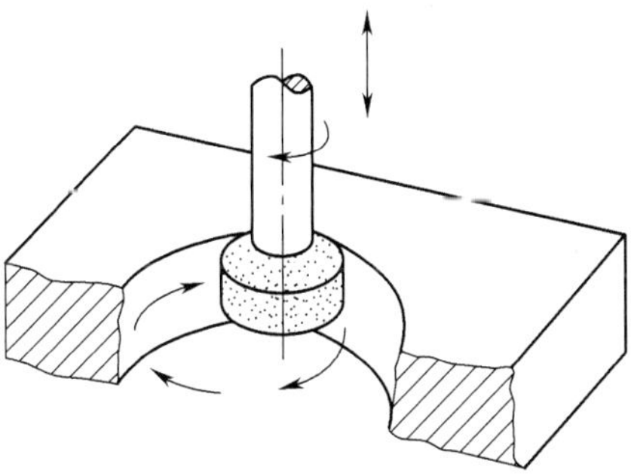

图 9-6　内孔磨削

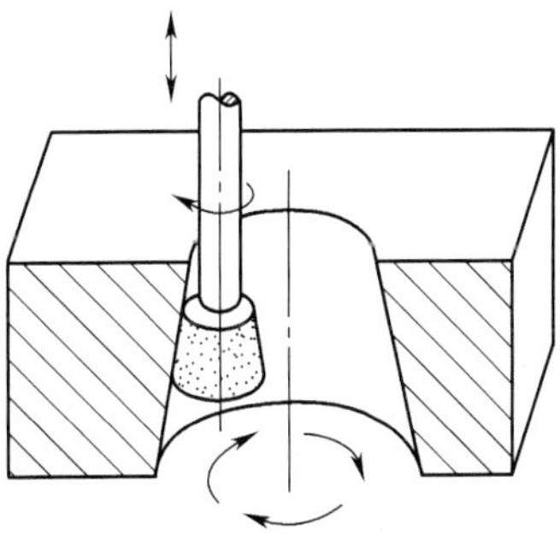

图 9-7　锥孔磨削

d. 直线磨削。磨削直线时，砂轮仅高速自转而不做行星运动，用工作台实现进给运动。直线磨削适用于平面轮廓的精密加工，如图 9-8 所示。

e. 侧磨。侧磨主要是对槽形、方形及带清角的内表面进行磨削加工。它要用专门的磨槽附件进行，砂轮在磨槽附件上的装夹和运动情况如图 9-9 所示。

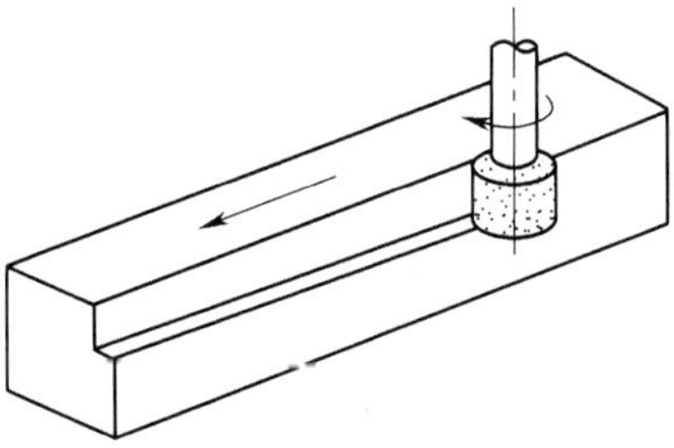

图 9-8　直线磨削

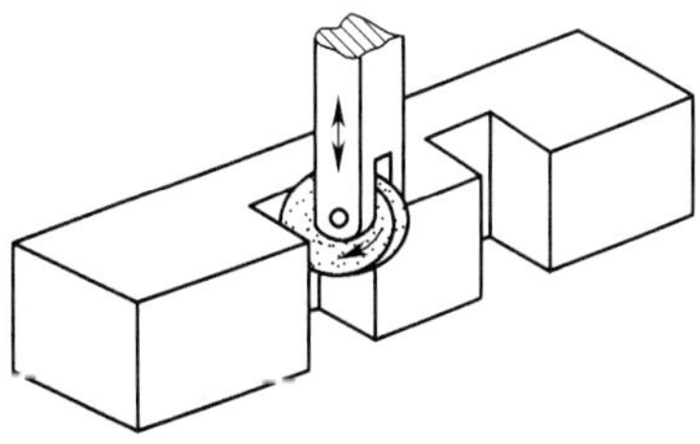

图 9-9　侧磨

f. 综合磨削。将以上 5 种基本的磨削方法进行综合运用，可以对一些形状复杂的型孔进行磨削加工。图 9-10 为磨削凹模型孔，在磨削时先将平转工作台固定在机床工作台上，用平转工作台装夹工件。找正工件对称中心与转台中心重合，调整机床主轴线和孔 O_1 的轴线重合，用磨削内孔的方法磨出 O_1 的圆弧段，达到要求尺寸后再调整工作台使工件上的 O_2 与主轴中心重合，磨削圆弧段达到要求尺寸。利用平转工作台将工件回转 180° 磨削 O_3 的圆弧到要求尺寸。使 O_4 与机床主轴轴线重合，磨削时停止行星运动，操纵磨头来回摆动磨削 O_4 的凸圆弧，砂轮的径向进给方向与磨削外圆相同。磨削时注意凸凹圆弧在连接处光滑平整。利用平转工作台换位和磨削 O_4 的方法逐次磨削 O_5、O_6、O_7 的圆弧，即完成对凹模型孔的磨削。图 9-11 是利用磨槽附件对清角型孔轮廓进行磨削加工。磨削中 1、4、6 是采用成形砂轮进行磨削。2、3、5 是利用平砂轮进行磨削。中心 O 的圆弧磨削时，要使中心 O 与主轴轴线重合，操纵磨头来回摆动磨削至要求尺寸的圆弧。

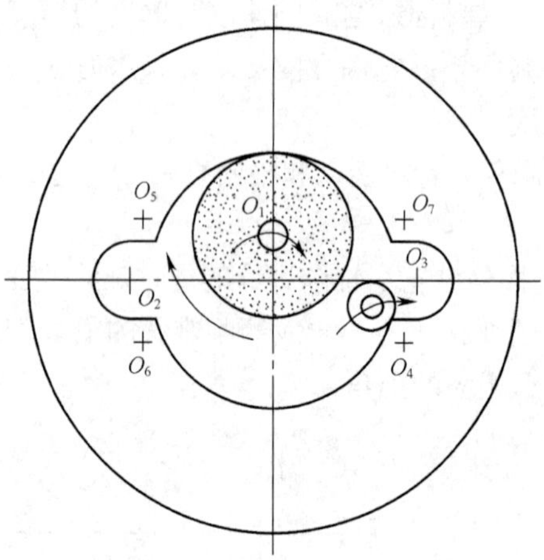

图 9-10　凹模型孔磨削

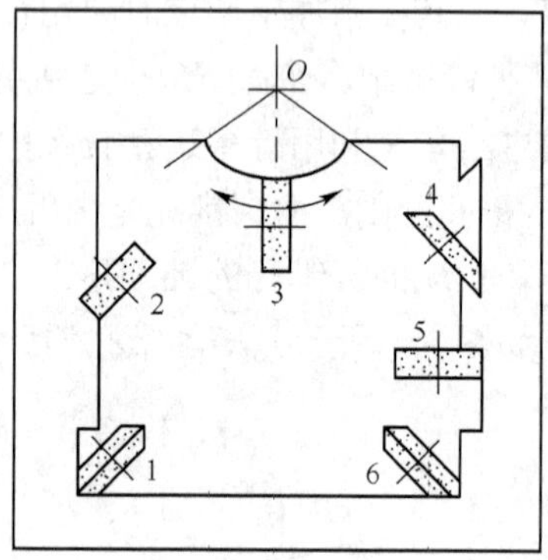

图 9-11　清角型孔磨削

g. 型腔的磨削。砂轮修成所需的形状，加工时工件固定不动，主轴高速旋转做行星运动，并逐渐向下走刀。这种运动方式也叫径向连续切入，径向是指砂轮沿工件的孔的半径方向做少量的进给，连续切入是指砂轮不断地向下走刀。

（2）深孔加工。塑料模具中的冷却水道、加热器孔及一部分顶杆孔等都需进行深孔加工。一般冷却水孔的精度要求不高，但要防止倾斜。加热器孔为保证热传导率，孔径和粗糙度有一定的要求，孔径一般比加热棒大 0.1～0.3mm，粗糙度 Ra 值为 12.5～6.3μm；而顶杆孔要求较高，孔径一般为 IT8 级精度，并有垂直度及粗糙度要求。常用的加工方法有以下几种。

① 中小型模具的冷却水孔及加热孔，常用普通钻头或加长钻头在立钻、摇臂钻床上加工，加工时要及时排屑、冷却，进刀量要小，防止孔偏斜。

② 中、大型模具的孔一般在摇臂钻床、镗床及深孔钻床上加工，较先进的方法是在加工中心机床上与其他孔一起加工。

③ 过长的低精度孔可采用划线后从两面对钻的方法。

④ 垂直度要求较高的孔应采取工艺措施予以导向，如采用钻模等。

（3）小孔加工。在模具制造中常需加工 ϕ2mm 以下的小孔，加工时易发生孔偏斜及折断钻头等弊病，因此模具设计时小孔都不宜过深，孔径应尽量选择标准尺寸。ϕ0.5mm 以上的孔常采用精钻及铰孔加工，加工淬火孔时应留 0.01～0.02mm 研磨量待热处理后研磨，也可待热处理后在坐标磨床或精密电火花机床上加工。ϕ0.5mm 以下的小孔加工极为困难，目前可采用精密电火花磨削加工及激光加工工艺，国外在专用机床上加工最小孔的孔径达 0.04mm。

小孔钻头首先要选择合适的直径，一般钻头直径比孔的基本尺寸小，其差值随工件材料、钻床及夹具的精度、有无导向措施、钻头刃磨质量等因素而变，通常采用试验方法选定。小孔加工时要选择正确的钻头形状。一般常用直柄麻花钻头或中心钻，前者刚性差、钻孔深度大，后者刚性好、钻孔深度小。为此，当需要经常加工深度不大的小孔时，应采用加长切削部分长度的中心钻等专用工具进行加工。另外，要正确安排钻孔顺序。一般钻孔前，必须在机床上选用小孔直径的中心钻定中心，并钻入一定深度，然后再用钻头加工小孔，当孔径大而不深时则可一次加工，反之则需分几次钻孔。分次钻孔有两种形式，当孔径较大时，可先用小直径钻头（或旧钻头）钻孔，然后用要求尺寸的钻头进行钻扩加工；当加工直径小又深的孔时，可先用新钻头钻到一定深度，然后以此为导向再用旧钻头钻孔。

钻小孔需要选用主轴刚性好、轴向窜动及径向跳动小、工作台移动灵活的机床，最好选用精密和转速较高的（加工孔系时应选设有精密坐标尺的工作台）铣、钻、镗床及坐标镗床等。夹持钻头的夹具一般采用弹簧夹头，必须保持与机床主轴同心，夹持钻头时钻头伸出长度只要保证钻孔深度即可。

9.2.2　成形部件的机械加工

模具成形部件主要有凸模、凹模、型芯、型腔、成形环、成形杆等，其常用的加工方法是数控铣削加工和成形磨削加工。数控铣削加工主要是由编程软件依据制件结构形状进行粗加工，然后由成形磨削完成其精加工。

1. 铣削加工

（1）铣削加工的范围及其特点。

① 铣削加工的范围。铣削主要用来对各种平面、各类沟槽等进行粗加工和半精加工，用成形铣刀也可以加工出固定的曲面。其加工精度一般可达 IT9～IT7，表面粗糙度为 *Ra*6.3～1.6μm。

由于铣削方式、铣刀类型和形状具有多样性，再配以“分度头”“圆形工作台”等附件，扩大了铣削的加工范围，使应用更加广泛。通常可以铣削平面、台阶面、成形曲面、螺旋面、键槽、T 形槽、燕尾槽、螺纹、齿形等。

② 铣削加工的特点。

a. 生产率较高，铣刀为多齿刀具，在铣削时，由于同时参加切削的切削刃数量较多，切削刃作用的总长度长，因而铣削的生产率较高，有利于切削速度的提高。

b. 铣削过程不平稳，由于铣刀刀齿的切入和切出，使同时参加工作的切削刃数量发生变化，致使切削面积变化较大，切削力产生较大的波动，容易使切削过程产生冲击和振动，因而限制了表面质量的提高。

c. 刀齿散热较好，由于每个刀齿是间歇工作，故刀齿在从工件切出至切入的时间间隔内，可以得到一定的冷却，散热条件较好。但是，刀齿在切入和切出工件时，产生的冲击和振动会加速刀具的磨损，使刀具耐用度降低，甚至可能引起硬质合金刀片的碎裂。因此，铣削时，若采用切削液对刀具进行冷却，则必须连续浇注，以免产生较大的热应力。

（2）机床分类。

① 铣床。卧式铣床的主轴是水平的，与工作台台面平行，为了适应铣螺旋槽等工作，万能卧式铣床的工作台还可在水平面内旋转一定的角度。卧铣时，工件的平面是由铣刀外圆柱面上的刀刃形成的，称为周铣法。立式铣床的主轴与工作台台面垂直。为了扩大加工范围，有的立式铣床的主轴还能在垂直面内旋转一定的角度。立铣时，工件的平面是由铣刀的端面刀刃形成的，称为端铣法。

② 加工中心。加工中心是一种集镗、铣、钻等多工序于一体的、配有刀库、并能自动换刀的高效多功能数控机床。工件一次装夹可完成钻孔、扩孔、铰孔、攻丝、镗孔、铣削各种

型面等多个工步的自动加工，工序集中。加工中心的刀库形式较多，常用的有盘式刀库和链式刀库。盘式刀库结构简单，选刀、取刀方便，但刀具呈环形排列，空间利用率低，刀库容量较小；链式刀库结构紧凑，可灵活配置，刀库容量较大。

（3）数控机床编程。数控程序自动编程的方法有语言编程、图形编程，具有劳动强度低、编程时间短、程序精度高的优点。APT（Automatically Programmed Tools）语言系统是世界上发展最早的编程语言。图形交互式自动编程是利用集成化的 CAD/CAM（计算机辅助设计与制造）系统，以计算机辅助设计（CAD）为基础，通过人机交互，由计算机进行数据处理，并编制出数控加工程序。目前普遍采用的自动编程软件有：MasterCAM、UG、ProE、SurfCAM、Solidworks、Cimatron 等。

2．成形磨削

成形磨削是模具零件成形型面精加工的一种主要方法，成形磨削的基本原理，就是把构成零件形状的复杂几何形线，分解成若干简单的直线、斜线和圆弧，然后进行分段磨削，使构成零件的几何形线互相连接圆滑、光整，达到图面的技术要求。例如，冲裁模具的凸模、凹模镶块模具零件的几何形状一般由若干平面、斜面和圆柱面组成，即其轮廓由直线、斜线和圆弧等简单线条所组成，如图 9-12。因此，成形磨削是解决该类零件加工的主要而有效的方法。

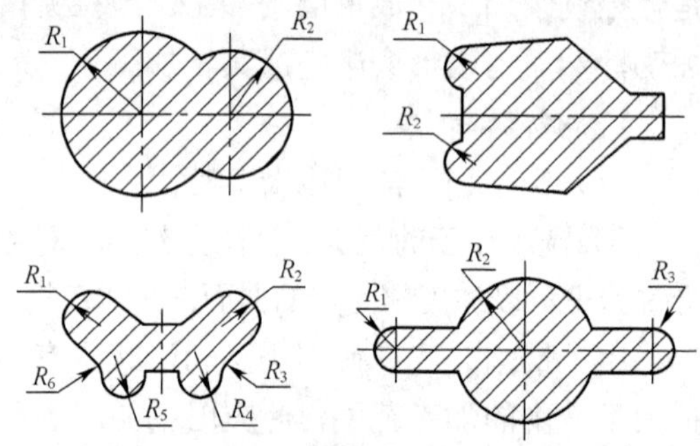

图 9-12　冲裁模具刃口几何形状

（1）成形磨削的方法。常用的成形磨削主要有成形砂轮磨削法和夹具磨削法两种类型。

① 成形砂轮磨削法，利用修整砂轮夹具把砂轮修整成与工件型面完全吻合的反型面，然后再用此砂轮对工件进行磨削，使其获得所需的形状，如图 9-13（a）所示。成形砂轮磨削法是对工件进行磨削的一种简便有效的方法，磨削生产率高，但砂轮消耗较大。此法一次磨削的表面宽度不能太大，修正砂轮时必须保证一定的精度。

② 夹具磨削法，将工件按一定的条件装夹在专用夹具上，在加工过程中通过夹具的调节使工件固定或不断改变位置，从而使工件获得所需的形状，如图 9-13（b）所示。夹具磨削法的加工精度很高，甚至可以使零件达到互换性要求。

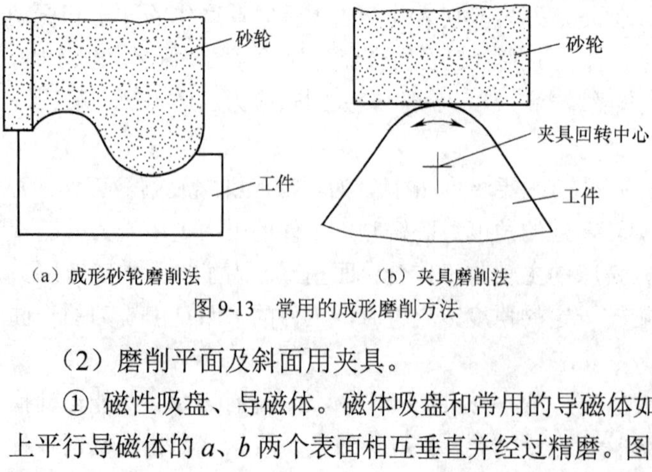

图 9-13　常用的成形磨削方法

成形磨削的专用夹具主要有磨平面及斜面用夹具、分度磨削夹具、万能夹具及磨大圆弧夹具等几种。上述两种磨削方法，虽然各有特点，但在加工模具零件时，为了保证零件质量，提高生产率、降低成本，往往需要两者联合使用，一般可方便地磨削出形状复杂的工件。

（2）磨削平面及斜面用夹具。

① 磁性吸盘、导磁体。磁体吸盘和常用的导磁体如图 9-14 所示。图 9-14（a）磁性吸盘上平行导磁体的 a、b 两个表面相互垂直并经过精磨。图 9-14（b）磁性吸盘上端面导磁体的 c、

d 两个表面也是相互垂直并经过精磨。导磁体可做成几种不同规格的尺寸，一般把相同尺寸的导磁体做成两件或四件为一套。磁性吸盘与工件加工相适应的导磁铁相配合，可装夹工件进行平面磨削，磁性吸盘和导磁体夹具能够扩大平面磨削的加工范围，适于磨削扁平的工件。

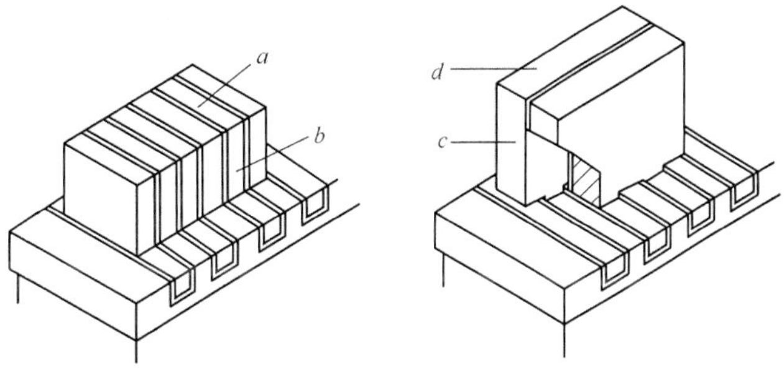

（a）平行导磁体　（b）端面导磁体

图 9-14　磁性吸盘和导磁体

② 正弦精密平口钳。正弦精密平口钳的结构如图 9-15 所示，主要由带有正弦尺的精密平口钳和底座组成。使用时，旋转螺杆 5 使活动钳口 4 沿精密平口钳体 2 上的导轨移动，以装夹被磨削的工件 3。在正弦圆柱 6 和底座 1 的定位面之间垫入量块，可使工件倾斜一定的角度。这种夹具用于磨削零件上的斜面，最大的倾斜角度为 45°。为了获得工件倾斜所需的角度，应垫入的量块高度可按下式计算

$$H=L\cdot\sin\alpha \tag{9-1}$$

式中，H——应垫入的量块高度 mm；

L——两正弦圆柱之间的中心距 mm；

α——工件所需的倾斜角度。

③ 单向正弦电磁夹具。单向正弦电磁夹具的结构如图 9-16 所示，主要由电磁吸盘和正弦尺组成。在电磁吸盘的侧面装有挡板 7，当被磨削工件在电磁吸盘上定位时作为限制其自由度的定位基面，此基面必须与正弦圆柱轴线平行或垂直。在止弦圆柱 2 和底座 4 的定位面之间垫入量块，可使工件倾斜一定的角度，需垫入量块值的计算公式与正弦精密平口钳相同。

单向正弦电磁夹具与正弦精密平口钳的区别仅在于用电磁吸盘代替平口钳装夹工件，这种夹具用于磨削工件的斜面，其最大的倾斜角度同样是 45°，更适合磨削扁平工件。

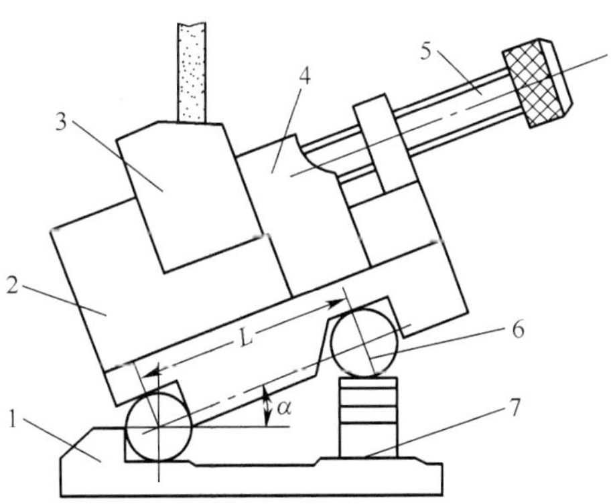

图 9-15　正弦精密平口钳结构

1—底座　2—精密平口钳　3—工件　4—活动钳口　5—螺杆　6—正弦圆柱　7—量块

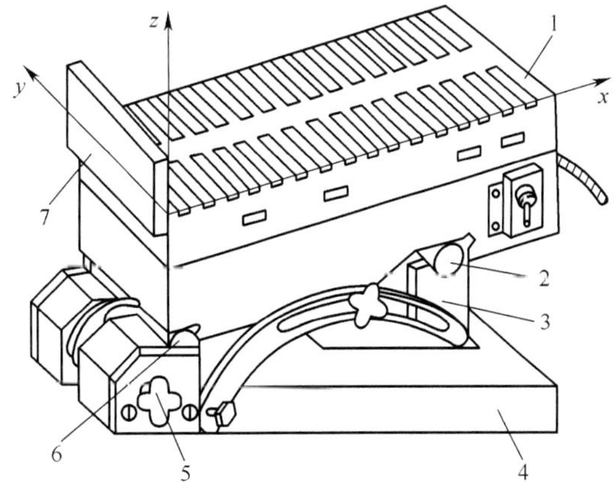

图 9-16　单向正弦电磁夹具结构

1—电磁吸盘　2、6—正弦圆柱　3—量块　4—底座　5—偏心锁紧器　7—挡板

④ 旋转分度夹具。旋转分度夹具的结构如图 9-17 所示，夹具的主轴一端装有正弦分度盘 3，另一端装有滑板 10，滑板上带有一 V 形块 6，工件的圆柱面在 V 形块上定位，通过旋

转螺杆 9 调整工件的圆柱中心使其与夹具主轴回转中心重合，钩形压板 12 和夹紧螺钉 13 是用来将工件夹紧固定在 V 形块上的。旋转正弦分度盘时，可利用定位块 1、撞块 2 控制回转角度，从分度盘圆周的刻度上读得回转角度，或在正弦圆柱 4 与精密垫板 5 之间垫以一定尺寸的量块可精确地获得所需的角度。磨削时利用测量调整器、量块及千分表来测量各被磨削表面至夹具中心的距离。

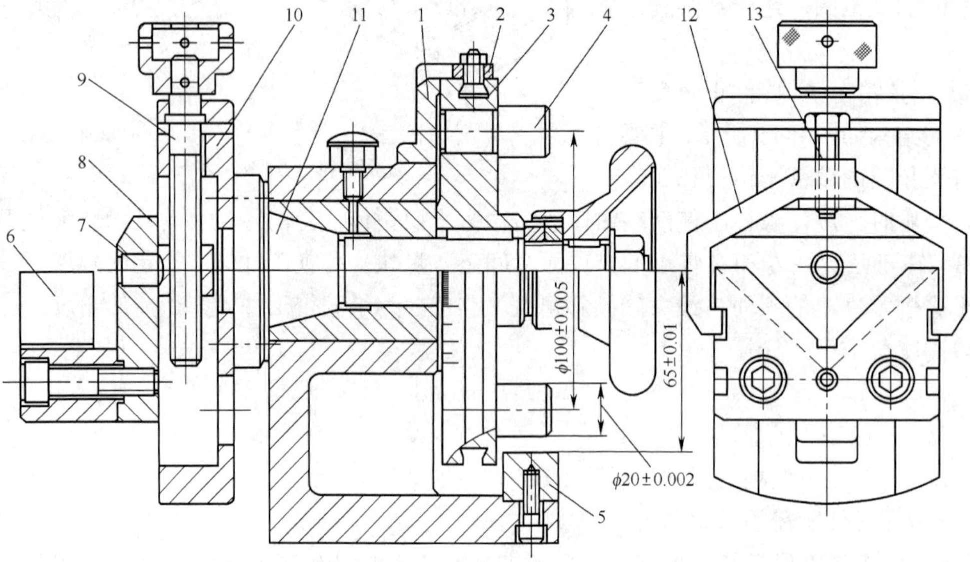

图 9-17　旋转分度夹具

1—定位块　2—撞块　3—正弦分度盘　4—正弦圆柱　5—锁紧垫板　6—V 形块　7—螺母　8—滑座　9—螺杆　10—滑板　11—主轴　12—钩形压板　13—夹紧螺钉

9.3　模具工作型面的特种加工

伴随着科学技术的进步和工业生产的迅猛发展，具有高熔点、高硬度、高强度、高韧性的“四高”模具材料不断涌现，而且工艺要求特殊、结构复杂的模具也越来越多，传统的机械加工手段已无法满足现代模具制造业的需求，正是在这种背景下，一种完全有别于传统机械加工的新型加工方法——特种加工被广泛应用于模具制造中，这种加工方法也称为电加工。

9.3.1　电火花成形加工

1．电火花加工的基本原理

电火花加工又称放电加工（Electrical Discharge Machining，简称 EDM），它是利用两极（工具电极和工件电极）之间的脉冲性的火花放电产生的局部、瞬时高温将金属蚀除，使零件的尺寸、形状和表面质量最达到预定要求的加工方法。因放电过程中可见到火花，故称为电火花加工，也称电蚀加工。电火花加工中，工件和电极都会受到电腐蚀作用，只是两极的蚀除量不同，这种现象称为极性效应。把工件接正极的加工方法称为正极性加工，反之，称为负极性加工。

2. 电火花加工的必备条件

（1）有足够的火花放电强度。局部电流密度须高达 10^5～10^6A/cm^2（使局部金属熔化、汽化）。

（2）放电必须是脉冲放电。间歇式放电以保证大量热能来不及传导、扩散到不加工部位，而仅作用于很小范围，既降低电极腐蚀，又提高加工件精度减小 *Ra*。一般单个脉冲持续时间为 10^{-7}～10^{-3}s。

（3）相邻两次脉冲放电之间要有足够的间歇时间以便使极间蚀除物的排除，恢复介电性能。

（4）工具与工件间应有足够的放电间隙。两者之间一般保持几个～几百个微米的距离。

（5）极间要充有一定的液体介质。使脉冲放电的蚀除物及时扩散、排出，使重复性脉冲放电顺利进行。

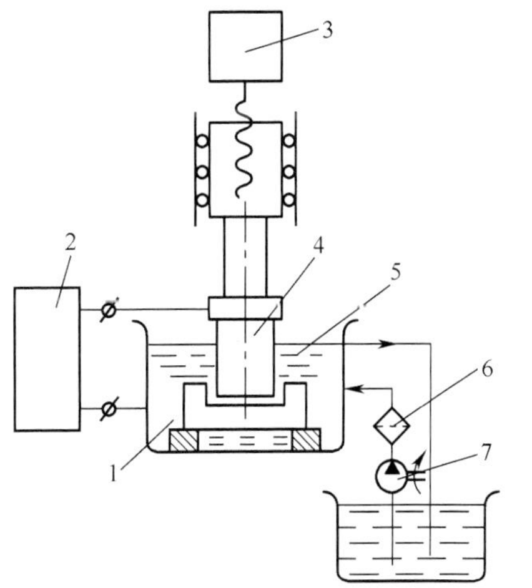

图 9-18　电火花加工原理示意图

1—工件　2—脉冲电源　3—自动进给调节装置　4—工具　5—工作液　6—过滤器　7—工作液泵

以上这些问题可以通过图 9-18 所示的电火花加工系统来实现。工件 1 与工具 4 分别与脉冲电源 2 的两输出端相连接。自动进给调节装置 3 使工具和工件间经常保持一很小的放电间隙，当脉冲电压加到两极之间，便在当时条件下相对某一间隙最小处或绝缘强度最低处击穿介质，在该局部产生火花放电，瞬时高温使工具和工件表面都蚀除掉一小部分金属，各自形成一个小凹坑，如图 9-19 所示，其中图 9-19（a）为单个脉冲放电后的电蚀坑，图 9-19（b）为多次脉冲放电后的电极表面。脉冲放电结束后，经过一段间隔时间，即脉冲间隔，使工作液恢复绝缘后，第二个脉冲电压加到两极上，又会在当时极间距离相对最近或绝缘强度最弱处击穿放电，又电蚀出一个小凹坑。这样高频率、连续不断地重复放电，工具电极不断地向工件进给，就可将工具的形状复制在工件上，加工出所需要的零件，整个加工表面由无数个小凹坑所组成。

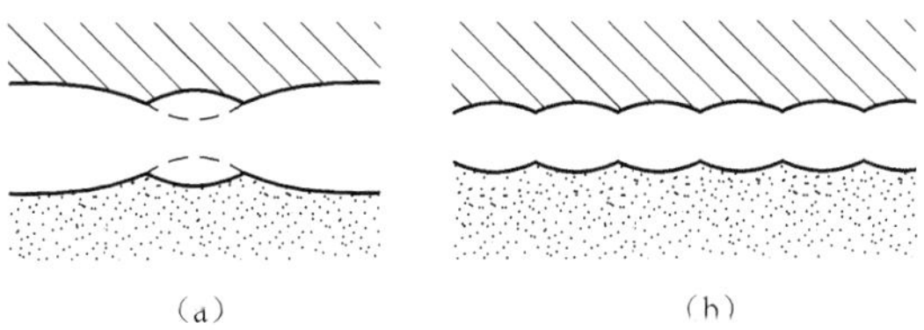

图 9-19　电火花加工表面局部放大图

3. 电火花加工的物理本质

电火花加工的物理过程短暂而复杂，大致过程为介质击穿、通道形成，能量转换、传递，电蚀材料抛出，极间介质消电离。分析电火花加工的微观过程，了解电极材料蚀除的原因、过程、机理，对于掌握电火花加工的工艺规律及提高其加工工艺效果，具有很重要的意义。

（1）介质击穿和通道形成。放电介质一般为液体，如煤油、机油、变压器油、电火花加工专用油等。当脉冲电压施加于工具电极与工件电极之间时，两极间立即形成一个电场。电场强度与电压成正比，与距离成反比。极间距离小而不均（因为电极表面微观不平），所以极间电场不均，介质液体中杂质向电场强处聚集导致电场畸变，极间距离小处更小，其电场强度大于介电强度时，发生击穿，极间电阻骤然降低，电流急剧增加，脉冲电压骤然下降，在极间介电液中形成（导电）通道。

（2）能量转换、分布与传递。极间介质一旦被击穿，即电流通过放电通道瞬间释放能量，电能变成热能、动能、磁能、光能、声能及电磁波辐射能等。大部分能量转化为热能，用于加热两极放电点及通道，使该点金属局部熔化或汽化，通道周围介质汽化、热分解。还有一些热量在传导、辐射中耗散。一部分电能转换为动能，以电动力、电场力、流体动力、热波压力、机械力等综合作用形式的放电力，使电极放电点电蚀产物抛离电极表面，或转移到对面电极上。另外，有少部分电能以声、光、无线电波形态耗散。

这里的热能起加工作用，主要传递到阳极表面、阴极表面和极间放电通道，其中，只有传递到工件电极表面的部分，才直接用于对工件材料的蚀除，放电能量一定时，三者中任何一项的增加意味着其余两项的减少。

（3）电蚀产物的抛出。放电点局部产生很高温度，使该点局部材料瞬时熔化、汽化，过程十分短暂，汽化产生爆炸力，把熔化、汽化金属抛出，在电极表面留下一个小凹坑。另外，电蚀产物抛出的动力源还有电极蒸汽、介质蒸气及放电通道的急剧膨胀，带电离子轰击两极表面压力，介质液体在前述热爆炸下的流动。被抛出的金属蒸汽和液滴，大部分进入液体介质中，由于表面张力和内聚力的作用，使抛出的材料具有最小的表面积，冷凝时凝聚成细小的圆球颗粒，放电过程中放电间隙状态的示意图如图9-20所示。实际上熔化和气化了的金属在抛离电极表面时，向四处飞溅，除绝大部分抛入工作液中收缩成小颗粒外，有一小部分飞溅、镀覆、吸附在对面的电极表面上，在某些条件下可以用来减少或补偿工具电极在加工过程中的损耗。

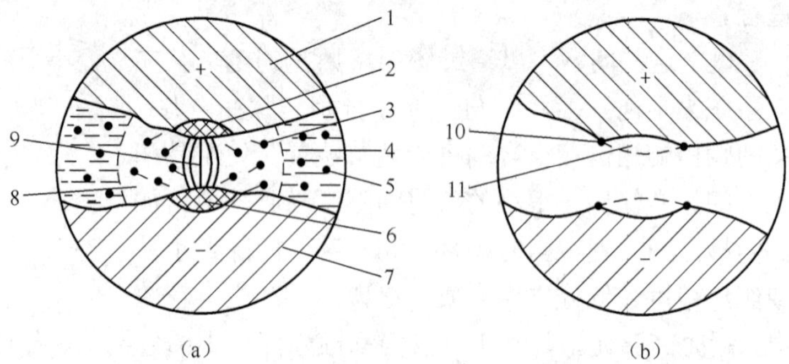

图9-20　放电间隙状态示意图

1—阳极　2—从阳极上抛出金属的区域　3—熔化的金属微粒　4—工作液　5—在工作液中凝固的金属微粒　6—在阴极上抛出金属的区域　7—阴极　8—气泡　9—放电通道　10—翻边凸起　11—凹坑

（4）极间介质的消电离。一次脉冲放电结束后，有一间隔时间使间隙介质消电离，即通道中的带电粒子复合为中性粒子，恢复间隙中液体介质的绝缘强度，以待下次脉冲击穿放电。加工过程中，如果放电产物和气泡来不及很快排除，就会改变介质的成分和降低绝缘强度，使间隙中热传导和对流受影响，热量不易排出。带电粒子动能不易减小，大大降低复合的概率。这样，间隙长时间局部过热，会破坏消电离过程，易使脉冲放电变为破坏性电弧放电，使加工无法维持。所以，为保证加工正常进行，在两次脉冲放电之间一般应有足够的脉冲间隔时间。

4．电火花加工的特点

（1）电火花加工时工件与电极不直接接触，两者之间不加任何机械力。

（2）电极材料硬度不必大于工件材料的硬度。只要是导电材料，都可以加工。如一般机加工难以加工的材料，硬质合金、淬火钢、耐热合金等。

（3）脉冲放电的持续时间很短，放电时工件表面热影响区很小。

（4）比传统机加工速度慢，加工量少。

（5）同一机床，经脉冲参数调节，可连续进行粗、中、精及精微加工。精加工达到的精度是误差小于±0.01mm，*Ra*0.63～1.25μm。精微加工时的精度可达到误差小于0.02～0.04mm，*Ra*0.04～0.16μm。

（6）直接用电能加工，便于实现自动化。

5．电火花成形加工工艺

电火花加工的工艺效果，主要用加工速度、加工精度、加工表面质量及工具电极相对损耗四项指标来评价。通过分析影响这 4 项工艺指标的因素进一步了解电火花加工的工艺规律。

（1）影响加工速度的主要因素。电火花加工时，电极与工件同时遭到不同程度的电蚀，单位时间内工件的电蚀量称之为加工速度，即生产率。单位时间内电极的电蚀量称之为损耗速度，它们是一个问题的两个方面。一般把一定电规准下单位时间内工件被蚀除的体积和质量分别叫做体积加工速度和质量加工速度。

体积加工速度
$$v_v = \frac{V}{t}\ \text{mm}^3/\text{min} \tag{9-2}$$

质量加工速度
$$v_m = \frac{m}{t}\ \text{g}/\text{min} \tag{9-3}$$

式中：

V——体积；

t——时间；

m——质量。

电火花成形加工中 $v_v(v_m)$ 受多种因素影响，主要有极性效应、电参数、工件材料的热学性质、工作液、排屑条件等。

① 极性效应。在电火花加工过程中，无论是正极还是负极，都会受到不同程度的电蚀。即使是相同材料，例如钢加工钢，正、负电极的电蚀量也是不同的。这种单纯由于正、负极性不同而彼此电蚀量不一样的现象叫做极性效应。在生产中，通常把工件接脉冲电源的正极，工具电极接负极，称正极性加工；反之，工件接脉冲电源的负极，工具电极接正极，称负极性加工、又称反极性加工。

在火花放电过程中，正、负电极表面分别受到电子和正离子的轰击和瞬时热源的作用，在两极表面所分配到的能量不一样，因而熔化、气化抛出的电蚀量也不一样。这是因为电子的质量和惯性均小，容易获得很高的加速度和速度，在击穿放电的初始阶段就有大量的电子奔向正极，把能量传递给阳极表面，使电极材料迅速熔化和气化；而正离子由于质量和惯性较大，起动和加速较慢，在击穿放电的初始阶段，大量的正离子来不及到达负极表面，到达负极表面并传递能量的只有一小部分离子。所以在用短脉冲加工时，电子的轰击作用大于正离子的轰击作用，正极的蚀除速度大于负极的蚀除速度，这时工件应接正极。当采用长脉冲加工时，质量和惯性大的正离子将有足够的时间加速，到达并轰击负极表面的离子数将随放电时间的增长而增多；由于正离子的质量大，对负极表面的轰击破坏作用强，同时自由电子挣脱负极时要从负极获取逸出功，正离子到达负极后与电子结合释放位能，所以负极的蚀除速度将大于正极，这时工件应接负极。

为最大程度地利用极性效应要求：a．必须采用单向脉冲电源。b．正确选择加工极性。t_{on}≤20μs 的短脉冲精加工，用正极性加工；t_{on}≥50μs 的长脉冲粗、中加工，用负极性加工。c．选用导热性好、熔点高的材料作工具电极，减少工具电极损耗。d．根据单个脉冲放电能量 w，合理选用脉宽 t_{on}，图 9-21 给出了脉宽与蚀除量的关系曲线。

② 电参数。每个脉冲放电，都会在工件表面蚀除部分材料而形成一个微小凹坑。且脉冲能量增加，传给工件热量也增加，材料蚀除量增加，且近似于正比例关系。可以通过提高脉

冲频率，增加单个脉冲能量，或者说增加平均放电电流和脉冲宽度来提高放电加工中工件蚀除速度。当然，实际生产时要考虑到这些因素之间的相互制约关系和对其他工艺指标的影响，例如脉冲间隔过短，将产生电弧放电；随着单个脉冲能量的增加，加工表面粗糙度值也随之增大等。

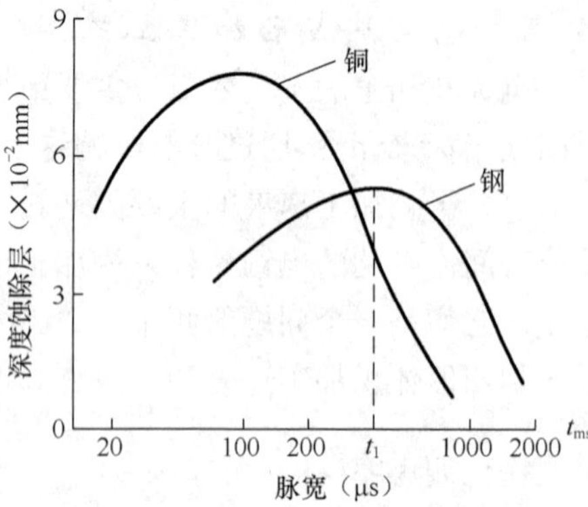

图 9-21　不同材料的脉宽与蚀除量的关系

③ 工件材料的热学性质。脉冲放电的热能主要使局部金属材料温度升高至熔点，熔化成液相材料，继续升温至沸点，汽化，金属蒸气继续加热成过热蒸气。所谓热学常数是指熔点、沸点、导热系数、比热容、熔化潜热、汽化热等。所以，脉冲放电能量相同时，材料的熔点、沸点、比热容、熔化潜热、汽化潜热等愈高，电蚀量越少，加工速度减小；另外，导热系数增加，热量损失增加，蚀除量减少。

④ 工作液。在电火花成形加工时，工作液的作用是：a．介电作用。工作液一般都具有一定的介电能力，有助于产生脉冲式的火花放电，形成放电通道，放电结束之后又能恢复极间绝缘状态。b．压缩放电通道，提高火花放电能量密度。c．帮助电蚀产物的抛出和排除。d．冷却工具电极与工件，并传散放电结束后的极间放电通道余热。

介电性能好、密度和黏度大的工作液有利于压缩放电通道，提高放电的能量密度，强化电蚀产物的抛出效应。但黏度大则不利于电蚀产物的排出，影响正常加工。为了兼顾上述众多作用和粗精加工需要，目前普遍采用黏度小、流动性好、渗透性好的煤油当工作液。为了提高电火花加工的工艺效果，国内外都开发生产了电火花加工专用油，它是以轻质矿物油为基础，加上一定的重质矿物油和其他添加剂加工而成的，无色无味，燃点较高。

⑤ 排屑条件。在电火花加工过程中，极间局部区域电蚀产物浓度过高，加之放电引起的温度升高，影响加工过程的稳定性，以致破坏正常的火花放电，使加工速度降低甚至无法继续加工。为此，常常采用冲油式加工方式，将工具电极定期地自动抬起，增大脉冲停歇时间，降低加工平均电流等措施，改善排屑条件，限制电蚀产物浓度，以保证加工稳定进行。

加工深度、加工面积的增大，加工型面复杂程度的增加，都不利于排屑而影响加工稳定性，降低其加工速度，严重时将会造成结碳“拉弧”，使加工难以继续进行，甚至把工件烧伤。如果加工面积较小而采用的加工电流较大，即使是排屑条件良好，也会使局部电蚀产物浓度过高，放电点不能分散转移，放电后的余热来不及扩散而造成局部过热，破坏加工的稳定性。

（2）影响加工精度的主要因素。与机械加工一样，机床本身的各种误差，以及工件和工具电极的定位、安装误差都影响加工精度，但是影响电火花成形加工工艺仿形精度的因素主要是尺寸精度和形状精度。

① 影响尺寸精度的因素。电火花加工时，在放电间隙能保持不变的前提下，可以通过修正工具电极尺寸获得较高的加工精度。除了放电间隙能否保持一致性外，放电间隙大小也影响加工精度，尤其是在加工复杂形状的工件时，间隙愈大，棱角部位电场不均的影响也愈明显。为了提高加工精度，应该采用小规准加工，以便缩小放电间隙。精加工时的单面放电间隙一般只有 0.01mm，粗加工时的单面放电间隙可达 0.5mm 以上。

② 影响形状精度的因素。

a．斜度。电火花加工时侧面会产生斜度，使上端尺寸大，底端尺寸小，如图 9-22 所示。这是由于“二次放电”和电极损耗产生的。所谓“二次放电”是指已加工的表面上，由于电蚀产物的混入而使极间实际距离减小或是极间工作液介电性能降低，再次发生脉冲放电现象，使间隙扩大。在进行深度加工时，上面入口处加工的时间长，产生二次放电的机会多，间隙扩大量大；而接近底端的侧面，因加工时间短，二次放电的机会少，间隙扩大量小，因而产生加工斜度。工具电极损耗也会产生斜度。因为工具电极的下端加工时间长，绝对损耗量大，而上端加工时间短，绝对损耗量小，这样，绝对损耗量使电极形成一个有斜度的锥形电极。

b．圆角。电火花加工时，很难将工具电极上的尖角和凹角精确地复制到工件上，而是形成一个小圆角。当工具电极为凹角时，工件上对应的尖角易形成尖端放电，容易遭受腐蚀而形成圆角，如图 9-23（a）所示；当工具电极为尖角时，一方面由于放电间隙的等距离特性，工件上只能加工出以尖角顶点为圆心、放电间隙 δ 为半径的圆弧；另一方面工具电极尖角处电场集中，放电蚀除的概率很大而损耗成圆角，如图 9-23（b）所示。采用高频窄脉冲进行精加工时，由于放电间隙小，圆角半径也可以很小，一般可以获得圆角半径小于 0.01mm 的尖棱。

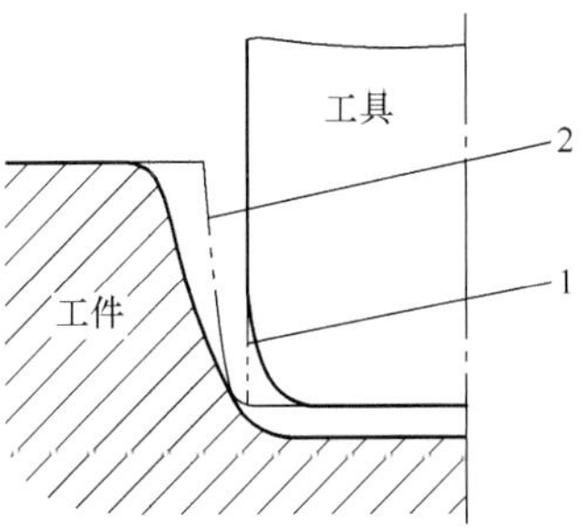

图 9-22　电火花加工时的加工斜度
1—电极无损耗时工具轮廓线
2—电极有损耗而不考虑二次放电时的工件轮廓线

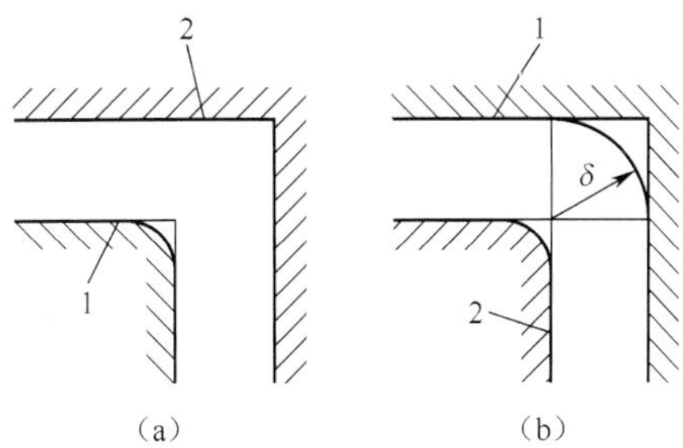

图 9-23　电火花加工尖角变圆
1—工件　2—工具电极

（3）影响加工表面质量的主要因素。电火花加工的表面质量主要包括加工表面粗糙度、表面层组织变化及表面微观裂纹等。

与机械加工获得的表面不同，电火花加工的表面是由无数的放电小凹坑和硬凸边组成，因而无光泽，它的润滑性能和耐磨损性能都比机械加工表面好。电火花加工过程中，在火花放电的瞬时高温和工作液的快速冷却作用下，材料的表面层发生了很大的变化，一般分为熔化凝固层和热影响层。加工表面由于受到瞬时高温和迅速冷却作用，产生拉应力，出现显微裂纹。一般裂纹仅出现在熔化层，只有在脉冲能量很大情况下（粗加工时）才扩展到热影响层。脉冲能量对显微裂纹的影响是非常明显的，能量愈大，显微裂纹愈宽愈深。不同工件材料对裂纹的敏感性也不同，硬脆材料容易产生裂纹。工件预先的热处理状态对裂纹也产生影响，加工淬火材料要比加工淬火后回火或退火的材料容易产生裂纹。

6．电火花加工方法

（1）型腔模电火花加工。

① 单电极平动法，单电极平动法在型腔模电火花加工中应用最广泛，它采用一个电极完成型腔的粗、中、精加工。首先采用低损耗（θ<1%）、高生产率的粗规准进行加工，然后利用平动头做平面小圆运动，按照粗、中、精的顺序逐级改变电规准。同时，依次加大电极的

平动量，补偿前后两个加工规准之间型腔侧面放电间隙差和表面微观不平度差，实现型腔侧面仿型修光，完成整个型腔模的加工。

② 多电极更换法，多电极更换法使用两个或两个以上电极，一个作为粗加工，第二个或第三个电极采用平动法逐步减少型腔表面粗糙度。由于精加工电极只作为修光之用，绝对损耗小，尺寸精度高；又因不承受大电流加工，表面没有破坏，因此精修表面粗糙度可比单电极平动高半级以上，还可以得到棱角分明的型腔。

③ 分解电极加工法，分解电极加工法根据型腔的几何形状，把电极分解成主型腔电极和副型腔电极。用主型腔电极加工出主型腔，用副型腔电极加工尖角、窄缝、深槽等副型腔。这种分解电极加工法可以根据主型腔和副型腔的要求不同，钳工修磨、抛光的难易程度，合理地选择电极材料和加工规准，有利于提高加工效率，缩短加工工时，改善表面加工质量。

（2）型腔模加工用工具电极。

① 电极材料的选择。为了提高型腔模的加工精度，在电极方面，首先是寻找耐蚀性高的电极材料，如纯铜、铜钨合金、银钨合金以及石墨电极等。由于铜钨合金和银钨合金的成本高，机械加工比较困难，故采用的较少，常用的电极材料为纯铜和石墨，这两种材料的共同特点是在宽脉冲粗加工时都能实现低损耗。

② 电极的设计。加工型腔模时的工具电极尺寸，一方面与模具的大小、形状、复杂程度有关，另一方面与电极材料、加工电流、深度、余量及间隙等因素有关。当采用平动法加工时，还应考虑所选用的平动量。

9.3.2 电火花线切割加工

1. 电火花线切割加工原理

电火花线切割加工（Wire Cut EDM，简称WEDM）是在电火花加工的基础上发展起来的一种工艺，它利用线状电极靠火花放电对工件进行切割，从而获得需要的工件轮廓，所以称之为电火花线切割。图9-24所示为高速走丝电火花线切割工艺及装置的示意图。利用钼丝4作工具电极进行切割，贮丝筒7使钼丝做正反向交替移动，加工能源由脉冲电源3供给。在电极丝和工件之间浇注工作液介质，工作台在水平面两个坐标方向各自按预定的控制程序，根据火花间隙状态作伺服进给移动，从而合成各种曲线轨迹，把工件切割成形。

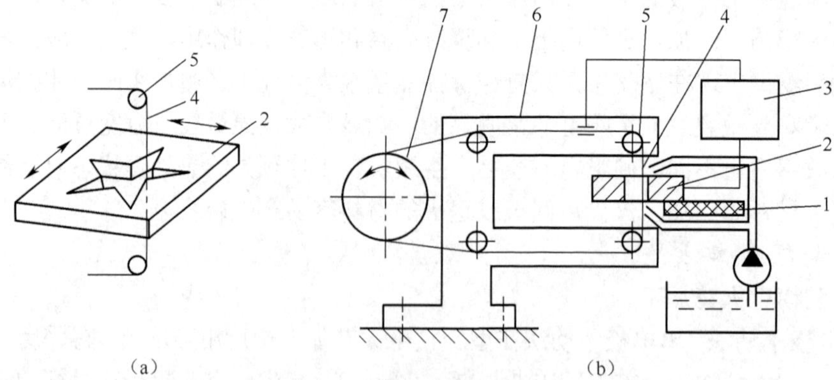

图9-24 电火花线切割加工示意图

1—绝缘底板 2—工件 3—脉冲电源 4—钼丝 5—导向轮 6—支架 7—贮丝筒

2．电火花线切割设备

根据电极丝的运行速度，电火花线切割机床通常分为两大类：一类是高速走丝电火花线切割机床（WEDM-HS），这类机床的电极丝做高速往复运动，一般走丝速度为 8～10m/s，这是我国生产和使用的主要机种，也是我国独创的电火花线切割加工模式；另一类是低速走丝电火花线切割机床（WEDM-LS），这类机床的电极丝做低速单向运动，一般走丝速度低于 0.2m/s，这是国外生产和使用的主要机种。

3．电火花线切割加工特点

（1）线切割加工的电压、电流波形与电火花加工的基本相似。单个脉冲也有多种形式的放电状态，如开路、正常火花放电、短路等。

（2）线切割加工的加工机理、生产率、表面粗糙度等工艺规律，材料的可加工性等也都与电火花加工的基本相似，可以加工硬质合金等一切导电材料。

（3）由于电极工具是直径较小的细丝，故脉冲宽度、平均电流等不能太大，加工工艺参数的范围较小，属中、精正极性电火花加工，工件常接电源正极。

（4）采用水或水基工作液，不会引燃起火，容易实现安全无人运转，但由于工作液的电阻率远比煤油小，因而在开路状态下，仍有明显的电解电流。电解效应稍有益于改善加工表面粗糙度。

（5）一般没有稳定电弧放电状态。这是因为电极丝与工件始终有相对运动，尤其是快速走丝电火花线切割加工。

（6）不必制造专门的成形工具电极，这大大降低了工具电极的设计和制造费用，缩短了生产准备时间，加工周期短，对新产品的试制很有意义。

（7）由于电极丝比较细，可以加工微细异形孔、窄缝和复杂形状的工件。由于切缝很窄，且只对工件材料进行“套料”加工，故实际金属去除量很少，材料的利用率很高，对加工、节约贵重金属有重要意义。

（8）由于采用移动的长电极丝进行加工，使单位长度电极丝的损耗较少，从而对加工精度的影响比较小，特别在低速走丝线切割加工时，电极丝一次性使用，电极丝损耗对加工精度的影响更小。

4．电火花线切割加工流程

电火花线切割加工是实现工件形状和尺寸的一种加工技术。在一定设备条件下，合理地制订加工工艺路线是工件加工质量的重要保证。电火花线切割加工模具或零件的过程一般可分以下几个步骤。

（1）对图样进行分析。分析图样对保证工件加工质量和工件综合技术指标有决定意义。在分析图样时，首先要排除不能或不宜用电火花线切割加工的工件，例如如下的情况。

① 表面粗糙度和尺寸精度超出机床加工精度的工件。电火花线切割加工合理的加工精度为 IT6，表面粗糙度 *Ra* 值不小于 0.4μm，若超过此范围，既不经济，技术上也难以达到。

② 宽度小于电极丝直径加放电间隙的窄缝、工件拐角处半径小于电极丝半径加放电间隙所形成的圆角半径的工件。

③ 非导电材料的工件。

④ 长度、宽度和厚度超过机床加工范围的工件。

在符合电火花线切割加工工艺的条件下，应着重在表面粗糙度、尺寸精度、工件厚度、工件材料、尺寸大小、配合间隙等方面仔细考虑和分析。

（2）编程。编程时，要根据坯料的情况选择合理的装夹位置，同时确定合理的起割点和切割路线。切割路线主要以防止或减少模具变形为原则。一般应使靠近装夹这一侧最后切割为宜。起割点应取在图形的直线处，或容易将凸尖修去的部位，以便于磨削或修正。编程的一般步骤如下。

① 合理选择穿丝孔位置和切割点位置。

② 根据工件表面粗糙度和尺寸精度选择切割次数。

③ 选用合理的加工电参数。

④ 用编程软件编制加工程序单。

⑤ 校对程序并试加工。

（3）加工时的调整。加工中对加工电参数进行调整，是保证稳定加工的必要步骤。如果加工不稳定，工件表面质量会大大下降，工件的表面粗糙度和精度变差，同时还会造成断丝。只有电参数选择恰当，同时加工比较稳定，才能获得好的加工质量。

① 调整电极丝垂直度。在装夹工件前必须以工作台为基准，先将电极丝垂直度调整好。

② 装夹时调整工件的垂直度。如果发现工件的垂直度不满足技术要求，需要对工件装夹立即修正。校正好工件基准面，找出工件基准位置。

③ 调整脉冲电源的电参数。脉冲电源的电参数选择是否恰当，对加工模具的表面粗糙度、精度及切割速度起决定的作用。脉冲宽度增加、脉冲间隔减小、脉冲电压幅值增大、峰值电流增大，使切割速度提高，但加工工件的表面质量和精度则会下降。表面质量、尺寸精度要求低的工件可用大电流、大参数一次加工；反之，则要多次加工，精度要求越高，切割次数就越多。

（4）检验。

① 模具的尺寸精度和配合间隙检验。根据不同精度的模具及零件，可选用千分尺、游标卡尺、塞规、投影仪、三坐标测量仪等检验工具进行检验。

② 零件表面粗糙度检验。现场可采用电火花线切割加工表面粗糙度等级比较样板目测或手感进行检验。在实验室中可采用轮廓仪检测。

③ 工件的垂直度检验。可采用平板、直角尺、三坐标测量仪等进行检验。

④ 级进模步距尺寸精度检验。可采用游标卡尺、投影仪、三坐标测量仪等进行检验。

思考与练习

一、填空题

1．模具的生产过程由________、________、________、________、________组成。

2．工艺过程划分阶段的主要原因是：①________；②________；③________；④________。

3．机械切削加工顺序的安排，应考虑以下几个原则：①________；②________；③________；④________。

4．基准按其作用不同，可分为________基准和工艺基准两大类。________基准按按用途不同，又分为________基准、________基准和________基准。

5．精基准选取的原则________、________、________、________、________。

6．模具加工工艺过程一般可分为以下几个阶段：①粗加工阶段；②________加工阶段；③________加工阶段；④________加工阶段。

7．电火花成形加工机床的主要部件有________和________ 。

8．电火花线切割机床主要由________、________、________、和________等组成。

9．电化学加工应用于模具制造，按其作用原理分 3 类：________法、________法和________法。

10．电火花成形加工机床主要由________、________、________、________、和________组成。

11．冲模的电火花穿孔加工常用的工艺方法有：________法、________法、________法和________法。

12．目前在模具型腔电火加工中应用最多的电极材料是________和________。

13．电火花加工中，正极加工一般用于________加工，负极加工一般用于________加工。

二、是非判断题

1．模具是指以特定的形状通过一定的方式（如冲裁、拆弯、注射等）使原材料成形的工艺装备。（　　）

2．模具生产为单件、多品种生产。在制造工艺上尽量采用通用机床、通用刀量具和仪器，尽可能地减少专用工具的数量。（　　）

3．在编制工艺规程时，首先要对产品图样进行工艺性分析。工艺性分析的主要内容包括零件结构的工艺性分析与零件的技术要求分析两个方面。（　　）

4．对于具有不加工表面的工件，为保证不加工表面与加工表面之间的相对位置要求，一般应选择不加工表面为粗基准。（　　）

5．在模具产品的生产过程中，对于那些使原材料成为成品的直接有关的过程，如毛坯制造、机械加工、热处理和装配等，称为工艺过程。（　　）

6．模具机械加工与其他机械产品的机械加工相比较，有其特殊性：模具一般是单件小批生产，模具标准件则是成批生产；成形零件加工精度较高；所采取的加工方法往往不同于一般机械加工方法。（　　）

7．模具加工工艺过程是由若干个按顺序排列的工序组成，而每一个工序又可依次细分为安装、工位、工步和走刀。（　　）

8．划分工序的主要依据，是零件在加工过程中工作地点、加工对象是否改变以及加工是否连续完成。如果不能满足其中一个条件，即构成另一个工序。（　　）

9．表面粗糙且精度低的毛坯粗基准的选择：一般情况下，同一尺寸方向上的粗基准只能使用一次。（　　）

10．工步是在加工表面不变，加工工具可变的情况下，所完成的那一部分工序。（　　）

11．零件结构的工艺性好是指零件的结构形状在满足使用要求的前提下，按现有的生产条件能用较经济的方法方便地加工出来。（　　）

12．所谓工序地分散，是使每个工序中包括尽可能多的工步内容，因而使总的工序数目减少，夹具的数目和工件的安装次数也相应地减少。（　　）

13．模具电火花加工的基本原理就是利用工件与电极之间交流电弧放电进行加工的。（　　）

14．制造电极的方法很多，可用的加工方法有：普通机械加工、数控加工、电铸加工等。（　　）

15．模具型腔电火花成形加工常用的主要电极材料有铸铁和钢。（　　）

16．激光加工可以焊接金属与非金属材料。（　　）

17．激光加工可以透过透明材料加工深而小的微孔和窄缝。（　　）

18．电解加工中电极有损耗，可加工任何高硬度的材料。（　　）

19．电火花线切割能够加工盲孔及阶梯类成形表面。（　　）

20．电火花脉冲放电加工要在液体绝缘介质中进行，常用的介质有：煤油、盐水等。（　　）

21．电火花加工采用输出单向脉冲电流的脉冲电源。（　　）

22．脉冲宽度及脉冲能量越大，则放电间隙越小。（　　）

23．极性效应越显著，则工具电极损耗就越大。（　　）

三、选择题（不定项）

1．选择精基准的原则中讲到的“基准重合”是指（　　）。

A．选择设计基准作为精基准　　B．以粗基准作为精基准

C．在多数工序中采用同一组精基准定位　　D．选择加工表面本身作为精基准

2．工序是指（　　）工人，在（　　）固定的工作地点，对（　　）工件所（　　）完成的那部分工艺过程。

A．一个（或同时几个）　　B．一个

C．一个（或一组）　　D．连续

3．工艺规程具有（　　）和（　　）的作用。

A．加工零件的数量统计　　B．指导生产

C．组织工艺准备　　D．零件寿命的计算

4．为完成一定的工序部分，一次装夹工件后，工件与夹具或设备的可动部分所占据的每一位置称为（　　）。

A．工步　　B．工序　　C．工位　　D．装夹

5．选择精基准的原则中讲到的“基准统一”是指（　　）。

A．以粗基准作为精基准　　B．选择加工表面本身作为精基准

C．选择设计基准作为精基准　　D．在多数工序中采用同一组精基准定位

6．工件的安装方式有多种，其中直接找正法运用于（　　）；夹具安装运用于（　　）。

A．单件、小批量生产的精加工中　　B．批量较小的毛坯粗加工中

C．成批或大量生产中　　D．成批或大量生产的粗加工中

7．模具零件采用锻件锻造的目的可能是：（　　）。

A．充分发挥材料的力学性能，提高模具零件的加工工艺性和使用寿命

B．节省原材料和减少机械加工工作量

C．保证模具零件的加工精度

D．合理使用加工设备

8．模具电火花穿孔加工常用的工艺方法有：（　　）。

A．直接加工法　　B．混合加工法

C．间接加工法　　D．单电极平动加工法

9．模具电火花穿孔加工常用的电极结构形式有：（　　）。

A．整体式　　B．多电极式

C．镶拼式　　D．组合式

四、问答题

1．什么是工序、安装、工步、工位和走刀?

2．模具零件的毛坯主要有哪些类型？哪些模具零件必须进行锻造?

3．模具零件的工艺分析主要有哪些方面的内容?

4．什么是加工余量、工序余量和总余量?

5．什么是基准？基准一般分成哪几类?

6．粗、精定位基准的选择原则有哪些?

7．工艺尺寸链有哪些特征？在什么情况下要进行工艺尺寸计算?

8．经济精度和经济粗糙度的含义是什么？它们在工艺规程设计中起什么作用?

9．编制工艺规程时，为什么要划分加工阶段？在什么情况下可以不划分加工阶段?

10．工序集中和工序分散各有什么特点?

11．机械加工工序顺序的安排原则是什么?

12．热处理工序的安排主要考虑哪些方面的问题?

13．常用的模具工艺卡片包括哪些内容?

14．电火花加工的放电本质大致包括哪几个阶段?

15．电火花线切割加工有何特点？最适合加工何种模具？

16．电火花成形加工设备有几部分组成？其中，工作液循环过滤系统有何作用？

17．电火花加工具有哪些特点：具体应用于模具行业中的哪些方面？

第 10 章 塑料注射模具制造与装配

学习目标

1. 熟悉塑料注射模具制造过程
2. 掌握塑料注射模具成形零件加工要点
3. 熟悉塑料注射模具装配的工艺过程
4. 了解塑料注射模具的装配方法
5. 熟悉塑料注射模具的装配要点
6. 了解塑料注射模具的组件装配
7. 了解塑料注射模具的总装与试模

课程思政元素

10.1 塑料注射模具制造特点

塑料注射模具是采用注射成形方法生产塑料制品的必备工具。塑料注射模具的制造过程是指根据塑料制品零件的形状、尺寸要求，制造出结构合理、使用寿命长、精度较高、成本较低的能批量生产出合格产品的模具的过程。

注射模具是塑料模具中结构最复杂、制造难度最大、制造周期最长、涉及的加工方法与设备最多、加工精度要求最高的一类模具。注射模具的加工难点主要体现在成形零件的结构复杂、形状不规则，大多为三维曲面，而且尺寸与形状精度和表面粗糙度要求高，往往需要多道工序反复加工才能达到要求。注射模具的制造内容主要包括模架的制造、成形零件的制造和其他辅助结构件的制造。

10.1.1 模具制造过程的基本要求

在生产塑料注射成形模具时，其模具制造过程应满足以下基本要求。

（1）保证模具质量。模具的质量由制造工艺规程所采用的加工方法、加工设备及生产操作人员来保证。保证模具质量就是指在正常生产条件下，按工艺过程所加工的模具应能达到设计图样所规定的全部精度和表面质量要求，并能够批量生产出合格的产品。

（2）保证模具使用寿命。模具的使用寿命是指模具在使用过程中的耐用程度，一般以模具生产出的合格制品的数量作为衡量标准。高的使用寿命反映了模具加工制造水平，是模具生产质量的重要指标。

（3）保证模具制造周期。模具制造周期是指在规定的日期内，将模具制造完毕。在制造模具时，应力求缩短模具制造周期，这就需要制定合理的加工工序，应尽量采用计算机辅助设计（CAD）和计算机辅助制造（CAM）。模具制造周期的长短，反映了模具生产的技术水平和组织管理水平。

（4）保证模具成本低廉。模具成本是指模具的制造费用。为降低模具的制造成本，应根据制品批量大小，合理选择模具材料，制定合理的加工规程，并设法提高劳动生产率。由于模具是单件生产，机械化、自动化程度不高，所以模具成本较高。

（5）保证良好的劳动条件。模具的制造工艺过程要保证操作工人有良好的劳动条件，防止粉尘、噪声、有害气体等污染源产生。

（6）提高经济效益。模具的制造工艺要根据现有条件，尽量采用新工艺、新技术、新材料，以提高模具的生产效率，降低成本，使模具生产有较高的技术经济效益和水平。

10.1.2　模具制造过程

塑料模具的制造过程包括以下内容。

1．模具图样设计

模具图样设计是模具生产中最关键的工作，模具图样是模具制造的依据。模具图样设计包括以下内容。

（1）接受任务书。模具设计任务书通常由塑料制件工艺员根据成形塑料制件任务书提出，经主管领导批准后下达，模具设计人员以模具设计任务书为依据进行模具设计。其内容应包括：①经过审签的正规塑料制件图纸，并注明所用塑料的牌号与要求（如色泽、透明度等）；②塑料制件的说明书或技术要求；③成形方法；④生产数量；⑤塑料制件样品（可能时）。

（2）调研、消化原始资料。收集和整理有关制件设计、成形工艺、成形设备、机械加工、特种工艺等有关资料，以备设计模具时使用。

消化塑料制件图，了解塑件的用途，分析塑件的工艺性、尺寸精度等技术要求，如塑件的原材料、表面形状、颜色与透明度、使用性能与要求；塑件的几何结构、斜度、嵌件等情况；熔接痕、缩孔等成形缺陷出现的可能与允许程度；浇口、顶杆等可以设置的部位；有无涂装、电镀、胶接、钻孔等后加工等，此类情况对塑件设计均有相应要求。选择塑件精度最高的尺寸进行分析，查看估计成形公差是否低于塑件的允许公差，能否成形出合乎要求的制件。若发现问题，可对塑件图样提出修改意见。

分析工艺资料，了解所用塑料的物化性能、成形特性以及工艺参数，如材料与制件必须的强度、刚度、弹性；所用塑料的结晶性、流动性、热稳定性；材料的密度、黏度特性、比热容、收缩率、热变形温度以及成形温度、成形压力、成形周期等，并注意收集如弹性模量、摩擦因数、泊松比等与模具设计计算有关的资料与参数。

熟悉工厂实际情况，如有无空压机及模温调节控制设备；成形设备的技术规范；模具制造车间的加工能力与水平；理化室的检测手段等，以便能密切联系工厂实际，既方便又经济地进行模具设计工作。

（3）选择成形设备。在设计模具之前，首先要选择好成形设备，这就需要了解各种成形设备的规格、性能与特点。以注射机来说，如注射容量、锁模压力、注射压力、模具安装尺寸、顶出方式与距离、喷嘴直径与喷嘴球面半径、定位孔尺寸、模具最大与最小厚度、模板行程等，都将影响到模具的结构尺寸与成形能力。同时还应初估模具外形尺寸，判断模具能否在所选的注射机上安装与使用。

（4）拟定模具结构方案。理想的模具结构应能充分发挥成形设备的能力（如合理的型腔数目和自动化水平等），在绝对可靠的条件下，使模具本身的工作最大限度地满足塑件的工艺技术要求（如塑件的几何形状、尺寸精度、表面光洁度等）和生产经济要求（成本低、效率高、使用寿命长、节省劳动力等）。由于影响因素很多，可先从以下几方面做起。

① 塑件位置。按塑件形状结构，合理确定其成形位置，因为成形位置在很大程度上影响模具结构的复杂性。

② 型腔布置。根据塑件的形状大小、结构特点、尺寸精度、批量大小以及模具制造的难易、成本高低等，确定型腔的数量与排列方式。

③ 选择分型面。分型面的位置要有利于模具加工、排气、脱气、脱模、塑件的表面质量及工艺操作等。

④ 确定浇注系统。包括主流道、分流道、冷料穴，浇口的形状、大小和位置，排气方法、排气槽的位置与尺寸大小等。

⑤ 选择脱模方式。考虑开模、分型的方法与顺序，拉料杆、推杆、推管、推板等脱模零件的组合方式，合模导向与复位机构的设置以及侧向分型与抽芯机构的选择与设计。

⑥ 模温调节。孔道的形状、尺寸与位置，特别是与模腔壁间的距离及位置关系。

⑦ 确定主要零件的结构与尺寸。考虑成形与安装的需要及制造与装配的可能，根据所选材料，通过理论计算或经验数据，确定型腔、型芯、导柱、导套、推杆、滑块等主要零件的结构与尺寸以及安装、固定、定位、导向等方法。

⑧ 支承与连接。如何将模具的各个组成部分通过支承块、模板、销钉、螺钉等支承与连接零件，按照使用与设计要求组合成一体，获得模具的总体结构。

结构方案的拟定是设计工作的基本环节。它既是设计者的构思过程，也是设计对象的胚胎，设计者应将其结果用简图和文字加以描绘与记录，作为方案设计的依据与基础。

（5）方案的讨论与论证。拟定初步方案时，应广开思路，多想一些办法，随后广泛征求意见，进行分析论证与权衡，选出最合理的方案。

（6）绘制模具装配草图。总装配图的设计过程比较复杂，应先从画草图着手，经过认真的思考、讨论与修改，使其逐步完善，方能最后完成。草图设计过程是“边设计（计算）、边绘图、边修改”的过程，不能指望所有的结构尺寸与数据一下就能定得合适，所以在设计过程中往往需反复修改。其基本做法就是将初步拟定的结构方案在图纸上具体化，最好是用坐标纸，尽量采用1∶1的比例，先从型腔开始，由里向外，主视图、俯视图与侧视图同时进行。绘制模具装配草图应注意以下几点。

① 型腔与型芯的结构。

② 浇注系统、排气系统的结构形式。

③ 分型面及分型、脱模机构。

④ 合模导向与复位机构。

⑤ 冷却或加热系统的结构形式与部位。

⑥ 安装、支承、连接、定位等零件的结构、数量及安装位置。

⑦ 确定装配图的图纸幅面、绘图比例、视图数量布置及方式。

（7）绘制模具装配图。绘制模具装配图时应注意做到以下几点。

① 认真、细致、干净、整洁地将修改好的结构草图，按标准画在正式图纸上。

② 将原草图中不细不全的部分在正式图上补细、补全。

③ 标注技术要求和使用说明，包括某些系统（如顶出机构、侧抽芯机构等）的性能要求，装配工艺要求（如装配后分型面的贴合间隙的大小、上下面的平行度、须由装配确定的尺寸要求等），使用与装拆注意事项以及检验、试模、维修、保管等，达到要求。

④ 全面检查，纠正设计或绘图过程中可能出现的差错与遗漏。

（8）绘制零件图。绘制零件图时应注意做到以下几点。

① 凡须自制的零件都应画出单独的零件图。

② 图形尽可能按 1:1 的比例画出，但允许放大或缩小。要做到视图选择合理，投影正确，布置得当。

③ 统一考虑尺寸公差、形位公差、表面粗糙度的标注方法与位置，避免拥挤与干涉，做到正确、完整、有序，可将用得最多的一种粗糙度以“其余”的形式标于图纸的右上角。

④ 零件图的编号应与装配图中的序号一致，便于查对。

⑤ 标注技术要求，填写标题栏。

2. 制定模具加工工艺规程

工艺规程是按照模具设计图样，由工艺人员制定出整个模具或各个零部件制造的工艺过程。模具加工工艺规程通常采用卡片的形式送到生产部门。一般模具的生产以单件加工为主，工艺规程卡片是以加工工序为单位，简要说明模具或零部件的加工工序名称、加工内容、加工设备以及必要的说明，它是组织生产的依据。表 10-1 为模具型芯的加工工艺卡。

表 10-1 模具型芯加工工艺卡

<table>
<tr><td>零件名称</td><td>型　芯</td><td>编　号</td><td>031</td><td>件　数</td><td>2</td></tr>
<tr><td>零件图</td><td colspan="5">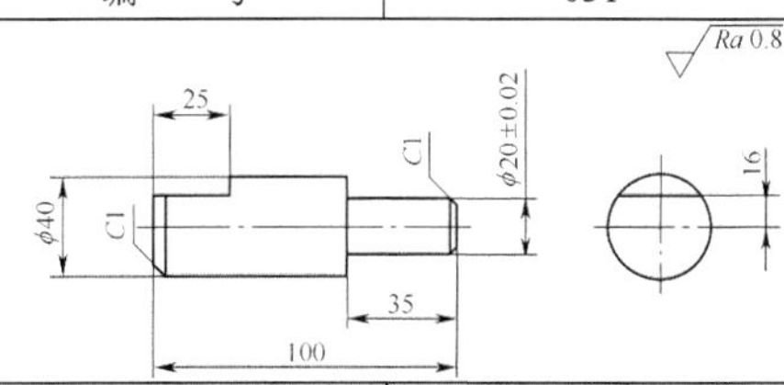
</td></tr>
<tr><td>工序号</td><td>工序名称</td><td>工序内容</td><td>加工地点</td><td colspan="2">备　注</td></tr>
<tr><td>1</td><td>车</td><td>车外圆、端面</td><td>车床</td><td colspan="2"></td></tr>
<tr><td>2</td><td>铣</td><td>铣头部、平面</td><td>铣床</td><td colspan="2"></td></tr>
<tr><td>3</td><td>热处理</td><td>淬火、回火</td><td>真空热处理炉</td><td colspan="2">58～60HRC</td></tr>
<tr><td>4</td><td>磨</td><td>磨外圆</td><td>外圆磨床</td><td colspan="2"></td></tr>
<tr><td>5</td><td>钳</td><td>检验、装配</td><td></td><td colspan="2">与型芯固定板研配</td></tr>
</table>

制定工艺规程的基本原则是：保证以最低的成本和最高的效率来达到设计图样上的全部技术要求，所以在制定工艺规程时，应满足以下要求。

（1）设计图样要求。

（2）最低成本要求。

（3）生产时间要求。

（4）生产安全要求。

3．组织模具零部件的生产

按照零部件的加工工艺卡片组织零部件的生产，一般可以采用机械加工、电加工、铸造、挤压等方法完成零部件的加工过程，制造出符合设计要求的零部件。

零部件的生产加工质量直接影响到整个模具的使用性能和寿命。在实际生产中，零件加工质量包括机械加工精度和机械加工表面质量两部分内容。机械加工精度指零部件经加工后的尺寸、几何形状及各表面相互位置等参数的实际值与设计图样规定的理想值之间相符合（相近似）的程度，而它们之间不相符合（差别）的程度则称为加工误差。加工精度在数值上通过加工误差的大小来表示，即精度越高，加工误差越小。机械加工表面质量是指零部件经加工后的表面粗糙度、表面硬度、表面缺陷等物理机械性能。

在零部件加工中，由于种种因素的影响，零部件的加工质量必须允许有一定的变动范围（公差范围），只要实际的加工误差在允许的公差范围之内，则该零部件就是合格的。

4．塑料注射模具装配与调试

按规定的技术要求，将加工合格的零部件进行配合与连接，装配成符合模具设计图样装配图要求的模具。

塑料注射模具的装配过程也会影响模具的质量和模具的使用寿命。将装配好的模具固定在规定的注射成形机上进行试模（也可以在专门的试模机上试模）。在试模过程中，边试边调整、校正，直到生产出合格的塑料制品为止。

5．模具检验与包装

将试模合格的模具进行外观检验，打好标记，并将试出的合格的塑料制品随同模具进行包装，填好检验单及合格证，交付生产部门使用。

10.2　塑料注射模具制造要点

10.2.1　模架制造要点

在注射模具中，模架是整套模具的基础部件，对模具的总体质量和使用寿命具有非常重要的作用。模架的制造分为两种情况：一种是自制模架；另一种是采用标准模架，进行局部的二次加工。

1．自制模架的制造要点

模架主要由模板、导向定位件与紧固件组成，紧固件常用标准件，不需加工，因此，模架的制造主要是模板和导向定位件的加工。模板的加工主要是面、孔或槽的加工。模板的上、下面要求平行，侧面要求与上、下面垂直。模板加工时，以互相垂直的两个相邻侧面作为基准，其他孔、槽的加工与测量都要以此为依据。基准面的粗糙度 Ra 应达到 1.6μm。各模板的基准面方位应保持一致，最终装配时也是以此为基准，形成模具的基准角。

模板材料常用 45 钢，重要的模板应进行调质处理，硬度值为 240～270HB。模板各面以刨或铣、磨削加工为主，上、下面一般先铣或刨后磨削，表面粗糙度 Ra 应达到 1.6～0.8μm。动、定模板分型面的加工精度要高些，要求模具装配后分型面的贴合间隙值应控制在 0.02～

0.04mm。模板上的导柱、导套孔和固定圆柱形型芯的孔，以及复位杆和推出杆孔等有配合精度要求，一般采用钻、铰、镗削加工，并按 H7 精度制造，其位置要求准确并应以模板基准面进行测量。孔本身要求与模板上下面垂直，表面粗糙度 *Ra* 一般在 1.6～0.8μm。模板上固定非圆柱形型芯或镶块的方槽也有配合要求，一般采用铣削加工，可分为粗铣和精铣。通常采用精铣加工保证槽底面与模板上下面平行，侧面保证与模板上下面的垂直度要求。对于固定细小型芯且无法铣削的窄槽，可以由电加工方法完成。通槽常用线切割加工，盲槽可用电火花加工。槽的加工与测量均应以模板的基准面为准，其他非配合类型的孔、槽等通过钻、铣削加工即可完成。对模板上有侧向型芯或滑块，以及锁紧楔的孔、槽安装或固定表面，根据有无配合要求和具体结构，可采用类似的加工方法。

动、定模板上的流道或浇口加工，应保持尺寸与截面形状准确一致，否则影响熔体流动效果，进而影响制品质量。常用流道截面形状一般为圆形、梯形和 U 形。多型腔模具的流道较长，加工时要求同一级流道各处截面形状与尺寸应相等。流道加工常用成形铣刀，先粗铣大部分余量，后用经过修形的成形铣刀进行小余量的精铣。流道表面粗糙度 *Ra* 要求一般为 1.6～0.8μm。精铣后可进行简单的抛光。

一般注射模具很少直接在模板上加工型腔，大多采用镶块式结构，因此，浇口通常设计在镶块上。若需在模板上加工浇口，其要求与流道一致。多型腔模具各浇口应保证尺寸与截面形状相同。浇口按截面形状分，主要有圆形、圆锥形和矩形。浇口尺寸一般很小，圆形和圆锥形常用成形电火花加工，粗精规准分开，以保证尺寸和表面粗糙度要求。矩形浇口可以采用铣削或电火花加工，最后抛光满足要求。

2．标准模架的制造要点

采用标准模架时，主要是对不同模具结构的补充加工，如镶嵌成形零件的孔或槽、定位件孔或槽、推杆孔、冷却水道及其他辅助零件安装固定表面的加工。其加工过程、方法和要求，与自制模架部分相同，但加工前，应先将标准模架拆开，检测各模板的尺寸和基准的精度。若精度不满足要求，应先修整基准的精度，后进行各部位的补充加工，以保证模具的制造精度要求。

10.2.2　成形零件制造要点

注射模具成形零件主要是指型腔、型芯、镶块、侧向型芯等直接参与制品成形的零件。

成形零件的型腔表面加工主要是进行各种形状的凹面加工。对于回转体型腔零件，不管是成形表面还是配合表面，粗加工时都是以车削为主，热处理之后可对配合表面采用磨削加工，而成形表面则可采用成形磨削或电火花加工。最后进行抛光，抛光纹路的方向要与制品脱模方向一致。

回转体型腔的零件轮廓为矩形时，轮廓加工以铣、磨削为主。成形零件加工过程中，应保证基准统一，定位准确，尽量减少装夹变形和切削应力引起的变形，并保证一定的型腔脱模斜度要求。

非回转体型腔表面，可采用先粗铣、热处理后的磨削，再用电火花加工成形。对非回转体轮廓的圆形型腔表面，也可采用车削加工去除余量，热处理后再进行成形磨削或电火花加工。当型腔表面的局部结构影响车削或采用铣削、磨削与电火花加工也难以保证形状与尺寸精度要求时，应将局部结构改为镶拼件，使零件加工方便，且易于保证精度。对成形表面由多个零件拼合的组合式型腔，各拼块的加工要严格保证尺寸公差及成形表面的形状准确，拼装后表面连接光顺。

型芯零件的成形表面和配合表面同样有回转体或非回转体之分。型芯成形表面的加工主要是凸形面加工，其加工过程要点与型腔零件一致。对以回转体配合面与非回转体成形表面组成的零件，加工时应先加工配合面，并在配合表面上加工出一个基准平面，作为成形表面上局部结构的加工与测量基准。对以非回转体配合面与回转体成形表面组成的零件，加工时应先加工成形表面，后加工配合表面。成形表面上的局部沟槽、曲面等结构应在主要成形表面加工完成后再加工，以保证其位置、尺寸与形状的准确。型芯零件成形表面也需要有脱模斜度，并进行抛光，有利于制品脱模。

成形零件上的冷却水道加工，应保证水道距成形表面的距离均匀相等。对于型腔尺寸较大或多型腔整体镶块的水道加工，应避免钻孔倾斜过大，造成模具温度分布不均或漏水，尤其是当水道孔较长而采取两端分别钻削时，要保证两孔中心一致，否则将阻碍水的流动，进而影响热量传递。加工细长水道孔时，采用深孔钻床加工可保证孔的直线性。须用管式加热器进行加热的模具，其安装加热管的孔不能从两端分别钻削，应从一端加工至需要深度，否则会影响加热管的安装。

成形零件上的流道加工，一般可在热处理之前采用成形铣刀加工成形，并应保证截面形状与长度尺寸一致，热处理后再经抛光使表面粗糙度 Ra 达到 1.6～0.8μm，也可在热处理后采用电火花加工成形。成形零件上的浇口一般尺寸都很小，常用电火花加工。对于平衡式布局的多型腔模具，其点浇口或潜伏式浇口加工时，应准确控制浇口直径和深度，并保证各型腔浇口尺寸相等。潜伏式浇口加工时，还应保证各型腔浇口的锥角和斜角一致。

10.2.3 模具辅助结构件制造要点

注射模具的辅助零件主要包括各类控制模具开合模顺序的限位拉杆、限位螺钉，侧向抽芯机构的滑块、压板、锁紧楔，精定位机构的定位锥、套和定位块，以及定位圈、浇口套等。

这些零件一般形状规则、结构简单，其加工方法以普通的车、铣和磨削加工为主，加工精度与表面粗糙度要求不是很高。零件材料大多以中碳钢为主，热处理硬度要求视其具体使用要求而定，如滑块的硬度一般要求在 35～40HRC，而锁紧楔则要求淬火硬度达 45HRC 以上。精定位机构的定位锥、套一般要求加工精度高，粗、精车之后，还需成对研配，表面粗糙度 Ra 值要小于 0.8μm，硬度要求在 55HRC 以上。

浇口套是一种特殊零件，虽不参与制品成形，但却接触塑料熔体，负责将来自注射机料筒的塑料熔体引入模具。其材料可与成形零件相同，或为中碳钢，可根据模具精度与使用寿命的要求确定，热处理硬度一般在 35～40HRC。

浇口套属于回转体零件，其外圆轮廓及球面的加工以车削为主，但主流道锥孔的加工可有两种方法：一是采用普通的钻、铰加工，热处理后抛光；二是采用电火花线切割加工方法。主流道锥孔的抛光应沿着主流道凝料脱出方向进行，不可采取周向旋转抛光，其表面粗糙度 Ra 值要小于 0.8μm。

10.3 塑料注射模具典型零件加工

塑料注射模具的主要零件多采用结构钢制造，通常只须调质处理，其硬度一般不高，因此，其加工工艺性较好。下面以型腔、型芯和型芯固定板为例，说明典型零件的加工工艺过程。

【例 10-1】　对于如图 10-1 所示的型腔板，材料为 45 钢，其加工工艺过程如下。

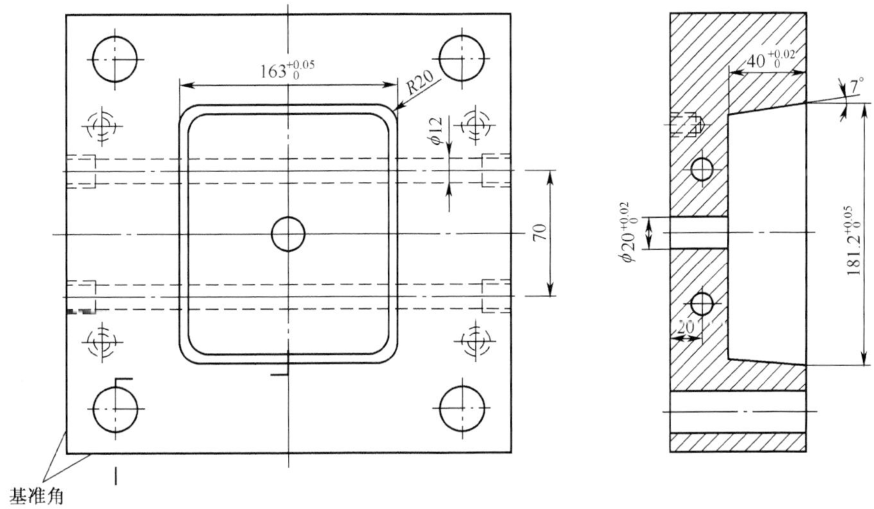

图 10-1　型腔板

（1）画线。以定模板基准角为基准，画各加工线位置。

（2）粗铣。粗铣出型腔形状，各加工面留余量。

（3）精铣。精铣型腔，达到制品要求的外形尺寸。

（4）钻、铰孔。钻、铰出浇口套安装孔。

（5）抛光。将型腔表面抛光，以满足制品表面质量要求。

（6）钻孔。钻出定模板上的冷却水孔。

【例 10-2】　对于如图 10-2 所示的型芯，材料为 45 钢，其加工工艺过程如下。

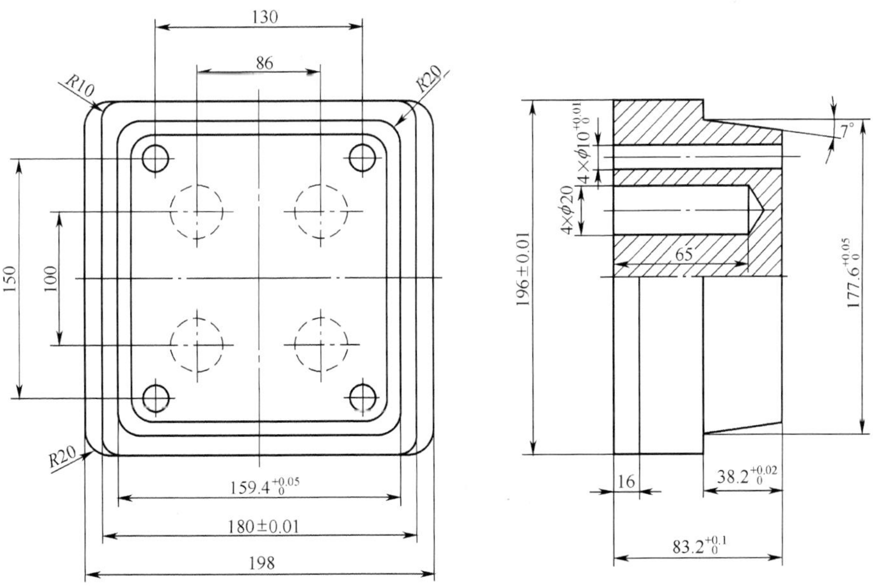

图 10-2　型芯

（1）下料。根据型芯的外形尺寸下料。

（2）粗加工。采用刨床或铣床粗加工为六面体。

（3）磨平面。将六面体磨平。

（4）画线。在六面体上画出型芯的轮廓线。

（5）精铣。精铣出型芯的外形。

（6）钻孔。加工出推杆孔。

（7）钻孔。加工出型芯上的冷却水孔。

（8）抛光。将成形表面抛光。

（9）研配。钳工研配，将型芯装入型芯固定板。

【例 10-3】 对于如图10-3所示的型芯固定板，材料为Q235，其加工工艺过程如下。

（1）画线。以与定模板相同的基准角为基准，画出各加工线的位置。

（2）粗铣。粗铣出安装固定槽，各面留加工余量。

（3）精铣。精铣出安装固定槽。

（4）研配。将安装固定槽与型芯研配，保证型芯的安装精度。

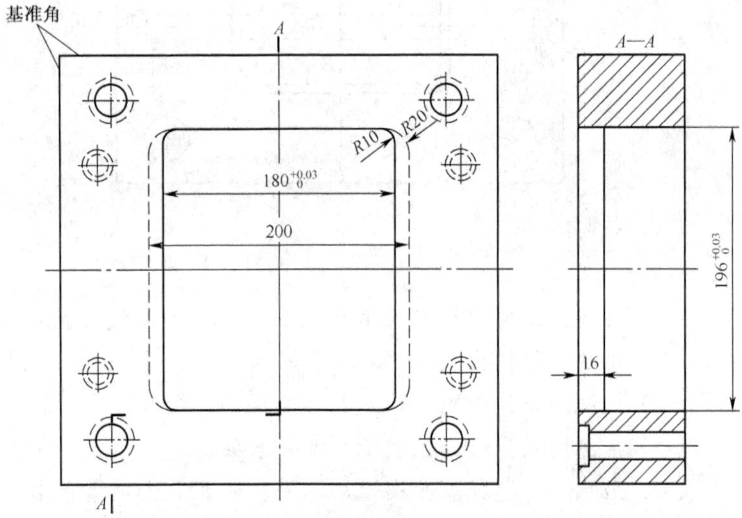

图10-3 型芯固定板

10.4 塑料注射模具的装配

10.4.1 塑料注射模具技术要求

为保证模具的制造质量，就必须达到一定的制造技术要求，GB/T 4170规定了塑料注射模具零件技术条件，HB 2198规定了塑料、橡胶模具技术条件。这些标准规定了塑料模具的零件加工和装配的技术要求，以及模具的材料、验收、包装、运输、保管的基本要求。

表10-2为部分塑料注射模具零件加工的技术要求，表10-3为塑料注射模具模架装配后的精度要求。

表10-2 模具零件加工技术要求

零件名称	加工部位	条件	要求
动定模板	厚度	平行度	300:0.02以内
	基准面	垂直度	300:0.02以内
	导柱孔	孔径公差	H7
		孔距公差	±0.02mm
		垂直度	100:0.02以内

续表

零件名称	加工部位	条　件	要　求
导柱	压入部分直径	精磨	k6
	滑动部分直径	精磨	f7
	直线度	无弯曲变形	100:0.02 以内
	硬度	淬火、回火	55HRC 以上
导套	外径	磨削加工	k6
	内径	磨削加工	H7
	内外径关系	同轴度	0.01mm
	硬度	淬火、回火	55HRC 以上

表 10-3　模架装配精度要求

浇口板上平面对底板下平面的平行度	300:0.05
导柱导套轴线对模板的垂直度	100:0.02
固定结合面间隙	不允许有
分型面闭合时的贴合间隙	<0.03mm

10.4.2　模具装配的工艺过程

塑料模具的装配按照作业顺序通常可分为研究模具装配关系，待装零件的清理与准备，组件装配，总装配与试模调整等几个阶段。

（1）研究装配关系。由于塑料制品形状复杂，结构各异，成形工艺要求也不尽相同，模具结构与动作要求及装配精度差别较大，因此，在模具装配前应充分了解模具总体结构类型与特点，仔细分析各组成零件的装配关系、配合精度与结构功能，认真研究模具工作时的动作关系及装配技术要求，从而确定合理的装配方法、装配顺序与装配基准。

（2）零件清理与准备。根据模具装配图上的零件明细表，清点与整理所有零件，清洗加工零件表面污物，去除毛刺，准备标准件。对照零件图检查各主要零件的尺寸和形位精度、配合间隙、表面粗糙度、修整余量、材料与处理，以及有无变形、划伤或裂纹等缺陷。

（3）组件装配。按照装配关系要求，将为实现某项特定功能的相关零件组装成部件，为总装配做好准备。如定模或动模的装配、型腔镶块或型芯与模板的装配、推出机构的装配、侧滑块组件的装配等。组装后的部件其定位精度、配合间隙、运动关系等均需符合装配技术要求。

（4）总装配。模具总装配时，首先要选择好装配的基准，安排好定模、动模（上模或下模）的装配顺序。然后将单个零件与已组装的部件或机构等按结构或动作要求，顺序地组合到一起，形成一副完整的模具。这一过程不是简单的零件与部件的有序组合，而是边装配、边检测、边调整、边修研的过程，最终必须保证装配精度，满足各项装配技术要求。模具装配后，应将模具对合后置于装配平台上，试拉模具各分型面，检查开距及限位机构动作是否准确可靠；推出机构的运动是否平稳，行程是否足够；侧向抽芯机构是否灵活。一切检验无误后，将模具合好，准备试模。

（5）试模与调整。组装后的模具并不一定就是合格的模具，真正合格的模具要通过试模验证，才能够生产出合格的制品。这一阶段仍须对模具进行整体或部分的装拆与修磨调整，甚至是补充加工。经试模合格后的模具，还须对各成形零件的成形表面进行最终的精抛光。

10.4.3 模具的装配方法

模具是由多个零件或部件组成的，这些零部件的加工，由于受许多因素的影响，都存在不同大小的加工误差，这将直接影响模具的装配精度，因此，模具装配方法的选择应依据不同模具的结构特点、复杂程度、加工条件、制品质量和成形工艺要求等来决定。现有的模具装配方法可分为以下几种。

（1）完全互换法。完全互换法是指装配时，模具各相互配合零件之间不经选择、修配与调整，组装后就能达到规定的装配精度和技术要求。其特点是装配尺寸链的各组成环公差之和小于或等于封闭环公差。

在装配关系中，与装配精度要求发生直接影响的那些零件、组件或部件的尺寸和位置关系，是装配尺寸链的组成环，而封闭环就是模具的装配精度要求，它是通过把各零、部件装配好后得到的。当模具精度要求较高，且尺寸链环数较多时，各组成环所分得的制造公差就很小，即零件的加工精度要求很高，这给模具制造带来极大的困难，有时甚至无法达到。

但完全互换法的装配质量稳定，装配操作简单，便于实现流水作业和专业化生产，适合于一些装配精度要求不太高的大批量生产的模具标准部件的装配。

（2）分组互换法。分组互换法是将装配尺寸链的各组成环公差按分组数放大相同的倍数，然后对加工完成的零件进行实测，再以放入前的公差数值、放大倍数及实测尺寸进行分组，并以不同的标记加以区分，按组进行装配。

这种方法的特点是扩大了零件的制造公差，降低了零件的加工难度，具有较好的加工经济性，但因其互换水平低，不适于大批量的生产方式和精度要求高的场合。

模具装配中对于模架的装配，可采用分组法按模架的不同种类和规格进行分组装配，如对模具的导柱与导套配合采用分组互换装配，以提高其装配精度和质量。

（3）调整装配法。调整装配法是按零件的经济加工精度进行制造，装配时通过改变补偿环的实际尺寸和位置，使之达到封闭环所要求的公差与极限偏差的一种方法。

这种方法的特点是各组成环在经济加工精度条件下，就能达到装配精度要求，不需做任何修配加工，还可补偿因磨损和热变形对装配精度的影响，适干不宜采用互换法的高精度多环尺寸链的场合。多型腔镶块结构的模具常用调整法装配。

调整装配法可分为可动调整与固定调整两种。可动调整是指通过改变调整件的相对位置来保证装配精度，而固定调整法则是选取某一个或某一组零件作为调整件，根据其他各组成环形成的累计误差的数值来选择不同尺寸的调控件，以保证装配精度。模具装配中，这两种方法都有应用。

（4）修配装配法。修配装配法是指模具的各组成零件仍按经济加工精度制造，装配时通过修磨尺寸链中补偿环的尺寸，使之达到封闭环公差和极限偏差要求的装配方法。

这种方法的主要特点是可放宽零件制造公差，降低加工要求。为保证装配精度，常需采用磨削和手工研磨等方法来改变指定零件尺寸，以达到封闭环的公差要求。适于不宜采用互换法和调整法的高精度多环尺寸链的精密模具装配，如多个镶块拼合的多型腔模具的型腔或型芯的装配，常用修配法来达到较高的装配精度要求。但是，该方法须增加一道修配工序，对模具装配钳工的要求较高。

模具作为产品一般都是单件定制的，而模架和模具标准件都是批量生产的，因此，上述装配方法中，调整法和修配法是模具装配的基本方法，在模具领域被广泛应用。

10.4.4　模具的装配要点

1．装配基准的选择

注射模具的结构关系复杂，零件数量较多，装配时装配基准的选择对保证模具的装配质量十分重要。装配基准的选择，依据加工设备与工艺技术水平的不同，大致可分为以下两种。

（1）以型腔、型芯为装配基准。因型腔、型芯是模具的主要成形零件，以型腔、型芯作为装配基准称为第一基准。模具其他零件的装配位置关系都要依据成形零件来确定，如导柱、导套孔的位置确定，就要按型腔、型芯的位置来找正。为保证动、定模合模定位准确及制品壁厚均匀，可在型腔、型芯的四周间隙塞入厚度均匀的紫铜片，找正后再进行孔的加工。

（2）以模具动、定模板两个互相垂直的侧面为基准。以标准模架上的两个互相垂直的侧面为装配基准称为第二基准。型腔、型芯的安装与调整，导柱、导套孔的位置，以及侧滑块的滑道位置等，均以基准面按 x，y 坐标尺寸来定位、找正。

2．装配时的修研原则与工艺要点

模具零件加工后都有一定的公差或加工余量，钳工装配时须进行相应的修整、研配、刮削及抛光等操作，具体修研时应注意以下几点。

（1）脱模斜度的修研。修研脱模斜度的原则是，型腔应保证收缩后大端尺寸在制品公差范围内，型芯应保证收缩后小端尺寸在制品公差范围内。

（2）圆角与倒角。角隅处圆角半径的修整，型腔零件应偏大些，型芯应偏小些，便于制品装配时底、盖配合留有调整余量。型腔、型芯的倒角也遵循此原则，但设计图上没有给出圆角半径或倒角尺寸时，不应修圆角或倒角。

（3）垂直分型面和水平分型面的修研。当模具既有水平分型面，又有垂直分型面时，修研时应使垂直分型面接触吻合，水平分型面留有 0.01～0.02mm 的间隙。涂红点显示，在合模、开模后，垂直分型面现出黑亮点，水平分型面稍见均匀红点即可。

（4）型腔沿口处研修。模具型腔沿口处分型面的修研，应保证型腔沿口周边 10mm 左右分型面接触吻合均匀，其他部位可比沿口处低 0.02～0.04mm，以保证制品分型面处不产生飞边或毛刺。

（5）侧抽芯滑道和锁紧块的修研。侧向抽芯机构一般由滑块、侧型芯、滑道和锁紧楔等组成。装配时通常先研配滑块与滑道的配合尺寸，保证有 H8/f7 的配合间隙；然后调整并找正侧型芯中心在滑块上的高度尺寸，修研侧型芯端面及与侧孔的配合间隙；最后修研锁紧楔的斜面与滑块斜面。当侧型芯前端面到达正确位置或与型芯贴合时，锁紧楔与滑块的斜面也应同时接触吻合，并应使滑块上顶面与模板之间保持 0.2mm 的间隙，以保证锁紧楔与滑块之间的足够锁紧力。

侧向抽芯机构工作时，熔体注射压力对侧抽型芯或滑块产生的侧向作用力不应作用于斜导柱，而应由锁紧楔承受，为此，须保证斜导柱与滑块斜孔的间隙，一般单边间隙不小于 0.5mm。

（6）导柱、导套的装配。导柱、导套的装配精度要求严格，相对位置误差一般在±0.01mm 以内，装配后应保证开、合模运动灵活，因此，装配前应进行配合间隙的分组选配。装配时应先安装模板对角线上的两个，并做开、合模运动检验，若有卡紧现象，应予以修正或调换。合格后，再装其余两个，每装一个都须进行开、合模动作检验，确保动、定模开合运动灵活，导向准确，定位可靠。

（7）推杆与推件板的装配。推杆与推件板的装配要求是保证脱模运动平稳，滑动灵活。推杆装配时，应逐一检查每一根推杆尾部台肩的厚度尺寸与推杆固定板上固定孔的台肩深度，并使装配后留有 0.05mm 左右的间隙。推杆固定板和动模垫板上的推杆孔位置，可通过型芯上的推杆孔引钻的方法确定。型芯上的推杆孔与推杆配合部分应采用 H7/f6 或 H8/f7 的间隙，其余部分可有 0.5mm 的间隙。推杆端面形状应随型芯表面形状进行修磨，装配后不得低于型芯表面，但允许高出 0.05～0.1mm。

推件板装配时，应保证推件板型孔与型芯配合部分有 3°～10°的斜度，配合面的粗糙度 *Ra* 不低于 0.8μm，间隙均匀，不得溢料。推顶推件板的推杆或拉杆要修磨得长度一致，确保推件板受力均匀。推件板本身不得有翘曲变形或推出时产生弹性变形。

（8）限位机构的装配。多分型面模具常用各类限位机构来控制模具的开、合模顺序和模板的运动距离。这类机构一般要求运动灵活，限位准确可靠，如用拉钩机构限制开模顺序时，应保证开模时各拉钩能同时打开。装配时应严格控制各拉杆或拉板的行程准确一致。

10.4.5 模具的组件装配

塑料模组件装配包括型腔和型芯与固定板的装配，以及推出机构的装配和抽芯机构的装配等，其装配方法与要求如下。

1．型芯的装配

由于塑料模的结构不同，型芯在固定板上的固定方式也不相同，常见的固定方式如图 10-4 所示。

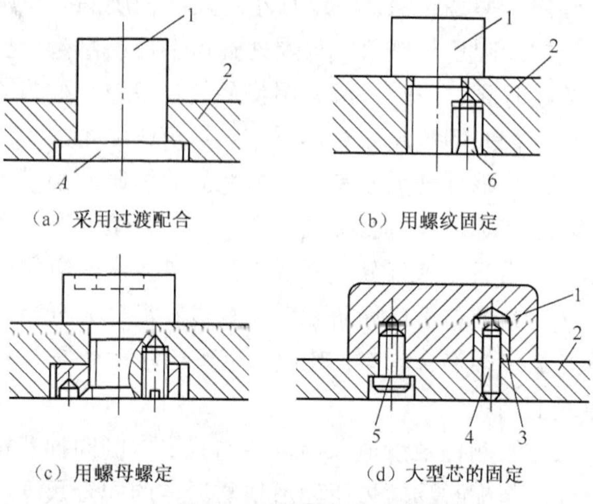

图 10-4 型芯的固定方式
1—型芯 2—固定板 3—定位销套 4—定位销 5—螺钉 6—骑缝螺钉

如图 10-4（a）所示的固定方式，其装配过程与装配带台肩的冷冲凸模相类似。在压入过程中要注意保证型芯的垂直度、不切坏孔壁和不使固定板产生变形。在型芯和型腔的配合要求经修配合格后，在平面磨床上磨平端面 *A*（用等高垫铁支承）。

为保证装配要求应注意下列几点：检查型芯高度及固定板厚度（装配后能否达到设计尺寸要求），型芯台肩平面应与型芯轴线垂直。固定板通孔与沉孔平面的相交处一般为 90°，而型芯上与之相应的配合部位往往呈圆角（磨削时砂轮损耗形成），装配前应将固定板的上述部位修出圆角，使之不对装配产生不良影响。

如图 10-4（b）所示的固定方式常用于热固性塑料压模。对某些有方向要求的型芯，当螺纹拧紧后，型芯的实际位置与理想位置之间常常出现误差，如图 10-5 所示，*α* 是理想位置与实际位置之间的夹角，型芯的位置误差可以通过修磨 *a* 面或 *b* 面来消除，为此，应先进行

预装并测出角度 α 的大小，其修磨量$\Delta_{修磨}$按下式计算。

$$\Delta_{修磨}=\frac{P}{360^\circ}\alpha \tag{10-1}$$

式中：α——误差角；

P——连接螺纹的螺距，mm。

如图 10-4（c）所示，螺母固定方式对于某些有方向要求的型芯，装配时只需按设计要求将型芯调整到正确位置后，用螺母固定，使装配过程简便。这种固定形式适合于固定外形为任何形状的型芯，以及在固定板上同时固定几个型芯的场合。如图 10-4（b）、（c）所示的型芯固定方式，在型芯位置调好并紧固后，要用骑缝螺钉定位，骑缝螺钉孔应安排在型芯淬火之前加工。

大型芯的固定方式如图 10-4（d）所示，装配时可按下列顺序进行：①在加工好的型芯上压入实心的定位销套；②根据型芯在固定板上的位置要求，将定位块用平行夹头夹紧在固定板上，如图 10-6 所示；③在型芯螺孔口部抹红粉，把型芯和固定板合拢，将螺钉孔位置复印到固定板上取下型芯，在固定板上钻螺钉过孔及锪沉孔，用螺钉将型芯初步固定；④通过导柱、导套将卸料板、型芯和支撑板装合在一起，将型芯调整到正确位置后，拧紧固定螺钉；⑤在固定板的背面划出销孔位置线，钻、铰销孔，打入销钉。

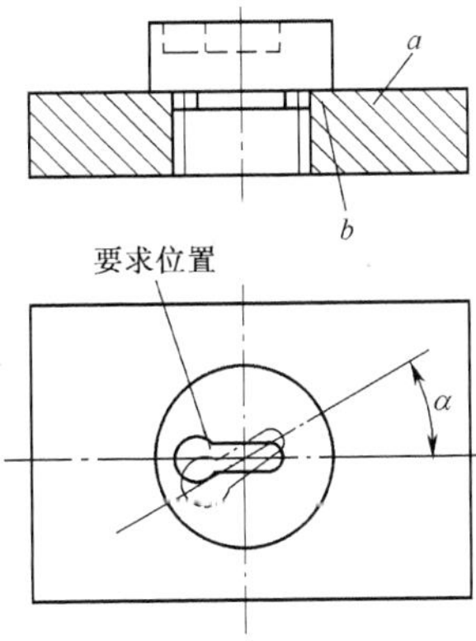

图 10-5　型芯的位置误差

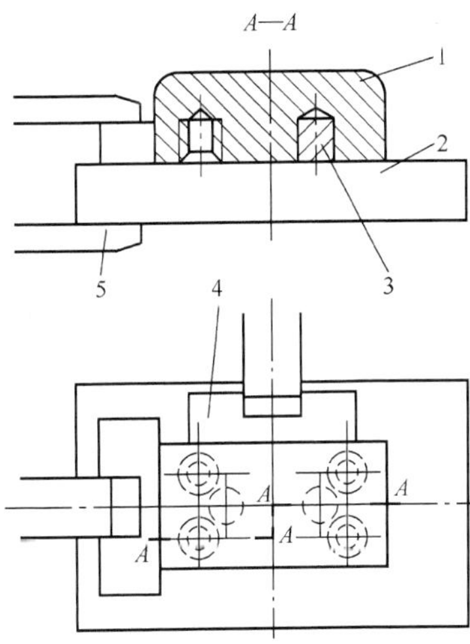

图 10-6　大型芯与固定板的装配
1—型芯　2—固定板　3—定位销套
4—定位块　5—平行夹头

为了避免型芯与固定板配合的尖角部分发生干涉，可将型芯角部修成 R 为 0.3 mm 左右的圆角，如图 10-7（a）所示。当不允许型芯修成圆角时，则应将固定板孔的角部用锯条修出清角、圆角或窄槽，如图 10-7（b）所示。

型芯与通孔或固定板压入装配前应涂润滑油，先将导入部分放入通孔或固定板中，测量并校正其垂直度后方可缓慢而平稳地压入。在全部压入过程中应随时测量与校正型芯的垂直度，以保证装配质量。型芯装入后，还应将型芯尾部同固定板装配平面一起磨平。

10-1　型芯的装配方式

2．型腔的装配

一般注射模、压塑模的型腔多采用镶拼或拼块结构，如图 10-8 所示是圆形整体型腔的镶嵌形式。型腔和动模板、定模板镶合后，其分型面上要求紧密无缝，因此，对于压入式配合的型腔，其压入端一般都不允许有斜度，而将压入时的导入部设在模板上，可在型腔固定孔的入口处加工出 1° 的导入斜度，其高度不超过 5mm。对于有方向要求的型腔，为了保证型腔的位置要求，在型腔压入模板一小部分后，应采用百分表检测型腔的直线部位，如果出现位置误差，可用管钳等工具将其旋转到正确位置后，再压入模板。如果有方向要求的型腔其方向要求精度不高，可在模板的上、下平面上划出对准线，在型腔的压入端面上划出相应的对准线，并将线引至侧面。型腔放入模板固定孔时，将其侧面线与模板上的对准线对准。待型腔压入后，还可从模板上平面的对准线观察型腔位置的正确性。为了调整方便，也可考虑使型腔与模板间保持 0.01～0.02mm 的配合间隙，在型腔装入模板后将位置找正，再用定位销定位。

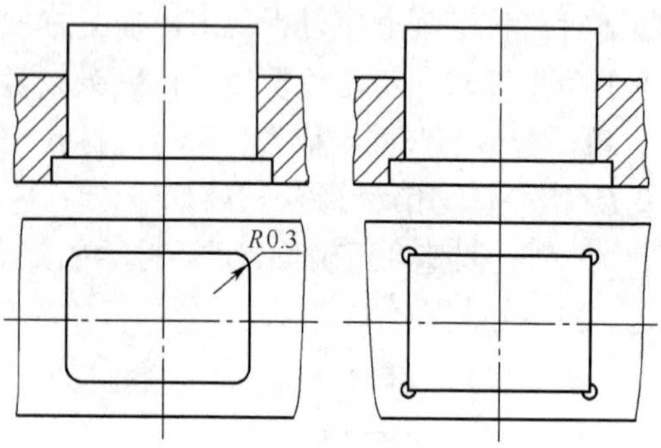

（a）　（b）

图 10-7　型芯与固定板配合尖角修正

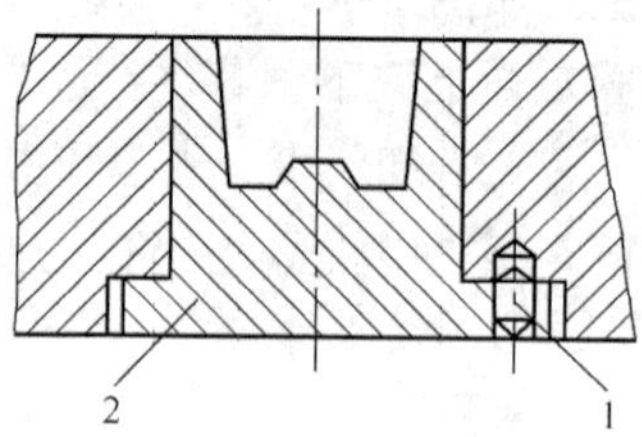

图 10-8　压入法装配型腔

1—型腔　2—止转销钉

如图 10-9 所示为拼块结构的型腔，这种型腔的拼合面在热处理后要进行磨削加工，因此，型腔的某些工作表面不能在热处理前加工到要求尺寸，只能在装配后采用电火花机床、坐标磨床等对型腔进行精修，达到设计要求。如果热处理后硬度不高，即可在装配后采用其他切削方法加工，拼块两端均应留余量，待装配完毕后，再将两端面和模板一起磨平。为了不使拼块结构的型腔在压入模板的过程中，各拼块在压入方向上产生错位，应在拼块的压入端放一块平垫板，通过平垫板推动各拼块一起移动，如图 10-10 所示。

10-2　型腔的装配方式

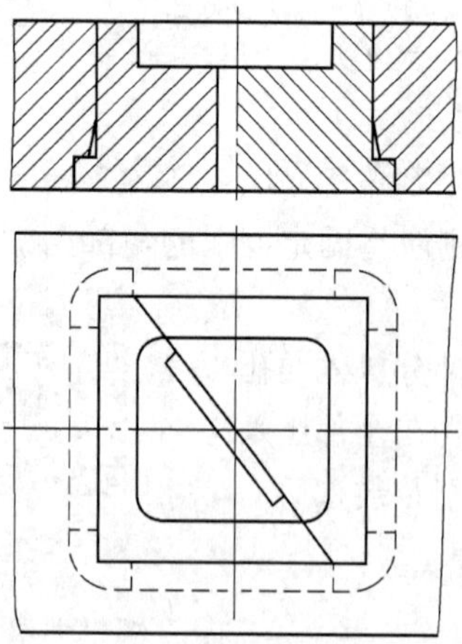

图 10-9　拼块结构的型腔

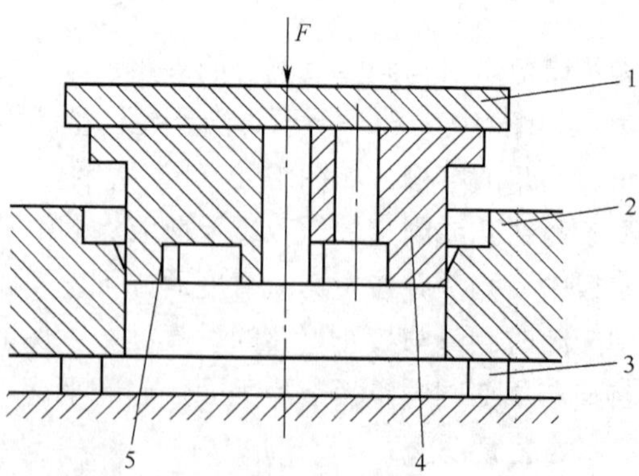

图 10-10　拼块结构型腔的装配

1—平垫板　2—模板　3—等高垫板　4、5—型腔拼块

3．浇口套的装配

浇口套与定模板的配合一般采用 H7/m6，它压入模板后，其台肩应和沉孔底面贴紧。装配的浇口套，其压入端与配合孔间应无缝隙，所以，浇口套的压入端不允许有导入斜度，应将导入斜度开在模板上浇口套配合孔的入口处。为了防止在压入时浇口套将配合孔壁切坏，常将浇口套的压入端倒成小圆角。在浇口套加工时，应留有去除圆角的修磨余量 Z，压入后，使圆角突出在模板之外，如图 10-11（a）所示；然后在平面磨床上磨平，如图 10-11（b）所示；最后再把修磨后的浇口套稍微退出，将固定板磨去 0.02mm，重新压入后，如图 10-11（c）所示，台肩对定模板的高出量 0.02mm 即可采用修磨来保证。

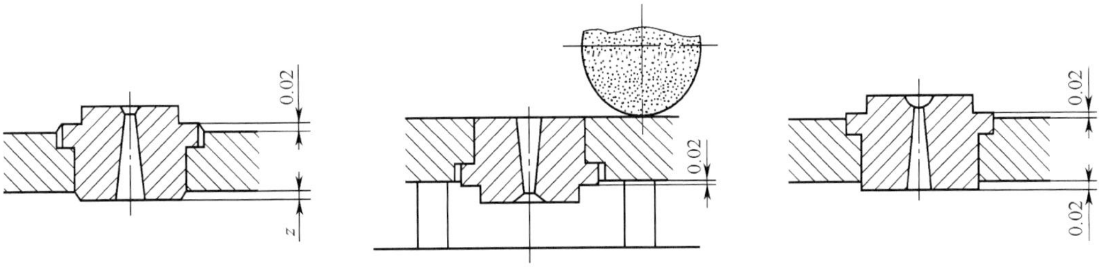

（a）压入后的浇口套　（b）修磨浇口套　（c）装配好的浇口套

图 10-11　浇口套的装配

4．导柱和导套的装配

导柱、导套分别安装在塑料模的动模和定模上，它们是模具合模和启模的导向装置，导柱、导套采用压入方式装入模板的导柱孔和导套孔内。对于不同结构的导柱所采用的装配方法也不同。短导柱可以采用压入方法，如图 10-12 所示；长导柱应在定模板上的导套装配完成之后，以导套导向将导柱压入动模板内，如图 10-13 所示。

10-3　导向机构装配过程

导柱、导套装配后，应保证动模板在启模和合模时都能灵活滑动，无卡滞现象，因此，加工时除保证导柱、导套和模板等零件间的配合要求外，还应保证动模板、定模板上导柱和导套安装孔的中心距一致（其误差不大于 0.01mm）。压入前应对导柱、导套进行选配，压入模板后，导柱孔和导套孔应与模板的安装基面垂直。如果装配后启模和合模不灵活，有卡滞现象，可用红粉涂于导柱表面，往复拉动动模板，观察卡滞部位，分析原因，然后将导柱退出，重新装配。在两根导柱装配合格后，再装配第三根、第四根导柱。每装入一根导柱，均应作上述观察。最先装配的应是距离最远的两根导柱。

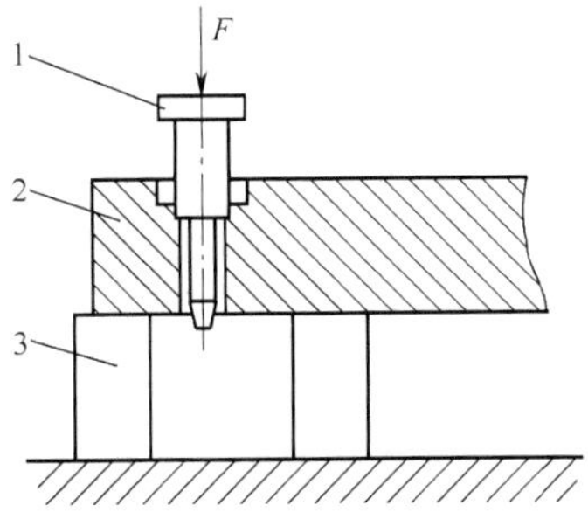

图 10-12　短导柱的装配

1—导柱　2—模板　3—平行垫铁

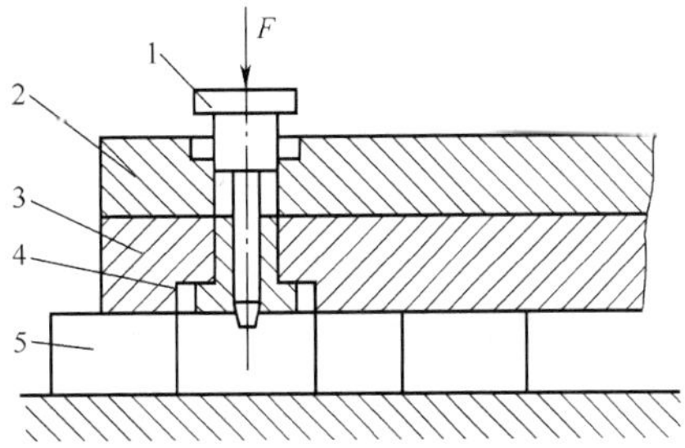

图 10-13　长导柱的装配

1—导柱　2—固定板　3—定模板　4—导套　5—平行垫铁

5．推杆的装配

推杆为推出制件所用，其结构如图 10-14 所示。推杆应运动灵活，尽量避免磨损。推杆由推杆固定板及推板带动运动，由导向装置对推板进行支承和导向。

导柱、导套导向的圆形推杆可按下列顺序进行装配。

（1）配镗导柱孔、导套孔。将推板、推杆固定板、支撑板重叠在一起，配镗导柱孔、导套孔。

（2）配钻推杆孔及复位杆孔。将支撑板与动模板（型腔、型芯）重叠，配钻复位杆孔，按型腔（型芯）上已加工好的推杆孔，配钻支撑板上的推杆孔。配钻时以固定板和支撑板的定位销定位，再将支承扳、推杆固定板重叠，按支撑板上的推杆孔和复位杆孔配钻推杆孔及复位杆固定孔。配钻前应将推板、导套及导柱装配好，以便用于定位。

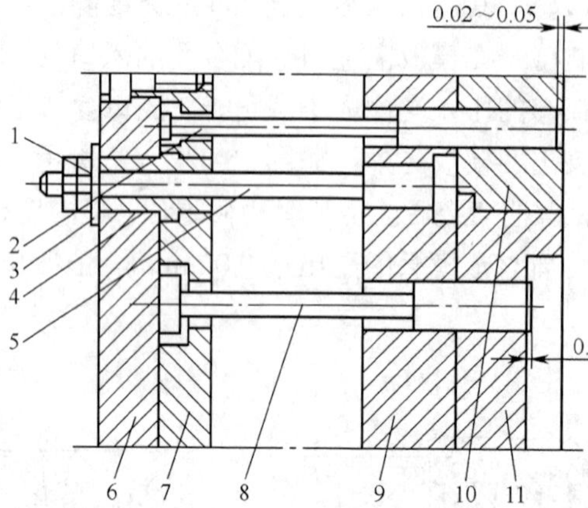

图 10-14　推杆的装配

1—螺母　2—复位杆　3—垫圈　4—导套　5—导柱　6—推板　7—推杆固定板　8—推杆　9—动模垫板　10—动模板　11—型腔镶块

（3）推杆装配。推杆装配按下列步骤操作。

10-4　推杆的装配过程

① 将推杆孔入口处和推杆顶端倒出小圆角或斜度，当推杆数量较多时，应与推杆孔进行选择配合，保证滑动灵活，不溢料。

② 检查推杆尾部台肩厚度及推板固定板的沉孔深度，保证装配后有 0.05mm 的间隙，对过厚者应进行修磨。

③ 将推杆及复位杆装入固定板，盖上推板，用螺钉紧固。

④ 检查及修磨推杆及复位杆顶端面。当模具处于闭合状态时，推杆顶面应高出型面 0.05～0.10mm，复位杆端面低于分型面 0.02～0.05mm。上述尺寸要求受垫块和限位钉影响，所以在进行测量前应将限位钉装入动模座板，并将限位钉和垫块磨到正确尺寸。将装配好的推杆、动模（型腔活型芯）支撑板和动模座板组合在一起，当推板复位到与限位钉接触时，若有推杆低于型面，则修磨垫块；如果推杆高出型面，则可修磨推板底面。推杆和复位杆顶面的修磨，可在平面磨床上进行，修磨时可采用 V 形铁或三爪自定心卡盘装夹。

6．滑块抽芯机构装配

滑块的主要功能是带动活动型芯做横向抽出与复位运动，要求其位置正确、滑动灵活可靠。其装配过程如下。

（1）确定滑块槽的位置。如图 10-15 所示，一般情况下，滑块 3 的安装是以动模型腔镶块 2 的型面为基准，因此，要确定滑块的位置，必须先将定模型芯 1 安装在定模板 5 中，然后使其进入动模型腔镶块 2 中，调整、修磨无误后，确定滑块型芯的位置。

10-5　滑块抽芯机构的装配过程 1

10-6　滑块抽芯机构的装配过程 2

（2）精加工滑块槽及铣 T 形槽。以分型面为基准，根据滑块实际尺寸配磨或精铣滑块槽底面；再按照滑块台肩的实际尺寸，精铣动模板上的 T 形槽；最后由钳工修正，使滑块与导滑槽正确配合，保证滑块运动的平稳。

（3）测定型孔位置及配制型芯固定孔。固定在滑块上的型芯往往要求穿过动模型腔镶块 2 上的孔进入型腔，并要求型芯与孔配合正确，滑动灵活，为此，首先要确定滑块上型芯固定孔的正确位置，然后加工出型芯固定孔。

10-7　滑块抽芯机构的装配过程 3

10-8　滑块抽芯机构的装配过程 4

（4）安装滑块型芯。将滑块型芯 6 装入滑块上的型芯固定孔，并用销钉定位。研配滑块型芯 6 的端部，使其与定模型芯 1 贴合，同时，滑块的前端面应与动模型腔镶块 2 贴紧。

（5）装配楔紧块。滑块型芯安装后，即可确定楔紧块 4 的位置。在楔紧块 4 装配时，首先要保证楔紧块斜面与滑块斜面必须均匀接触。其次，模具闭合后，保证楔紧块与滑块之间具有锁紧力，方法是在装配过程中使楔紧块与滑块的斜面接触后，分模面之间留有 0.2mm 的间隙，当间隙被压合后即产生锁紧力。最后通过楔紧块对定模板复钻销钉孔，装入销钉紧固。

10-9　滑块抽芯机构的装配过程 5

（6）斜导柱装配。斜导柱孔的加工是在滑块、动模板和定模板组合在一起的情况下进行的。此时，楔紧块对滑块做了锁紧，分型面之间留有 0.2mm 的间隙用金属片垫实。斜导柱孔加工后装入斜导柱，滑块上的斜导柱孔要与斜导柱留有 0.5～1mm 的间隙。

（7）安装滑块复位、定位装置。滑块复位、定位装置的安装与位置调整一般在滑块装配基本完成后进行。图 10-16 为常用的采用定位板作定位的复位、定位装置。

10-10　滑块抽芯机构的装配过程 6

（8）调整与试模。滑块抽芯机构装配结束后，必须经试模、修整，检查其动作的灵活程度及安装位置的正确性。

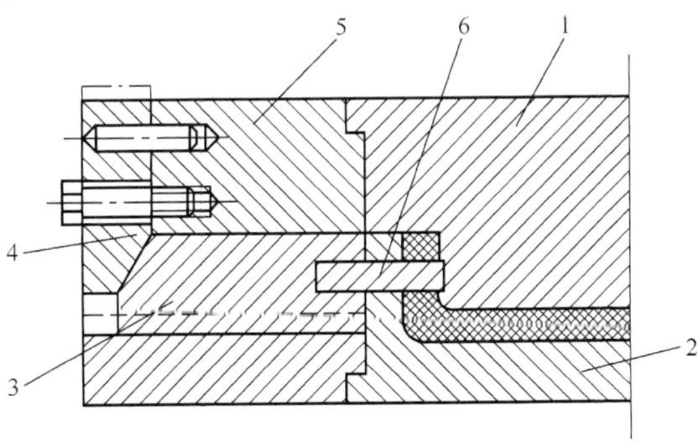

图 10-15　滑块抽芯机构装配
1—定模型芯　2—动模型腔镶块　3—滑块
4—楔紧块　5—定模板　6—滑块型芯

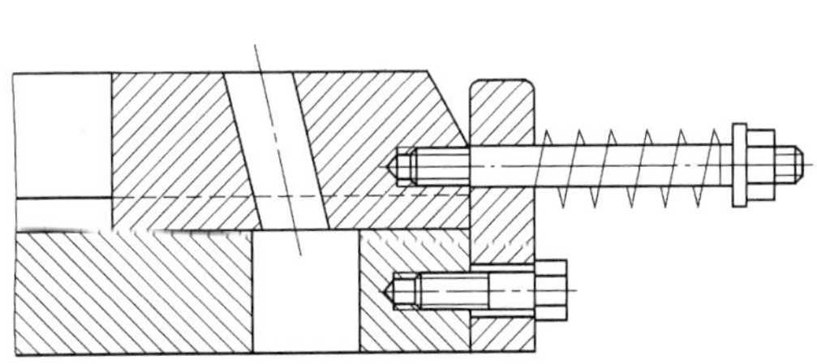

图 10-16　滑块复位、定位装置

10.4.6　模具的总装

由于塑料模结构比较复杂、种类多，故在装配前要根据其结构特点拟订具体装配工艺。一般塑料模的装配过程如下。

（1）确定装配基准。

（2）装配前要对零件进行测量，合格零件必须去磁，并将零件擦拭干净。

（3）调整各零件组合后的累积尺寸误差，如各模板的平行度要校验修磨，以保证模板组装密合，分型面处吻合面积不得小于80%，防止产生飞边。

（4）装配中尽量保持原加工尺寸的基准面，以便总装合模调整时检查。

（5）组装导向机构，并保证开模、合模动作灵活，无松动和卡滞现象。

（6）组装调整推出机构，并调整好复位及推出位置等。

（7）组装调整型芯、镶件，保证配合面间隙达到要求。

（8）组装冷却或加热系统，保证管路畅通，不漏水、不漏电，阀门动作灵活。

（9）组装液压或气动系统，保证运行正常。

（10）紧固所有连接螺钉，装配定位销。

（11）试模，试模合格后打上模具标记，如模具编号、合模标记及组装基面等。

（12）最后检查各种配件、附件及起重吊环等零件，保证模具装备齐全。

下面以图10-17所示热塑性塑料注射模为例，介绍注塑模的装配与试模过程。制件材料为ABS。

1．装配要求

（1）模具上下平面的平行度偏差不大于0.05mm，分型面处须密合。

（2）顶件时，顶杆和卸料板动作必须保持同步，上下模型芯必须紧密接触。

2．装配工艺

（1）按图样要求检验各零件尺寸。

（2）修磨定模与卸料板分型曲面的密合程度。

（3）将定模、卸料板和支撑板叠合在一起，并用夹板夹紧；镗导柱、导套孔，在孔内压入工艺定位销后，加工侧面的垂直基准。

（4）利用定模的侧面垂直基准，确定定模上实际型腔中心，作为以后加工的基准；分别加工定模上的小型芯孔、镶块型孔的线切割工艺穿丝孔和镶块台肩面；修磨定模型腔部分，并压入镶块组装。

（5）利用定模型腔的实际中心，加工型芯固定型孔的线切割穿丝孔，并进行线切割型孔。

（6）在定模卸料板和支撑板上分别压入导柱、导套，并保持导向可靠、滑动灵活。

（7）用螺孔复印法和压销钉套法，紧固定位型芯于支撑板上。

（8）过支撑板引钻顶杆固定板上的顶杆孔。

（9）过型芯引钻顶杆固定板上的顶杆孔。

（10）加工限位螺钉孔、复位杆孔，并组装顶杆固定板。

（11）组装模脚与支撑板。

（12）在定模座板上加工螺孔、销钉孔和导柱孔，并将浇口套压入定模座板上。

（13）装配定模部分。

（14）装配动模部分，并修正顶杆和复位杆长度。

（15）装配完毕进行试模，试模合格后打标记，并交验入库。

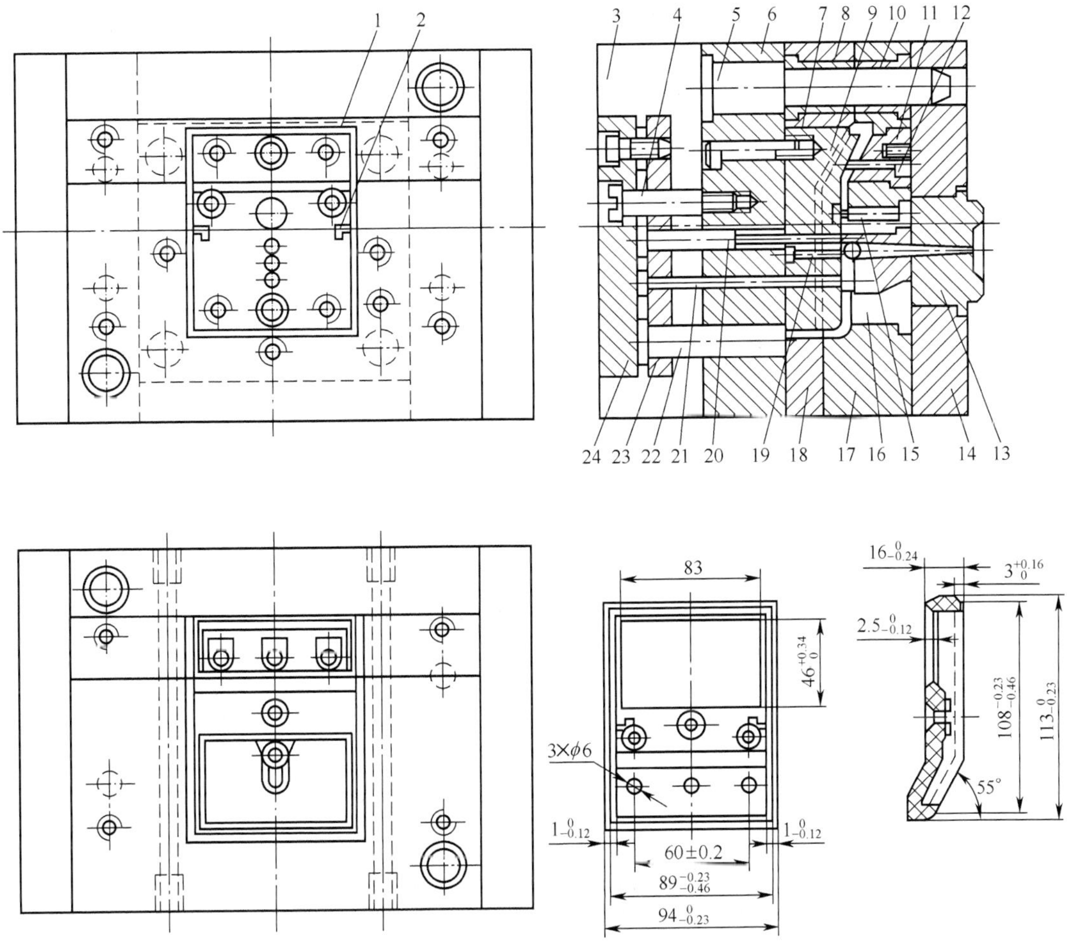

图 10-17　热塑性塑料注射模

1—嵌件螺杆　2—矩形推杆　3—模脚　4—限位螺钉　5—导柱　6—支撑板　7—销套　8、10—导套　9、12、15—型芯　11、16—镶块　13—浇口套　14—定模座板　17—定模　18—卸料板　19—拉杆　20、21—推杆　22　复位杆　23—推杆固定板　24—推板

10.4.7　模具的试模

模具总装结束后，在正式交付使用之前，应进行试模。试模的目的是检查模具设计的合理性和模具制造的缺陷，在试模中查明缺陷的原因加以排除。另外，对成形工艺条件进行探索，这对提高模具设计、制造和成形工艺水平是非常重要的。

（1）设备保养。试模前，必须对设备的油路、水路以及电路进行检查，并按规定保养设备，做好开机前的准备。

（2）加热料筒和喷嘴。根据推荐的工艺参数，将料筒和喷嘴加热。由于制件大小、形状和壁厚不同，以及设备上热电偶位置的深度和温度表的误差也各有差异，因此，资料上介绍的加工某一塑料的料筒和喷嘴温度只是一个大致范围，还应根据具体条件调试。判断料筒和喷嘴温度是否合适的最好办法是在喷嘴和主流道脱开的情况下，用较低的注射压力，使塑料自喷嘴中缓慢地流出，以观察料流。如果没有硬块、气泡、银丝、变色，而是光滑明亮形，即说明料筒和喷嘴温度是比较合适的，这时就可开始试模。

（3）调整工艺参数。在开始试模时，原则上选择在低压、低温和较长的时间条件下成形，然后按压力、时间、温度这样的先后顺序变动，最好不要同时变动两个或三个工艺条件，以便分析和判断情况。压力变化的影响，马上就可从制件上反映出来，所以如果制件充不满，通常首先是增加注射压力。当大幅度提高注射压力仍无显著效果时，才考虑变动时间和温度。延长时间实质上是使塑料在料筒内受热时间加长，注射几次后若仍然未充满，最后才提高料筒温度。但料筒温度的上升以及塑料温度达到平衡需要一定的时间，一般约15min，不是马上就可以从制件上反映出来，因此必须耐心等待。也不能一下子把料筒温度升得太高，以免塑料过热而发生降解。

（4）选择注射速度。注射成形时，可选用高速和低速两种工艺。一般在制件壁薄而面积大时采用高速注射，而壁厚面积小者采用低速注射。在高速和低速都能充满型腔的情况下，除玻璃纤维增强塑料外，均宜采用低速注射。

（5）确定螺杆转速和背压。对黏度高和热稳定性差的塑料，采用较慢的螺杆转速和略低的背压加料和预塑，而黏度低和热稳定性好的塑料可采用较快的螺杆转速和略高的背压。在喷嘴温度合适的情况下，采用喷嘴固定的形式可提高生产率。但当喷嘴温度太低或太高时，需要采用每成形周期向后移动喷嘴的形式（喷嘴温度低时，由于后加料时喷嘴离开模具，减少了散热，故可使喷嘴温度升高，而喷嘴温度太高时，后加料时可挤出一些过热的塑料）。

在试模过程中应做详细记录，并将结果填入试模记录卡，注明模具是否合格。如需返修，则应提出返修意见。在记录卡中应摘录成形工艺条件及操作注意要点，最好能附上加工出的制件，以供参考。

试模后，将模具清理干净，涂上防锈油，然后分别入库或返修。

现将试模过程中易产生的缺陷及原因列于表10-4，以供参考。

表10-4　试模时易产生的缺陷及原因

缺陷 / 原因	制件不足	溢边	凹痕	银丝	熔接痕	气泡	裂纹	翘曲变形
料筒温度太高		√	√	√		√		√
料筒温度太低	√				√		√	
注射压力太高		√					√	√
注射压力太低	√		√		√	√		
模具温度太高			√					√
模具温度太低	√		√		√	√	√	
注射速度太慢	√							
注射时间太长				√	√		√	
注射时间太短	√		√					
成形周期太长		√		√	√			
加料太多		√						
加料太少	√		√					
原料含水分过多			√					
分流道或铸口太小	√		√	√	√			
模穴排气不好	√			√		√		
制件太薄	√							
制件太厚或变化大			√			√		√
成形机能力不足	√		√	√				
成形机锁模力不足		√						

注：√表示所存在的缺陷。

实训与练习

1．实训

（1）内容：塑料注射模装配工艺制定。

（2）时间：1 天。

（3）实训内容：在模具制造工厂或模具拆装实训室，挑选不同结构的模具若干，分成 3 人一组，每组学生拆开一副模具，然后根据该副模具特点，制定其装配工艺。

2．练习

（1）塑料注射模具制造过程的基本要求有哪些？

（2）简述塑料注射模具的制造工艺过程。

（3）塑料注射模模架的制造要点有哪些？

（4）塑料注射模成形零件的加工要点有哪些？

（5）塑料注射模辅助结构件的制造要点有哪些？

（6）塑料注射模具的装配方法有哪些？

（7）塑料注射模具装配基准如何选择？

（8）塑料注射模试模过程中易产生的缺陷及原因有哪些？

第 11 章
冲压模具制造与装配

学习目标

1. 熟悉模具各类零件的加工特点
2. 掌握冲裁模凸、凹模常用的加工方法
3. 掌握模具零件的常用连接方法
4. 熟悉模具间隙及位置的控制
5. 了解弯曲模和拉深模凸、凹模常用的加工方法
6. 了解模具调试中容易出现的主要问题及解决方法

课程思政元素

11.1 概述

冲压模具是由工作零件和结构零件组成的能实现指定功能的一个有机装配体，不同的零件在模具中的功能和作用不同，其材料和热处理、精度（尺寸公差、形位公差、表面粗糙度等）、装配等技术要求必然不同。常用冲压模具零件的公差配合要求和表面粗糙度要求如表 11-1 和表 11-2 所示。有关冲模零件技术要求详情可查阅 GB/T 14662—2006《冲模技术条件》等标准。显然，零件形状结构和技术要求不同，其制造方法必然不同。

表 11-1　　冲压模具零件的公差配合要求

序号	配合零件名称	配 合 要 求	序号	配合零件名称	配 合 要 求
1	导柱或导套与模座	H7/r6	9	固定挡料销与凹模	H7/m6
2	导柱与导套	H7/r6 或 H6/h5	10	活动挡料销与卸料板	H9/r8 或 H9/h9
3	压入式模柄与上模座	H7/m6	11	初始挡料销与导料板	H8/f9
4	凸缘式模柄与上模座	H7/h6	12	侧压板与导料板	H8/f9
5	模柄与压力机滑块模柄孔	H11/d11	13	固定式导正销与凸模	H7/r6
6	凸模或凹模与固定板	H7/m6	14	推（顶）件块与凹模或凸模	H8/f8
7	导板与凸模	H7/h6	15	销钉与固定板、模座	H7/n6
8	卸料板与凸模或凸凹模	0.1～0.5 mm（单边）	16	螺钉与螺杆孔	0.5～1 mm（单边）

表 11-2　　冲压模具零件的表面粗糙度要求

表面粗糙度 *Ra*（μm）	使 用 范 围	表面粗糙度 *Ra*（μm）	使 用 范 围
0.2	抛光的成形面或平面	1.6	1．内孔表面——在非热处理零件上配合用； 2．底板平面

续表

表面粗糙度 *Ra*（μm）	使用范围	表面粗糙度 *Ra*（μm）	使用范围
0.4	1. 成形工序的凸模和凹模工作表面； 2. 圆柱表面和平面的刃口； 3. 滑动和精确导向的表面	3.2	1. 不磨加工的支撑、定位和紧固表面——用于非热处理零件； 2. 底板平面
0.8	1. 成形的凸模和凹模刃口； 2. 凸、凹模镶块的接合面； 3. 过盈配合和过渡配合的表面——用于热处理零件； 4. 支撑定位和紧固表面——用于热处理零件； 5. 磨加工的基准平面； 6. 要求准确的工艺基准表面	6.3～12.5	不与冲压零件及模具工作零件表面接触的表面
		25	粗糙、不重要的表面

在制定模具零件加工工艺方案时，必须根据具体加工对象，结合企业实际生产条件进行制定，以保证技术上先进和经济上合理。从制造观点看，按照模具零件结构和加工工艺过程的相似性，可将各种模具零件大致分为工作型面零件、板类零件、轴类零件、套类零件等，其加工特点分别如下。

（1）轴、套类零件。轴、套类零件主要指导柱和导套等导向零件，它们一般是由内、外圆柱表面组成。其加工精度要求主要体现在内、外圆柱表面的表面粗糙度及尺寸精度和各配合圆柱表面的同轴度等。导向零件的形状比较简单，加工工艺不复杂，加工方法一般在车床进行粗加工和半精加工，有时需要钻、扩和镗孔后，再进行热处理，最后在内、外圆磨床上进行精加工，对于配合要求高、精度高的导向零件，还要对配合表面进行研磨。

（2）板类零件。板类零件是指模座、凹模板、固定板、垫板、卸料板等平板类零件，是由平面和孔系组成，加工时一般遵循先面后孔的原则，即先刨、铣、平磨等加工平面，然后用钻、铣、镗等加工孔。对于复杂异型孔，可以采用线切割加工，孔的精加工可采用坐标磨等。

（3）工作型面零件。工作型面零件的形状、尺寸差别较大，有较高的加工要求。凸模的加工主要是外形加工；凹模的加工主要是孔（系）、型腔加工，而外形加工比较简单。工作型面零件的加工一般遵循先粗后精，先基准后其他，先平面后轴孔，且工序要适当集中的原则，加工方法主要有机械加工和辅以电加工的机械加工等方法。

11.2　冲裁模的制造与装配

11.2.1　凸、凹模技术要求与加工特点

冲裁属于分离工序，冲裁模凸、凹模要求带有锋利刃口，凸、凹模之间的间隙要合理，其加工具有如下特点。

（1）材料好、硬度高。凸、凹模材质一般是工具钢或合金工具钢，热处理后的硬度一般为 58～62 HRC，凹模比凸模稍硬一些。

（2）精度要求高。凸、凹模精度主要根据冲裁件精度决定，一般尺寸精度在 IT6～IT9，

工作表面粗糙度 Ra 值为 1.6～0.4 μm。

（3）刃口锋利、间隙合理。凸、凹模工作端带有锋利刃口，刃口平直（斜刃除外），安装固定部分要符合配合要求；凸、凹模装配后应保证均匀的最小合理间隙。

凸模的加工主要是外形加工，凹模的加工主要是孔（系）加工。凹模型孔加工和直通式凸模加工常用线切割方法。

11.2.2 凸、凹模加工

凸模和凹模的加工方案根据其设计计算方案的不同，一般有分开加工和配合加工两种，其加工特点和适用范围见表 11-3。

表 11-3 凸模和凹模两种加工方案比较

加工方案	分开加工	配合加工	
		方案一	方案二
加工特点	凸、凹模分别按图纸加工至尺寸要求，凸模和凹模之间的冲裁间隙是由凸、凹模的实际尺寸之差来保证	先加工好凸模，然后按此凸模配做凹模，并保证凸模和凹模之间的规定间隙值大小	先加工好凹模，然后按此凹模配做凸模，并保证凹模和凸模之间的规定间隙值大小
适用范围	1．凸、凹模刃口形状较简单，特别是圆形，直径一般大于 5 mm 时，基本都用此法； 2．要求凸模或凹模具有互换性时； 3．成批生产时； 4．加工手段比较先进，分开加工不难保证尺寸精度时	1．刃口形状一般比较复杂时，非圆形冲孔模可采用方案一，非圆形落料模可采用方案二； 2．凸、凹模间的配合间隙比较小时	

凸模和凹模的加工方法主要根据凸模和凹模的形状和结构特点，并结合企业实际生产条件来决定。

1．凸模的加工方法

（1）圆形凸模的加工方法。各种圆形凸模的加工方法基本相同，即车削加工毛坯，淬火，精磨，最后工件表面抛光及刃磨。

（2）非圆形凸模的加工方法。非圆形凸模的加工方法分两种情况。

① 台肩式凸模。对于无间隙模或设备条件较差的工厂，一般采用压印修锉法进行，即车、铣或刨削加工毛坯，磨削安装面和基准面，划线铣轮廓，留 0.2～0.3 mm 单边余量，凹模（已加工好）压印后，修锉轮廓，淬硬后抛光、磨刃口；对于一般要求的凸模，采用仿形刨削方法加工，即粗加工轮廓，留 0.2～0.3mm 单边余量，用凹模（已加工好）压印后，仿形精刨，最后淬火、抛光、磨刃口。

② 直通式凸模。对于形状较复杂或较小、精度较高的凸模，一般采用线切割方法加工，即粗加工毛坯，磨安装面和基准面，划线加工安装孔、穿丝孔，淬硬后磨安装面和基准面，切割成形、抛光、磨刃口；对于形状不太复杂、精度较高的凸模或镶块，一般采用成形磨削方法加工，即粗加工毛坯，磨安装面和基准面，划线加工安装孔，加工轮廓，留 0.2～0.3 mm 单边余量，淬硬后磨安装面，再成形磨削轮廓。

凸模、型芯的形状是多种多样的，加工要求不完全相同，各工厂的生产条件又各有差异。这里仅以图 11-1 所示的凸模为例，说明其加工工艺过程。

【例 11-1】 图 11-1 所示凸模的主要技术要求有：材料为 CrWMn，表面粗糙度 Ra=0.63μm，硬度为 58 ~ 62 HRC，与凹模双面配合间隙为 0.03 mm。该凸模加工的特点是凸、凹模配合间隙小，精度要求高，在缺乏成形加工设备的条件下，可采用压印锉修进行加工。其工艺过程如下。

（1）下料。采用热轧圆钢，按所需直径和长度用锯床切断。

（2）锻造。将毛坯锻造成矩形。

（3）热处理。进行退火处理。

（4）粗加工。刨削 6 个平面，留单面余量 0.4 ~ 0.5mm。

（5）磨削平面。磨削 6 个平面，保证垂直度，上、下平面留单面余量 0.2 ~ 0.3mm。

（6）钳工划线。划出凸模轮廓线及螺孔中心位置线。

（7）工作型面粗加工。按划线刨削刃口形状，留单面余量 0.2 mm。

（8）钳工修整。修锉圆弧部分，使余量均匀一致。

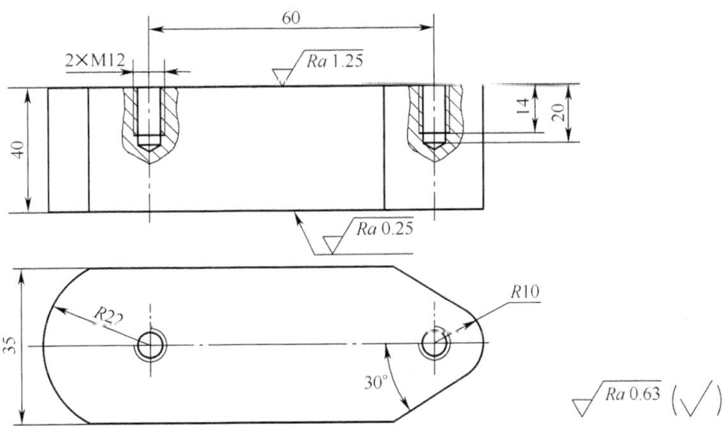

图 11-1　凸模零件图

（9）工作型面精加工。用已经加工好的凹模进行压印后，进行钳工修锉凸模，沿刃口轮廓留热处理后的研磨余量。

（10）螺孔加工。钻孔、攻丝。

（11）热处理。淬火、低温回火，保证硬度为 58 ~ 62 HRC。

（12）磨削端面。磨削上、下平面，消除热处理变形以便精修。

（13）研磨。研磨刃口侧面，保证配合间隙。

综合以上所列工艺过程，本例凸模工艺可概括为：备料→毛坯外形加工→划线→刃口轮廓粗加工→刃口轮廓精加工→螺孔加工→热处理→研磨或抛光。

在上述工艺过程中，刃口轮廓精加工可以采用锉削加工、压印锉修加工、仿形刨削加工、铣削加工等方法。如果用磨削加工，其精加工工序应安排在热处理工序之后，以消除热处理变形，这对制造高精度的模具零件尤其重要。

2．凹模的加工方法

冲裁凹模一般根据型孔的形式采用不同的加工方法。

（1）圆形孔。当孔径小于 5mm 时，采用钻铰法，即车削加工毛坯上、下底面及外圆，钻、铰工作型孔，淬硬后磨上、下底面和工作型孔、抛光；当孔径较大时，采用磨削法，即车削加工毛坯上、下底面，钻、镗工作型孔，划线加工安装孔，淬硬后磨上、下底面和工作型孔、抛光。

（2）圆形孔系。对于位置精度要求高的凹模，采用坐标镗削，即粗、精加工毛坯上、下底面和凹模外形，磨上、下底面和定位基面，划线、坐标镗削型孔系列，加工固定孔，淬火后研磨抛光型孔；对于位置精度要求一般的凹模，采用立铣加工，即毛坯粗、精加工与坐标镗削方法相同，不同之处为孔系加工用坐标法在立铣机床上加工，后续加工与坐标镗削方法相同。

（3）非圆形孔。设备条件较差的工厂加工形状简单的凹模采用锉削法，即毛坯粗加工后按样板轮廓线，切除中心余料后按样板修锉，淬火后研磨、抛光型孔；形状不太复杂、精度不太高、过渡圆角较大的凹模采用仿形铣，即凹模型孔精加工在仿形铣床或立式铣床上靠模加工（要求铣刀半径小于型孔圆角半径），钳工锉斜度，淬火后研磨，抛光型孔；尺寸不太大、形状不复杂的凹模采用压印加工，即毛坯粗加工后，用加工好的凸模或样冲压印后修锉，再淬火，研磨，抛光型孔；各种形状、精度高的凹模采用线切割加工，即毛坯外形加工好后，划线加工安装孔，淬火，磨安装基面，割型孔；镶拼凹模采用成形磨削方法加工，即毛坯按镶拼结构加工好，划线粗加工轮廓，淬火后磨安装面，成形磨削轮廓，研磨，抛光；形状复杂，精度高的整体凹模采用电火花加工，即毛坯外形加工好后，划线加工安装孔，淬火，磨安装基面，作电极或用凸模打凹模型孔，最后研磨，抛光。

【例 11-2】 落料冲孔复合模的落料凹模如图 11-2 所示，材料为 T10A，硬度为 60～64 HRC，表面粗糙度为 *Ra*=0.63 μm，与凹模双面配合间隙为 0.04 mm，制定其加工工艺路线。

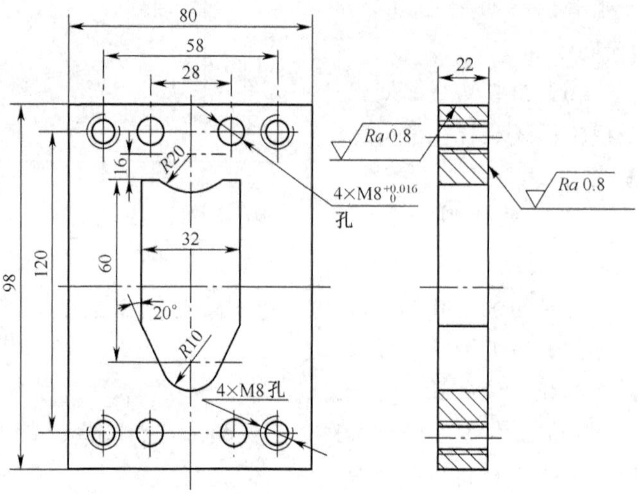

图 11-2　落料凹模

基于企业具备模具生产的一般条件，但不具有电加工设备的特点，制定落料凹模的加工工艺过程如表 11-4 所示。

表 11-4　落料凹模的加工工艺过程

工 序 号	工 序 名 称	工 艺 说 明
1	下料	凹模坯料，多采用轧制的圆钢，按下料计算方法计算出长度，在锯床上切断，并留有余量
2	锻造	将坯料锻成矩形，留取双面加工余量为 5 mm
3	热处理	退火，消除内应力，便于加工
4	粗加工（刨）	刨六面，留取 0.5 mm（双面）磨削余量
5	磨	刨六面，到规定的尺寸
6	划线	划出凹模孔轮廓线及各螺孔，销孔位置
7	工作型孔粗加工	按划线去除废料，在铣床上按划线加工型孔（单边余料 0.15～0.25 mm）和凹模孔斜度
8	凹模孔精加工	采用压印锉修法，按凸模配做，压印锉修时，保证凸、凹模间隙值及均匀性
9	孔加工	加工各螺孔、销孔，并精铰销孔和攻丝
10	热处理	60～64 HRC
11	磨刃口及精修	平面磨床磨上、下平面后，钳工修整

3. 凸、凹模加工的典型工艺路线

凸、凹模加工的典型工艺路线主要有以下几种形式。

（1）下料→锻造→退火→毛坯外形加工（包括外形粗加工、精加工、基面磨削）→划线→刃口轮廓粗加工→刃口轮廓精加工→螺孔、销孔加工→淬火与回火→研磨或抛光。此工艺路线钳工工作量大，技术要求高，适用于形状简单、热处理变形小的零件。

（2）下料→锻造→退火→毛坯外形加工（包括外形粗加工、精加工、基面磨削）→划线→刃口轮廓粗加工→螺孔、销孔加工→淬火与回火→采用成形磨削进行刃口轮廓精加工→研磨或抛光。此工艺路线能消除热处理变形对模具精度的影响，使凸、凹模的加工精度容易保证，可用于热处理变形大的零件。

（3）下料→锻造→退火→毛坯外形加工→螺孔、销孔、穿丝孔加工→淬火与回火→磨削加工上下面及基准面→线切割加工→钳工修整。此工艺路线主要用于以线切割加工为主要工艺的凸、凹模加工，尤其适用形状复杂、热处理变形大的直通式凸模、凹模零件。

11.2.3　其他零件加工

模具零件除工作型面零件外，还有模座、导柱、导套、固定板、卸料板等其他模具零件，它们主要是板类零件、轴类零件和套类零件等。其他模具零件的加工相对于工作型面零件要容易些，下面介绍这些零件的常用加工方法。

（1）模座的常用加工方法。模座是组成模架的主要零件之一，属于板类零件，一般是由平面和孔系组成。其加工精度要求主要体现在模座的上、下平面的平行度，上、下模座的导套、导柱安装孔中心距的一致性，模座的导柱、导套安装孔的轴线与模座的上、下平面的垂直度，以及表面粗糙度和尺寸精度。

模座的加工主要是平面加工和孔系的加工。在加工过程中，为了保证技术要求和加工方便，一般遵循先面后孔的加工原则，即先加工平面，再以平面定位加工孔系。模座的毛坯经过刨削或铣削加工后，对平面进行磨削可以提高模座平面的平面度和上下平面的平行度，同时，容易保证孔的垂直度要求。孔系的加工可以采用钻、镗削加工，对于复杂异型孔，可以采用线切割加工。为了保证导柱、导套安装孔的间距一致，在镗孔时，经常将上、下模座重叠在一起，一次装夹，同时镗出导柱和导套的安装孔。

（2）导柱、导套的常用加工方法。滑动式导柱和导套属于轴类和套类零件，一般是由内、外圆柱表面组成。其加工精度要求主要体现在内、外圆柱表面的表面粗糙度及尺寸精度、各配合圆柱表面的同轴度等。导向零件的配合表面都必须进行精密加工，而且要有较好的耐磨性。

导向零件的形状比较简单，加工方法一般采用普通机床进行粗加工和半精加工后，再进行热处理，最后用磨床进行精加工，消除热处理引起的变形，提高配合表面的尺寸精度和减少配合表面的粗糙度。对于配合要求高、精度高的导向零件，还要对配合表面进行研磨，才能达到要求的精度和表面粗糙度。导向零件的加工工艺路线一般是：备料→粗加工→半精加工→热处理→精加工→光整加工。

【例 11-3】　如图 11-3 所示的后侧导柱标准冲模座的加工工艺过程如表 11-5 所示，下模座的加工基本同上模座。

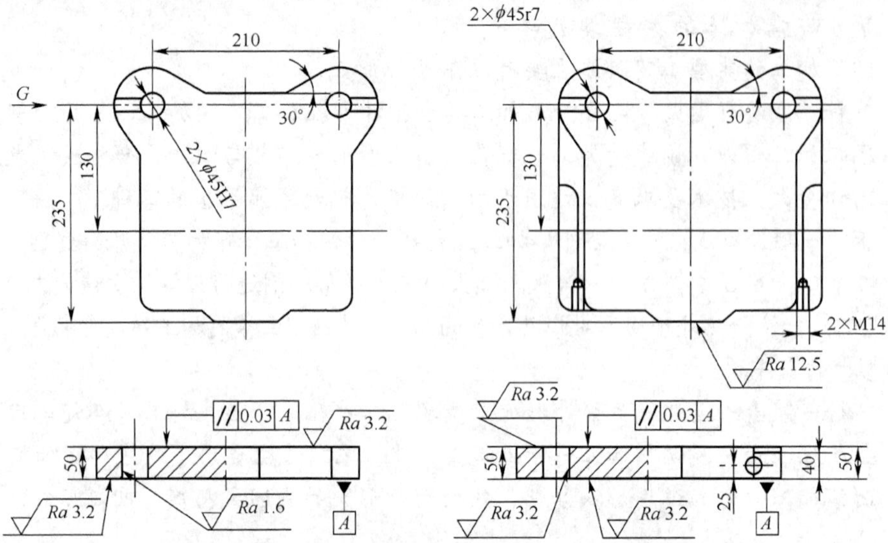

（a）上模座　　　　（b）下模座

图 11-3　冲模模座

表 11-5　　加工上模座的工艺过程

工序号	工 序 名 称	工 序 内 容	设　　备	工 序 简 图
1	备料	铸造毛坯		
2	刨平面	刨上、下平面，保证尺寸 50.8	牛头刨床	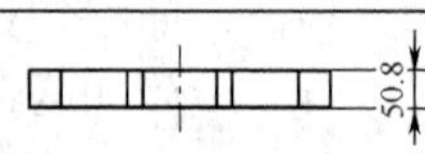
3	磨平面	磨上、下平面，保证尺寸 50	平面磨床	
4	钳工划线	划前部平面和导套孔中心线		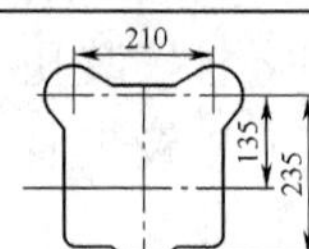
5	铣前部平面	按划线铣前部平面	立式铣床	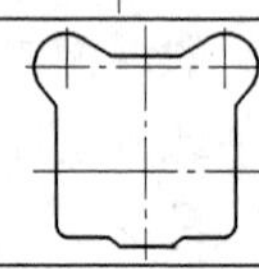
6	钻孔	按划线钻导套孔至ϕ43	立式钻床	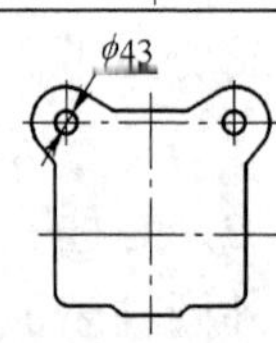
7	镗孔	和下模座重叠，一起镗孔至ϕ45H7	镗床或立式铣床	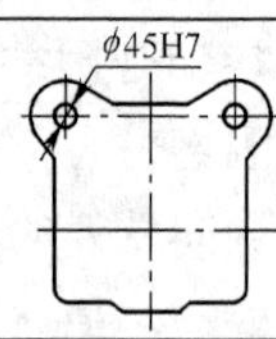
8	铣槽	按划线铣 R2.5 的圆弧槽	卧式铣床	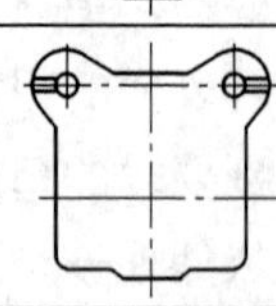
9	检验			

【例 11-4】　如图 11-4 所示的冲压模滑动式导套，材料 20 钢，表面渗碳深度 0.8 ~ 1.2 mm，

热处理硬度 58 ~ 62 HRC，确定其制造的工艺过程。

导套和导柱一样，是模具中应用最广泛的导向零件，尽管其结构形状因应用部位不同而各异，但构成导套的主要表面是内、外圆柱表面，可根据其结构形状、尺寸和材料的要求，直接选用适当尺寸的热轧圆钢为毛坯。

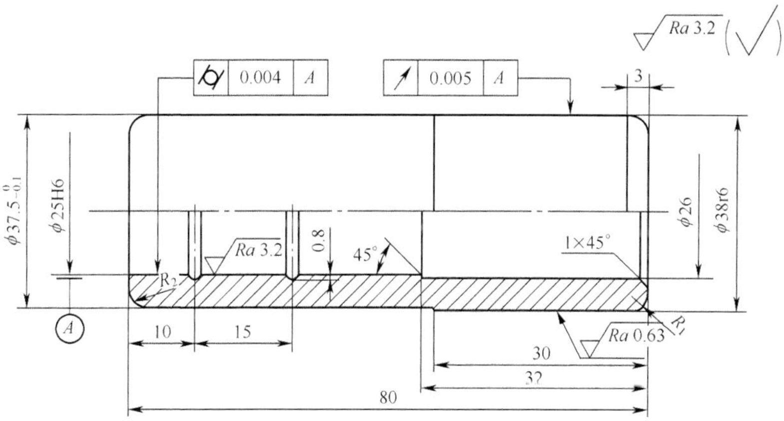

图 11-4　冲压模具滑动式导套

在机械加工过程中，除保证导套配合表面的尺寸和形状精度外，还要保证内外圆柱配合表面的同轴度要求。导套的内表面和导柱的外圆柱面为配合面，使用过程中运动频繁，为保证其耐磨性，须有一定的硬度要求，因此，在精加工之前，要安排热处理，以提高其硬度。在不同的生产条件下，导套的制造所采用的加工方法和设备不同，制造工艺也不相同。根据图 11-4 所示导套的精度和表面粗糙度要求，其加工方案可选择为：备料→粗加工→半精加工→热处理→精加工→光整加工，其加工工艺过程如表 11-6 所示。

表 11-6　　导套的加工工艺过程

工序号	工序名称	工 序 内 容	设备	工 序 简 图
1	下料	按尺寸ϕ42×85 切断	刨床	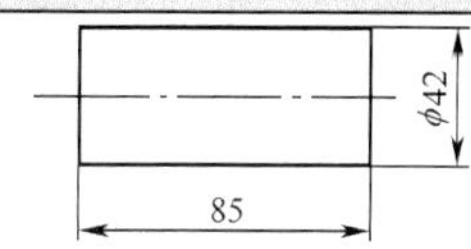
2	车外圆及内孔	车端面保证长度 82.5； 钻ϕ25 内孔至ϕ23； 车ϕ38 外圆至ϕ38.4 并倒角； 镗ϕ25 内孔至ϕ24.6 和油槽至尺寸； 镗ϕ26 内孔至尺寸并倒角	车床	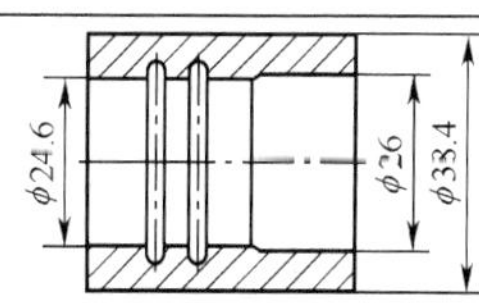
3	车外圆倒角	车ϕ37.5 外圆至尺寸，车端面至尺寸	车床	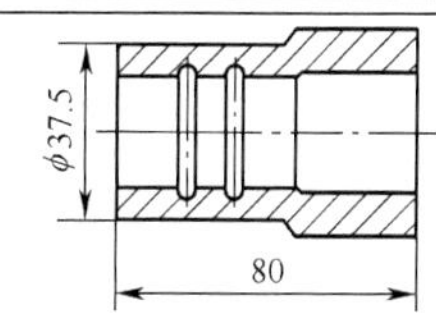
4	检验			
5	热处理	按热处理工艺进行，保证渗碳层深度为 0.8～1.2 mm，硬度为 58～62 HRC		
6	磨削内、外圆	磨ϕ38 外圆达图纸要求； 磨内孔ϕ25，留研磨余量 0.01mm	万能磨床	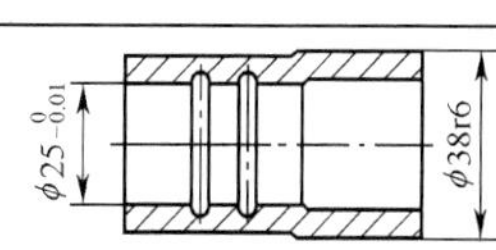
7	研磨内孔	研磨ϕ25 内孔达图纸要求，研磨 R2 圆弧	车床	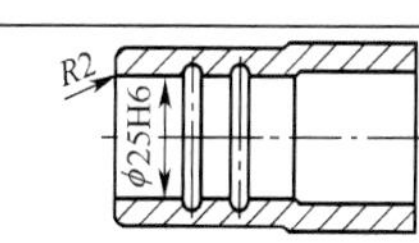
8	检验			

（3）固定板、卸料板的常用加工方法。固定板和卸料板的加工方法与凹模板十分类似，主要根据型孔形状来确定方法，对于圆孔可采用车削，矩形和异型孔可采用铣削或线切割，对系列孔可采用坐标镗削加工。

11.2.4 模具零件的连接方法

模具零件的连接方法随模具零件结构及加工方法不同、工作时承受压力的大小不等有许多种。下面介绍常用的几种。

（1）紧固件法。如图 11-5 所示，这种方法工艺简便。

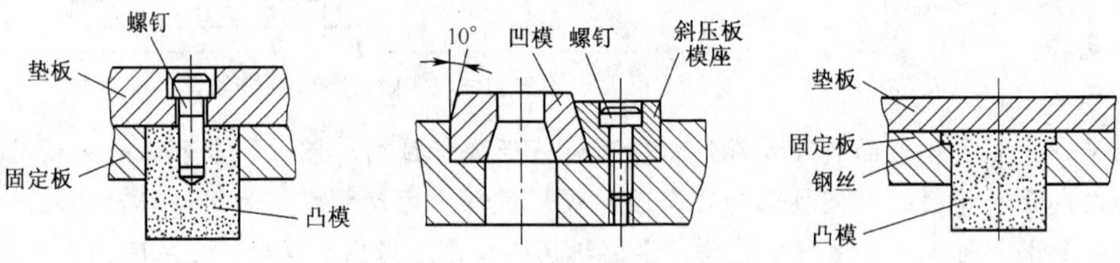

（a）螺钉固定　（b）斜压块和螺钉固定　（c）钢丝固定

图 11-5　紧固法固定模具零件

（2）压入法。压入法如图 11-6 所示，凸模利用端部台阶轴向固定，与固定板按 H7/m6 或 H7/n6 配合。压入法经常用于截面形状较规则（如圆形、方形）的凸模连接，台阶尺寸一般为单边宽度 1.5～2.5 mm，台阶高度 3～8 mm。

（3）铆接法。铆接法如图 11-7 所示，它主要用于连接强度要求不高的场合，由于工艺过程比较复杂，此类方法应用越来越少。

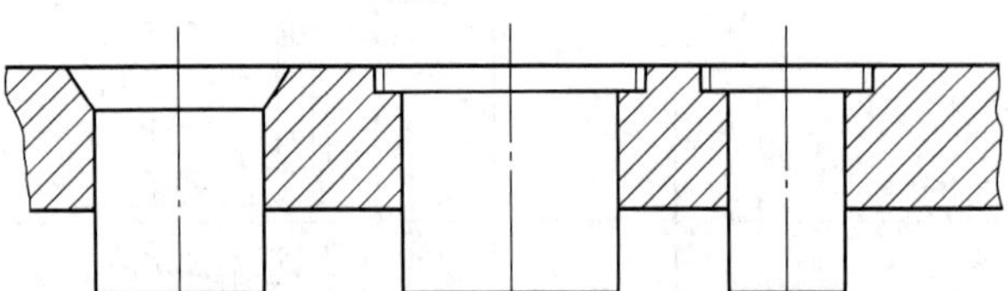

图 11-6　压入法固定模具零件

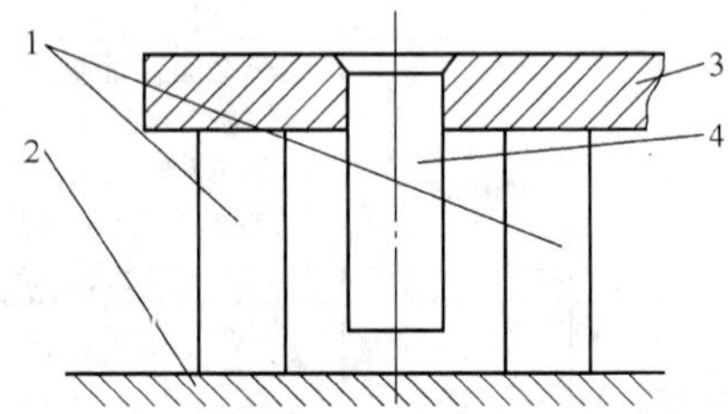

图 11-7　铆接法

1—等高垫块　2—平台　3—固定板　4—凸模

（4）热套法。热套法常用于固定凸、凹模拼块以及硬质合金模块。仅起固定作用时，其过盈量一般较小；当要求有预应力时，其过盈量要稍大一些。图 11-8 为热套法固定的 3 个例子。

（5）焊接法。焊接法如图 11-9 所示，主要应用于硬质合金模。焊接前要在 700～800 ℃进行预热，并清理焊接面，再用火焰钎焊或高频钎焊，在 1 000 ℃左右焊接，焊缝为 0.2～0.3 mm，焊料为黄铜，并加入脱水硼砂。焊后放入木炭中缓冷，最后在 200～300 ℃保温 4～6 小时去应力。

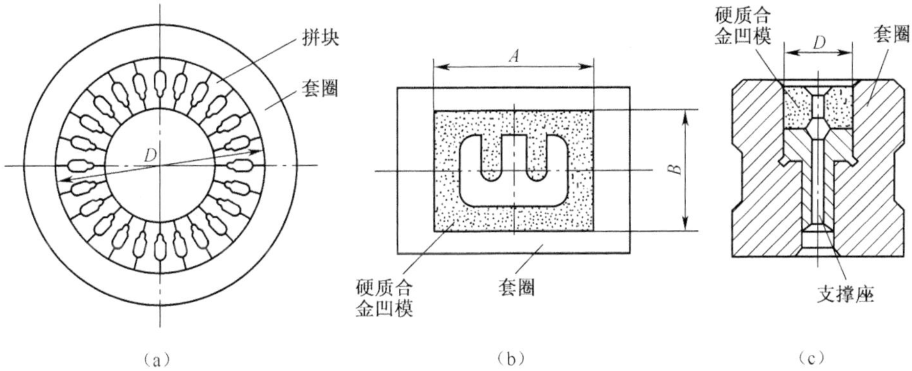

图 11-8　热套法示例

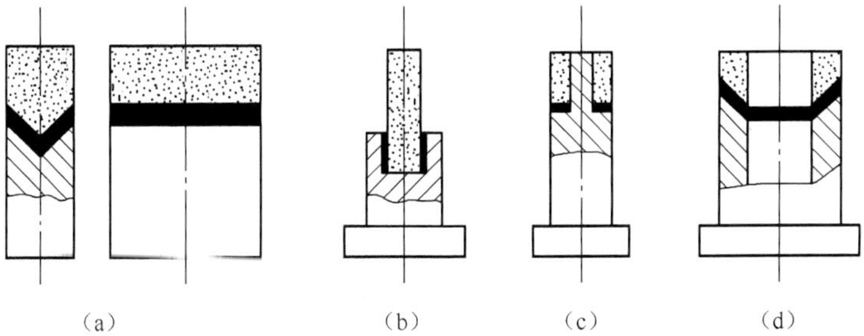

图 11-9　焊接法

11.2.5　模具间隙及位置的控制

1．凸、凹模间隙的控制

冷冲模装配的关键是如何保证凸、凹模之间具有正确合理而又均匀的间隙。这既与模具有关零件的加工精度有关，也与装配工艺的合理与否有关。为保证凸、凹模间的位置正确和间隙的均匀，装配时总是依据图纸要求先选择其中某一主要件（如凸模或凹模、或凸凹模）作为装配基准件，以该件位置为基准，用找正间隙的方法来确定其他零件的相对位置，以确保其相互位置的正确性和间隙的均匀性。

控制间隙均匀性常用的方法有如下几种。

（1）测量法。测量法是将凸模和凹模分别用螺钉固定在上、下模板的适当位置，将凸模通过导向装置插入凹模内，用厚薄规（塞尺）检查凸、凹模之间的间隙是否均匀，根据测量结果进行校正，直至间隙均匀后，再拧紧螺钉，配做销孔及打入销钉。

（2）透光法。透光法是将上、下模合模后，用灯光从底面照射，观察凸、凹模刃口四周的光隙大小，来判断冲裁间隙是否均匀，如果间隙不均匀，再进行调整、固定、定位。这种方法适合于薄料冲裁模，对装配钳工的要求较高。如用模具间隙测量仪表检测和调整更好。

（3）试切法。当凸、凹模之间的间隙小于 0.1mm 时，可将其装配后，试切纸（或薄板）。根据切下制件四周毛刺的分布情况（毛刺是否均匀一致）来判断间隙的均匀程度，并作适当的调整。

（4）垫片法。如图 11-10 所示，在凹模刃口四周的适当地方安放垫片（纸片或金属片），垫片厚度等于单边间隙值；然后将上模座的导套慢慢套进导柱，观察凸模 I 及凸模 II 是否顺利进入凹模与垫片接触，并用等高垫铁垫好，用敲击固定板的方法调整间隙，直到其均匀为止，并将上模座事先松动的螺钉拧紧；最后放纸试冲，由切纸观察间隙是否均匀，不均匀时再调整，直至均匀后，再将上模座与固定板同钻，铰定位销孔并打入销钉。

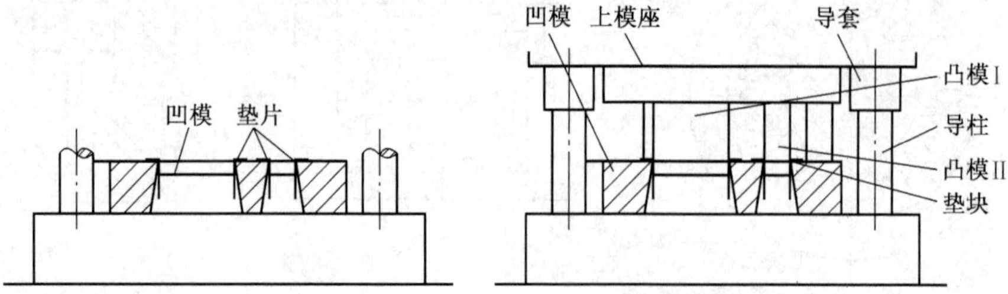

（a）放垫片　（b）合模观察调整

图 11-10　凹模刃口处用垫片控制间隙

（5）镀铜法。对于形状复杂、凸模数量又多的冲裁模，用上述方法控制间隙比较困难，这时可以在凸模表面镀上一层软金属（如镀铜等）。镀层厚度等于单边冲裁间隙值，然后按上述方式调整、固定、定位。镀层在装配后不必去除，在冲裁时会自然脱落。

（6）利用工艺定位器调整间隙。工艺定位器法如图 11-11 所示。装配之前，做一个二级装配工具，即工艺定位器，如图 11-11（a）所示。其中 d_1 与冲孔凸模滑相配，d_2 与冲孔凹模滑相配，d_3 与落料凹模滑相配，d_1、d_2、和 d_3 的尺寸应在一次装夹中加工成形，以保证 3 个直径的同心度。装配时，利用工艺定位器来保证各部分的冲裁间隙，如图 11-11（b）所示。工艺定位器法也适用于塑料模等壁厚的控制。

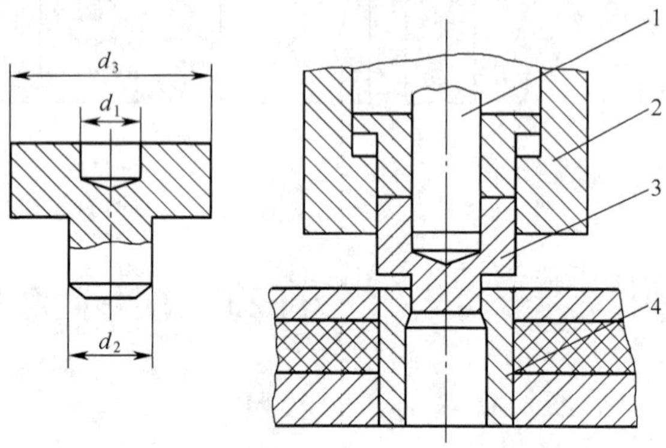

（a）工艺定位器　（b）工艺定位器装配示意图

图 11-11　工艺定位器

1—凸模　2—凹模　3—工艺定位器　4—凸凹模

（7）涂层法。涂层法是在凸模表面涂上一层如磁漆或氨基醇酸漆之类的薄膜。涂漆时，应根据间隙大小选择不同黏度的漆，或通过多次涂漆来控制其厚度；涂漆后，将凸模组件放于烘箱内，在 100～120 ℃烘烤 0.5～1 小时，直到漆层厚度等于冲裁间隙值，并使其均匀一致，然后按上述方法调整、固定、定位。

（8）利用工艺尺寸调整间隙。对于圆形凸模和凹模，可在制造凸模时，在其工作部分加长 1～2 mm，并使加长部分的尺寸按凹模孔的实测尺寸零间隙配合来加工，以便装配时凸、凹模对中（同轴），并保证间隙的均匀。待装配完后，将凸模加长部分磨去。

2．凸、凹模位置的控制

为了保证级进模、复合模及多冲头简单模凸、凹模相互位置的准确，除要尽量提高凹模及凸模固定板型孔的位置精度外，装配时还要注意以下几点。

（1）级进模常选凹模作为基准件，先将拼块凹模装入下模座，再以凹模定位，将凸模装入固定板，然后再装入上模座。当然，这时要对凸模固定板进行一定的钳修。

（2）多冲头导板模常选导板作为基准件。装配时，应将凸模穿过导板后装入凸模固定板，再装入上模座，然后再装凹模及下模座。

（3）复合模常选凸凹模作为基准件，一般先装凸凹模部分，再装凹模、顶块以及凸模等零件，通过调整凸模和凹模来保证其相对位置的准确性。

型腔模常以其主要工作零件——型芯（凸模）、型腔（凹模）和镶块等作为装配的基准件，或以导柱、导套作为基准件，按其依赖关系进行装配。

11.2.6　模具的装配

冲压模具的装配包括组件装配和总装配，即在完成模架、凸模、凹模部分组件装配后，进行模具的总装。

1．组件装配

（1）模架的装配。模架包括上下模座、导柱、导套、模柄等零件。由于冷冲压模模架均已实现标准化，上、下模座、导柱、导套由专业厂家完成生产，所以模架的装配工作只需装配模柄。

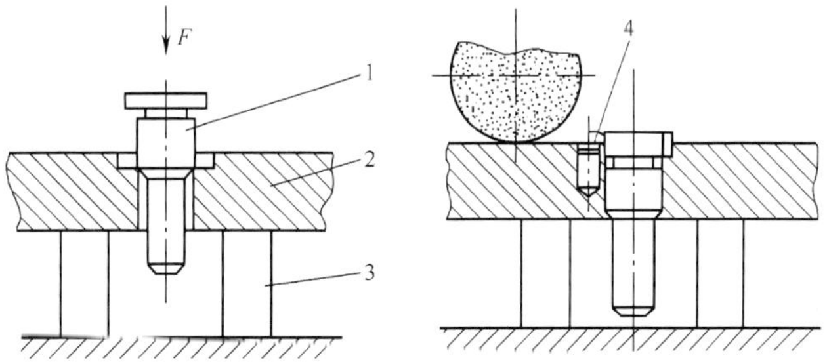

（a）压入式模柄　　（b）磨平端面

图 11-12　压入式模柄的装配

1—模柄　2—上模座　3—等高垫块　4—骑缝销

压入式模柄的装配过程如图 11-12 所示。装配前，要检查模柄和上模座配合部位的尺寸精度和表面粗糙度，并检验模座安装面与平面的垂直度精度。装配时，将上模座放平，在压力机上将模柄慢慢压入（或用铜棒打入）模座，要边压边检查模柄垂直度，直至模柄台阶面与安装孔台阶面接触为止，检查模柄相对上模座上平面的垂直度精度，合格后，加工骑缝销孔，安装骑缝销，最后磨平端面。

（2）凸模、凹模组件装配。凸模、凹模组件的装配主要是指凸模、凹模与固定板的装配，具体装配方法见模具零件的连接方法。

2．总装

总装时，首先应根据主要零件的相互依赖关系，以及装配方便和易于保证装配精度要求来确定装配基准件，例如复合模一般以凸凹模作为装配基准件，级进模以凹模作为装配基准件；其次，应确定装配顺序，根据各个零件与装配基准件的依赖关系和远近程度，确定装配顺序。装配结束后，要进行试冲，通过试冲发现问题，并及时调整和修理，直至模具冲出合格零件为止。

11.2.7　模具装配举例

冲压模的种类很多，其中冲裁模装配难度较大，特别是复合冲裁模由于零件数量多、结构复杂、间隙小等特点，对装配精度的要求也高，下面以图 11-13 为例说明其装配过程。

1．组件装配

（1）将压入式模柄 15 装配于上模座 14 内，并磨平端面。

（2）将凸模 11 装入凸模固定板 18 内，为凸模组件。

（3）将凸凹模 4 装入凸凹模固定板 3 内，为凸凹模组件。

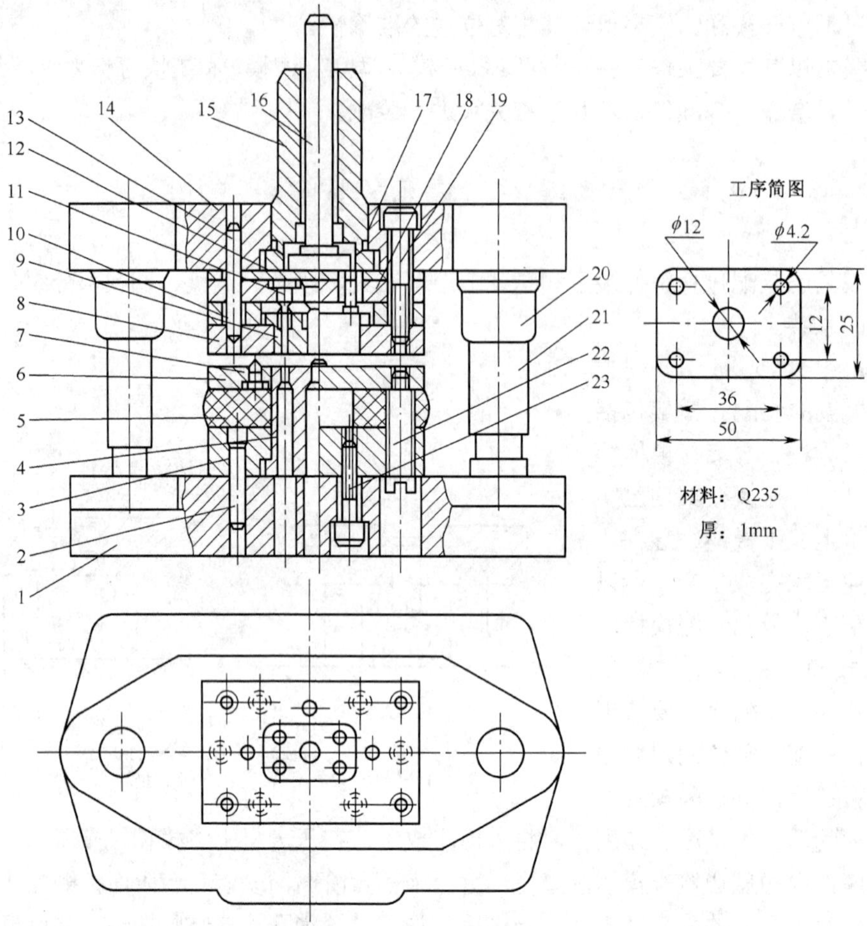

图 11-13　落料冲孔复合模

1—下模座　2、13—定位销　3—凸凹模固定板　4—凸凹模　5—橡皮弹性件　6—卸料板　7—定位钉　8—凹模　9—推板　10—空心垫板　11—凸模　12—垫板　14—上模座　15—模柄　16—打杆　17—推杆　18—凸模固定板　19、22、23—螺钉　20—导套　21—导柱

2．总装

（1）确定装配基准件。落料冲孔复合模应以凸凹模为装配基准件，首先确定凸凹模在模架中的位置。

（2）安装凸凹模组件。

① 在确定凸凹模组件在下模座上的位置后，用平行夹板将凸凹模组件与下模座夹紧，在下模座上划出漏料孔线。

② 加工下模座漏料孔，下模座漏料孔尺寸应比凸凹模漏料孔尺寸单边大 0.5～1 mm。

③ 安装固定凸凹模组件，将凸凹模组件在下模座重新找正定位，用平行夹板夹紧。钻、铰销孔和螺孔，装入定位销 2 和螺钉 23。

3．安装上模

（1）检查上模各个零件尺寸是否能满足装配技术条件要求，如推板 9 推出端面应凸出落料凹模端面，打料系统各零件尺寸是否合适，动作是否灵活等。

（2）安装上模、调整冲裁间隙，将上模系统各零件分别装于上模座 14 和模柄 15 孔内。用平行夹板将落料凹模 8、空心垫板 10、凸模组件、垫板 12 和上模座 14 轻轻夹紧，然后调整凸模组件、凹模 8 和凸凹模 4 的冲裁间隙。可以采用垫片法调整，并用纸片进行手动试冲，直至内、外形冲裁间隙均匀，再通过平行夹板将上模各板夹紧夹牢。

（3）钻铰上模各销孔和螺孔。把上模部分用平行夹板夹紧，在钻床上以凹模 8 上的销孔和螺钉孔作为引钻孔，钻铰销钉孔和钻螺纹通孔，然后安装定位销 13 和螺钉 19，拆掉平行夹板。

4．安装弹压卸料部分

（1）将弹压卸料板套在凸凹模上，在弹压卸料板和凸凹模组件端面上垫上平行垫块，保证弹压卸料板上端面与凸凹模上平面的装配位置尺寸，用平行夹板将弹压卸料板和下模夹紧，然后在钻床上同时钻卸料螺钉孔，拆掉平行夹板，最后将下模各板卸料螺钉孔加工到规定尺寸。

（2） 安装卸料橡皮和定位钉，在凸凹模组件上和弹压卸料板上分别安装卸料橡皮 5 和定位钉 7，拧紧卸料螺钉 22。

5．检验

对装配完成的模具进行检验，检验各零件装配是否达到技术要求。

6．试冲

对经过检验的模具在压力机上进行试冲，检查冲裁出的制件是否达到技术要求，如是否有毛刺、尺寸是否超差等。

图 11-13 所示的上模部分的最佳设计方案为两组圆柱销和螺钉分别对凸模组件和凹模进行定位、固紧，使装配过程方便，装配精度也容易保证。

11.2.8　试模与调整

模具按图纸技术要求加工与装配后，必须在符合实际生产条件的环境中进行试冲压生产，通过试冲可以发现模具设计与制造的缺陷，找出产生的原因。对模具进行适当的调整和修理后，再进行试冲，直到模具能正常工作，才能将模具正式交付生产使用。

1．试模的目的

（1）鉴定制件和模具的质量。制件从设计到批量生产须经过产品设计、模具设计、模具零件加工、模具组装等多个环节，任一环节的失误都会对制件质量和模具性能产生影响，因此，模具组装后，必须在生产条件下进行试冲，只有冲出合格的零件后，才能确定模具的质量。

（2）确定制件的毛坯形状、尺寸。在冲模生产中，有些形状复杂或精度要求较高的弯曲、拉深、成形、冷挤压等制件，很难在设计时精确地计算出毛坯的形状和尺寸。为了能得到较正确的毛坯形状和尺寸，必须通过反复调试模具，冲出合格的零件后才能确定。

（3）确定工艺设计、模具设计中的某些设计尺寸。对于一些在模具设计和工艺设计中，难以用计算方法确定的工艺尺寸，如拉深模的凹模圆角，以及某些部位的几何形状和尺寸，必须边试冲边修整，直到冲出合格零件后，才能最后确定。

（4）通过调试，发现问题，解决问题，积累经验，有助于进一步提高模具设计和制造水平。

由此可见，模具调试过程十分重要，是必不可少的。但调试的时间和试冲次数应尽可能少，这就要求模具设计与制造质量过硬，最好一次调试成功。在调试过程中，合格冲压件数的取样一般应在 20～1 000 件。

2．冲裁模的试模与调整

（1）凸、凹模配合深度。凸、凹模的配合深度通过调节压力机连杆长度来实现。凸、凹模配合深度应适中，不能太深与太浅，以能冲出合适的零件为准。

（2）凸、凹模间隙。冲裁模的凸、凹模间隙要均匀。对于有导向零件的冲模，其调整比较方便，只要保证导向件运动顺利即可；对于无导向冲模，可以在凹模刃口周围衬以纯铜皮或硬纸板进行调整，也可以用透光及塞尺测试等方法在压力机上调整，直到凸、凹模互相对中，且间隙均匀后，用螺钉将冲模紧固在压力机上，进行试冲。试冲后，检查试冲的零件，看是否有明显毛刺，并判断断面质量。如果试冲的零件不合格，应松开并再按前述方法继续调整，直到间隙合适为止。

（3）定位装置的调整。检查冲模的定位零件（定位销、定位块、定位板）是否符合定位要求，定位是否可靠。如位置不合适，在试模时应进行修整，必要时要更换。

（4）卸料装置的调整。卸料装置的调整主要包括卸料板或顶件器工作是否灵活；卸料弹簧及橡胶弹性是否合适；卸料装置运动的行程是否足够；漏料孔是否畅通；打料杆、推料杆是否能顺利推出废料。若发现故障，应进行调整，必要时可更换。

冲裁模试冲时常见的故障、原因及调整方法如表 11-7 所示。

表 11-7　冲裁模试冲时常见的故障、原因及调整方法

试冲常见故障	产 生 原 因	调 整 方 法
送料不畅通或料被卡死	两导料板之间的尺寸过小或有斜度	根据情况锉修或重装导料板
	凸模与卸料板之间的间隙过大，使搭边翻扭	减小凸模与卸料板之间的间隙
	用侧刃定距的冲裁模，导料板的工作面和侧刃不平行，使条料卡死	重装导料板
	侧刃与侧刃挡块不密合，形成毛刺，使条料卡死	修整侧刃挡块消除间隙
刃口相咬	上模座、下模座、固定板、凹模、垫板等零件安装面不平行	修整有关零件，重装上模或下模
	凸模、导柱等零件安装不垂直	重装凸模或导柱
	导柱与导套配合间隙过大，使导向不准	更换导柱或导套
	卸料板的孔位不正确或歪斜，使冲孔凸模位移	修整或更换卸料板
卸料不正常	由于装配不正确，卸料机构不能动作，如卸料板与凸模配合过紧，或因卸料板倾斜而卡紧	修整卸料板、顶板等零件
	弹簧或橡皮的弹力不足	更换弹簧或橡皮
	凹模和下模座的漏料孔没有对正，料不能排出	修整漏料孔
	凹模有倒锥度造成工件堵塞	修整凹模
冲件质量不好： 1．有毛刺 2．冲件不平 3．落料外形和内孔位置不正，成偏位现象	刃口不锋利或淬火硬度低	合理调整凸模和凹模的间隙及修磨工作部分的刃口
	配合间隙过大或过小	
	间隙不均匀，使冲件一边有显著带斜角毛刺	
	凹模有倒锥度	修整凹模
	顶料杆和工件接触面过小	更换顶料杆
	导正钉与预冲孔配合过紧，将冲件压出凹陷	修整导正钉
	挡料钉位置不正	修正挡料钉
	落料凸模上导正钉尺寸过小	更换导正钉
	导料板和凹模送料中心线不平行，使孔位偏斜	修整导料板
	侧刃定距不准	修磨或更换侧刃

11.3　弯曲模的制造与装配

弯曲模制造过程与冲裁模是类似的，差别主要体现在凸、凹模上，而其他零件（如板类零件）与冲裁模相似。

11.3.1 凸、凹模技术要求与加工特点

弯曲是塑性成形中最常见的工序，弯曲模不同于冲裁模，其凸、凹模不带有锋利刃口，而带有圆角半径和型面，表面质量要求更高，凸、凹模之间的间隙也要大些（单边间隙略大于坯料厚度）。弯曲模的凸、凹模技术要求及加工特点有以下几个方面。

（1）凸、凹模材质应具有高硬度、高耐磨性、高淬透性，热处理变形小，形状简单的凸、凹模一般用 T10A、CrWMn 等，形状复杂的凸、凹模一般用 Cr12、Cr12MoV、W18Cr4V 等，热处理后的硬度为 58～62HRC。

（2） 一般情况下，弯曲模的装配精度要低于冲裁模，但在弯曲工艺中，弯曲件因为材料回弹，在成形后形状会发生变化。由于影响回弹的因素较多，很难精确计算，因此，在制造模具时，常要按试模时的回弹值修正凸模（或凹模）的形状。

（3）凸、凹模精度主要根据弯曲件精度决定，一般尺寸精度在 IT6～IT9 ，工作表面质量一般要求是很高的，尤其是凹模圆角处（表面粗糙度 Ra 值为 0.2～0.8 μm）。

（4）为了便于修正，弯曲模的凸模和凹模多在试模合格以后才进行热处理。

（5）凸、凹模圆角半径和间隙的大小、分布要均匀。

（6）凸、凹模一般是外形加工，有些弯曲件的毛坯尺寸要经过试模后才能确定，所以弯曲模的调整工作比一般冲裁模要复杂。

11.3.2 凸、凹模加工

弯曲模凸、凹模加工与冲裁模凸、凹模加工不同之处主要在于前者有圆角半径和型面的加工，而且表面质量要求高。

弯曲模凸、凹模工作面一般是敞开面，其加工一般属于外形加工。对于圆形凸、凹模加工，一般采用车削和磨削即可，比较简单；非圆形凸、凹模加工则有多种方法，如表 11-8 所示。

表 11-8 非圆形弯曲模凸、凹模常用加工方法

常用加工方法	加 工 过 程	适 用 场 合
刨削加工	毛坯准备后粗加工，磨削安装面、基准面，划线，粗、精刨型面，精修后淬火，研磨，刨光	大中型弯曲模型面
铣削加工	毛坯准备后粗加工，磨削基面，划线，粗、精铣型面，精修后淬火，研磨，抛光	中小型弯曲模
成形磨削加工	毛坯加工后磨基面，划线粗加工型面，安装孔加工后淬火，磨削型面，抛光	精度要求较高，不太复杂的凸、凹模
线切割加工	毛坯加工后淬火，磨安装面和基准面，线切割加工型面，抛光	小型凸、凹模（型面长小于 100 mm）

11.3.3 试模与调整

（1）弯曲模上、下模在压力机上的相对位置调整。水平方向位置的调整，对于有导向的弯曲模，上、下模在压力机上的相对位置，由导向装置来决定；对于无导向装置的弯曲模，把事先制造的样件放在模具中（凹模型腔内），然后合模即可。模具高度方向的尺寸靠调节压力机连杆

获得，调整时，当上模随滑块下行到下止点时，当能压实样件又不发生硬性碰撞时，模具在压力机上的相对位置就调整好了。

（2）凸、凹模间隙的调整。上、下模的间隙可采用垫硬纸板或标准样件的方法来进行调整，间隙调整后，可将下模固定。

（3）定位装置的调整。弯曲模定位零件的定位形状应与坯料一致，在调整时，应充分保证其定位的可靠性和稳定性。

（4）卸件、退件装置的调整。弯曲模的卸料系统行程应足够大，卸料用弹簧或橡皮应有足够的弹力，能顺利地卸出制件。

以上各项工作都完成后，即可进行试模。

冲裁模试冲时常见的故障、原因及调整方法如表 11-9 所示。

表 11-9　弯曲模试冲时常见的故障、原因和调整方法

常见故障	产 生 原 因	调 整 方 法
弯曲角度不够	凸、凹模的回弹角制造过小	加大回弹角
	凸模进入凹模的深度太浅	调节冲模闭合高度
	凸、凹模之间的间隙过大	调节间隙值
	试模材料不对	更换试模材料
	弹顶器的弹力太小	加大弹顶器的弹顶力
弯曲位置偏移	定位板的位置不对	调整定位板位移
	凹模两侧进口圆角大小不等，材料滑动不一致	修磨凹模圆角
	没有压料装置或压料装置的压力不足和压板位置过低	加大压料力
	凸模没有对正凹模	调整凸、凹模位置
冲件的尺寸过长或不足	凸、凹模之间的间隙过小，材料被挤长	调整凸、凹模间隙
	压料装置压力过大，将材料拉长	减小压料力
	设计时计算错误或不准确	改变坯料尺寸
冲件外部有光亮的凹陷	凹模的圆角半径过小，冲件表面被划痕	加大圆角半径
	凸、凹模之间的间隙不均匀	调整凸、凹模间隙
	凸、凹模表面粗糙度太大	抛光凸、凹模表面

11.4　拉深模的制造与装配

拉深模制造过程与冲裁模是类似的，差别主要体现在凸、凹模上，而其他零件（如板类零件）与冲裁模相似。

11.4.1　凸、凹模技术要求与加工特点

拉深也是塑性成形中最常见的工序，拉深模与弯曲模比较相近，如凸、凹模的形状、型面、圆角半径、表面质量、间隙大小与分布、材料选用等方面基本相同，同时也具有以下几个方面的特点。

（1）凸、凹模精度主要根据拉深件精度决定，一般尺寸精度在 IT6～IT9。拉深时，由于材料要在模具表面滑动，故拉深凸、凹模的工作表面粗糙度要小，端部要求有光滑的圆角过渡。凹模圆角和孔壁要求表面粗糙度 *Ra* 值为 0.2～0.8μm，凸模工作表面粗糙度 *Ra* 值为 0.8～1.6μm。

（2）由于拉深时材料变形复杂，导致凸、凹模尺寸的计算值与实际要求值往往存在误差，因此，凸、凹模工作部分的形状和尺寸设计应合理，要留有试模后的修模余地，一般先设计和加工拉深模，后设计和加工冲裁模。

（3）拉深模装配时，必须安排试装试冲工序，复杂拉深件的毛坯尺寸一般无法通过设计计算确定，所以拉深模一般先安排试装。凸、凹模淬火有时可以在试模后进行，以便试模后的修模。

（4）凸、凹模圆角半径根据制件的要求确定，如果制件的圆角半径过小，则需要增加整形工序才能达到制件的技术要求。

（5）拉深凸、凹模的加工方法主要根据工作部分断面形状决定。圆形一般车削加工；非圆形一般划线后铣削加工，然后淬硬，最后研磨、抛光。

11.4.2　凸、凹模加工

拉深模凸模的加工一般是外形加工，而凹模的加工则主要是型孔或型腔的加工。凸、凹模常用加工方法如表 11-10 和表 11-11 所示。

表 11-10　　拉深凸模常用加工方法

冲件类型		常用加工方法	适用场所
旋转体类	筒形和锥形	毛坯锻造后退火，粗车、精车外形及圆角，淬火后磨装配处成形面，修磨成形端面和圆角 R，抛光	所有筒形零件的拉深凸模
	曲线旋转体	方法 1：成形车。毛坯加工后，粗车，用成形刀或靠模成形曲面和过渡圆角，淬火后研磨，抛光	凸模要求较低，设备条件较差
		方法 2：成形磨。毛坯加工后粗车、半精车成形面，淬火后磨安装面，成形磨，成形曲面和圆角，抛光	凸模精度要求较高
盒形冲件		方法 1：修锉法。毛坯加工后，修锉方形和圆角，再淬火，研磨，抛光	精度要求低的小型件，工厂设备条件差
		方法 2：铣削加工。毛坯加工后，划线铣成形面，修锉圆角后淬火，研磨，抛光	精度要求一般的通用加工法
		方法 3：成形刨。毛坯加工后，划线，粗、精刨成形面及圆角，淬火，研磨，抛光	精度要求稍高的制作凸模
		方法 4：成形磨。毛坯加工后，划线，粗加工型面，淬火后，成形磨削型面，抛光	精度要求较高的凸模
非回转体冲件		方法 1：铣削加工。毛坯加工后，划线，铣型面，修锉圆角后淬火，研磨，抛光（也可用靠模铣削）	型面不太复杂、精度较低
		方法 2：仿形刨。毛坯加工后，划线，粗加工型面仿形刨，淬火后，研磨，抛光	型面较复杂、精度较高
		方法 3：成形磨。毛坯加工后，划线，粗加工型面，淬火后，成形磨削型面，抛光	结构不太复杂、精度较高的凸模

表 11-11　　拉深凹模常用加工方法

冲件类型及凹模结构			常用加工方法	适用场合
旋转体类	筒形和锥形		毛坯加工后，粗、精车型孔，划线加工安装孔，淬火，磨型孔或研磨型孔，抛光	各种凹模
	曲线旋转体	无底模	与筒形凹模加工方法相同	无底中间拉深凹模
		有底模	毛坯加工后，粗、精车型孔，精车时，可用靠模、仿形、数控等方法，也可用样板精修，淬火后抛光	需要整形的凹模
盒形冲件	方法 1：铣削加工。毛坯加工后，划线，铣型孔，最后钳工修圆角，淬火后研磨，抛光			精度要求一般的无底凹模
	方法 2：插削加工。毛坯加工后，划线，插型孔，最后钳工修锉圆角，淬火后研磨，抛光			

续表

冲件类型及凹模结构	常用加工方法	适 用 场 合
盒形冲件	方法 3：线切割。毛坯加工后，划线，加工安装孔，淬火后磨安装面等，最后切割型孔，抛光	精度要求较高的无底凹模
	方法 4：电火花。毛坯加工后，划线，加工安装孔，淬火后磨基面，最后电火花加工型腔，抛光	精度要求较高、需整形的凹模
非旋转体曲面形冲件	方法 1：仿形铣。毛坯加工后，划线，仿形铣型腔，精修后淬火，研磨，抛光	精度要求一般的有底凹模
	方法 2：铣削或插削。毛坯加工后，划线，铣或插型孔，修锉圆角后淬火，研磨，抛光	精度要求一般的无底凹模
	方法 3：线切割。毛坯加工后，划线，加工安装孔，淬火后磨基面，线切割型孔，抛光	精度要求较高的无底凹模
	方法 4：电火花。毛坯加工后，划线，加工安装孔，淬火后磨基面，用电火花加工型腔，抛光	精度要求较高、小型有底凹模

11.4.3 试模与调整

拉深模的安装和调整基本上与弯曲模相似。

1．在单动冲床上安装与调整冲模

可先将上模紧固在冲床滑块上，下模放在冲床的工作台上，先不必紧固，先在凹模侧壁放置几个与制件厚度相同的垫片，要放置均匀，最好放置样件，上、下模合模，在调好闭合位置后，再把下模紧固在工作台面上。

2．在双动冲床上安装与调整冲模

双动冲床主要适于大型双动拉深模及覆盖件拉深模，模具在双动冲床上安装和调整的方法与步骤如下。

（1）模具安装前，首先应根据拉深模的外形尺寸确定双动冲床内、外滑块是否需要过渡垫板和所需要过渡垫板的形式与规格。

（2）安装凸模。凸模安装在冲床内滑块上。

（3）安装压边圈。压边圈安装在外滑块上，将压边圈及过渡垫板用螺栓紧固在外滑块上。

（4）安装下模。操纵冲床内、外滑块下降，使凸模、压边圈与下模闭合，由导向件决定下模的正确位置，然后用螺栓将下模紧固在工作台上。

（5）调整内、外滑块的行程。

3．压边力的调整

在拉深过程中，压边力太大，制件易拉裂；压边力太小，则又会使制件起皱，因此，在试模时，调整压边力的大小是关键。压边力的调整方法如下。

（1）调节压力机滑块的压力，使之处于正常压力下工作。

（2）调节拉深模压边圈的压边面，使之与坯料有良好的配合。

（3）先设定一压边力，进行试拉，视拉深情况决定是增加还是减少压边力，然后进行调整。

当然，在调整压边力的同时，要适当修整凹模的圆角半径和采取良好的润滑措施加以配合。

4．拉深深度及间隙的调整

（1）拉深深度可分成 2～3 段来进行调整，即先将较浅的一段调整后，再往下调深一段，一直调到所需的拉深深度为止。

（2）间隙调整时，先将上模固紧在压力机滑块上，下模放在工作台上先不固紧，然后在凹模内放入样件，上、下模合模，调整各方向间隙，使之均匀一致后，再将模具处于闭合位置，拧紧螺栓，将下模固紧在工作台上，取出样件，即可试模。

拉深模试冲时常见的故障、原因和调整方法如表 11-12 所示。

表 11-12　拉深模试冲时常见的故障、原因和调整方法

常见故障	产生原因	调整方法
起皱	压边装置的压力不足或压力不均匀	调整压边力
	凸、凹模之间的间隙过大或不均匀	调整凸、凹模间隙
	凹模圆角半径过大或不均匀	修磨圆角半径
破裂	毛坯材料质量不好，塑性低，金相组织不均匀，表面粗糙	更换毛坯材料
	压边圈的压力过大，弹顶器的压缩比不合适	减小压边力
	凸模和凹模的圆角半径过小	加大圆角半径
	凸模和凹模之间的间隙过小或不均匀	调整凸、凹模间隙
	拉深次数太少，材料变形程度过大	增加拉深次数
	润滑不良，规定的中间退火工序没有进行	加润滑油或毛坯中间退火
尺寸过大或过小	毛坯尺寸设计计算错误	改变毛坯尺寸
	凸、凹模之间的间隙过大使冲件侧壁鼓肚，间隙过小使材料变薄	调整凸、凹模间隙
	压边圈的压力过大或过小	调整压边力
表面质量不好	模具工作表面、毛坯材料或润滑剂不清洁	清理工作表面等
	凹模淬火硬度低，表面粗糙度太大	对凸、凹模进行抛光
	圆弧与直线衔接不好，有棱角或突起	修磨凸、凹模
高度不一	凸、凹模之间的间隙不均匀	调整凸、凹模间隙
	定位板位置不对	重新调整定位板
底部凸起	凸模上无出气孔	在凸模上做出排气孔

实训与练习

1．实训

（1）内容：凸、凹模加工工艺制定。

（2）时间：1 天。

（3）实训内容：在模具制造工厂或模具拆装实训室，挑选不同结构的模具若干，分成 3 人一组，每组学生拆装一副模具，测绘并画出凸、凹模零件图，制定其加工工艺。

2．练习

（1）模具轴、套类零件的加工有什么特点？

（2）模具工作型面零件类零件的加工有什么特点？

（3）模具凸模的常用加工方法有哪些？

（4）模具凹模的常用加工方法有哪些？

（5）模具零件的常用连接方法有哪些？

（6）模具间隙如何控制？

（7）冲裁模的试模与调整主要有哪些内容？

（8）弯曲模的试模与调整主要有哪些内容？

（9）拉深模的试模与调整主要有哪些内容？

参考文献

[1] 杨占尧. 冲压模具图册（第三版）[M]. 北京：高等教育出版社，2015.
[2] 杨占尧. 塑料成型工艺与模具设计[M]. 北京：航空工业出版社，2015.
[3] 杨占尧. 模具专业导论（第二版）[M]. 北京：高等教育出版社，2015.
[4] 杨占尧. 模具拆装与测绘实训[M]. 北京：中国时代经济出版社，2013.
[5] 杨占尧，王高平. 塑料注射模结构与设计[M]. 北京：高等教育出版社，2008.
[6] 杨占尧. 冲压成形工艺与模具设计[M]. 北京：航空工业出版社，2012.
[7] 杨占尧. 最新模具标准应用手册[M]. 北京：机械工业出版社，2011.
[8] 杨占尧. 塑料模具标准件及设计应用手册[M]. 北京：化学工业出版社，2008.
[9] 杨占尧. 现代模具工手册[M]. 北京：化学工业出版社，2007.
[10] 原红玲. 冲压工艺与模具设计[M]. 北京：机械工业出版社，2008.
[11] 张荣清. 模具设计与制造[M]. 北京：高等教育出版社，2008.
[12] 李奇，朱江峰. 模具设计与制造[M]. 北京：人民邮电出版社，2007.
[13] 翟德梅，段维峰. 模具制造技术[M]. 北京：化学工业出版社，2007.
[14] 丁松聚. 冷冲模设计[M]. 北京：机械工业出版社，1998.